军队院校“2110 工程”建设项目

指挥信息系统理论与工程

彭鹏菲　李启元　余平波　编著

電子工業出版社
Publishing House of Electronics Industry
北京·BEIJING

内容简介

本书从指挥信息系统专业技术领域与作战指挥运用相结合的角度，全面、系统地介绍和分析了现代指挥信息系统的军事需求、基础理论、关键技术、结构建模及体系框架应用等内容。

全书分为7章，首先从作战指挥与指挥信息系统的关系出发，以信息化作战条件下的作战指挥体制变革及指挥控制模型发展为牵引，着重描述了指挥信息系统中的战场情报信息综合处理、战场态势评估与运用、作战筹划及作战方案生成等基本概念与原理、关键支撑技术与方法；其次进一步论述了指挥信息系统结构建模与评估的相关问题与技术方法；最后从信息系统体系生成的角度，对指挥信息系统体系结构的基本框架及发展应用方面进行了详细的说明。

本书内容涵盖面广，可作为指挥信息系统工程专业领域从事管理、教学、科研的各类人员的参考用书，也可作为高等院校相关专业的教学用书和学习参考书。

图书在版编目（CIP）数据

指挥信息系统理论与工程 / 彭鹏菲等编著. —北京：电子工业出版社，2020.5
ISBN 978-7-121-38523-0

Ⅰ. ①指… Ⅱ. ①彭… Ⅲ. ①指挥信息系统－高等学校－教材 Ⅳ. ①E94

中国版本图书馆 CIP 数据核字（2020）第 029929 号

责任编辑：张正梅　　特约编辑：刘凌非 等
印　　刷：北京建宏印刷有限公司
装　　订：北京建宏印刷有限公司
出版发行：电子工业出版社
　　　　　北京市海淀区万寿路 173 信箱　　邮编：100036
开　　本：787×1092　1/16　　印张：15.25　　字数：410 千字
版　　次：2020 年 5 月第 1 版
印　　次：2025 年 3 月第 6 次印刷
定　　价：98.00 元

凡所购买电子工业出版社图书有缺损问题，请向购买书店调换。若书店售缺，请与本社发行部联系，联系及邮购电话：(010)88254888，88258888。

质量投诉请发邮件至 zlts@phei.com.cn，盗版侵权举报请发邮件至 dbqq@phei.com.cn。

本书咨询联系方式：zhangzm@phei.com.cn。

前　言

随着信息化技术的快速发展与演化，基于信息系统的体系对抗作战已成为现代战争的主要形态。指挥信息系统是集指挥、控制、通信、计算机、情报、侦察及监视能力为一体的信息系统体系，而“制信息权”是影响信息化战争进程和结局的关键，是掌握战场主动权的前提，也是作战体系之间对抗的核心。如何实现“从信息优势转化为决策优势，进而形成作战行动优势”，是现代指挥信息系统构建的理论基础与工程技术应用的主线。

本书从专业理论与工程技术应用相结合的角度，全面、系统地介绍和分析了指挥信息系统专业的军事需求、理论基础、系统组成与功能、关键技术及其体系标准应用。全书分为7章，首先详细阐述了指挥信息系统理论所涉及的作战指挥体制、网络中心战，指挥控制的概念、过程及模型；其次进一步讲述了战场情报信息综合处理、战场态势评估与运用、作战筹划及作战方案设计等指挥信息系统专业所涉及的基本概念与原理、关键支撑技术与方法；最后对指挥信息系统结构建模与评估、指挥信息系统体系结构框架及发展进行了详细的说明，进一步拓展了指挥信息系统专业技术领域的内涵与工程应用。

本书内容取材新颖，覆盖面较广，深入浅出，注重理论与实践相结合。在编著过程中，参考和查阅了国内外大量的有关文献资料，并总结梳理了近年来的相关技术领域工程建设及学术研究成果，重点突出指挥信息系统基础理论、关键技术及其在现代战场中的实际工程应用。本书可作为高等院校相关专业的教学用书和学习参考书，也可供从事指挥信息系统工程及装备使用、管理、教学和科研的各类人员参考。

本书由海军工程大学彭鹏菲同志主编，参加编写的还有李启元、余平波、杨露菁等同志，他们为本书的成稿做了大量的筹划与编写工作。同时感谢周琳茹同学为此书的正式出版所付出的细致而艰辛的校对工作。李敬辉教授在百忙之中对本书进行了认真的审阅和指导，在此也表示衷心的感谢！

希望本书能够起到抛砖引玉的作用。由于指挥信息系统理论及工程技术应用是一个不断发展的高新技术领域，书中内容难免有不当之处，恳请广大读者批评指正。

作者

2019年12月

目 录

第 1 章　作战指挥与指挥信息系统

1.1　军事作战指挥

1.1.1　军事作战指挥的概念

1. 作战指挥的定义

作战指挥是“作战”与“指挥”两个词的组合。“作战”是战争、战役、战斗的泛称，而指挥指的是军队内部的一种社会分工，一种活动形态，反映军队内部的相互关系。对于作战指挥的内涵，目前存在多种理论界定。苏联 H・A・洛莫夫等所著的《科学技术进步与军事上的革命》一书认为“军队指挥的实质是各级指挥员和司令部对所属部队的整个活动实施不间断的有目的的领导”。阿尔图科夫的《军队指挥理论基础》一书认为“军队指挥的实质是司令员（指挥员、首长）、司令部、政治机关和其他指挥机关为使部队保持战斗准备和战斗力，做好战役、战斗行动准备以及领导军队完成受领任务而进行的活动”。《军事百科全书》则认为“军队指挥是司令员（指挥员、首长）、司令部、政治机关、勤务部门和其他指挥机关为使部队保持战斗力，做好战役、战斗行动准备，以及领导军队完成任务所进行的活动”。

美军在早期出版的《军语》中，没有“军队指挥”条目，只有“指挥与控制”（Command and Control，C2）这个词，并解释为“通过对人员、装备、通信、设施和程序所做的安排而履行为指挥战斗行动所需的职能”。美国国防部给出指挥与控制的定义是“指挥与控制是指挥员管理、分配所属兵力完成任务的过程”。这个定义描述了指挥与控制的基本功能需求，但没有描述实施的方法，同时指挥员的重要性在定义中没有明确地给出。

1984 年美国国防部出版的《美军军语词典》中增加了“军队指挥”词条，并定义为“指挥是指挥员按军衔和职位合法地对部属行使的职权。指挥包括：有效地运用现有资源的职责和权力，为完成所受领的任务，实施计划军队的运用、组织、指挥、协调和控制军队的职责和权力，还包括对部属健康、福利、士气和纪律所负有的职责”。在 1995 年出版的美海军第六号条令中，将指挥正式定义为“指挥是武装部队指挥员根据军衔和职务行使在下级之上的法定权力。指挥既包括有效使用现有资源的权力和责任，也包括计划、组织、协调和控制军队的使用以完成所分配的任务。指挥同时也负有管理所属人员的保健、福利、士气和训练的责任。海军的指挥也包括领导，这是一门激发共同实现目标的艺术。领导是指挥首要的特性，目的是使部队具有凝聚力和事业心。领导是实施有效指挥的基石”。美国参谋长联席会议是这样定义指挥的：“指挥是有效地利用现有资源，计划、组织、协调、控制部队去完成上级下达的作战任务。”定义中将控制视为指挥过程的一部分，可以看出美军对指挥控制的理解为“指挥员通过对人员、装备、通信、设施和程序所做的安排而履行指挥战斗行动所需的职能”。

21 世纪联合指挥决策支持项目（Joint Command Decision Support for the 21st Century，JCDS

21）理解为："指挥被认为是创造性地、目标明确地运用所赋予的职责高效正确地完成任务。" JCDS 21 中给出的定义从能力、职权和责任描述了指挥与控制的基本特征，可理解为有能力的指挥员运用参谋人员正确地决策建议，并提供足够的作战资源以执行决策的过程。

北大西洋公约组织（North Atlantic Treaty Organization，NATO）给出了控制的定义："指挥员约束下属或非直属机构执行命令和指示完成任务的过程。"控制是指挥运用的方法，被理解为确保指挥决策能被正确执行所规划的组织结构、过程、工具及技术。

从上述定义中可以发现指挥是为了完成指定的任务，有效地使用可利用的资源，规划部署、组织、指挥、协调和控制军事力量。控制作为指挥的一部分，集中于如何分配任务的职责和如何完成任务。显然指挥和控制是密不可分的，很难明确地区分开来。指挥创建、调整管理的结构和执行的过程处于主控的地位，而控制则处于从属地位。

指挥是对所属战场资源合理使用的一种权利和责任。我国对军队指挥概念的阐释也不尽相同。中国大百科全书《军队指挥分册》认为，军队指挥是"军队指挥员及其指挥机关对所属部队的作战行动和其他活动的组织领导活动"。而《军语》则认为，军队指挥是"军队指挥员及其指挥机关，对所属部队的作战和其他军事行动的特殊的组织领导活动"。二者比较，后一个概念更为确切。领导是"领导者在一定环境条件下对被领导者施加的主动影响"。可见军队指挥也是一种领导活动，是军事领域内特殊的领导活动。

军队指挥活动可分解为指挥主体、指挥对象、指挥手段、指挥信息等要素。指挥员及其指挥机关是指挥主体；接受指挥主体指挥的所属部（分）队是指挥对象；指挥手段是指挥活动中所运用的指挥工具及使用方法，是作战指挥的物质条件；指挥信息是实施作战指挥活动所需的情报、指令、报告和资料等，是指挥主体与指挥对象以及整个指挥系统进行运作的内在联系。

指挥与控制涵盖了战争的四个域（物理域、信息域、认知域、社会域）：传感器、信息系统、平台、设备构成了物理层面；情报的收集、处理、储存构成信息层面；对情报的含义和本质进行分析和理解构成认知层面；思维模式、知识基础和价值观同样影响着对情报的分析和理解，也属于认知层面；指挥与控制系统在处理过程中个人和组织的相互影响构成了社会层面。

在这四个域中军队的所有活动都可以分为"认知"和"行动"两个方面，指挥员主要解决情况是什么、该怎么办的问题，即"知己知彼、正确决策"；参战部队解决如何根据指挥员的决策、方案、计划，实施作战行动以达到"消灭敌人、保存自己"的目的。

试图在军事领域中区分指挥和控制的区别，如同对艺术（指挥）和科学（控制）、上级（指挥）和员工（控制）之间的关系区分一样。现代战争中，指挥和控制承担着同等的责任，是相互配合的整体，相辅相成才能获得军事行动的胜利。

2. 作战指挥的实质

作战指挥的实质是指挥员及指挥机关对所属部队的作战准备和实施的主观指导活动，是施计用谋的对抗活动，是以决心为中心的决策、控制活动。其目的在于使所属部队的作战准备和作战实施向着有利于实现作战目的的方向发展，直到完成作战任务。

作战指挥作为一种特殊的领导活动，是指挥员在一定环境条件下，对指挥对象施加的一种主动影响，其目的就是使指挥对象的行为符合指挥员的主观意志。一切关于作战指挥中的决心、作战计划、作战方案及各种作战指令等，都是作战客观实际作用于指挥员头脑中的产物。一切存在于指挥员头脑之外的与作战有关的情况则是客观的东西。指挥员及其指挥机关对所属部队作战准备与实施的主观指导，决定了作战指挥的发生、发展和结局，是作战指挥活动中起决定作用的方面，作战指挥的全部含义就是对作战的主观指导，其成败的关键就在于主观指导是否符合客观实际。

战争不仅是敌对双方人力、物力的对抗，而且是基于一定客观条件的主观指导的对抗。作战指导的首要问题是施计用谋。作战指挥不仅仅是依次完成作战准备与实施过程中的各项指挥工作，更重要的、更深层次的、更高水平的活动是施计用谋。作战指挥就是主观指导的抗争，主观指导能力的重要标志就在于施计用谋，计高谋深是取得作战胜利的关键。可以说，没有不施计用谋的作战指挥。从定下作战决心到制订作战计划，从组织计划作战行动到作战实施，都是施计用谋的活动，都是与敌进行的智力对抗活动。施计用谋、智力对抗是作战指挥的又一本质属性。

作战指挥既包括作战指挥的思维活动，又包括作战指挥的行为活动，是指挥员及其指挥机关一切作战指挥活动和行为活动的总和。作战指挥活动的核心就是决心。作战指挥的一切活动都表现在定下决心和贯彻实现作战决心上。前者即决策活动，后者即协调控制活动。决心是组织作战行动和部队遂行作战任务的依据。没有决心就没有作战指挥活动，也就没有部队的作战行动。决心正确与否关系到作战行动的成败。定下决心的决策活动和实现决心的控制活动都是以决心为中心展开的。作战指挥活动是定下决心的决策活动和实现决心的控制活动的总和，是以决心为核心的决策、控制活动。

作战指挥是指挥员及指挥机关为达到一定的战争目的，有效开发和利用战场信息资源，对部队和作战行动进行运筹决策、计划组织、协调控制等的活动。指挥与控制的目的是确保战场形态按照指挥员的战略、战术意图逐步变化，从而夺取和保持战场主动权。指挥不变的精髓是在变化莫测的战场环境中基于可用信息和情报，根据训练和经验高效、准确地做出决策。这是指挥与控制自产生以来从未改变的。

情报被用于数据的验证，而信息则被用于增强、补足和修正情报分析结果。当前信息和情报之间的区分已日益削弱，情报日益成为通用战场态势图（Common Operation Picture，COP）的参与者，逐渐参与到战术决策的过程中，而不再局限于战略决策的环节中应用。

作战指挥的根本目的是统一意志，协调行动，最大限度发挥部队的战斗力，圆满完成作战任务，以获取最大的作战效益。这是一切指挥手段的总目标，也是系统运行的出发点。

1.1.2　作战指挥体制

1．作战指挥体制的概念

作战指挥体制是军队作战指挥活动的机构设置、职能划分、权力确定和相互关系的体系和制度的统称。任何作战指挥都依赖一定的指挥体制，是组织制度上实现高效率、高质量和稳定可靠指挥的重要保障。

作战指挥体制的建立与发展，与兵力和武器装备的发展、作战样式和指挥手段的变化相适应，以保障对所属部队实施卓有成效的作战指挥。科学合理的作战指挥体制，能够最大限度地发挥各级指挥员的积极性和创造性，能够优化作战指挥系统，使其发挥最佳整体功能，提高作战指挥效率。

2．作战指挥体制的类型

作战指挥体制的职能划分，实质上是一个职、责、权的分配问题，作战指挥体制的职能分工，是根据使命和特点确定的。

当代世界上各国作战指挥体制及基本职能可分为两种类型。

1）军政、军令分立型

军政和军令分立为两个系统。军政系统只管军（兵）种的建设和军事行政，不管作战指挥。而军令系统则只管作战指挥，不管建设和行政管理。军政、军令分立型指挥体制亦称“双轨制”指挥体制。

2）军政、军令合一型

军政和军令合为一个系统。军（兵）种总部既管军（兵）种的建设和军事行政，又管作战指挥，集两种职能于一身。军政、军令合一型指挥体制又称“单轨制”指挥体制。军政、军令合一型体制有利于集中统一的组织领导，有利于部队建设与作战指挥的紧密配合和协调，但必然造成军（兵）种总部任务过于繁重，机构过于庞杂。

“单轨制”指挥体制的基本职能是在总部统一领导下，负责作战指挥、军事训练、装备管理、组织建设、政治工作、人事和行政管理等工作，对所属部队既实施作战指挥又执行行政管理。而对于遂行作战任务部队往往临时按作战任务编成，采用矩阵式编组形式，指挥员对所属部队只实施作战指挥，完成任务后归建，其行政管理权仍属于原建制单位。

3．作战指挥体制的作用

作战指挥体制的作用主要表现在以下四个方面。

1）确立作战指挥的组织结构

部队战斗力是人力、物力、财力、技术、精神的凝聚和科学的组合。要充分发挥部队的战斗力，首先要有恰当的指挥机构对构成战斗力的诸要素进行统筹、协调和支配。作战指挥体制规定各级指挥机构的基本成分和组织层次，并以制度使其有机地结合起来，形成一个完整的指挥组织体系，为发挥作战指挥效能，进而提高战斗力，提供组织保证。

2）规定作战指挥的职责和权力

作战指挥体制中指挥员和指挥机构是有层次的，所处层次不同，职责和权限也不同。作战指挥效能的发挥不仅依赖指挥机构的设置，也取决于各级指挥机构根据相应的权力、职责，确保高效率地完成任务。作战指挥体制的重要作用是明确各级的指挥职责、权限，区分任务范围，使指挥员得以依据各种条令、条例等法规有条不紊、准确迅速地完成任务。

3）明确作战指挥中各种关系

信息化条件下作战指挥关系非常复杂。从纵向上看有总部、战区或军（兵）种、部队指挥机构之间的作战指挥关系；从横向上看有相关作战指挥机构之间的各种关系，如指挥关系、指导关系、协调关系等。作战指挥体制的另一个重要作用是以相应的法规、制度对作战指挥中的各种关系做出明确规定。

4）规范作战指挥活动

作战指挥体制中，指挥机构的设置、指挥体系和相互关系的确定及相应法规的制定，是作战指挥活动赖以进行的必要条件。科学合理的作战指挥体制，是对作战指挥的经验总结，是作战指挥规律的客观反映。要求指挥人员按作战指挥体制的有关规定来规范自己的指挥行为，按指挥规律办事。各国军队在有关条令条例中，对指挥原则、指挥程序等内容都有明确的规定，以规范各级指挥人员和指挥机关的指挥行为。

4．作战指挥中的相互关系

作战指挥中上下级之间、友邻之间、各部队之间、指挥机关内外存在着各种各样的关系，这些关系是指挥权限与责任确定之后参战相关各方之间建立起来的某种联系形式。明确了作战指挥关系，也就明确了参战各方在指挥中的权限、责任与相互间的联系形式。

作战指挥中的关系随着作战指挥机构及其下属各种指挥机构的建立和作战的需要逐步加以明确，基本类型主要有隶属关系、配属关系、支援关系、协同关系及指挥机构内外关系等。

1）隶属关系

隶属关系是按编制所构成的下级对上级的从属关系，通常以纵向联系的形式出现，上级对下级实施全面领导，其中最重要的是作战指挥，所以也称其为纵向指挥关系。

军队内部这种隶属关系通常表现在建制内或转隶部队对指挥员的从属性上。联合战役中参战诸军种很少在一个建制编成内，多由上级指派职级高于参战诸军种指挥员的首长负责实施联合战役作战指挥。联合战役指挥员与指挥对象之间的纵向联系，虽属于隶属性指挥关系，但这种隶属具有临时性、上下级之间常常缺乏全面了解等特点。指挥机构一经建立，指挥员与所属下级指挥员及部队之间便建立了隶属关系。下级指挥员及部队必须服从所属上级指挥员及其指挥机关的指挥，必须在上级指挥员的意图下，开展自己的指挥与作战活动。

2）配属关系

配属关系是指某一部队或兵种建制内的某些兵力兵器，临时调归另一兵种或部队指挥与使用时所出现的联系形式。在配属性指挥关系中，上级指挥员对配属的作战行动负有全面责任，应及时分配任务，提出要求，并对其实施全面指挥与保障，但对与作战任务无关的其他行动无领导指挥权，如各级军官的调配等。完成任务后，配属兵力即根据上级指挥员的指示归建。

3）支援关系

支援关系是一种加强关系，指作战中以兵力、火力对所属部队或友邻援助时所形成的一种联系方式。在信息化条件海上作战中，不仅多军（兵）种联合参战的指挥员会令参战的陆军、空军、海军等诸军（兵）种部队支援某些重要作战方向上的作战行动，而且各军（兵）种部队之间也会根据作战的需要，由上级组织或主动地相互支援。这种支援关系具有多向交叉的联系形式。

支援关系确定方式如下：

（1）预先确定。指挥员在决策时已预见到某一作战过程中哪些部队承担的任务较重，靠其自身的力量难以完成，则在赋予作战任务时，预先明确由哪一军（兵）种、以多大兵力、在什么时间、以何种方式支援该部队的作战行动。

（2）临时确定。在作战中，指挥员依据自己掌握的战场态势或根据某一军（兵）种或部队的请求，常临时做出决策，令某一军（兵）种以哪些部队于何时、去何处支援哪一军（兵）种部队的作战行动。

（3）随机确定。此种确定方式是指挥员根据战时的需要，随机做出某部支援他部的决定；另一种是在作战中，某一军（兵）种或友邻间见兄弟部队处境险恶时，主动地以兵力、火力进行支援。

4）协调关系

协调关系是两个以上的平行单位为了达成共同的作战目的，所建立起来的一种平等、和谐的横向联系，又被称为协同关系。协调关系通常分为主动协调与被动协调两种。主动协调是诸军（兵）种间或各参战部队之间在没有外部条件干预的情况下，互相之间所建立起的协调一致行动的关系。被动协调是在外部条件干预之下诸军（兵）种或参战部队间所建立起来的协调一致行动的关系。

组织协调关系有以下四种方式：

（1）预先由指挥员进行协调。作战准备阶段指挥员在优选出作战方案之后，对参战部队各个时节任务及协调方式预先明确，使参战部队有所遵循，防止预见不周、计划不细、协调不好、战时打乱仗。

（2）预先由指挥机关进行协调。机关既是纵向联系的纽带，又是横向沟通的桥梁，充分发挥机关的中介作用，对于协调参战各部队的行动、密切相互之间的联系是极为重要的。

（3）战中派员靠前临时进行协调。在战场观通条件受限、指挥自动化水平不高、控制能力较弱时，指挥员应派出身边得力人员到主要作战方向进行现地协调。

（4）建立战场协调小组进行追踪协调。战场协调小组是在战役司令部设立的一个专门负责协调各军（兵）种联合作战行动的机构。

1.1.3 作战指挥方式

作战指挥方式是指挥员及其指挥机关实施作战指挥活动所采取的方法和形式，是一种宏观的、在各级指挥员和指挥机关之间进行职权分配的方法和形式，实质是如何分配和使用指挥职权的问题，是指挥员对指挥对象作用的方法和形式。作战指挥方式反映指挥员对指挥对象支配的方法和艺术。指挥方式是否恰当，不仅直接影响作战指挥的质量和效率，还影响被指挥人员的积极性、创造性和主观能动性，进而影响作战指挥的全局。根据战场实际情况采用相应的指挥方式是理顺指挥关系，提高指挥效能，进而确保作战行动效果的重要条件。

1. 作战指挥方式基本类型

指挥方式最基本的划分方式是按照指挥人员对指挥对象行使指挥权的集中程度，分为集中指挥和分散指挥。指挥方式的实质归根结底是指挥权的“统”和“放”的问题，“统”多就形成集中指挥，反之就是分散指挥。现代指挥方式大多是根据情况对两者的综合运用。

1）集中指挥

集中指挥又称集权式指挥、命令式指挥，是由指挥员集中掌握和运用指挥权的指挥方式。指挥员根据指挥关系直接掌握和控制所属部队，上级指挥人员不仅为下属部队明确任务，而且规定其完成任务的方法、程序。在作战过程中上级指挥员有权根据形势变化干预和调整下级作战决心和行动计划，下级指挥员必须根据上级的计划和规定来规范本级行动，执行上级制订的计划，确保达成上级意图，下级指挥员要改变原来的计划，必须报请上级批准。

随着对战场情报的获取能力增强，战场的透明度增加。上级指挥员对所属部队的控制能力也得到了保障，指挥自动化也在很大程度上减少了决策和反应的时间。所有这些都弥补了集中指挥的不足，这就为现代条件下的集中指挥创造了条件，焕发了新的活力。

2）分散指挥

分散指挥又称分权式指挥、委托式指挥或训令式指挥，是部队在分散行动时，根据上级总意图和原则指示，结合具体情况所进行的独立自主的指挥。其实质是把部分指挥权下放给下级指挥员和指挥机关，指挥员只明确下级的任务、目标、完成任务时限、当前敌我情况和发展趋势以及一些原则性的要求，并给下级提供相应的保障，但是不给下级规定完成任务的具体程序和方法。分散指挥可以使下级指挥员根据上级总意图，从战场实际情况出发，独立自主地决定完成任务的方法和步骤。

2. 指挥机关内外关系

1）按级指挥、越级指挥

根据指挥关系中指挥人员对指挥对象行使指挥权的秩序，指挥方式分为按级指挥和越级指挥。

按级指挥是指挥员顺指挥关系从上到下进行逐级指挥的指挥方式，指挥关系是严格的金字塔结构，一级一级向下指挥，上级指挥员对下两级部队的指挥是通过下一级指挥来间接进行的。按级指挥方式的优点使各级指挥职能都能充分发挥，有利于指挥系统整体效能的发挥和保持指挥结构的稳定；同时有助于增强各级指挥人员的责任感、积极性和主动性。按级指挥方式的主要不足是指挥环节多、时延长，影响指挥速度，不利于快速反应，影响紧急情况下的实时指挥；随指令信息层层下达，反馈信息层层上报，容易引起信息的失真，影响信息的准确性。

越级指挥是上级指挥员越过直接下级指挥员，对下一级或数级直接进行指挥的指挥方式。海上作战通常采用按级指挥方式，各级在职权范围内行使自己的权力，并对自己行使的权力负责。但在作战过程中，会经常出现难以预料的情况，需要迅速修正预案，为争取时间赢得主动，上级指挥员应采用越级方式，果断地实施指挥。这种指挥方式的优点是指挥层次减少，节约指挥时间，提高了指挥速度，有利于对所属部队的关键性作战行动实施迅速有效的指挥，抓住战机，对战场紧急情况做出快速反应；指令可直接下达到一线部队，信息失真少，准确性高；利于缩小知密范围，信息的安全性强，利于部队完成任务。

2）靠前指挥、岸上指挥、空中指挥、海上指挥

根据指挥员指挥所空间位置，指挥方式分为靠前指挥、岸上指挥、空中指挥和海上指挥。

靠前指挥是指挥员及指挥机构位置靠近一线部队，实行就近指挥的指挥方式。这有助于加强指挥员和所属部队之间的联系，便于指挥员及时了解战场情况的变化，并依据情况的变化及时做出相应的决策和反应。靠前指挥通常适用于战术级的指挥层次。

岸上指挥是指挥员及指挥机关在岸上对所属部队实施指挥的指挥方式。岸上指挥方式下指挥系统生存能力强，指挥稳定性好；拥有较多的侦测观察器材和通信手段，有比较齐全的指挥技术装备，能比较全面地掌握战场的情况；能全面对潜、对舰和对空实施指挥和全面组织各种保障。主要缺点是远离海战场，对情况掌握不具体、不直观，对于情况变化难以及时准确反应、难以对部队进行有效控制。

空中指挥是指挥员及指挥机关在空中飞行器上对所属部队实施指挥的指挥方式，是为确保作战指挥稳定性或提高作战指挥效能而采取的一种辅助指挥方式。在地面指挥机构遭到破坏，或者战场区域非常广，指挥机构需要很强的机动能力来对整个战场进行统一指挥时采用这种指挥方式。

海上指挥是指挥员及指挥机关在海上对所属部队实施指挥的指挥方式，是海军特有的指挥方式，联合机动编队及海上舰艇编队皆采用这种指挥方式。海上指挥掌握战场实况及时、直观、准确，指挥所在舰上，指挥在第一线；对于战场情况变化可以迅速适时地做出反应。主要缺点是在指挥自动化程度不高的情况下难以掌握全面情况；在信息化战争条件下，指挥系统的生存能力差，指挥稳定性受到严重威胁。

3）固定指挥、运动指挥

根据指挥机构所处状态，可以把指挥方式分为固定指挥和运动指挥。

固定指挥是指挥机构位置固定不动的指挥方式，一般被指挥层次比较高的指挥机构采用。采用固定指挥方式的指挥机构一般都有相对比较庞大的机构，通常设置在地下，各种装备设施

比较齐全，防御能力也很强；但是指挥所转移困难。因此，常设性的指挥机构多采用这种方式。

运动指挥则是指挥位置不固定，经常根据情况变化转移指挥位置的指挥方式。指挥员及指挥机关在舰艇、飞行器和车载机动指挥所中对所属部队的指挥方式都是运动指挥方式。这种指挥方式的突出优点是指挥系统生存能力强，指挥稳定性高，可以不断根据战场需要调整指挥所的位置，确保对战场形势掌握的连续性。

4）其他指挥方式

除了以上几种指挥方式，还有以下一些指挥方式。

根据指挥所使用的主要指挥工具，可以分为简易信号指挥、有线电指挥和无线电指挥。这三种指挥方式根据技术发展顺序来排列。

根据指挥手段发展水平，指挥方式可以分为手工指挥、通信指挥和自动化指挥。自动化指挥是现代技术发展和军事进步的必然结果，在部队战斗力的建设上发挥着越来越大的作用，自动化指挥成了能否提高指挥效率、充分发挥指挥潜力的关键。

3. 司令部内外关系

作战指挥机关通常指各级司令部。为理顺关系，要充分发挥司令部的作用，提高作战指挥效能。军队条例全面规范了司令部的内外关系。

1）战时司令部内部关系

军队条例中规定“司令部各业务部门在参谋长领导下，有主有从，密切配合，协调一致地工作”，规范了司令部的内部关系。作战指挥是司令部的主要工作，作战部门是司令部的核心部门，司令部的各个系统、各个部门的工作都必须围绕作战工作展开。

战时司令部的中心工作是保障首长定下决心，实现首长决心和组织指挥作战，司令部内部各业务部门之间的关系依此而定位。在组织指挥作战行动时，司令部的作战部门与其他业务部门的关系是“主、从”关系，是“主导”与“保障”的关系，是指导与被指导、指挥与被指挥、领导与被领导的关系。

2）战时司令部之间的关系

各级指挥人员在遂行作战任务时，应按照军队条例和上级意图积极主动地处理好指挥机关内外的各种关系，确保作战指挥的高效能，圆满地完成上级赋予的各项任务。

（1）上级司令部与下级司令部之间的关系。军队条例中规定“上级司令部应当对下级司令部的建设和业务工作提出要求，及时报告情况，检查指导工作。下级司令部应当按照上级司令部的要求进行建设并完成业务工作，及时向上级司令部反映情况，报告工作”。

上、下级司令部在实际工作中存在着指导与被指导、指挥与被指挥、领导与被领导的关系。司令部的基本职能是保障首长定下决心和实现首长决心，战时的基本任务是在首长领导下对部队的军事行动集中指挥，此“部队”中，就包括了下级司令部，而且首先是下级司令部。现代战争是指挥员和司令部的群体指挥，司令部负有出谋划策、保障首长定下决心和按照指挥员的决心具体组织部队行动的双重职能。司令部履行职能的过程，是一个实施指导、指挥、领导活动的过程，战时司令部按照首长决心、意图对部队作战行动实施指挥，依靠“发令调度”，通过计划组织工作，明确途径、制定措施、规定标准、提出要求，把指挥员的决心和意图变成看得见、摸得着的计划指令，并依靠“督导检查”，通过控制协调把握部队贯彻落实，确保首长决心和意图的实现。上级司令部这些工作通常情况下都是通过下级司令部作用到部队的。

（2）被配属部队司令部与配属部队司令部之间的关系。部队在遂行作战任务时，经常采用配属的方式加强某一部队的力量。随着隶属关系的形成，被配属部队司令部与配属部队司令部之间临时性的指导、指挥、领导关系也就形成了。因此，在军队条例中规定被配属部队司令部与配属部队司令部之间的关系按上下级司令部之间的关系执行。在部队之间的配属关系解除以后，被配属部队司令部与配属部队司令部之间的临时上下级关系亦即自行解除。

（3）被支援部队司令部与支援部队司令部之间的关系。遂行支援任务的部队仍隶属原部队的首长，与被支援部队之间不构成隶属或者配属关系。支援部队司令部与被支援部队司令部之间是一种支援与被支援的关系，不存在指挥或者领导关系。军队条例中规定“被支援部队司令部应当及时向支援部队司令部通报情况，提出支援要求。支援部队司令部应当及时向被支援部队司令部通报情况，按照上级赋予的任务和被支援部队司令部的要求，积极主动地配合行动”。

（4）友邻部队司令部之间的关系。部队遂行作战任务，相邻部队协同行动而又无隶属、配属、支援关系时，互以对方为友邻。同一作战任务使友邻部队之间不可避免地存在一定的联系，有时甚至是唇齿相依的关系。友邻部队之间主动配合、相互支持是战胜强敌的重要保证。为了保证遂行同一作战任务的部队能够协调一致地行动，共同完成上级赋予的任务，军队条例规定“友邻部队司令部之间在工作需要时，应当通报情况，主动配合，互相支持”。

4. 作战指挥关系

作战指挥关系是指挥员对所属部队行使作战指挥权时所形成的指挥与被指挥关系。

1）单独遂行作战任务时的指挥关系

单独遂行作战任务时，根据不同的作战任务，指挥关系的构成也不相同。

2）与其他军（兵）种联合（协同）作战及其他情况下的指挥关系

单个军种在参加联合作战或与其他军（兵）种协同作战时的指挥关系通常根据不同的任务性质，分别建立不同的指挥关系。

1.1.4　作战指挥的基本任务与活动

作战指挥是一项综合性的工作，基本任务包括准确掌握作战信息，及时做出情况判断，在作战筹划的基础上适时定下作战决心，创造有利态势，周密制订作战计划，有效控制协调作战行动，坚定不移地完成作战指挥任务。作战指挥基本活动包含各级指挥员为达成一定的作战目的，对部队作战行动进行的运筹决策、计划组织、控制协调活动。

1. 查明情况

查明与作战行动有关的情况是作战的起点，是指挥员定下决心、遂行作战指挥活动的基础，是对部队作战行动实施正确指挥的前提，贯穿作战指挥活动全过程。没有情报信息，就无法定下决心，就不能对部队实施指挥，就难以获得战场的主动权，就无胜利的把握。指挥员历来将查明情况作为作战指挥的首要任务。

（1）查明情况的含义。查明情况就是查清影响作战准备与实施的各种因素和条件。其中包括敌情、我情、友邻及战区的地形、气象、水文和社会民情等。根据使用的范围可分为战略情况、战役情况和战术情况；根据出现的环境不同又可以分为地面情况、空间情况、空中情况、海上情况和水下情况。

战略情况是在战争中战区内或战略方向上在一定时间内形成的事关全局的情况，由统帅部和联合作战指挥员或军（兵）种首长掌握使用。战役情况是由作战集团及其友邻地区和作战地域在一定时间里形成的情况，由作战集团及舰队一级指挥员掌握使用。战术情况是在海上编队、兵力群及友邻准备和实施战斗的海域或地区内形成的情况，供组织实施战斗使用，一般由战术指挥员掌握使用。

（2）查明情况的重点。情况包括敌情、我情和作战环境。其中最重要、最难获得的情况是敌情，也就是情报。情报是“为保障军事斗争需要而获取的对敌对国家、集团和战区的有关情况及其研究判断结论，是制定战略方针、国防政策和各级指挥员定下决心，指挥作战的重要依据”，是有关敌人情况的预先报道，是查明情况的重点。指挥员及其指挥机关对已掌握情况进行处理。处理过程主要包括积累资料、研究整理、报告通报、分类储存等。

准确的情报是实施正确指挥的客观依据，正确的指挥是建立在了解和掌握情况的基础上的，特别是了解掌握敌情的基础上。因此查明情况的重点是掌握敌情。在信息化战争条件下，掌握敌情对作战指挥的成效更具有决定意义。获得并保持情报信息的优势，就有可能把握战场的主动权。从某种意义上说，作战指挥的实质就是如何可靠、有效地获取、使用情报信息。因此夺取并保持情报信息优势将成为作战指挥活动的核心。

查明情况的关键是情况判断。对情况做出正确判断，取决于情况的数量和质量，并受指挥员判断能力和主观意志的影响。情况本身的不确定性、相互矛盾性都给指挥员判断增加了难度。对于同样的情况资料，不同的指挥员得出的结论可能千差万别，有时甚至可能截然相反，这往往取决于指挥人员的素质。

2．作战筹划

1）作战筹划的含义

如果说战术指挥员主要考虑怎样执行上级的命令，圆满地完成上级规定的作战任务，那么战略、战役指挥员更多考虑的则是在总意图下，如何根据敌我双方的情况，从全局着眼，运筹谋划组织若干战役、战斗，或通过若干作战阶段，达成某种作战目的，从而在一定时限内完成一个战略阶段或一次战役总的作战任务。战役指挥和战术指挥不仅范围大小不同，而且作战手段和作战方法也不同，必须考虑更多的可变因素，这些因素使作战具有更大的不确定性。

作战筹划是根据上级意图、敌情、我情、任务、时间、自然环境等各种情况，在作战之前对一个时期或一段时间的作战全局通盘运筹与谋划，是作战指挥的一项重要任务。作战筹划解决的主要问题是打不打、打谁、在哪里打、什么时间打、怎样打，通过作战筹划，形成正确的作战方针并勾画战役蓝图，设计符合战场实际的方案。这是关系到作战决心是否正确，是赢得作战胜利的重要途径，同时也是战略、战役作战指挥的重要特征。

2）作战筹划应着重把握的问题

（1）领会和贯彻上级意图。上级意图是作战筹划的主要依据，是本级任务和一切作战行动的出发点。指挥员必须站在全局高度看问题，遵循局部服从全局的原则，善于把握全局对作战的基本要求，使本级的作战目标和主要方向的确定、作战力量的使用及战法的选定服从和服务于上级意图。

（2）客观地分析形势。指挥员只有在充分了解情况的基础上，对形势进行客观正确的分析，才能真正了解战场态势，进而把握态势，掌握战场主动权。形势分析是作战筹划的客观基础，指挥员必须客观准确地判明敌人的真实企图，加强作战筹划的针对性；认真地实事求是地进行力量对比，准确评估双方的力量，真正做到心中有数；随时掌握敌人的动态，为下一阶段的作战做好准备。

（3）善用奇谋，锐意创新。在作战筹划时善用奇谋，才能欺骗、迷惑、调动敌人，造成敌人的错觉和失误。

（4）正确确定作战方针。作战方针是关于作战目标、作战方向的确定和关于引导作战胜利发展的重要宏观指导原则，是指导作战行动的纲领，是引导作战取得胜利的重要保证。通常有三种产生方式，其一是由上级指挥员确定；其二是由上级指挥员与本级指挥员共同制定；其三是本级指挥员根据上级的意图、本级任务和战场实际情况确定。当由本级指挥员制定时，作战方针就是作战筹划的结果。

作战方针没有固定的格式和内容，通常包括的基本内容有：①敌情分析：主要是敌人的企图、作战兵力和可能采取的行动；②战略意图：主要是我方的战略任务及其与将要进行战役的关系；③战役企图：核心是战役将要达到的总目的及为此而区分的各个阶段的任务、作战目标、主要作战方向和预定歼敌目标以及战役发起的时限；④作战重心：包括各个阶段的作战重心、战役力量及其使用；⑤基本战法：在不同阶段应采用的作战样式和作战方法；⑥发展趋势：提出战役发展的各种设想、作战过程中可能遇到的各种问题以及相应的对策；⑦战场或战役配合；⑧应特别注意掌握的若干主要问题。

3．定下决心

1）决心的含义

作战指挥的全部过程就是定下决心和实现决心。决心是指挥员对作战目的和作战行动的基本决定，是指挥员对作战目的及行动做出基本决定的思维活动和工作过程，是作战指挥活动的核心，是一切作战行动的出发点和归宿。决心正确与否关系到作战的成败，决心方案的优劣直接影响作战指挥的效能。定下决心是作战指挥的中心任务，是指挥员在作战环境中特殊的决策活动。

指挥员定下决心时必须考虑的因素称为定下决心的基本要素。任务、敌情、我情、地形、时间是指挥员定下决心时必须考虑的五个基本要素。任务要素是核心，任何指挥员首先要明确自己所承担的作战任务，并以任务为核心，研究敌情、我情、地形和时间。不明确任务，敌情就是一个抽象的概念，就不能具体地认识和评估敌人。

2）决心的主要内容

决心的内容主要包括作战目标、使用力量、作战方法和战役战斗保障。战略决心和战役决心是在作战筹划的基础上做出的，战斗决心省略作战筹划的过程，相应工作内容包括在定下决心的过程中。

作战目标是作战企图或作战期望达到的结果。战役层次或者独立遂行任务的部队，依据作战需要和上级意图，针对战场实际确定期望达成的作战目标；战术层次或者在上级编成内遂行任务的部队，由上级确定作战行动总目标，本级确定具体作战目标。

使用力量是为达成作战目标，对作战部队和各种保障部队、武器装备和作战物资的运用，主要由人与物两大要素构成。指挥员在定下决心的过程中，必须明确三个方面的问题：一是使用力量的规模，二是使用力量的种类，三是使用力量的组合。

作战方法是为达成作战目标所采取的主要打法和措施，是作战决心必须明确的重要内容。指挥员应根据作战目标和使用力量，对于时间、目标、条件、手段、作战行动样式、指挥与协同事项等做出决定。

战役战斗保障是为顺利准备和实施战役战斗而采取的各种措施。决心中的保障可分为作战保障、后勤保障和装备保障。作战保障包括侦察、通信、观察、防化、电子防御、工程、伪装、航海、水文气象、防险救生、战场管理等。指挥员在确定保障措施时，应对保障措施做出明确指示，明确保障任务、保障方法、使用的兵力和器材、指挥与协同事项、完成保障准备的时限和要求等，重要的保障内容应当在作战方案中一并考虑。具体保障组织由机关相应业务部门根据作战决心详细制订计划，并指导保障工作。

3）定下决心的过程

定下决心的过程包括了解任务、收集资料、判断情况、提出初始方案、评估优选方案和定下决心。

（1）了解任务。正确理解上级意图和本部队作战任务是指挥员定下决心的前提。首先应当明确上级赋予的任务和制定的作战方针，弄清战略、战役所要达到的目的和完成任务的方法和手段。正确理解本部队任务在全局中的地位和影响，上级明确的作战对象、方向和区域，完成任务的方法、步骤和时限，友邻的任务与本部队的关系和协同方式等。

（2）收集资料。指挥员受领任务后，应根据上级意图和本级任务指示司令部收集资料，以便正确判断情况定下作战决心。在作战准备阶段，司令部的基本任务是保障首长定下决心，而收集资料就是其中一项复杂、烦琐而又重要的工作。如果不能充分掌握资料，就无法客观判断情况，定下正确决心。所需资料仍然主要是敌情、我情、作战环境等与作战相关的各种资料。

（3）判断情况。各级指挥员对与遂行任务有关的情况进行分析研究并得出结论的活动，实质是对所收集掌握的情报资料进行分析—综合—再分析—再综合的认识过程。分析判断情况是确定作战决心的前提和依据，必须在深入了解任务和全面收集掌握情况资料的基础上对敌方、我方、作战环境等情况进行综合分析，得出情况判断结论。

情况判断结论的主要内容包括敌人作战企图、可能的行动步骤及作战方式、双方兵力数量与质量对比、双方作战能力强弱对比、保障能力强弱对比、总体强弱对比、作战地幅及相关区域自然条件和社会环境对双方作战行动的影响、我方遂行作战任务面临的利弊因素及存在的问题、本部队完成任务的可能性等。

① 敌方情况是判断情况的重点。主要分析判断作战对象的作战观点和作战指导、作战企图、兵力编成、武器装备、作战能力、兵力部署、战法和手段、指挥特点、保障能力等。从判断敌人企图入手，判断出敌人战役战斗的目的；寻找出敌人作战主要集团、主要作战阶段、主要方向或战区、主要作战行动等，判断其发展；将获得的情报做纵横对比，排除干扰和欺骗，得出对敌情判断的结论。

② 我方情况主要分析判断所属兵力编成、武器装备、部队军政素质、士兵训练水平和作战特长、作战能力、保障能力、当前兵力部署、完成作战准备所需要的时间、友邻部队及地方支前力量的关系等。与当前之敌进行对比，以便确定作战目标和进行作战部署。

③ 作战环境是影响遂行作战任务的重要因素。主要分析判断作战地幅及相关区域内的地理情况、天文情况、水文气象情况、电磁环境、社情、可供使用资源和物资储备、交通状况、技术条件、政治、外交等以及对作战行动的影响。

（4）提出初始方案。初始方案是对作战进程与打法的初步设想，是形成决心的蓝本。在了解任务和判断情况的基础上，确定作战目标、作战力量的使用、作战方法和保障措施等内容，作为指挥员定下决心的预选方案。

初始方案的形成方法主要有两种：一是临机拟制，在受领作战任务后，根据本部队任务和掌握的有关情况临时拟制；二是预案修订，在战前作战预备方案的基础上，根据掌握的情况进行修改完善，使其成为预选方案。

（5）评估优选方案。初始方案形成后，指挥员要对诸多方案进行优选，通过定量定性分析比较，从中选出较为理想的方案作为行动的基本方案。理想方案的标准通常从成功率、作战效益、风险度、应变性和实施难度等几个方面加以衡量。

经验判断法：指挥员以自己以往的经验与教训为尺度，衡量诸方案的优劣。**标准评估法：**将方案优选标准尽可能量化，使指挥员有一定可比的参照值，将各方案依标准列出并进行分析比较，最后将比较的结果综合起来，按照标准值大小依次排序，分出优劣。**计算机模拟法：**各初始方案中敌对双方可能采取的行动和对策，按照作战程序进行计算机模拟对抗，根据对抗的结果分出优劣。**图上推演法：**指挥人员根据初始方案分别充当敌对双方指挥员，按照作战进程分阶段对抗，在图上逐案推演，根据对抗的结果分出优劣。**实兵检验法：**依据初始方案，全部或部分展开指挥机构和部队，在预定作战区域或环境相似的区域，按照实战要求进行操演。

（6）定下决心。在对诸方案进行评估并按优劣排序以后，指挥员应当做出最后决断，决定哪一方案为执行基本方案，哪一方案为预备方案。

4．计划组织作战

1）计划组织作战的含义

计划组织作战是指挥员为指导部队作战准备所进行的一系列预选设计和组织工作，是作战指挥活动的重要内容，是指挥员决心的具体化，通常在指挥员定下决心之后进行，主要依据是上级的命令和指示、本级指挥员决心、本部队实际情况以及交战环境等。

2）计划组织作战的主要内容

计划组织作战的内容主要包括制订作战计划、下达作战命令、组织协同行动、组织各种保障及战时政治工作等。

（1）制订作战计划。作战计划是指挥员为完成作战任务而制订的指导作战准备和作战行动的计划，是组织参战兵力实现决心的基本依据。

作战计划包括作战行动计划和作战保障计划，其中作战行动计划是作战计划的核心和主体，是制订其他计划的依据。作战计划主要根据情况判断的结论、上级意图、本部队任务和指挥员决心制订。通常由参谋长主持，指挥机关相关部门和有关兵种部门制订。计划制订通常在指挥员定下决心之后开始，在下达作战命令、组织协同和各种保障之前完成。

作战行动计划可分为总体计划和分支计划。总体计划是作战行动计划的核心，是作战决心的集中体现，主要内容包括：情况判断结论；上级意图和本部队任务；友邻部队的任务及分界线；兵力编成、配置和任务；作战阶段划分；各阶段情况预想及处置方案；兵力行动方法、指挥的组织；完成作战准备的时限或进攻发起的时间等。分支计划通常包括反侦察计划、电子对抗计划、防御计划、扫（布）雷计划、后方防卫计划等。

作战保障计划是为使部队顺利遂行作战任务而对各项作战措施所进行的预先安排，是组织部队实施作战保障的基本依据。作战保障计划包括一系列具体计划，主要有侦察保障计划、通信保障计划、伪装计划、电子防御计划、航海（领航）保障计划、水文气象保障计划、工程保障计划、防险救生保障计划、战场管理计划和对核生化武器的防护计划等。

（2）下达作战命令。下达作战命令是实现作战决心的重要步骤，是计划组织作战的重要环节。指挥员决心经上级批准后，应当迅速地以命令形式将指挥员的决心、意图告知执行者。作战命令分为合同命令和个别命令。

合同命令是指挥员对所属部队的任务和行动的作战命令。合同命令的主要内容包括：敌情判断结论、上级作战企图、本部队任务和指挥员决心、友邻任务及作战分界线、各部队的编成、配置和任务、完成作战准备时限、指挥所开设时间和地点、指挥员代理人等。作战命令还可附有首长决心图、有关保障计划等。

个别命令是指挥员对所属某一部（分）队单独下达的一种命令形式。个别命令的内容包括受令者需要了解的敌情、上级有关意图、本级任务和决心、受令者任务、支援（协同）单位、兵力和支援（协同）方法、本级指挥所位置等。

及时、简明的作战命令，有利于促进各兵力更准确地理解任务，更明确地执行任务。为提高指挥速度和效率，应充分利用现代指挥工具，在准确、保密的前提下，用最快的速度将命令传达给执行者，情况紧急时，可以越级下达作战命令并通知执行者的直接上级。

（3）组织协同行动。组织协同行动是指挥员根据统一的作战意图和计划，组织各兵（舰、机）种按照作战目标（任务）、时间、海（空）域协调一致地行动。目的是发挥诸兵种部队的优长，保持协调一致的行动，在整体上形成最大的合力，减少由于协同失调引起战斗力的内耗。周密组织和保持不间断的协同，是贯彻和保障指挥员决心圆满实现的重要措施。组织协同的主要依据是上级的协同指示、本级的任务和决心、敌人的行动企图和作战特点、所属部队的特长和作战能力、作战区域的环境条件等。

组织协同的主要内容包括作战阶段划分；对各阶段敌人行动设想；各兵力任务、作战区域、行动程序和方法；协同的基准兵力或基准行动；友邻部队任务及与其协同方法；协同遭破坏时恢复措施；指挥关系和指挥所位置；协同通信、识别、召唤、引导、目标指示方法；配属和支持兵力的行动及转隶程序；统一使用基地、机场和战场设备，物资、装备保障的规定及有关注意事项等。

协同通常由参谋长按指挥员的意图组织，重大协同行动也可由指挥员亲自组织。在时间允许的情况下，应适时召开有参战部队指挥员、有关军（兵）种代表、友邻部队代表和地方支前机构代表参加的协同会议。指挥机关应当事先拟制协同计划，做好必要的资料、器材等项准备。会后应制订正式的协同计划，及时下达协同指示。当时间紧迫不宜召开协同会议时，可以在作战命令中明确协同的主要事项。

（4）组织各种保障。为确保部队安全顺利地完成作战任务，指挥员必须全面、周密地组织各种保障。根据保障的性质、内容和要求，分为作战保障、后勤保障和装备保障等。

作战保障的主要内容在作战计划中已经描述。后勤保障的主要内容包括经费保障、物资保障、卫勤保障、运输保障和工程保障等。装备保障的主要内容包括舰艇装备保障、航空装备保障、兵器技术准备、装备加改装、补充装备的筹措、维修器材供应和装备技术管理等。

组织保障时应当根据作战决心、保障的任务和战场条件，明确保障力量的编组、配置和任务；保障重点和方式、方法；保障物资器材分配和使用；保障关系与协同事项；完成保障准备的时限和要求等。后勤保障和装备保障由后勤和装备部门的主要领导组织，相应机关各部门具体制订相关保障计划，具体指导保障部队的各项工作。

（5）组织战时政治工作。战时政治工作主要包括进行作战政治动员；开展军事民主；开展杀敌立功运动；维护战场纪律；做好瓦解敌方工作，加强安全保卫工作；加强新闻媒体的使用和控制；做好优抚工作；做好参战民兵民工的政治工作和群众工作等。

各级指挥员必须根据作战决心，在平时作战准备预案的基础上，周密、迅速、隐蔽地进行作战的计划与组织，利用现代指挥工具，简化工作程序，以保证在上级规定时限内完成作战准备。

5. 协调控制作战行动创造有利态势

战争是敌对双方实力的较量，在时间、空间、力量等方面占据有利态势，有利于获取作战主动权。战场态势是战场上敌对双方在总体力量对比、作战部署与作战行动等方面形成的状态和形势，主要是指作战的形势、气势和趋势。形势主要指交战双方的地势和所处自空间状态；气势着重交战双方在物质和精神方面的作战实力；趋势是形势与气势的结合，是交战双方发展变化的趋势。

1）协调控制作战行动的含义

作战行动的协调控制是指挥员在作战实施过程中所进行的下达命令、反馈控制、态势分析、纠偏调控等一系列活动，是作战指挥活动的重要环节，是将作战决心和计划付诸实现的关键，是对作战活动的掌握和驾驭，是达成作战最终目的的基本途径。指挥员在控制协调作战行动过程中，必须自始至终地掌握战场情况，督导协调部队行动。

协调控制作战行动是对计划执行情况进行监督、检查和调整，使作战力量达到和谐一致的作战指挥活动，是作战指挥最复杂、最繁重的任务。战场情况的变化性使得实施阶段的作战指挥不像作战准备阶段那样规范，其实质是对情报、兵力和战法三要素的综合运用。

信息化条件下的战役，由于参战兵种多，平转战而临时编组形成的关系多，受国家政治、外交因素的制约，使得协调控制关系极为复杂。因此，各级指挥员都以主要精力控制作战进程，掌握作战节奏，采取有力措施全面控制战场信息，制约、限制敌人行动，不失时机地指挥己方部队的行动，保证作战目标的达成。

2）协调控制作战行动的主要内容

（1）掌握战场情况。正确地控制协调作战行动，必须以大量、准确、及时的信息为前提，这些信息的获取，必须建立在全面掌握战场情况的基础之上。在作战实施过程中，指挥员应当及时、准确、全面和不间断地掌握敌情、我情和作战环境情况。

敌情掌握的重点是敌人行动企图、兵力编成和部署、可能采用的战法、支援保障、防御等情况并特别要注意其发展变化，预备队位置及行动、指挥通信枢纽等重要目标，电子战和高技术武器装备使用情况等。

我情掌握主要包括上级命令和指示、所属部队执行命令和计划的效果、行动中遇到的阻碍和困难，各部队所处位置和态势、人员伤亡、武器装备和物资损耗、预备队使用情况等。

友邻和民兵情况掌握主要是参战和支前任务执行情况、与所属部队的协同配合及对所属部队行动的影响等，对作战环境的掌握主要是地理、天候、水文气象等自然条件的变化，还应掌握在作战区域内的其他国家武装力量的动向，分析其对我作战行动的影响。

掌握战场情况的主要途径包括适时组织侦察，研究上级、友邻的通报和下级的报告，分析作战经过和当前态势等。

（2）督导协调部队行动。督促指导和协调部队的行动是指挥员有效控制作战行动的主要内容，也是实现作战决心的重要措施。指挥员对部队行动的督促指导，主要是各兵力在规定的时间、海区、空间范围内，协调一致地遂行作战任务；督促预备兵力按计划或指令适时机动，展开和投入作战；督促指导后勤、装备保障行动；检查指导战场管理、维护战场秩序等。

指挥员对部队行动的协调，主要是各作战方向兵力之间的行动；执行主要任务兵力与其他兵力之间的行动；各作战阶段参加兵力的行动；海上兵力与空中兵力之间的行动；机动、火力、突击、扫（布）雷、电子对抗之间的行动；作战与各种保障之间的行动等。协同行动受挫时，应适时下达协同补充指示，明确新的协同关系和协同原则，规定协同的任务、目标、时间和方法等。

作战行动的控制协调是一个周期循环过程，从下达号令开始，经过反馈控制、态势分析到纠偏调控，接着下达新的号令，开始下一周期调控。每个环节不可缺少，关系不能颠倒。

① 下达号令。下达号令是指挥员对指挥对象控制行为的开始。在指挥活动过程中，指挥员通过号令将决心和计划中的相关内容传达给指挥对象。下达号令只有指挥对象真正接收到号令，才算是完成了号令的下达。

② 反馈控制。指挥员接到号令以后开始行动，无论作为一级指挥员对下级实施指挥，还是直接实施作战活动，都是在本级指挥员控制下。表现为先有指挥对象的行动，才有对指挥对象的调控。这种调控是反馈控制，要求指挥员根据反馈信息不断对指挥对象的行动进行反馈控制。

指挥员进行反馈控制的主要途径：一是通过检查、监督使指挥员了解并掌握指挥对象的行动；二是接收指挥对象的情况报告反馈，注重报告情况的时效性、客观性，否则将影响和干扰指挥员对情况的判断；三是依靠战场监控系统，及时、准确、全面地反馈指挥对象的行动情况。

③ 态势分析。指挥员通过反馈信息，掌握指挥对象的现实态势，结合作战计划以及所预测的未来态势进行分析，并以此决定对指挥对象进行调控，以创造和保持有利态势。

态势分析是最复杂、最主要的任务，一般可以从以下几个方面进行分析：一是指挥对象的作战效果，攻击了哪些目标，毁伤程度如何，歼敌数量多少，对敌人形成的压力等；二是所处的空间位置，进攻或防御作战所处的位置，制海、制空权的情况等；三是战场损耗、人员的伤亡，武器、弹药的消耗，士气情况等；四是时间因素，现实态势是否对我有利，剩下的时间是否能够完成指定任务等。

完成现实态势分析后，需将其与作战计划设想的态势进行对比，找出偏差。如果是简单的反馈控制，只要出现了偏差，就应该进行调控。但现代战争异常复杂，需对未来态势进行预测并加以综合分析。要把现实态势与计划中设想态势之间的偏差放到未来态势的背景中来对比，从而找出比较正确的调控办法，以达到创造和保持有利态势的目的。

3）纠偏调控

偏差分为正偏差和负偏差。正偏差是指现实态势好于原计划的态势，而负偏差则相反。对于负偏差，由于它影响了反馈作战行动，可以通过下达调控指令加以修正，使其向正常的状态靠近，缩小偏差。而对于正偏差，有时可以采取激励的方法，加大这种偏差，以利于更好地实现目标。

调控分为对计划进行调整和对指挥对象行动的调整。调整不完全是对指挥对象而言的。随着战场的变化，计划难免会出现一些不符合实际的情况，须对计划进行必要的调整，以使计划能够在后续的作战中继续起到对指挥对象的控制作用。

作战行动调控过程中，并不是出现了偏差就一定要进行调控，而是根据偏差的大小适时调控，偏差在允许范围内则无须调控。偏差大小衡量的依据是控制标准，指挥员必须明确一系列控制标准。只要指挥对象行动的偏差处在控制标准允许的范围内，接近目标而不影响目标的最终实现，指挥员不必对其进行调控，而应由指挥对象独立自主地行事。在调控对象很多的情况下，调控行为太多则容易引起调控对象行动的混乱。

指挥员定下纠偏调控决心之后，下达调控号令，控制协调活动进入下一周期。在作战指挥活动中，由于敌、我和作战环境的重大变化，有可能会出现完全打乱控制的情况，使原先的控制无法通过调控维持下去，这就需要指挥员要定下新的决心或计划，对指挥对象实施新的控制协调。协调控制的方法有目标协调控制、计划协调控制和随机协调控制。

目标协调控制是以任务为指针进行的调控，是对行为结果的控制。指挥员确定控制的目标，将目标指令下达给调控对象，由调控对象自己选择行动的方式，通过对指挥对象进行监督，接收各种反馈信息，并对调控对象所处的状态与预期状态进行对比，找出其行为偏差，根据控制的标准，适时下达调控指令，纠正指挥对象的行动。

计划协调控制是以计划为依据进行的调控，是对行为过程的控制，用实现目标的步骤来约束调控对象的行动。一是下达计划，根据作战计划明确控制标准。计划的内容主要包括各部队行动时间、空间、目标、任务以及指挥员所规定的其他要求等。对象接到计划后，进一步细化计划，并按计划行动。二是通过反馈，掌握指挥对象的行动，并将其所处的状态与预期状态相对比，找出偏差。三是根据偏差的大小以及对之后行动的影响，下达调控指令，纠正其行动。

随机协调控制是一种直接控制方法。指挥员根据当时的情况和指挥对象所处的态势，临时下达相关指令，规范和约束指挥对象的行动。下达调控指令，由调控指令约束指挥对象的行动。指挥员根据反馈的情况，检查指令的执行情况，并视情下达下一步行动的指令。

1.1.5　作战指挥的主要规律

1. 作战指挥系统的结构决定指挥成效

作战指挥系统结构的优劣决定了作战指挥的成效，作战指挥系统各要素情况不同，之间的结合方式不同，或与环境之间的相互作用不同，作战指挥系统的功能就不同，作战指挥的成效也就不同。根据系统工程的“决定功能的条件最重要的是系统的结构”原则，作战指挥系统必须由最优要素按照科学的结合方式，并经过不断地协调使之处于最佳的状态，才能保证指挥功能的最佳发挥。而组成作战指挥系统的各要素是决定系统功能状况的基本条件，指挥员、指挥机关和指挥对象的优良素质和合理搭配、指挥手段的质量是系统整体功能提高的基本保证。

2. 指挥员是作战指挥成效高低的关键

指挥员的素质及其作用的发挥是作战指挥成效的决定因素，指挥员在作战指挥系统的各要素中起着主导作用，同时作战指挥成效的提高离不开其他要素素质的提高。

3. 指挥成效有赖于指挥对象完成任务的水平及其作用发挥

在指挥员定下决心，下达命令之后，作战指挥的成效就有赖于指挥对象的素质及其与指挥员配合默契的程度。指挥对象完成任务的水平和能力是实施作战指挥的基本依据，指挥员不能脱离或超越指挥对象的现实条件去实施指挥，提高指挥对象完成任务的能力和水平是指挥员的重要职责。

4. 指挥效能的发挥有赖于指挥手段及其达成指挥能力的程度

作战指挥能够做到实时、灵敏、快速、准确和高效，已成为能否保障部队协调一致行动，以及能否取得战场主动权的关键，这就对指挥手段达成指挥能力与功效及其作用的发挥提出了严峻的挑战。指挥手段达成指挥功效的高低是影响和制约作战指挥成效的重要因素，指挥手段的发展水平直接反映了作战指挥发展的水平。提高指挥手段达成指挥成效，首先应加强指挥信息系统建设，并注重发挥指挥信息系统的作用。

5. 指挥成效有赖于指挥信息的质量

指挥信息的基本作用是为指挥员提供各种情况保障，保障的有效性取决于指挥信息数量、质量状况及其作用的发挥。指挥员完成指挥任务的质量与其所拥有和使用的信息数量、质量状况之间存在内在的、本质的、必然的联系。而提高指挥员的作战指挥成效，不仅离不开足够的信息量，而且起决定作用的是其有效信息，是信息的质量。过多、无价值信息不仅对提高成效无益，而且可能由于“信息冗余”干扰指挥员决心而影响指挥成效。因此在作战指挥过程中，必须采取各种方法和措施，以确保使用信息具有较高的质量，同时要重视通过增加信息的占有量来确保高质量信息的获取和使用。

6. 指挥成效受作战对象反作用力的制约

指挥员与作战对象不仅相互对抗而且相互作用，都以消灭或战胜对方为目的，作战指挥的成效必然受作战对象反作用力的制约。

7. 作战指挥成效受时空条件的制约

作战指挥活动是在一定的时间、空间内进行的，争取了时间等于争取了主动。空间具体表现作战双方所处的位置、范围、水文、气象等情况，是发展变化的。指挥员在作战指挥过程中，必须正确认识时间、空间因素的基本特征及其对作战指挥活动的影响，争取主动夺取战斗的胜利。

1.2 信　　息

1.2.1 信息的概念

信息在当今社会已经成为一种重要的资源。信息的概念是人类社会实践的深刻概括，是符号、信号或消息所包含的内容，用于消除对客观事物认识的不确定性。1948 年信息论创始人克劳特·香农在研究广义通信系统理论时，把“信息”定义为信源的不定度，即对信宿（接收信息的系统）而言，在收到消息（信息的载体）前是不知道信源（产生信息的系统）发出什么信息，只有在收到消息后才能消除信源的不定度。1950 年控制论创始人维纳认为，信息是人们在适应客观世界，并使这种适应被客观世界感受的过程中与客观世界进行交换的内容（消息或信号）的名称。1964 年卡耐普提出语义信息，后又提出语用信息，强调信息的效用和价值。20 世纪 80 年代广义信息将信息作为与物质并列的范畴纳入哲学体系。美国国防部《军事术语词典》的定义则包含两方面内容：①人们在表达已知常规性事物或现象中所指定给出的数据；②在情报业务活动中可用于产生情报的未经评价事物的表述。

管理领域认为信息是提供决策的有效数据；控制论领域认为“信息是信息，既不是物质，也不是能量”；通信领域认为信息是事物运动状态或存在方式的不确定描述；数学领域认为信息是概率论的扩展，是负熵；哲学领域认为信息是事物的运动状态和方式……从上述定义可以看出，许多人从不同的角度引入信息概念，从不同侧面表达信息的本质，使得“信息”一词在不同的场合往往有不同的含义，很难用一个简单的定义将其完全准确地描述出来。到目前为止，有关信息定义和信息度量问题的研究还在不断地深入研究中。

数据：是对原始事实的描述，可通过多种形式记录在介质中。

信号：是承载信息的物理载体和传播方式。

编码：将一种形式的信号变换成另一种形式的信号。

消息：是对事物运动状态和方式的描述，是信息的外壳和载体。

情报：是某类对观察者有特殊效用事物的运动状态和运动方式，是一类特殊的信息。

知识：是事物运动状态和方式在人们头脑中有序的规律性表述或理解。

感知：以侦察等方式，收集各种情况等活动的总称。直接感知是以目视、听力、各种传感器技术装备等方式，直接获取作战空间的信息。间接感知通过对信息域中信息流、信息的分析和理解，实现对作战空间情况和态势进行感知。

认知：存在于认知域。与各种情况相关，是运用知识对目前态势的了解，经过分析判断得出结果的过程。

决策：发生在认知域。本质是做出如何行动的选择。决策的结果可以通过信息传送，由其他执行者执行，或传递到物理域，影响物理域的行动。

通信：利用载体将信息从一个系统传递到另一个系统。

1.2.2 信息的特征

物质、能量和信息是物质世界的三大支柱，信息是物质的一种普遍属性，具有相对独立性，可被传递、复制、存储、加工和扩散，并具有无限共享性，在无干扰和无损传递下共享的信息是完全等同的，不会造成原来的占有者损失信息。这种共享性以及信息共享后所产生的决定性作用，使得信息成为军事作战中的重要组成部分，使军事信息系统成为信息化战争中的重要基础设施。可以认为：信息是按照一定方式组织起来的事实集合，是事物运动状态和方式的综合反映。

1.2.3 战场信息

战场信息是指与军事指挥、武器控制、作战资源管理等过程直接或间接相关的信息。

1. 战场信息分类

战场态势信息包含具有统一坐标的自然环境信息，与环境紧密相关的人文环境信息，军事目标和军事行动（敌、我、友、中立方作战实体、军事设施）的位置、状态、进展和分布信息，具体如下：

（1）作战区域的战场环境信息。

（2）敌、我、友、中立方作战实体的当前位置和所有有用的状态信息。

（3）敌、我、友、中立方作战实体的所有有用的计划机动信息。

（4）能够影响到敌、我、友、中立方作战实体部署的所有有用的信息。

（5）生成要素和计划（如作战计划、作战区域）。

战场态势信息包含了战场环境的当前状况、战场上敌我双方力量信息及变化发展趋势的相关信息，如图 1-1 所示，可以认为主要包括以下几类信息：

（1）兵力部署信息。主要包括敌、我、友方的兵力编成、武器装备、战场设施、固定部署、机动部署、士气、训练等元素，体现敌、我、友和中立方的海陆空等作战实体的当前位置、状态及兵力部署等信息。

（2）作战实体运动状态信息。主要包括已在作战空间中展开或运动的作战实体状态信息，如空中目标、海上目标、空间目标、地面运动目标的当前位置、属性及对其作战意图的估计信息等元素，主要表现为敌、我、友和中立方的海陆空作战实体的运动状态、识别和预测估计信息。

（3）战场环境信息。主要包括可能影响作战行动的自然环境、电磁环境和社会环境等影响作战空间的要素，如战场空间的气象、地理信息、交通条件、河湖水系，核生化环境、电磁环境等元素，以及作战区域内国家/地区、宗教/党派、地缘政治、经济与文化状况等情况。

（4）作战指挥辅助信息。主要包括指挥员实施作战指挥过程中产生的各类指挥、控制信息要素，如战略战术意图、作战计划方案、行动预测、告警、损伤评估、任务指令等信息。

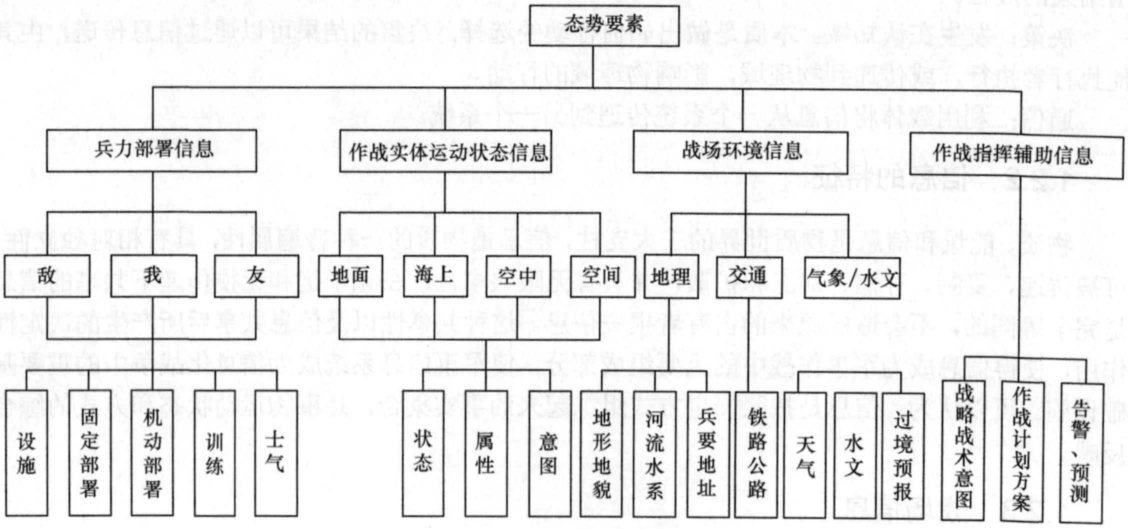

图 1-1 战场态势要素构成

2. 战场信息生命周期

网络中心战中态势信息的分发共享与传统指控流解耦，将分散部署在战场空间中的传感器、决策系统以及打击系统等各种实体联结成一个网络体系，各级作战人员利用该网络体系及时了解战场态势、交流作战信息、指挥与实施作战行动，实现战场态势高度共享、部队协调自我同步、作战任务动态分配、作战指挥随机应变。目的是以信息共享为基础建立起信息优势，利用信息优势实现知识优势和决策优势，从而加快决策和指挥速度，实现作战协同，提高作战效能。网络中心战的重要特征就是增强信息共享水平和共享态势感知能力，共享的态势感知实现作战协作和同步，全面实现作战单元间的态势共享和态势同步，其中最重要的就是贯穿全程的以通用作战态势图的形式实现传感器网络、作战平台和作战部队之间的信息互联共享。战场态势信息生命周期的一般流程如图 1-2 所示。

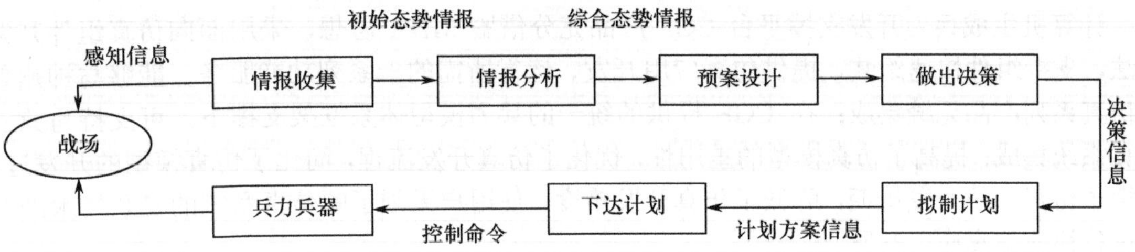

图 1-2　战场态势信息生命周期的一般流程

1.3　战场信息的形式化描述

1.3.1　战场环境信息描述

战场环境是战场及其相关地域对作战活动有影响的各种客观情况和条件的统称，包括地貌、水文、气象等自然条件，交通、建筑物、工农业生产等经济情况，行政区划、人口、民族宗教等社会人文条件，以及国防工程构筑、作战物资储备等战场建设情况。随着信息化战争的发展，电磁环境已经成为战场环境的重要组成部分。根据作战活动展开的主体空间分为陆战场环境、海战场环境、空战场环境和太空战场环境。战场环境对作战活动有重要影响，主要表现为：战场环境影响武器装备的使用和效能发挥，影响作战人员生存和作战能力的保持，影响战场态势、战斗发展的结局。所以，进行战役筹划、确定作战样式、制订作战计划和研究战术都必须充分认知战场环境，分析战场环境的利弊条件，对战场环境进行改造和利用。

战场环境可视化是指利用战场环境信息，基于一致的空间基准，以空间地理信息可视化为载体，叠加显示其他的战场环境各要素，用于描述战场环境。可视化技术是战场环境表达的最主要形式，也是指挥人员认识战场环境的最主要手段。随着军队信息化建设的蓬勃发展，战场环境可视化的主要表现形式，已从常规的地图向电子地图、电子沙盘、多媒体地图等形式转变，并在众多的信息系统中作为支撑平台被广泛应用。战场环境可视化主要对战场环境中的客观存在，通过统一的符号系统进行描述和展现，并能够利用数字高程模型（Digital Elevation Model，DEM）数据，航空、航天遥感数据，地理信息数据进行三维地理环境的仿真显示，具有灵活丰富的表现形式。

通用战场环境态势图是利用战场环境可视化技术，表现战场环境当前状态，并能分析预测将来一段时间内战场环境变化趋势的信息描述和表达方法。战场环境的各类要素具有一致的空间基准，同时也具有统一的时间基准。随着时间的变化，特别是随着战争进展，战场环境是动态变化的，如气象环境要素、电磁环境要素、交通要素等，这些变化信息对作战指挥、部队行动和武器应用都有比较大的影响。建立通用战场环境态势图，能帮助指挥员迅速掌握战场环境变化，特别是利用分析预测模型，仿真未来一段时间战场环境的动态变化趋势，因而具有重要的军事价值。

1.3.2　兵力部署信息描述

计算机生成兵力（Computer Generated Forces，CGF）开发支撑平台产品是为了适应“基于信息系统的体系作战能力”的时代军事要求，在其分布式仿真平台产品的基础上研发的一套满足复杂仿真系统开发要求的快捷、高效的 CGF 开发支撑工具。

计算机生成兵力开发支撑平台 CGF 产品充分借鉴 MDA 思想，采用面向仿真组件开发的方法，支持组件快速组装，提供仿真应用开发、运行所需的一系列功能服务；能够与神州普惠的仿真系列产品无缝集成；在 CGF 提供的统一的兵力模型体系框架支撑下，可支持与第三方仿真系统集成；提高了仿真模型的重用性，优化了仿真开发流程，简化了仿真模型的开发过程，缩短了仿真系统开发周期，降低了仿真开发难度，使用户无须了解仿真系统的复杂技术细节即可进行快速仿真应用开发。

计算机生成兵力开发支撑平台 CGF 可以和基于实装、半实物模拟器和不同分辨率的数字仿真模型的仿真系统灵活联结起来，形成一个在时间和空间上相互耦合并且一致的虚拟战场环境，支持“人在回路”和“计算机在回路”两种方式操控，通过对人类作战行为充分建模，使其具有一定的智能决策水平，能够自动对仿真战场状态做出反应。可用于武器装备的论证、研制、验证、评估和战术模拟训练，提高武器装备的研制水平和部队的训练规模、复杂度和真实性。

1.3.3　作战实体运动状态信息描述

事件是指目标平台在一定态势空间和时间下发生的具有一定意义的行为，表示平台的状态（如速度、航向、辐射源状态等）发生了较大的变化。态势估计中，对目标事件的分类如图 1-3 所示，一般分为三类：一类是普通事件，如平台出现、消失事件；另一类是辐射源事件，如某型号雷达开/关机、电台开/关机事件等；还有一类是机动事件，如平台拐弯、爬高/俯冲、加速/减速等。对于普通事件和辐射源事件，它们属于离散性事件，由一级融合的输入直接做出判断，可借助简单的布尔逻辑来实现；而机动事件，其发生具有连续性，它的行为动作将持续一段时间，对该类事件检测时需要对它的发生设定相应的条件。

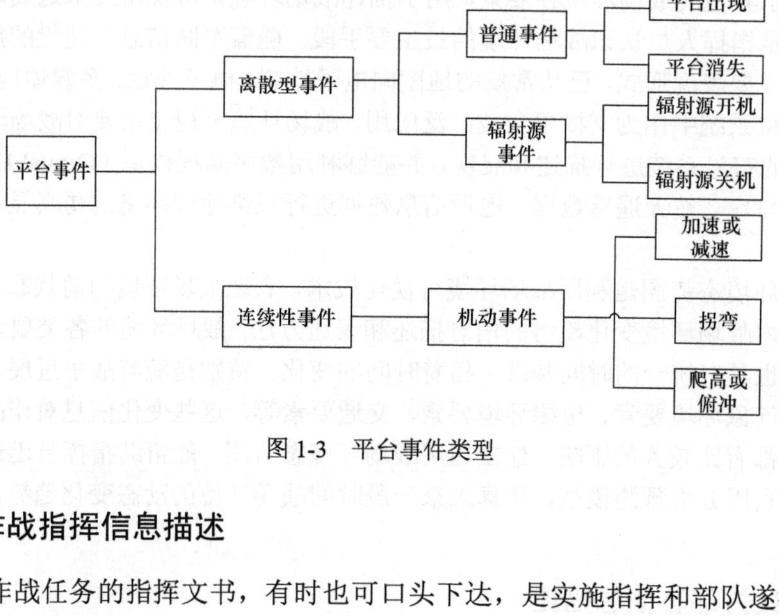

图 1-3　平台事件类型

1.3.4　作战指挥信息描述

赋予部队作战任务的指挥文书，有时也可口头下达，是实施指挥和部队遂行作战任务的依据。

作战指挥命令通常指规定作战任务的战役、战斗命令。广义的作战命令包括开进命令、换班命令、撤离战场命令等。作战命令有合同命令和个别命令。合同命令是对所属和配属部队统一下达的命令，通常用于战役、战斗组织准备阶段。

作战指挥信息主要内容包括：敌情判断；上级意图和本部队的任务，指挥员的决心；友邻的任务，分界线和协同保障；各部队的编成、部署和任务；完成作战任务的时限；指挥所开设地点和时间，等等。个别命令是只对某一部队下达的命令，其内容仅限于该部队的任务及其有关问题，通常用于战役、战斗过程中，或为不暴露整个作战意图时采用。作战指挥信息内容要求表述准确，措辞简明扼要。

现代战争要求多种武器联合作战和实施统一指挥。因此，武器控制也由单一的武器控制系统发展为多种武器的联合控制系统。它有多种探测和跟踪设备，可以控制多种武器，对多个目标实施攻击，如区域防空的地面武器控制系统，包括高、中、低空的搜索雷达，多种制导雷达和炮瞄雷达，各种通信设备和计算机，通过指挥控制中心结合成一个统一的火力控制网。

信息流程是记录业务流程中作业事件形成的数据流，维护、更新与业务活动相关的资源、参与者、作业地点等实体最新数据，反映业务活动效率以及投入、产出的经济关系，为信息使用者报告对计划、组织、执行、控制和评价业务流程有用的信息。

1.4　信息度量特征

信息质量是信息数量、内容、性质满足需求的程度。信息质量贯穿于整个信息链上（物理域、信息域、认知域和社会域）的各个环节。

1.4.1　完备性

信息完备性反映的是信息系统探测和发现目标的能力以及信息与任务相关的程度，是战场态势感知过程中收集到的敌方目标信息与战场事实相符的程度，是在规定任务区域内战场感知态势中目标的种类、数量与战场客观态势如何评价吻合的程度，以及信息与作战使命、任务或态势密切相关的程度。完备性指标是时间的函数，包括目标种类的完备性 $C(t)$ 和数量的完备性 $N(t)$，则 t 时刻信息完备性指标 $F(t)=C(t)\times N(t)$，其中

$$C(t)=\frac{t\text{时刻感知态势中已正确发现目标的种类数}}{t\text{时刻客观态势中实际的目标种类数}}$$

$$N(t)=\frac{t\text{时刻感知态势中已正确发现的目标数量}}{t\text{时刻客观态势中实际的目标数量}}$$

1.4.2　准确性

信息准确性反映的是信息系统探测、处理目标信息的精度（未感知的目标准确性为零）及其与真实情况一致的程度，是在战场态势感知过程中目标的特征与客观态势中真实目标的特征相吻合的程度，可以用感知态势过程中目标与客观态势中对应目标的偏离程度或偏差来衡量。准确性指标是时间的函数，设 $\boldsymbol{G}_i(t)$、$\boldsymbol{P}_i(t)$ 分别表示第 i 个目标 t 时刻在客观态势和感知态势中的特征向量，则 $\boldsymbol{G}_i(t)$、$\boldsymbol{P}_i(t)$ 可分别表示为

$$\boldsymbol{G}_i(t)=[g_{r1}(t)\cdots g_{rn}(t)]$$

$$\boldsymbol{P}_i(t)=[p_{i1}(t)\cdots p_{in}(t)]$$

式中，特征向量中的元素为第 i 个目标 t 时刻的位置、速度、方位等特征。

则感知态势中第 i 个目标 t 时刻与客观态势中对应目标偏离程度为

$$V_i(t)=\frac{1}{n}\sum_{j=1}^{n}\frac{|p_{ij}(t)-g_{ij}(t)|}{g_{ij}(t)} \tag{1-1}$$

$V_i(t)$ 表示信息中第 i 个目标 t 时刻的特征向量与客观态势中该目标特征向量的平均偏离程度，则 t 时刻感知信息的准确性 $\overline{V}(t)$ 定义为

$$\overline{V}(t)=\frac{1}{N}\sum_{i=1}^{N}(1-V_i(t)) \tag{1-2}$$

1.4.3 实时性

信息的实时性反映的是信息系统采集、处理和更新分发信息的速度，主要关注用户收到所需信息所要花费的时间，一般用于规定任务区域内从传感器发现敌方目标到指挥员明确知道敌方目标存在所需的时间。

信息的完备性、准确性和实时性动态反映了对信息位置的度量方法，如图 1-4 所示，可根据信息的位置衡量信息所处的优势位置，并可将军事行动中的制信息权看作获得信息优势时所达到的一种状态。

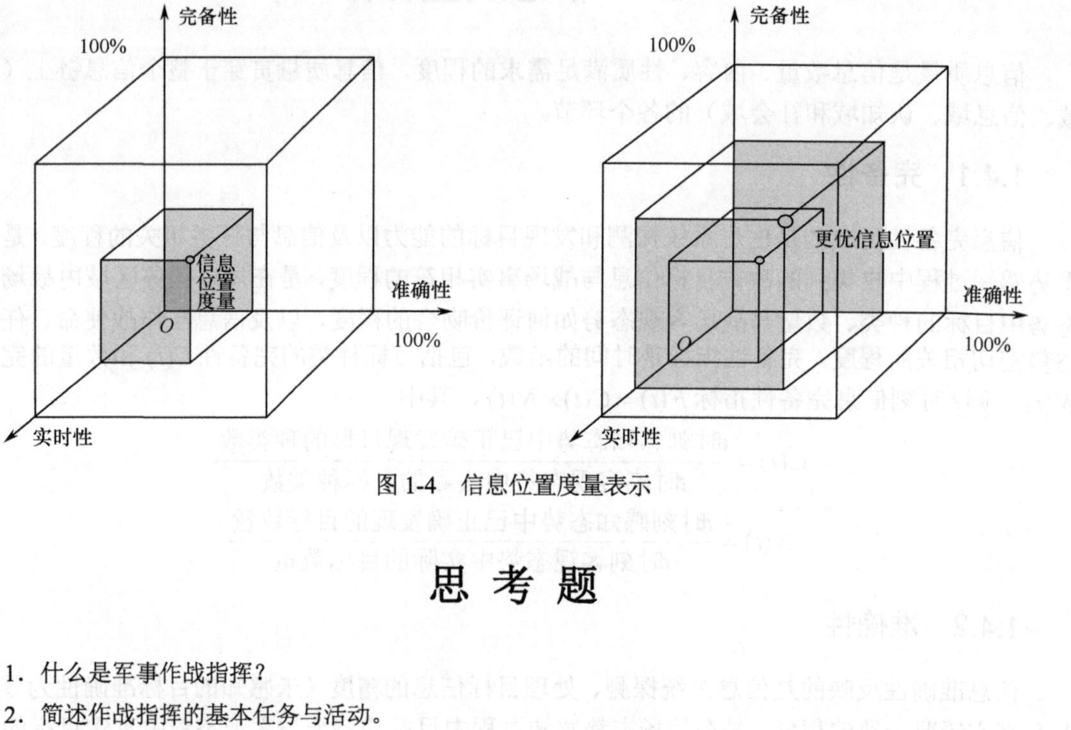

图 1-4 信息位置度量表示

思 考 题

1. 什么是军事作战指挥？
2. 简述作战指挥的基本任务与活动。
3. 战场信息包含哪些内容？
4. 战场态势要素包括哪些内容？
5. 战场信息的形式化描述有哪些？
6. 信息的度量特征包括哪些？

第 2 章　指挥与控制

指挥信息系统是在军队指挥体系中科学、高效地辅助指挥员及指挥机关实施军事作战指挥的军事信息系统。为完成指挥信息系统使命与任务，指挥员必须深刻理解和领会军事作战指挥控制的定义实质、指挥体制、指挥方式和基本任务与活动过程，并充分掌握信息时代网络中心战的概念、要素及对作战指挥的影响。

本章先介绍指挥与控制的概念以及指挥与系统的相关功能，然后对工业时代和信息时代的指挥控制模型进行阐述。

2.1　指挥与控制模型

2.1.1　指挥与控制的概念

指挥与控制的概念在第 1 章中已给出了相关的定义。“指挥控制”是由“指挥”与“控制”两个词合并而成的，由于指挥信息系统的发展，它们之间被紧密地联系在一起。20 世纪 50 年代，美军首次提出指挥控制（C2）系统的概念，SEGA（赛奇）半自动化防空指挥控制系统的研制就是在此概念提出的基础上开始为指挥控制系统自动化铺路。

长期以来，“指挥控制”作为难以分割的整体在军事领域被广泛使用，但二者之间存在语义和目标对象等方面的差异，必须要对它们加以区分。指挥表示指挥员及其指挥机关对所属部队的作战和军事行动进行的特殊的组织和领导活动。控制表示指挥员对所属部队或组织机构的活动行使的权力。指挥是为了完成指定的任务，有效地使用可利用的资源，规划部署、组织、指挥、协调和控制军事力量。控制作为指挥的一部分，集中于如何分配任务的职责和任务应如何完成。显然指挥和控制是密不可分的，很难明确地区分开来。指挥创建、调整管理的结构和执行的过程处于主控的地位，而控制则处于从属地位。

2.1.2　指挥控制的相关功能

美国国防部将指挥控制成功与否的衡量标准定为完成任务的质量，但这种评价方法将任务质量作为指挥控制的直接后果，缺乏对影响任务质量的其他因素的考量，会导致评估不当。指挥控制过程是为完成特定的任务，通过收集情报、态势判断、做出决策，然后根据决策制订预案、分析评估、选优决断、下达命令、监督执行，根据实时战况调整作战计划并下达指令，最终达到一个预期目标的一个闭环的过程。任务的成功与否取决于多方面的因素，指挥与控制面临的环境不同，任务的种类也不同，但指挥与控制的相关功能总是相同的，因此可以从此角度着手对指挥控制过程进行衡量。指挥与控制的相关功能如下。

1．确立作战使命及目标（意图）

作战使命及目标是对期待达成目标的描述和理解。美国国防部将指挥员意图定义为“对作战行动的目标以及作为计划过程目标的战场最终期待状态的描述”，其中包含指挥员对敌方意图的估计以及对作战行动中风险的估计。

“指挥员意图”更多体现的是个体行为，强调了指挥员的作用。使用“指挥意图”能够更好地体现指挥群体的作用。意图可以更好地表达所蕴含的意义。因其没有假定意图的来源，而更关注于意图的功能和意图的优劣。

对意图质量的评价包含意图的表达方式、意图表达质量、指挥机构对意图理解与共享的程度等方面。意图表达质量是在相应态势下意图与更高层意图的一致性程度。意图理解与共享质量是意图可理解的程度和指挥机构对意图达到共享感知的有效水平。

2. 确定角色、职责和关系（作战编成）

确定作战编成可形成和约束特定的行为方式，从而构建军事组织内部各种交互方式，形成战场的初始状态或环境。传统指挥控制设定一系列固定的分层关系，使交互信息流与指挥关系紧密结合。当前信息已从分配模式走向服务模式，作战编成可自行组织并随时间和态势的变化而变化，这就使协作的性质和范围在很大程度上由作战编成的状态来决定。

对作战编成质量的评价应考虑作战编成是否完备、交互关系是否明确、任务分配是否被部队明确了解。

3. 监视与评估

作战使命及目标（意图）确定后，就进入实施阶段。在动态战场环境中，指挥控制的重要任务是识别变化并进行调整，调整可以是采取改变意图、改变职权分配方式和改变规则和约束条件。传统的做法是先产生计划然后再实施，这样对态势的监视和评估就存在于计划和执行的过程。实际上这两个过程之间是连续的，因此其实现方式可能是多样的。

1）态势监控、感知、分析

将观察—确认—决策—行动（Observe-Orient-Decide-Act，OODA）循环中“感知”功能划分，首先识别战场环境，感知和分析可分别或共同进行，参谋人员的教育程度及经验将影响最终的分析结果。最终结果是对战场态势的理解，为计划及决策提供支持。

2）确立指挥意图

所谓意图即需要完成或达到的目标，美国国防部定义为“行动的目标以及作为计划过程最终设想状态的简要描述，以及对敌方意图的估计和对风险的控制与估计”。传统的说法将其定义为“指挥员意图”，指挥意图体现的是群体智慧而不仅仅是个体智慧，“指挥员意图”则使人们更关注于意图的来源，而不是意图的功能和意图的质量。所谓意图质量可表述为意图的可理解程度和意图的可接受程度。

3）确定参战部队职责及相互关系

传统的指挥与控制建立在预先确定的分层关系上，也就是人们常说的层次指挥关系，这些关系在很大程度上是固定的。信息流与指挥关系紧密结合在一起，形成了分级的管道式的信息分配样式。在新型的以网络为中心的 C2 系统实现中，参战部队之间的交互方式不同于传统的军事样式，其职责和相互关系逐步向自组织的形式演变，并随着时间和环境的变化而不断变化。因此需要考虑三个方面的问题：一是是否所有需要的参战部队都为其分配了职责；二是指挥与控制过程中必不可少的关系是否明确；三是承担了职责的部队是否明确或了解作战目标。

4）方案规划

典型的方案规划包含两个阶段的活动：①方案选择及评估；②方案协调及实施步骤的协同。

5）决策/指令

决策是决策人员在回路、迭代的过程中受任务目标、掌握资源、不确定的情况及风险等因素的影响。指令是引导及管理的过程。军事决策过程的关键环节包括：①明确目标；②确定权限；③明确责任；④资源分配。

6）执行

执行是决策的应用以及完成被控任务的过程，执行的具体过程随要求的不同而不同。执行结果的反馈对态势理解具有重要的意义，最终导致计划、决策、指令结果的变更。

7）协作

分布式的协同决策是由地域、时间上分布的不同指挥机构之间通过共享智力、经验、知识资源达到共同决策任务的过程。指挥员的战役意图必须在方案中得到充分体现，并建立在前期对战场态势的理解以及对未来态势预测的基础上，建立对指挥员意图的共同理解是协同决策需解决的首要问题。

2.2　工业时代的指挥控制模型

2.2.1　工业时代的指挥控制

指挥与控制（Command and Control，C2）自 19 世纪中期以来一直是所有军事组织和过程的核心。指挥控制中大多数现行的理念、条令和实践都是发展和完善于工业时代的，传统指挥与控制所基于的原理不仅应用于工业时代的战争，而且被应用于工业时代的其他领域。这些原理形成了一种类似于控制理论的模式。

1．分解

工业时代解决问题的基本思想是分解（“分而治之”）。所有的军事体系、组织结构、军事行动均被分割为关联子集的形式，每个子集完成特定的军事任务，军事问题被分割以便能够通过已有的知识、技术和人员把握整体活动。大规模的作战行动可被转化为简单的和可管理的任务和问题的集合。

传统军队按职责组织形成的参谋部门在各自的职责范围内对战场空间进行监视、理解、分析、报告、制订计划以及实施职能化的活动，使得指挥员始终能够对战场空间形成单调关联的掌握（从职责领域掌握）。

2．专业化

分解后形成关联子集集合，每个子集实施精细的专业化分工，通过提升专业技能增强完成任务的能力和达到目标，从而支持更大的划分。工业时代将专业化提高到前所未有的程度，突出特点是标准化、规范化，并由此带来了专业化与分工合作，以及由该方式产生的缜密的条块分割和严格的垂直指令系统。作战领域的分工也在不断细化：进攻与防御分工、作战与后勤分工、从单一兵种裂变为诸多军（兵）种条块分割、大规模编组作战集团，以参谋部为核心垂直指令系统，形成陆、海、空这样的军种，以及单一军种之内的兵种条块分割。军事行动中，如果缺乏高度专业化的人员、过程、组织和设备，那么很多行动是无法进行的。但传统的划分方式也使得联合作战被看作战役指挥层次的工作，这就使得工业时代的军队缺乏“联合性”，或者说，协同的能力问题成为制约最大限度发挥战斗力的瓶颈。

3．等级组织

个体和高度专业化的实体的活动必须是有重点并且是受控的，层次等级的组织形式由工业时代对信息的控制能力所决定，体现了指挥员对组织体系的控制能力。源于严格的垂直指令系统，军事组织的构成也源于专业化。这种庞大而又层次繁杂的纵长形多层“树”状领导指挥体制的军事等级结构被认为是等级结构的典范。作战相关资源的掌控集中于高层，只有高层方可总揽全局，因此，必须进行一种自上而下的等级复杂、权限分明的严格控制。这种组织结构的刻板性是否真正能获得实际效果是值得怀疑的。因为军事组织严格的等级结构，虽然可以使军队政令统一，避免彼此干扰，并能明确地划分责任人和责任范围，但是由于职责和权力不一定能完全对应，或者缺乏准确的责任划分，通常会表现出失调的行为。军事组织等级的层次数目是控制范围的函数，随控制范围降低，所需的层次数目相应地增加。军队庞大的规模和繁杂的层次就是对这种现实的反映。在如此严格的等级组织中，信息需要沿指挥链上下流动。流动的信息有政策、计划、命令以及关于战斗空间的信息，层次越多，信息流动的时间就越长，信息出错或曲解的概率也就越大，信息的控制成为军事机构的主要控制工具。

4．最优化

工业时代一个特征化的假设是，每一个问题都有一个“最好”的解，每一种资源都有一种最理想的应用。基于军事任务都有一个最好的解决方法的认知，要求军事系统中各级做好配合，从战争开始到结束各要素要完美契合在一起，使得意外情况发生的概率最小，从而确定实施过程的最优方案，但实施过程中往往出现能够进行最优化的设想以及应付突发变化的作战情景与“真实情况”之间的差距。

5．集中计划

由于指挥员能够依据计划在时间和空间上编排部队和事件，以最大可能完成任务达成作战目标，制订计划就成为军事任务实施过程一个重要的环节。在制订计划并实施的具体指挥过程中，每一作战单元能得到相关的情报信息，使得所有作战单元形成一个作战整体。

周密的计划成为指挥员达成作战目标的必要条件，但无所不包的计划需要很长的时间准备，并且还不得不进行连续地检查、调整、维护，这就使得计划本身的周期相应延长。受通信联络条件所限，计划本身的时间过长，应变能力不足。面临严酷而又多变的环境时，拟订的计划具有一定脆弱性。以计划为中心尽管有利于部队的协同，但往往以牺牲灵活性为代价。考虑到战争会出现各种各样的意外事件和突发情况，战争中恪守计划往往会贻误战机，甚至导致不可挽回的重大失败。

6．分散实施

由于作战计划的制订有其局限性，在身处战场中的中下级指挥员对战场情势的判断远比那些远离战场的高级指挥员对战场情势的判断要准确得多的认知下，将控制权力下放，使得初级指挥员可以在具体的战场环境中做出判断，采取相应的战术行动，从而使得任务的执行过程比初始计划更加具有灵活性和创新性。

由于指挥员对战场形势的了解容易产生滞后，导致对战场情势变化的相应调整的滞后，在实施过程中给予下级指挥员调整的权限，保证对多变的战场环境做出灵活的反应，这是走向信息化军队、达到灵活性目标的重要一步。

工业时代军事组织往往使用简单的、线性的指挥与控制手段，反复循环成为指挥控制系统的固有特性。受制于通信技术和指挥与控制系统的发展，部队作战大多遵循观察、感知、决策、行动四个过程。系统监控战场空间态势，生成态势感知，将掌握的信息与先前的知识融合以获得对战场态势的理解，产生改进战场态势的方案，制订并实施方案计划，产生并发布能够体现计划的指令，监控由此产生的作用，然后开始新一轮循环。

当前讨论指挥与控制这个概念时，往往被传统英雄（指挥员）崇拜的思想误导。指挥与控制基本的原则是关注任务本身，而不是任务由谁完成或者怎么完成的，传统的理解一直关注于任务的过程，这就带来了对指挥和控制理解上的差别。

2.2.2　指挥控制的相关模型

1. OODA 环模型

指挥与控制的功能分解模型可应用于指控系统的分析、建模和效能评估。美国空军上校 John Boyd 最早针对朝鲜战争中战斗机飞行员决策过程，于 1987 年提出了 OODA（Observe-Orient-Decide-Act）环模型（如图 2-1 所示），当前已成为公认的能够较好描述指挥与控制核心功能的模型。OODA 环模型将决策过程看作一个循环的理性过程，特别强调了感知这个阶段，认为感知阶段制约着其他的过程，错误的感知将导致灾难性的后果。在敌方完成决策过程前完成己方的决策环可带来信息优势和决策优势，信息优势的获取在于增强态势数据的获取、分析能力以及知识的管理能力，有利于更好地决策并影响敌方的决策过程。

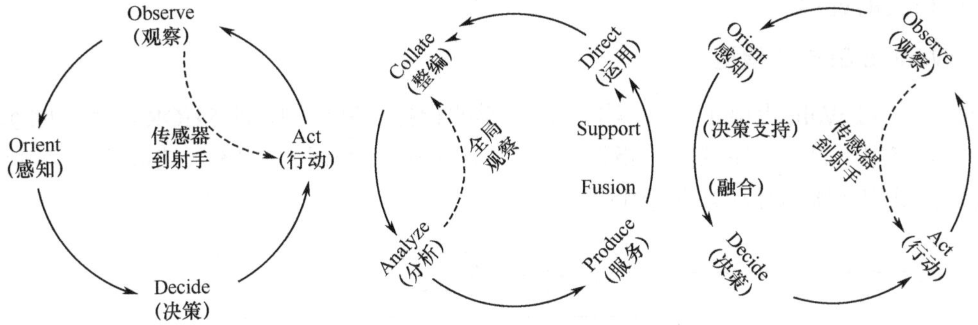

图 2-1　OODA 环模型

注：以上四个环节中新的看法认为应加入通信以支持信息共享和协作。

“观察—决策—行动代表了指挥控制过程中发生的一切，OODA 环可被看作指挥控制环……对敌人的 OODA 环施加影响意味着对敌人的指挥控制环施加影响。”Boyd 从研究中发现，能够更快地探测到敌方的行动及意图，就可以获得更有利的作战态势。因此提出了 OODA 环（探测—定位—决策—执行）来描述一个决策处理周期。

观察：扫描战场环境，收集传感器数据信息。

感知：态势感知，融合信息形成对战场态势的认知，支持决策和评估过程。

决策：指挥员判断及选择行动方案，包括意图描述、目标分配及任务授权。

行动：对行动的监督和控制。战术层面主要完成任务的控制，指挥层面主要完成命令下达、意图的理解、行动的协调和效果的评估。

指挥控制的目标是通过比敌人更迅速、更清晰地判断和对敌人的指挥控制过程施加影响，以使敌人的决策过程变得复杂，怀疑所做的选择，最终导致敌指挥控制过程崩溃和决策的失败。

OODA 环作为描述指挥与控制决策过程的基本模型，存在三个方面的缺点：

（1）OODA 环模型中缺乏处理过程之间反馈或者前馈环的表示，不能更有效地表示指挥与控制系统的动态决策性。

（2）OODA 环是一个非常抽象的指挥控制决策模型，并没有作为一种提高指挥与控制决策的分析工具而对 OODA 环提供更具体的需求。

（3）OODA 环是一个严格线性模型，每个序列的过程并不能适应于不同层次的决策者。

在 OODA 环中通过对其进行修正可以获得指挥与控制决策的动态控制性。在传统的 OODA 环中强调了信息及情报经融合形成通用战场态势提供决策支持和情报、信息组织的过程。1995 年 Fadok Boyn 提出一种扩展的 OODA 模型。在扩展的 OODA 模型中，更突出了定位过程，并扩展成多个子过程，使观测过程处理变得更为清晰。决策者可以从扩展的 OODA 模型中清楚地了解到信息的前馈和反馈环。2002 年 Breton 和 Bosseau 对 OODA 环进行了修正，以反映 C2 决策的动态性，增加了 OODA 环中观测和定位之间的循环。这是一个可以反复观测的动态环，该观测过程受时间和不确定性因素约束，当时间分析不够或者当出现了不可接受的不确定性因素时，该反复控制过程将会被中断，然后激活决策过程，并在执行行动过程中选择一个合适的行动。2000 年 Moray 提出了一种基于识别处理（Recognition-Primed Decision，RPD）模型的修正 OODA 模型，Leedom 提出执行决策环（Execution Decision Circle，EDC）模型，在两个方面扩展了 OODA 环：第一，在 OODA 环中增加了前馈和反馈环以清晰地反映它们之间的控制关系；第二，增加许多与所选择的决策行动相关的过程。

2. Wohl' s SHOR 模型

1981 年 J. G. Wohl 提出了一种基于认知科学的指挥控制模型，即 SHOR 模型（图 2-2），该模型最早被应用于美国空军战术的指挥控制，包括刺激（数据）、假设（获取感知）、选择（反应选取）和反应（做出行动）四个步骤。

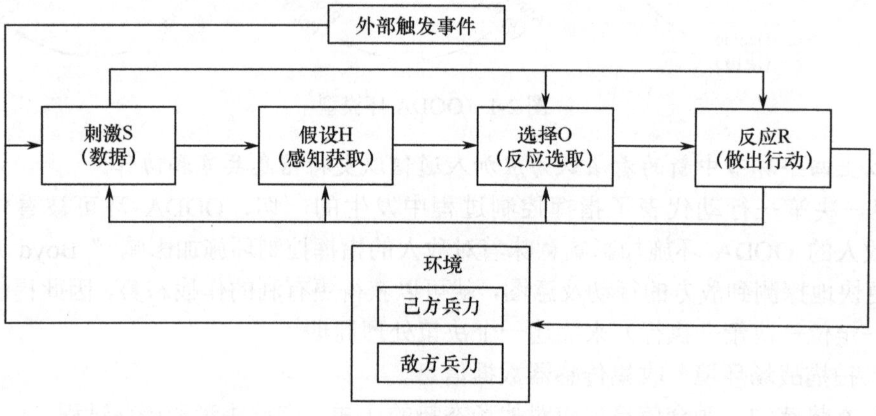

图 2-2 Wohl' s SHOR 模型

3. RPD 模型

1998 年 Klein 提出了 RPD 模型（图 2-3），该模型具有匹配功能、评估功能和诊断功能。在环境改变时，指挥员会根据当前情况匹配曾发生过的情景，若匹配则可根据之前的决策做出判断，若不匹配则需诊断。评估功能对所选决策进行评估，若合适则实现，若不合适则重新进行匹配或识别。

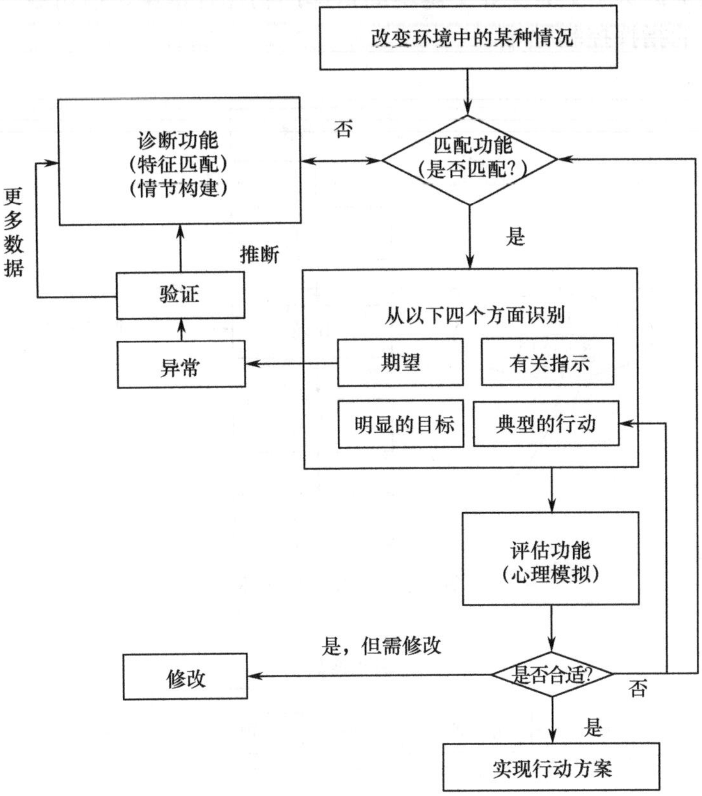

图 2-3 RPD 模型

4. 劳森—摩斯环模型

劳森—摩斯环是一个更加详细的指挥控制模型，基于“指挥控制的目的就是维持或改变周围的环境”概念。劳森—摩斯环由五个步骤组成，即感知、处理、比较、决策和行动。该模型将 OODA 环中简单的“观察”分为感知和处理两个步骤，去除了一些单纯大脑产生的想法，形成一个更分散的过程，包括将多传感器数据转换为可行的知识。

劳森—摩斯环的另一个特征是期望状态，描述了整个过程的所有目标，“期望状态”包括指挥员的意图、基本任务、任务陈述或作战命令等。“比较”就是参照期望状态检查当前环境状况，使指挥员做出决策，制定适当的行动过程，以改变战场环境，夺取优势，实现指挥员影响环境的愿望。这一点在 OODA 环中并不明显，如图 2-4 所示。

5. HEAT 过程模型

司令部效率评估工具（Headquarters Effectiveness Assessment Tool，HEAT）模型由美国理查德·伊·海斯博士和美国国防系统的其他人提出，由监视、理解、方案拟制、预测、决策和指导组成，如图 2-5 所示。

指挥控制过程是一个自适应控制系统，为求效率，控制系统必须监视战场环境，了解态势、拟定和评估控制环境的行动过程、预测行动的结果、对行动过程做出决策、制订计划，为下属提供指导然后监视进展情况。在军事态势下，环境由友军、敌方和中立部队、地形和天气等组成。尽管早期的模型提供了更直觉、更基本的指挥控制过程框架，但司令部效率评估工具更贴近当前军事体制下的指挥控制程序。

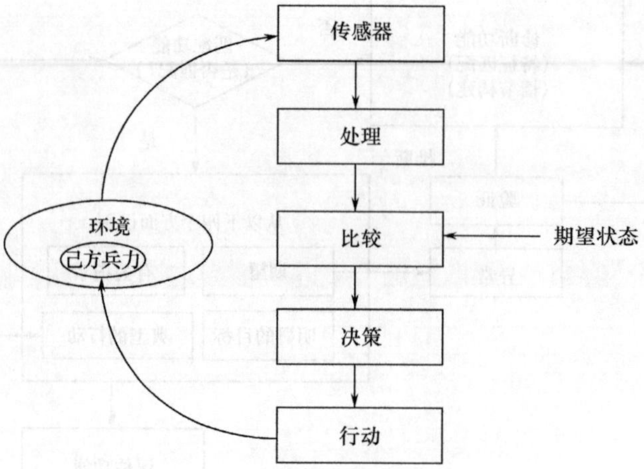

图 2-4 劳森—摩斯环

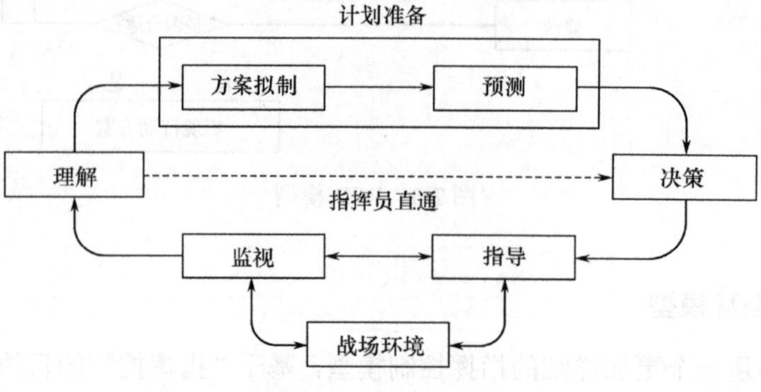

图 2-5 HEAT 模型

6．指挥控制系统目标集成模型

指挥与控制的根本目的在于为指挥员的决策活动提供组织和技术上的支持。C2 过程可被看作收集、感知、投影、选择的系统过程，重点在于认知域中认知模型的构建。来源于传感器以及情报源的信息经分析、融合汇总后，指挥所采集并处理海量的战场信息，决策人员根据当前面临的态势，分析、理解态势的前后因果关系，形成指挥员个人头脑中对战场的认知模型，形成对战场态势进行干预的初步思路，指挥员在司令机关的辅助下形成决心及意图。在对指挥员意图理解的基础上，依托司令机关相关人员、设备和信息系统的支持形成计划方案，最终转化为作战任务、命令。任务及命令的执行评估效果必须快速地反馈至司令机关以便于对计划方案进行调整，如图 2-6～图 2-8 所示。

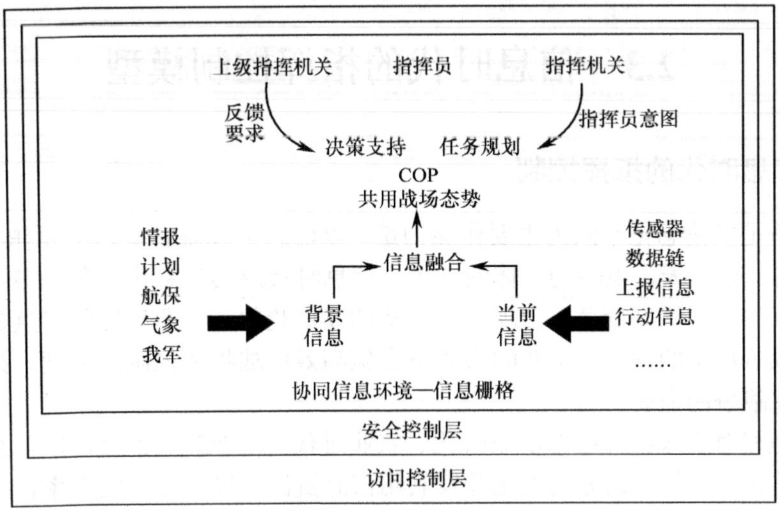

图 2-6　决策前后关系

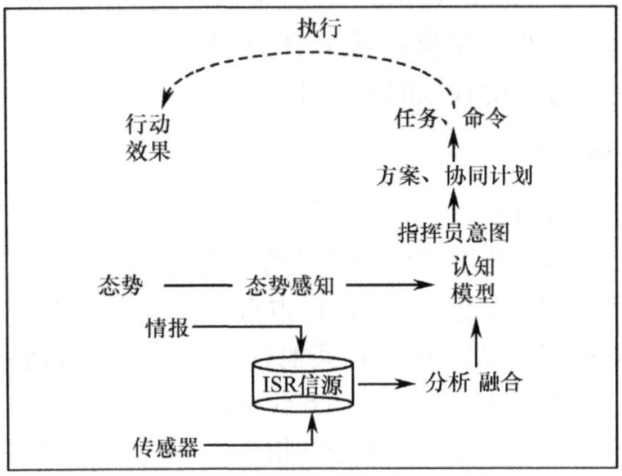

图 2-7　指挥控制系统目标集成模型

注：该模型强调了以指挥员为中心的指挥控制过程，在其中对于指挥员之间以及指挥机关之间的协作未进行描述。

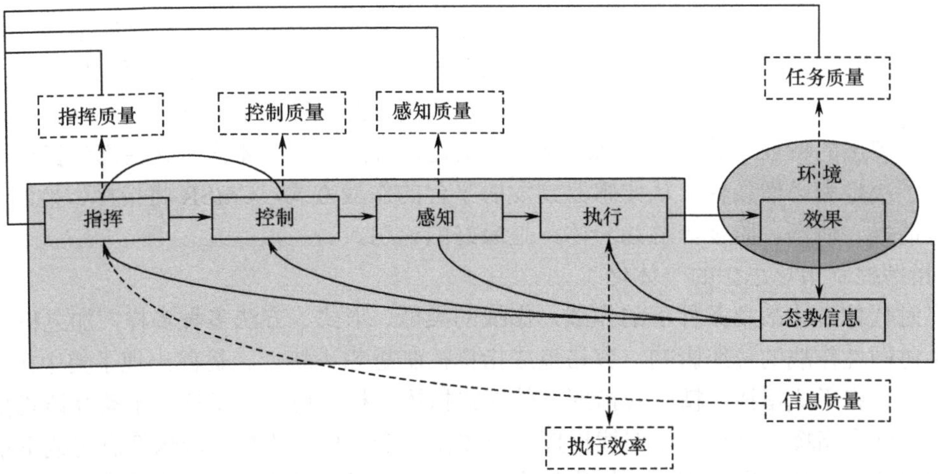

图 2-8　概念模型框架

2.3 信息时代的指挥控制模型

2.3.1 信息时代的指挥控制

信息化战争是以信息化军队为主要作战力量，以信息化武器装备为主要作战手段，以信息为主导，陆、海、空、天、电融为一体的战争。信息时代及其信息化战争的革命性演变，促使作战指挥控制发生新的深刻变革，出现了一些新的发展趋势，把握好这些发展趋势，是适应新的时代和新的战争形态的需要，是新的形势下实施高效作战指挥控制的需要，是建设信息化军队、打赢信息化战争的需要。

信息时代是相对于人类社会的游牧时代、农业时代、工业时代而言，以信息化为主导，普遍采用现代信息技术，从而充分高效地开发利用信息资源，提高社会生产率，推动经济发展和社会进步的历史时期。美国原国防部 C3I 办公室研究处主任戴·S·艾伯茨在《网络中心战》一书中谈到信息时代对社会的影响时指出："①改变着财富的创造方式；②改变着能源的分配；③增加了复杂性；④缩短了世界的距离；⑤压缩了时间，从而加快了我们生活的节奏。"信息时代的本质特征是社会活动等一切领域的信息化。

1．作战指挥控制体制一体化

1）作战指挥与控制的一体化

根据《辞海》的定义，指挥是指发令调度（动）或发令调度（动）的人；控制是指掌握住不使其任意活动或超出范围，操纵使其处于自己占有、管理或影响之下。军队指挥定义为："军队指挥员及其指挥机关对所属部队的作战和其他行动的组织领导活动。军队作战指挥包括战略、战役、战斗范围内的各种类型、形式、样式作战的指挥。对军队其他行动的指挥，主要包括对战备行动、军事训练、防暴、抢险救灾等的指挥。"对作战控制的解释是："指挥员及其指挥机关对所属部队和分队作战行动的掌握与控制。"美军曾认为，指挥与控制即指导军队的行动并达到目的的过程。这个过程包括：一是指挥，二是控制。指挥是根据既定的程序，使用可以得到的兵力与兵器完成指定任务的全面领导职权。控制是指挥官对下属或其他部队的部分行动行使可低于全面领导的指挥职权。由此可见，在工业时代及其机械化战争条件下，指挥与控制具有相联系一面的同时，也具有相区别和一定分离度的另一面，认为指挥较多的是对人的全面领导，而控制较多的是对过程和兵器的管控。这是由其时代性决定的。而在信息时代及其信息化战争条件下则发生了根本性变化，信息时代最突出的特征是信息化、网络化、全球化；信息化战争最突出的特征是数字化、网络化、自动化、智能化、一体化。这些都为指挥与控制一体化提供了决定和必然条件。从传感器到发射平台的作战方式，C4ISR 将指挥、控制、通信、计算机、情报、侦察、监视等融为一体，是最好的说明。

2）指挥控制指导思想的一体化

信息时代信息化战争条件下的作战，作战的类型、形式、方法多种多样，加之机械化战争时代军种协同性作战的传统影响，容易造成指挥控制思想不统一。目前出现了集中统一指挥、网络式指挥、扁平式指挥、精确式指挥、前馈式指挥、相关自主式指挥、游动互访式指挥、一体化指挥、联合指挥、空天一体作战指挥、一体化联合作战指挥等。未来信息化战争条件下的基本作战形式是一体化联合作战，如果每个军（兵）种都按照各自的作战思想去参加一体化联合作战，其结果是可以想象到的。所以，信息时代信息化战争作战指挥控制的一个重要发展趋势，就是作战指挥与控制及作战指挥控制体制一体化。

作战指挥控制体制一体化，主要指在信息时代的信息化战争中，将以统一的作战指挥控制体制及其机制，实施一体化指挥控制活动。它是信息时代信息化战争对作战指挥控制发展的必然要求。影响作战指挥控制体制一体化最根本的因素有两个。

（1）未来的信息化战争，不同于以往的机械化战争，其基本方式是非对称、非线式、非接触的远程精确打击，基本形式是一体化联合作战。一体化联合作战，是信息化军队或初步具备信息化作战能力的军队，依托信息系统，在多维空间对诸军（兵）种作战单元和要素进行综合集成的作战体系，在统一指挥下，围绕统一作战意图实施的灵敏、快速、精确、高效的整体作战。美军学者指出，联合作战是统一行动，因此，统一指挥是联合作战的核心问题。因而，联合作战解决的是统一指挥或统一控制军事力量的问题，建立合理的联合作战指挥与控制机构，理顺联合作战指挥与控制关系，是搞好联合作战的关键和核心问题。一体化联合作战力量一体、空间一体、行动一体、保障一体、体系对抗，客观要求作战指挥控制体制一体化，以一体化作战指挥控制的整体效能保证一体化联合作战的胜利。

（2）信息时代信息网络技术发展的推动。工业时代的机械化战争指挥与控制技术手段相对落后，形成了从最高统帅到基层分队，从上到下纵长横窄、横向不连接的树状指挥体制。在信息社会的信息化战争条件下，这种体制暴露出信息流程长，平级单位之间、侦察系统与武器系统之间不能横向沟通，抗毁能力差，被切断“一枝”就影响一片，切断“主干”则全部瘫痪等弊端，使作战指挥受到诸多限制。信息时代的信息化战争，信息网络技术的高速发展和广泛运用于作战指挥控制，信息采集、传递、处理、存储、使用一体化，信息流程优化，信息流动实时化，信息决策智能化，促使作战指挥控制体制及其机制发生许多新的变化。在指挥结构方式上由树状指挥结构向网络扁平指挥结构转变；在指挥信息保障方式上，由自我保障为主向战场信息共享为主转变；在指挥决策方式上，从单级封闭式集中决策向多级开放式分布决策转变；在指挥控制方式上，由预先计划控制为主向以作战行动为主（可实时动态调控）转变；在指挥控制效果评估方式上，由概略评估为主向精神评估为主转变。信息时代信息网络技术的发展，推动与支持了作战指挥控制体制一体化。

2．作战指挥平台一体化

作战的一个重要特征，是建立诸军（兵）种指挥要素高度融合的联合作战指挥机制。因而，在军队信息化建设进程中，采用一体化指挥平台、数据链、地域通信网、战术互联网等网络技术，将各种各类各型军事指挥信息系统进行纵横联通的综合集成，是作战指挥控制平台一体化的具体实践，必将大大提高信息时代信息化战争一体化联合作战指挥控制的整体效能。

作战指挥控制平台一体化，主要是指在信息时代的信息化战争中，诸军（兵）种、战略战役战术、多维空间等作战指挥控制信息系统将融为一体。它是信息时代信息化战争作战指挥控制的重要条件。

作战指挥控制平台一体化，是适应信息时代信息化战争一体化联合作战指挥控制的需要，是有效聚合和精确释放陆、海、空、天、电相关作战要素整体能量的需要。信息时代的信息化战争，诸军（兵）种作战力量多种，陆、海、空、天、电战场多维，指挥、控制、侦察、情报、信息、通信、预警、监视、机动、打击、保障等作战要素多项，太空、航空、陆上、海上、水下、信息等武器平台多类，太空战、空天一体战、非对称作战、非线式作战、非接触作战、精确作战等作战形式多样，如果没有以作战指挥控制为核心的信息系统平台，通过信息网络技术的联通、融合和综合集成，将上述众多因素聚合为一个纵向到底、横向到边的一体化作战体系，要打赢信息时代的信息化战争是不可能的。因此，作战指挥控制平台一体化，是信息时代信息化战争发展的必然要求。美军认为："军队信息化建设的主要任务是不断完善综合电子信息系统。为适应信息化战争的需要，为实现各类系统的一体化，美军强化了综合集成，正对国防部和陆、海、空三军的 140 多个各级 C4I 系统，分步集成为一个统一的大系统，以实现互联互通互操作。美军的作战指挥信息系统的发展，经过了 C2、C3I、C4I、C4ISR、C4IKSR、C4IKWSR 到 GIG 的逐步升级的过程，不断提升了对抗信息化战争的条件和能力。

3．作战指挥控制信息一体化

作战指挥控制信息一体化，主要是指在信息时代的信息化战争中，作战指挥控制信息高度共享，实时互联互通互操作。它是信息时代信息化战争作战指挥控制的核心与主导。

在人类社会的不同发展阶段，信息技术和信息应用水平的差别，对社会发展的影响作用是截然不同的。在农业时代，信息技术低下，信息流量小，信息难以对社会发展产生较大作用，更多的主要是"物质"的作用。在工业时代，信息技术发展较快，信息使用范围扩大，使信息对社会发展所产生的促进作用逐步增大，但更多的主要还是体现"能量"的重要性。随着信息流量的急剧膨胀，信息对社会发展的促进作用极大地凸显出来，在信息时代，信息与物质、能量一起，成为人类社会赖以生存的三大要素，成为一种重要的战略资源，成为可以支配物质资源和能量资源的特殊资源。人类战争的发展经历了冷兵器时代的战争，火器时代的战争，使用线膛武器的战争，使用飞机、坦克和军舰的机械化战争，拥有核武器威慑的核战争，以及正在发展中的以信息化武器为主导的信息化战争。前几次战争主要体现和强调的是物能、机械能的作用，而信息化战争极大地凸显出来的是信息能的主导地位与作用。信息既是一种直接的战斗力，又是战斗的倍增器，已成为一种重要的战略资源。信息资源通过操纵和控制战争中的物质资源和能量资源，可以大大提高军队作战效能并减少其他战斗要素的投入。信息资源在战争中的应用，改变了过去单纯以计算有多少个装甲师、航空编队、航母战斗群来衡量军队战斗力的做法，而是将各种信息资源应用于战争的含量视为战斗力的重要标准，"计算机中一盎司硅产生的效能也许比一吨铀还大"。争夺战场综合控制权，包括"制天权""制空权""制地权""制海权""制电磁权"，核心是"制信息权"。

决策优势与行动优势放在战略的头等位置，完成作战指挥控制"发现—定位—瞄准—攻击—评估"的链路信息流程，海湾战争时需要 100 分钟，科索沃战争时需要 40 分钟，阿富汗战争时需要 20 分钟，到伊拉克战争只需几分钟。

2.3.2 信息发展战略和网络中心行动概念框架

1．信息发展战略

形成和利用信息优势的机制是军事领域的重要环节。经济领域中各大企业都成功地采用以信息为基础的策略，在其相关领域形成了竞争优势。将战斗力生成的基本要素与以信息为基础的策略联系起来，形成了以网络中心模式运行的军事体系结构，其特征就是形成和利用信息优势，如图 2-9 所示。

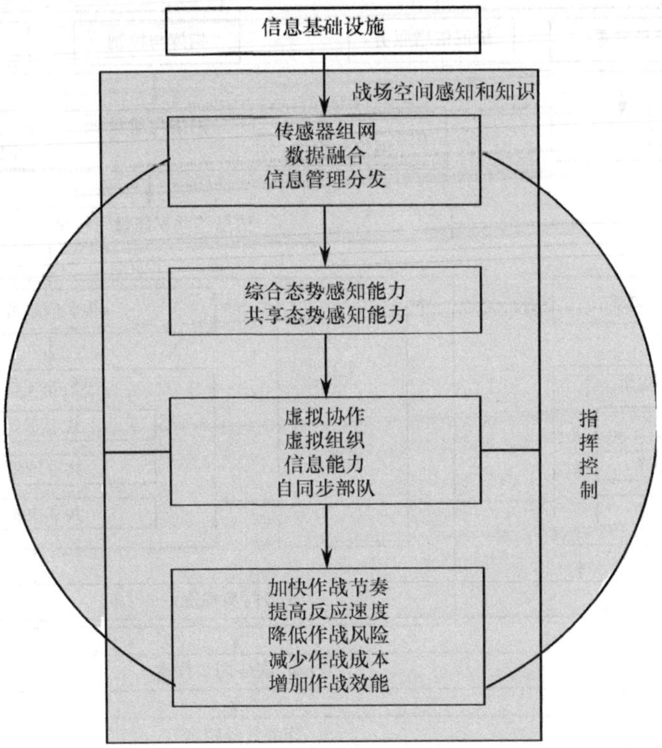

图 2-9　以网络中心模式运行的军事体系结构

1）信息基础设施

信息基础设施为战场空间感知、部队共享感知、利用感知的过程奠定基础，为各级作战部队提供访问高质量信息服务，是形成信息优势的“基础环境”。典型的表现特征是形成高数据率和低等待时间的信息传送能力。

信息基础设施基础服务网络包括战斗信息网络、情报信息网络、火力支援信息网络、防空信息网络、战斗保障信息网络和后方勤务信息网络等。各作战单元网络打破建制上的区分限制，实现信息的无缝沟通与传递，以完善和加强各种作战职能。

2）态势获取

从平台中心战向网络中心战的转变阶段，以信息基础设施基础服务网建设和传感器组网为主要任务，同时注重提高信息共享和传输的效率和质量。

传感器网格提供高度的作战空间感知能力，使用传感器网格检测战场空间实体，采集相关战场事实数据，这些数据传输到融合设备，生成统一的通用战场态势图（Common Operation Picture，COP）。按部队作战需求将不同版本的 COP 传输到用户，进行有效的信息共享和传送。

传感器性能对信息质量的影响，可通过改变传感器网格的综合程度和特性参量来获取信息质量的变化，改善传感器网格的信息质量；经融合后形成的 COP 质量受融合程度或融合设备对战场实体的信息融合级别的影响。

2. 网络中心行动概念框架

网络中心行动（Network Centric Operations，NCO）如图 2-10 所示。网络中心行动区别于网络中心战（Network Centric Warfare，NCW），说明该概念框架是关于实际的以网络为中心的作战或行动的框架，而非战争理论的框架。网络中心战如图 2-11 所示。

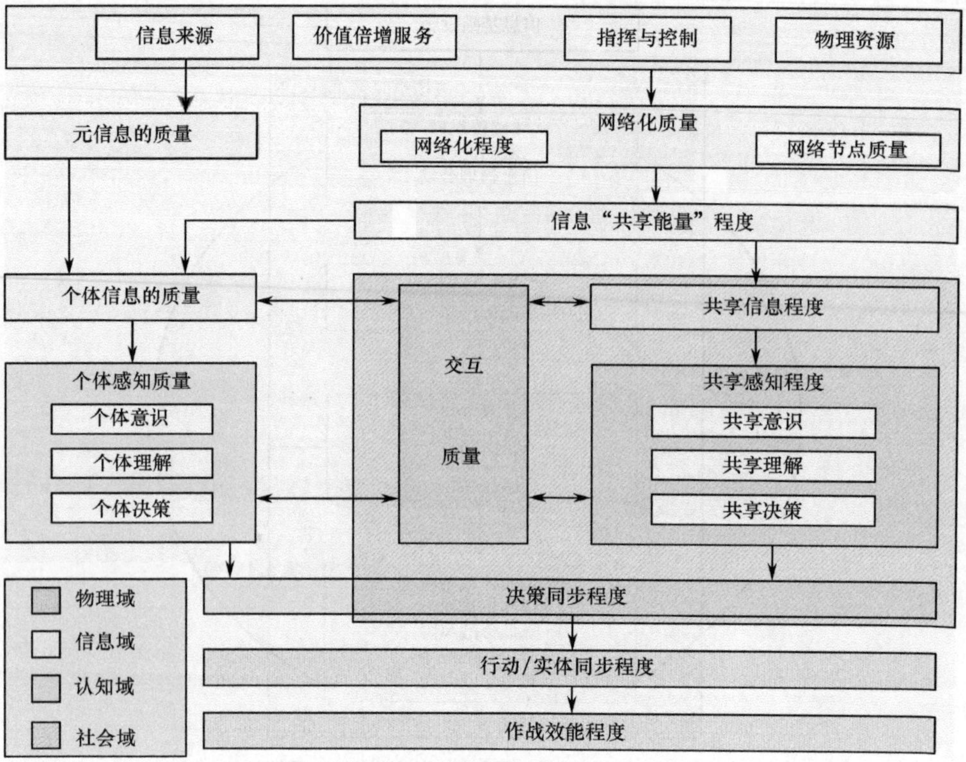

图 2-10 网络中心行动

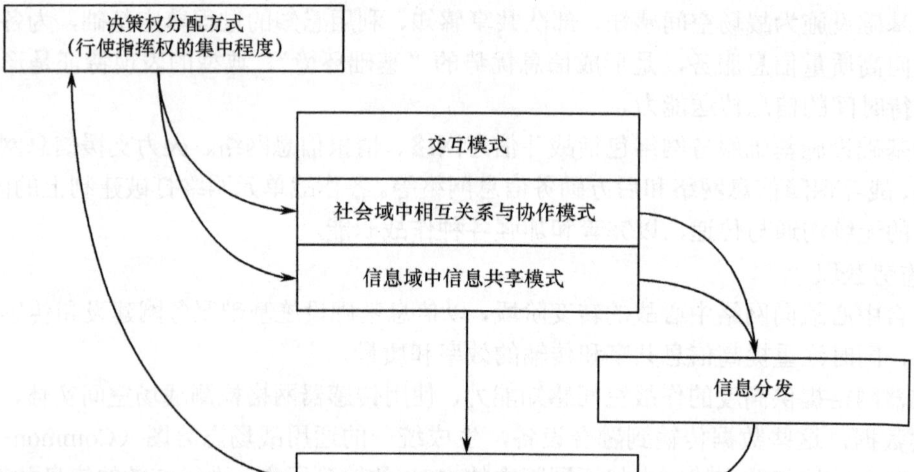

图 2-11 网络中心战

网络中心行动概念框架是由美国军队转型办公室和国防部 C3I 助理秘书办公室联合开发的，目的是形成一套标准来评估网络中心战的原则，它根据最初的网络中心战的原则建立起来。美国国防部向国会递交的网络中心战报告中规定的网络中心战原则如下：

（1）健壮的网络化部队改善信息共享。

（2）信息共享，协同增强信息质量和共享的形势意识。

（3）共享的形势意识促进协同和自同步，增强持续能力和指挥速度。

（4）显著提高任务效能。

网络中心行动概念框架建立在网络中心战原则之上，是一般的“过程模型”（图 2.5 所示），该概念框架明确了“社会域”的重要作用。

1）网络中心行动概念框架的作用

网络中心战概念框架确定了主要工作流程的重要概念，确定了概念间的潜在依赖关系，确立和定义了概念的属性和标准。可以理解为一组紧密关联的概念和关系，也可以看作未来军队指挥控制的内在结构和过程。

2）网络中心行动概念框架视图分析

该框架中，部队不属于任何域，因为它既在所有域内，又包括了所有域中的元素。部队由提供基本功能的四种实体组成。这四种实体如下：

（1）信息来源。收集或产生行动信息的元素，包括各种传感器、人的思想，以及公众媒体（如新闻报告、网站）等。

（2）价值倍增服务。融合数据或信息；增加知识，有助于理解或解释数据、信息或其他知识；回答质疑；定义新的数据或信息需求。

（3）指挥和控制。

（4）物理资源。影响作战环境中的重要元素，包括武器、信号、实体（如心理分析家和媒体播报员）、电子战和计算机空间战实体，以及负责外交、经济和其他事务的实体。

网络中心战概念框架对个体和“集体”进行了区别（对团队、机构等也进行了区别），这对未来的联合行动、机构间协同以及多国合作非常重要。其中元信息指信息的最小构成元素。概念框架的发展使机敏性作为网络中心战一个极其重要的概念出现，机敏性是指健壮、灵活、反应、创新、回传和适应能力，体现了转型的本质，在该框架中强调了 C2 机敏性和部队机敏性，如图 2-12 所示。

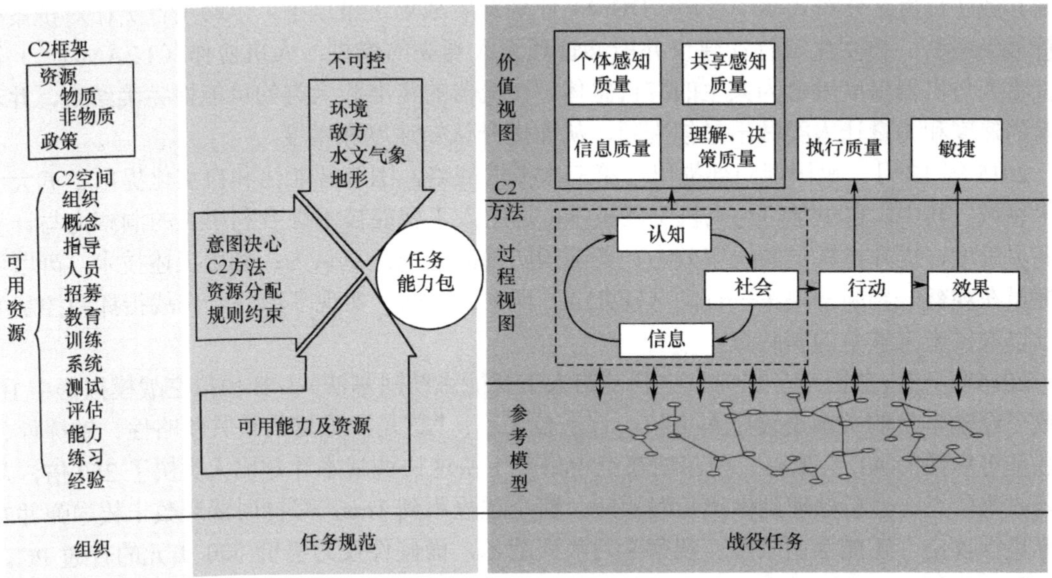

图 2-12　网络中心战概念框架模型

2.3.3 指挥控制智能化

美军很早就开始探索人工智能技术在军事领域中的应用。美国国防部高级研究计划局（DARPA）于 2007 年启动了“深绿”计划，旨在将仿真嵌入指挥控制系统，提高指挥员临机决策的速度和质量。其核心技术是平行仿真，即在指挥作战过程中，基于实时战场态势数据，通过计算机多次模拟仿真，推演出敌我采用不同作战方案可能产生的结果，预测敌方可能采取的行动和战场形势的可能走向，引导指挥官做出正确决策，缩短制订和调整作战计划的时间。该计划虽由于主管领导更迭和经费削减等原因于 2011 年暂停，但其思路和方法值得借鉴。虽然项目中未使用机器学习等最新技术，但通过平行仿真预测敌方行动和态势变化的方法，是在当时人工智能水平下的一大创新，是美军在推进指挥控制向智能化发展方面具有代表性的先期探索性研究成果。

“深绿”系统主要由指挥官助手、“闪电战”和“水晶球”三部分组成。指挥官助手利用语音识别和草图识别等技术，实现指挥决策“从图中来、到图中去”的原则，最大限度符合指挥员的决策分析与操作习惯。“闪电战”是“深绿”的分析引擎，通过利用定性与定量结合的自动化分析工具，迅速对指挥官的各种决策计划进行模拟，从而生成一系列未来可能的结果。“水晶球”是“深绿”的决策总控，负责收集各种计划方案、更新战场当前态势、控制快速模拟以及向指挥员提供可能的选择，并提醒指挥员决策点的出现。

2009—2014 年，DARPA 先后启动了 Insight、XDATA、Deep Learning、DEFT 和 PPAML 等大量基础技术研究项目，探索发展从文本、图像、声音、视频和传感器等不同类型多源数据自主获取、处理信息、提取关键特征和挖掘关联关系的相关技术。同时，DARPA 还布局了一系列面向实际作战任务背景的项目。例如，Mind’s Eye 计划用于探索一种能够根据视觉信息进行态势认知和推理的监视系统；对抗环境中目标识别与适应（TRACE）计划尝试用机器学习和迁移学习等智能算法解决对抗条件下态势目标的自主认知，帮助指挥员快速定位、识别目标并判断其威胁程度；分布式战场管理（DBM）计划发展战场决策助手，帮助飞行员在对抗条件下理解战场态势、自主生成行动建议并能够管理无人驾驶的僚机；人机协作（TEAM-US）计划尝试将人与机器深度融合为共生的有机整体，让机器的精准和人类的可能性完美结合，并利用机器的速度和力量让人类做出最佳判断，从而提升认知速度和精度。

2015 年 12 月，美国国防部提出了第三次抵消战略，围绕智能化和自主化提出了五大关键技术领域。其中，自主学习与人机交互技术，运用人工智能技术综合利用人的洞察力与计算机的高灵敏度，提升指挥员的决策效力。美国国防部副部长沃克认为：利用上述技术，可以压缩指挥员在观察—判断—决策—行动（OODA）环中的时间，实现多域联合作战指挥和控制的目标，以取得未来战争的制胜权。

2016 年 6 月，美国辛辛那提大学开发的人工智能系统阿尔法 AI，在模拟空战模拟器中 100% 击败了经验丰富的美国退役空军上校。该上校表示：“这是我见过的最具侵略性、敏捷性、变化性和可靠性的 AI。”据称，阿尔法在空中格斗中快速协调战术计划比人类快了 250 倍，从传感器收集信息、分析处理到做出正确反应，整个过程不到 1ms，可同时躲避数十枚导弹并对多目标进行攻击，还能协调队友、观察学习敌人战术，而硬件仅为售价 500 美元的普通 PC。该技术是 AI 在交战控制领域应用的重大突破，未来可用于训练人类飞行员，甚至可在通信条件不佳的情况下接管无人机的行动控制。

2016 年 10—12 月，美国总统办公室发布《为人工智能的未来做好准备》《美国国家人工智能研究与发展策略规划》和《人工智能、自动化和经济》三份重要报告，对人工智能技术及相关产业的发展进行了全面规划，旨在确保美国 AI 的领先地位。

美陆军装备司令部通信—电子研究、开发和工程中心（CERDEC）于 2016 年年底启动 CVS 项目，旨在通过综合应用认知计算和人工智能等技术，来应对海量数据源和复杂战场态势，提供主动建议、高级分析和自然人机交互，从而为指挥官及其参谋做出战术决策，提供从规划、准备、执行到行动回顾全过程的决策支持。该项目规划的主要能力包括：

（1）指挥员专用工具。辅助指挥员理解、显示、描述和指挥的便携式手持工具。

（2）指挥员/参谋基于工作流的协作。支持指挥员和参谋随处开展任务编排、跟踪、产品及任务交付物的生产和共享。

（3）数据汇聚。面向任务指挥信息和态势感知需求，从现有指挥所系统中按需获取信息，给指挥员提供合成的数据集，并提供权威和一致的数据存储、添加和搜索功能。

（4）集成的敏捷规划。领域无关、人机协作的战争设计、方案制订和推演能力，可根据相似历史案例和当前情况生成执行当前任务的战术模型、预测评估执行效果，能更好地捕捉和解释用户意图，以聚焦态势评估、开发和分析潜在行动方案、识别非预期的风险和威胁。

（5）评估能力。不断比较当前态势与指挥官计划意图，识别风险和机遇，以评估是否需制订决策，并适时提醒需关注的态势。

（6）预测能力。基于态势数据和当前的计划/目标上下文，识别和推理态势的演变，生成告警，并提供具有一定置信度的未来态势图。

（7）建议能力。面对任意态势场景，基于特定领域知识自动生成一系列可选项，并附上相应的可能性和置信度评价及替代方案。

（8）机器学习和用户配置。持续改进系统，以更好支持特定个人及组织的过程和偏好。

CERDEC 打算寻求企业、学院及研究实验室等多方的努力协作实现这个宏伟的愿景。但出于未知原因，至今未见其发布该项目的更新信息。

分析认为，美军“深绿”的失败说明传统的人工智能方法存在瓶颈，而阿尔法 AI 的成功，让人们看到以机器学习+大数据为代表的现代人工智能技术，可以突破瓶颈，创出一条新途径。第三次抵消战略、三份白宫报告以及刚启动的一系列创新研究项目，均表现出美军的雄心壮志，未来将掀起一场全世界智能化装备竞赛。

2.4　网络中心战中的指挥控制模型

2.4.1　信息时代战争

1．机械化战争的特点

机械化战争是工业时代战争资源重心由人力向机械能转移后产生的新的作战方式，整个作战体系无不依赖机器资源。机械化战争以机械力量为基础和中心，以工业能力为后盾，主要实施大规模集群作战，追求在战场上形成兵力和火力优势。

（1）在战争模式上，工业时代社会生产方式由作坊生产改为机械批量化、工业化和标准化生产，战争多源于机械化生产带来的一系列矛盾。与此同时，武器的射程、速度和杀伤力都达到前所未有的程度，随之而来的是大规模破坏。

（2）各种大型武器平台（飞机、坦克等）本就具有机器的属性。机械化的运动战成为主要作战样式，严密的作战过程是一种规模型和粗放型的作战形式。

（3）机械化战争的主要标志是火力、动力机械与电子技术等要素的结合。这一时期军队的机动能力空前提高，火力空前增强，战争的规模和破坏力空前扩大，钢铁产量、火炮口径、飞机、舰艇和坦克的数量成为新的制胜要素。当时的军事思想和军事行动都依赖近现代大工业，在战争所能达到的维度上，极尽所能地利用机器的力量，以超越自然条件的束缚，消耗战的特征凸显到了极致。

（4）机械化战争的最终形态体现为陆海空协同的高度机械化、快速机动立体战争，在其发展期间闪击战、合同作战机械化战争理论会不断产生。

（5）指挥手段的发展实现了信息能力与机械化武器平台的初步结合，指挥手段初步实现了自动化。

2. 信息时代战争的特点

机械化战争时代为科学技术研究和发展积累了足够的动力，新思想、新理论、新技术层出不穷，最终以现代信息技术为主的大量高新技术的迅猛发展及其在军事领域的广泛运用，为作战方式的演变提供了物质基础，为克服机械化战争的弊端和形成“网络中心战”的优势提供了可能。

第一，信息社会主要的财富创造与获取方式已经不同于过去任何时代，信息时代围绕信息与网络资源展开。在信息时代，占有信息优势的能力是衡量个人财富以及集团强弱的主要指标。同时，随着时代的进步，信息和智力属性的产品越来越多，因而，无论是作为原料存在的信息还是成为产品的信息的重要性都在这个时代骤增。在以信息为原料的这个时代，价值可以轻易地呈指数级增长。可见，在以此为基础的社会条件下，形成的战争及其作战方式也必然与信息和网络紧密相关。

第二，信息社会的主要特点之一就是社会网络化。人类正在急速编织一个网络世界，这是个多节点的网络结构，不但完全打破了一直延续至今自上而下的信息传递和分配顺序，而且使信息不再贫乏，不再难得。网络的普及更使信息从小范围内解放出来，能为大众所用所享，同时也提高了社会透明度和促进了社会民主化。无论是个人还是集团，都日渐融入网络之中。事物之间的联系，本质上就是物质、能量和信息的交流。今天在网络中高速流动的不仅是信息流，也是物质流和能量流。信息社会的来临，信息社会扩大了可感知的空间维度，缩短了时间维度，压缩了过程的循环周期。以横向信息为主的信息流动带来的高效益以及对工业社会条块壁垒的瓦解，反映在军事领域中，信息化和横向组网能力成为先进武器装备的重要标志；反映在军事力量运用上，一体化作战和训练、诸军（兵）种融合成为普遍的趋势；而缩小编组规模、提高官兵素质、组建联合部队也就成为顺理成章的选择。

在军事领域中，现代战场战略层、作战层和战术层的明显分界线瓦解，以顺序方式将难以完成任务，必须管理越来越大的任务分片，而且必须更快地完成这些管理。同时需要集成和增加新的传感器，提供更多的信息源，以某种方式产生连贯的作战空间画面，使作战反应适应分布式环境。因此以前的简化还原方式作战难度越来越大。

在战争历史上，战雾和战争阻力一直存在着。战雾是指当前形势的不确定性，而战争阻力是指将指挥员的意图转变成作战行动的困难程度。由于大量战雾的存在，而传感器作用范围和识别能力有限，造成覆盖率不足，以致对作战空间缺乏感知，造成个体无法接入知识库，只能综合分析自己保存的信息，来构造作战空间态势图。由于准确传递信息存在困难，所以战争阻力被加剧，甚至造成对同一信息的不同理解。处理充满战雾的作战空间，制订能抵制战争阻力的作战计划，已经成了指挥员面临的重要课题。

在军事领域中，与之前相比，信息时代的特点有：战场感知能力加强，兵器信息化程度高；认知作用大大增强，认知时间相对变长；信息共享程度变大，联合作战粒度变小；信息作用全域渗透，信息优势全维获取。

善于控制和利用信息，就要把握信息战争的三个基本链环，即信息获取、信息传递、信息处理。只有获取了信息，才能耳聪目明；只有顺畅的信息传递，才能指挥自如；只有及时正确地处理和利用信息，才能运筹帷幄，争取时间，组织力量，压制、打击和消灭敌人。三个基本链环上的信息斗争又可以归结为侦察/反侦察、干扰/反干扰、破坏/反破坏、摧毁/反摧毁、控制/反控制五种基本手段。要在信息斗争中取胜，就要在创建上述五种手段的物质基础上巧妙灵活地运用之。所谓制信息权，即运用信息进攻和信息防御的各种手段，控制战场信息的主导权，也主要表现在上述三个基本环节、五种基本手段的斗争上。交战双方，谁在这三个基本环节、五种基本手段上握有优势，谁就能掌握制信息权，赢得战争的胜利。

2.4.2　网络中心战的概念

信息技术的飞速发展，对军事系统功能整合和效能倍增具有十分重要的作用，成为作战方式变革的主要驱动力，信息技术的综合应用及其辐射效应促进了武器装备系统和指挥信息系统的一体化，极大地提高了战争体系对抗的能力，催生出基于信息技术发展的新作战方式——网络中心战。

海湾战争后，美国海军认真检查了战争中其作战指挥系统互联互通互操作性差、共享水平低下的问题，致力于研究探索通过提高信息的共同感知能力来提高海军作战能力的途径。经过几年的研究和试验，美国海军于 20 世纪 90 年代中后期即提出了网络中心战这一概念和理论，并逐步得到美国国防部和其他军种的认同。经过多年的研究，美国国防部认为网络中心战是信息时代的战争形态。2001 年，美军提出网络中心战的作战概念，认为以网络为中心是正在不断发展延拓中的新作战概念的典型特征，目的是利用信息技术优势确保军队作战能力相对于假想敌的决定性优势。要实现这一优势，核心是通过网络无缝连接，安全实时地共享信息，谋求决策优势的能力。

网络中心战这个顶层概念将联合作战和海军作战的定义原则应用到网络中心战中，并构想了需要实现的新能力。网络中心战概念包含的许多原则都已体现在海军条令中，这个条令在根本上是以网络为中心的。为了发展海军在 2010—2030 年实现网络中心作战部队的概念构想，战略研究小组根据海军作战部长下达的任务，从海军作战角度提出了转型方案，该方案使用新兴的传感器技术、信息技术、决策辅助技术、武器技术和支持系统等。海军正在建设由分层传感器组成的传感器栅格，以获取信息知识优势和保证接入能力。发展远程 C2 栅格，构成并提供先进的 C2 能力，有助于实现网络中心战；提出新的 C2 概念，构建在战役级和战术级网络中心战环境下协同和同步分散作战的部队。美海军同步研究无人机和自主式飞行器、脱离载体遥感技术、决策支持技术、分布式战斗力等，来创建一支网络化的海军。

美军对网络中心战最新的权威定义是“网络化（甚至部分网络化）的部队为创造作战优势综合运用信息时代正在出现的战术、技术、技巧、程序和组织”。网络中心战是机械化战争形态向信息化战争形态演变过程中的一个重要标志，是信息时代联合作战的高级形态，是相对“平台中心战”的信息化战场上的新型作战模式。美国国防部已将网络中心战能力作为军队转型的重点，并视其为未来联合作战的核心。

网络中心战是相对于传统的“平台中心战”而言的，平台中心战中作战行动主要围绕武器平台进行，各平台依靠自身探测器获得战场信息，然后提供给武器平台进行作战，平台间信息交流少而慢，信息共享非常有限，这种方法难以适应高科技条件下快节奏的联合作战需求。“平台”是指装载武器和探测器等装备的载体（如军舰、飞机、坦克等）。

网络中心战作为一种新的作战方式，体现了联合作战思想，谋求的是作战效果的集中，而不是兵力的集中。各作战实体间高效的互联互通产生的战斗力倍增的能力，通过各作战单元的网络化，以基础信息网格为依托，通过有效连接军事行动相关部门和单位，使地理上分散的作战资源建立高度共享的、全面的作战空间感知，并通过自同步等方式提供给各级作战人员，把信息优势变为作战行动优势，使各分散配置的部队共同感知战场态势，从而自主地协调行动，发挥出最大整体作战效能，从而获取信息优势、决策优势，实现信息从传感器到射手的近实时传递，先敌打击，遂行作战任务，进一步获得行动优势，实现指挥员的作战意图。网络中心战使作战重心由过去的平台转向网络，帮助作战部队创造和利用信息优势并大幅度提高战斗力，具有战场态势全维感知能力、作战力量一体化、作战行动实时性、部队协调同步性等特点。

信息战是信息领域的斗争和对抗活动，以各种信息技术和武器装备为主要手段，打击和干扰敌方的信息系统，使敌方无法获得充足、准确的信息，无法做出正确决策，采取一切措施保护己方信息系统不受干扰破坏。信息战攻击的主要目标是信息基础设施。

网络战是在网络空间上进行的作战行动，是敌对双方针对战争可利用的信息和网络环境，围绕“制信息权”的争夺，通过计算机网络，攻击、破坏、干扰敌方战场信息网络系统和保护己方信息网络系统的行动。网络战是信息战的一种特殊形式，具有突然性、隐蔽性、不对称性等特点。

2.4.3 网络中心战的要素

网络中心战主要作用在四个域中：物理域、信息域、认知域和社会域。物理域内的实体经过信息域内的系统，转变成所需的数据、信息和知识，通过协同和共享形成个体的不同认知，再经过社会域的协同产生最终的决策，形成完整的军事决策认知活动。

1．物理域

物理域是人们熟悉的传统作战领域，包括海、陆、空、天，各种军事力量进行火力打击、防护和机动，同时还有武器平台和连接它们的通信网络。物理域中所包含的各元素是最容易掌握和检验的，因此作战力量常在这个域中进行检验。

物理域两个关键要素是网络和网络上的节点。网络可以是包含多个人员、机构或组织的系统或过程，可以包含子网络，并可与其他网络互连。网络具有社会关系、信息交换和物理连接的功能，可以提供信息服务。节点是产生、使用和处理信息的要素，可以是作战节点或系统节点。

2．信息域

信息域是信息产生、复制、增值和共享的领域，是传送指挥与控制（C2）信息、各级指挥员的作战意图和建立起作战部队之间的信息通信的领域。在信息作战中，信息域必须具有很好的防护，使其在军事冲突中能够很好地产生作战能力。

信息域两个关键要素是数据和信息。数据是构成信息的介质，数据转变为可理解的形式时就成为信息。数据与信息可以共享，可跨个体、系统、组织进行交换。

3．认知域

认知域是指所有参与军事活动人员的感知、意识、理解、决策、信念和价值观，处于军事人员的脑海里。有很多战斗、战役乃至战争都是在这个域中取得关键的胜利。那些无形的，却又十分重要的指挥艺术、道德观、团队核心价值以及训练水平和作战经验都是认知域中的重要元素。认知域还包括指挥员的作战意图、作战原则、战术技巧和方法。

帮助决策的“思维模式”是认知域的关键要素，在该域中最重要的技能是将合适的思维模式用于战场态势中。

4．社会域

美军在网络中心战中提出的“社会域”概念，是网络中心战概念体系框架的一次创新。在该域中部队实体之间相互交联、传递信息、互相感知与理解，并做出协同决策，更重要的是，社会域是任何人类团体所不可或缺的因素。社会域和信息域、认知域相交，但又与二者不同。认知域和社会域都离不开信息域内的信息和知识，认知域内的认知活动本质上具有个体性，反映个体意识，而社会域体现整体意识，个体性认知和社会性认知之间有着直接的影响。认知活动从其本质特点来讲是一种个体活动，是在个体的思维中进行的。在社会域内从共享认知到共享理解，再到协同决策制定的整个过程是一种社会性认知活动。

社会域是个体间交换信息、意识、理解和做出协同决策的域，也是领导阶层控制和传达文化、价值、观念和信仰的域。

网络中心战中四域参考模型图如图 2-13 所示。

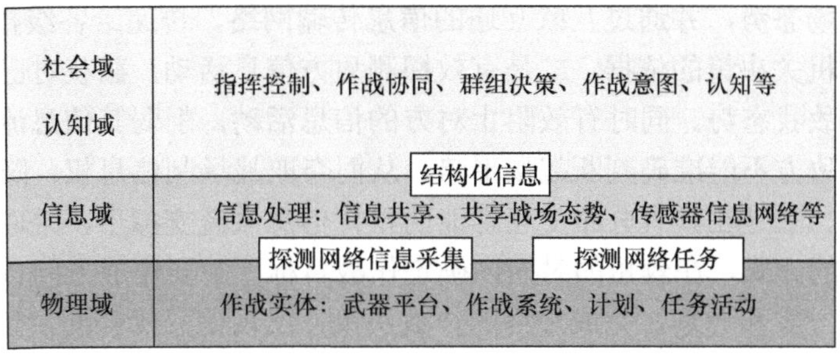

图 2-13 网络中心战中四域参考模型图

2.4.4 网络中心战的目标

1. 信息优势

在信息化战争中，信息是最重要的战略资源，夺取和保持信息优势乃至获得制信息权是信息化战争中的首要目标，因此信息优势和制信息权成为各国军队信息化进程中关注的焦点。网络中心战理论认为，信息优势地位并不只是双方信息能力的比较，那样只会导致过分强调提升己方的信息能力，信息优势应该是对抗双方各自信息能力与信息需求之间的差距的对比。

信息优势的实质可归纳如下：

（1）信息优势是军队的核心能力，而这种核心能力的核心是拥有“交互式作战空间态势感知与共享能力”。

（2）能够比敌方更全面地掌握战场空间情况，包括敌我双方的态势和意图。

（3）比敌方更强的情报收集与评估能力、侦察与监视能力、信息传输与通信能力以及信息处理与指挥控制能力。

（4）拥有比敌方更强的信息防护能力，能确保己方各种传感器、通信和信息处理网络系统不被敌方干扰、破坏和利用。

（5）拥有优胜敌方一筹的信息进攻能力，能用软/硬手段影响、干扰、削弱、破坏或摧毁敌方的信息系统。

2. 决策优势

尽管信息日益重要，仍只是保证战争胜利的诸多因素之一。信息并非越多越好，信息冗余及过载是信息化战争时代的大问题。如果信息化建设的根本目标定为数据的传输，而不是对信息的利用，就偏离了获取信息优势的本质。信息优势不是绝对的，而是相对的。取得信息优势的关键要看时间、空间、力量和要达成的目的。先进的信息技术本身并不能变成信息优势，而信息优势也不能保证正确的决策和最终的胜利。

决策优势是指以快于对手的速度，做出正确决策和实施决策的能力。信息时代的决策优势依赖于网络化的知识共享和群决策机制，这种机制明显有别于传统作战方式。复杂的网络结构为参与决策的实体提供了新的机会，通过快速和安全的信息共享形成决策群体，通过决策群体成员彼此间密切的协作，改善决策所需信息的数量（信息的完整性）和质量（精确度和准确性），为赢得决策优势创造条件。

信息优势向决策优势的转化主要体现在战前或战中筹划阶段。在这一过程中，一是依托情报信息系统收集情报信息，对来自各方面的情报信息进行多源融合、验证和重构，得出真实、可靠、有价值的战场态势，并通过互联互通的信息传输网络，传递给各级指挥员和指挥机关，作为指挥员和指挥机关决策的依据。二是有效探测敌方信息活动，截获对己方有用的敌方位置信息，并准确判断敌我态势。同时有效阻止对方的信息活动，削弱其信息流、物质流和能量流的相互作用，致使敌方不能准确判断战场形势，从而夺取战场制信息权，降低敌方整体作战效能，使其陷入被动。三是在具有分布交互功能的指挥信息系统支撑下，采取“整体联动、异地同步、交互决策”的方式，在较短的时间内确定作战目标、主要作战方向、力量部署和行动方法，确定各种作战方案和计划，完成最终的作战决策，实现信息优势向决策优势的转化。

3. 行动优势

行动优势是指作战行动处于优势地位，主要表现为部队的立体机动、综合打击、全维防护和综合保障行动较对方占优势。决策优势向行动优势转化是战场优势转换的关键环节，也是战场优势的最直接体现。

决策优势向行动优势的转化主要体现在作战实施阶段。在这一过程中，一是通过无缝高速的信息传输网络，实时地向部（分）队下达命令。二是采取下级报告、组织力量侦察、接受上级通报或向上级申请、向友邻索取等方法。三是适时督导作战行动，指挥员应根据推动战局发展的需要，采取下达新的指令，或派出相关人员到执行主要任务的部队直接进行督促和指导的方法。战场同步协调是实现战场情况变化、战场信息报知与作战行动的同步化，取得行动优势的关键。要建立“情报信息—指挥决策—作战行动—效果评估—信息反馈”的整体联动机制，可通过全面利用广域分布、无缝链接的信息获取、传输网络系统，达成战场感知—处理—传输—决策—评估信息流通环路高速运作，实现行动节奏与战场信息流动节奏同频共振，保证执行同一任务的相关作战部队之间“面对面”地、动态互动地、近实时地进行作战协调，协调一致地对敌方作战体系中起支撑作用的重要目标实施有效打击，实现各作战单元和作战要素作战效能的动态聚优，使各作战单元和作战要素的作战效能在短时间内同步、迅速、精确释放，从而夺取战场行动优势。

2.4.5　网络中心战逻辑模型

1. 网络中心战逻辑模型

网络中心战将信息优势转化为决策优势和作战力量的行动优势，并最终转化为胜势，其能力主要来自其网格化的体系结构。按功能可以把整个网络分为四个互相连接的部分：以计算和通信为基础的信息网格、以传感器为基础的探测网格、指挥控制网络和以武器平台为基础的交战网格，四个网格功能需要通过虚拟协同工作环境来实现。网络中心战的实质是使战场上的各作战单元和各作战职能系统网格化，特别是将各种分散配置的侦察探测系统、指挥控制系统和火力打击系统集合成统一高效的信息网格体系，使各级作战人员能共享战场态势信息、高效率地实施指挥和作战的战争行动。

在信息化战争中，传感器网格快速对作战空间的高层次进行了解，并使这种了解与军事行动同步，建立指挥控制中心与各作战单元间互动的联系，利用交战网格使各作战单元能组织起来实施对目标的攻击，从而转化为更强的作战能力。网络中心战逻辑模型如图 2-14 所示。

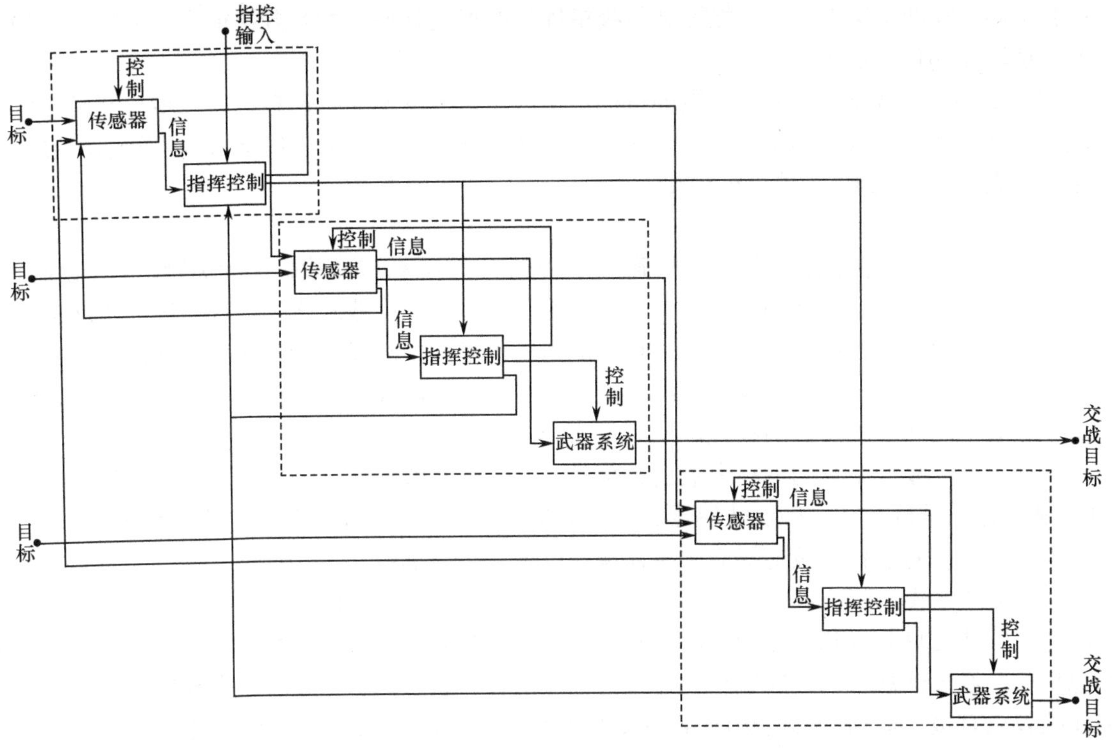

图 2-14　网络中心战逻辑模型

1）基础信息网格

基础信息网格也称通信网格，是网络中心战体系中网格信息化基础设施，是形成战场上以网格为中心的计算和通信的能力的重要基础设施，支持分布异构的系统和战场实体之间的通信，是“多网格系统”，是由多个网格组成的网络。网格合法用户，不管位于何处，只要没超出信息网格的覆盖范围，都可以通过信息网格与其他用户异地协同工作。基础网格提供强大的资源共享功能，每一个作战单元都成为战场感知、指挥控制、精确打击的参与者。由于基础网格将战场感知、指挥控制、精确打击等各种作战单元综合集成为一体化的协同作战系统，从而使战场上的兵力结构、指挥控制体系及信息流程发生巨大变化，大幅地提高整个作战体系的快速反应能力与协同作战能力。

2）传感器网格

传感器网格是进行全维战场感知、获取制信息权的关键环节，包括分布于海、陆、空天多维战场的各类传感器、信息源，以及实现其互联互通和即插即用功能的基础设施。传感器网格将对各类传感器以及能力进行逻辑连接，实现高度共享的战场感知，提供迅速准确的“通用作战态势图”，识别敌人的关键能力并对其进行摧毁，实现可靠的战损评估，提高指挥员更加有效地部署部队的能力。

网络中心战模式下的目标传感器网格，是一体化的传感器网格，能实现实时的共享战场感知。将实现互异的传感器的关联以及异构数据的融合，能够应对不确定因素，将数据转换成信息，并提交给 C2 节点。

3）指挥控制网格

指挥控制网格是进行高效、协同指挥控制和任务指派、获取决策优势的关键，包括各类指挥控制中心、辅助决策系统等，能提高各级指挥员的战场管理手段和判决能力，把战场感知与理解迅速转变为作战决策。

网络中心战模式下 C2 网格发展的目标是实现 C2 网格内分布式系统的同步与互操作性，实现向传感器网格和火力网格实时传达指挥员意图，浏览并理解来自传感器网格的通用战场态势图，向火力网格发布行动指派命令。

4）火力网格

火力网格也称交战网格，是进行精确打击、战损评估，获取作战优势的关键，主要由武器、装备系统和为之服务的即插即用功能的信息基础设施构成。交战网格的作战体系，通过减少地理分散的精确火力和目标的匹配时间，有效地利用了增强型战场感知、交战质量目标信息、分布式战斗预损毁评估传感器以及指挥决策能力，增加高端精确打击行动的战斗力，促进了精确打击、制敌机动和全维防护的实现。

网络中心战模式下火力网格发展的目标是：实现时间敏感的目标定位，以及平台和武器对 C2 任务分派的准确反应，确保传感器到射手的实时数据传递，实现期望的作战效果。

网络中心战对于作战效能提高主要体现在以下几个方面：

（1）在物理域。各作战平台采用鲁棒性网络连接，安全无缝的连通增加了信息共享和协作，提高作战部队信息共享和协作能力，增强了信息优势的优裕度和可达度，以确保作战部队获得信息优势；通过信息域、认知域和社会域的相互结合，联合部队作战行动实现协同和自同步，使作战效果有极大提高，在所有任务/冲突中获得竞争优势，继而获取全谱优势。

（2）在信息域。安全无缝的网络连接通过收集、共享、分析、协同和保护信息等方式，使信息在正确的时间、正确的地点将正确的信息以正确的形式送交给正确的接收者，取得相对敌方的信息优势。

（3）在认知域和社会域。通过高质量的信息共享转化为作战部队产生共享感知的能力，提高了共享态势感知的质量，保证作战部队在认知域形成共享知识，对作战意图形成一致的理解，将信息优势转化为知识/决策优势，继而使得协同和自同步得以实现，增强了支持能力，提高了指挥速度，提高了部队同步化的能力，从而获得全谱优势。

进攻性信息行动是使敌方的信息度量属性在"数量"上趋向于原点，而防御性信息行动是防止己方的信息度量被压缩。通过制信息权的获取，保护和促进己方的感知、共享和执行，同时扰乱敌方的感知，破坏和摧毁其指挥控制活动，推迟其作战执行，从而获得全方位优势。由制信息权获取全维优势如图 2-15 所示。

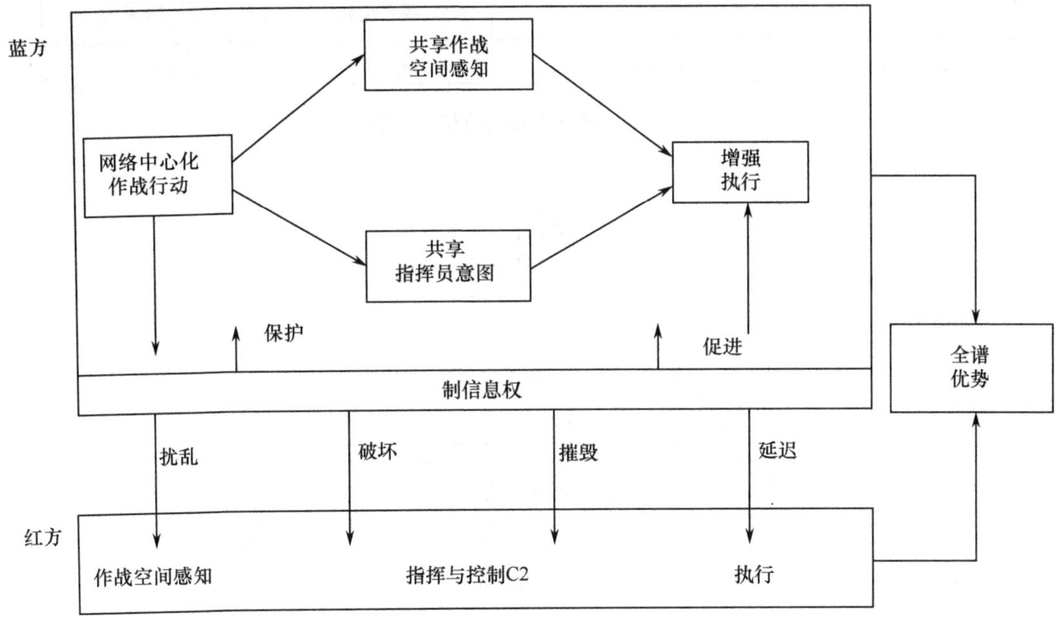

图 2-15　由制信息权获取全维优势

在网络中心战中，由于有了连接各作战层次的信息网络，各级作战层次通过网络共享信息，可以更好地了解、掌握战场态势，并且可以迅速得到对任务而言至关重要的信息。作战单元之间通过互相沟通协调，可以更好地完成上级作战意图，此时，要打破传统的指挥结构和军（兵）种界限，采用横宽纵短的指挥体系结构，将多层树状指挥体系压扁，变为扁平网状指挥体系。要将战场各种指挥和控制系统组成一个一体化的互联网，进行战场情报、目标数据和指挥信息分层式分发，实现战场空间内的信息资源共享，为信息的使用者争取时间。尽管过去一些传统的作战指挥形式，如集中式指挥、分散式指挥、逐级式指挥、越级式指挥、指导式指挥、协调式指挥等，在今后战斗中仍有很强的生命力，但由于未来联合战斗中指挥工具的智能化、指挥体制的扁平化、指挥对象的多元化，以及作战方法和手段的多样化，如果仍单纯以集中指挥进行整体控制，势必导致作战指挥对纵向信息流通依赖性过大，难以发挥横向信息流通在指挥体系中的作用，客观上要求联合作战指挥方式必须与之相适应。

网络中心战价值增长链如图 2-16 所示。

可以说，网络中心战是建立在先进的通信、情报、监视、侦察技术手段上的作战理念的变革，全球信息栅格（Global Information Grid，GIG）是技术基石，通过信息优势取得决策优势，最终转化成作战全谱优势（Full Spectrum Dominance，FSD），如图 2-17 所示。

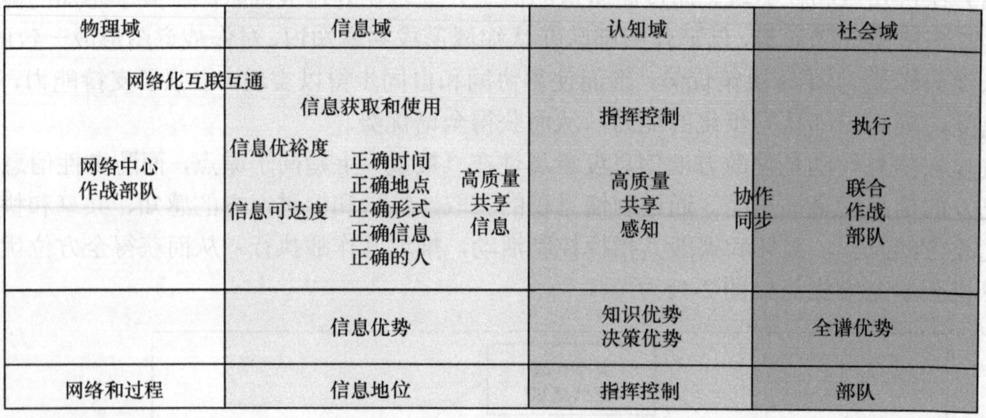

图 2-16 网络中心战价值增长链

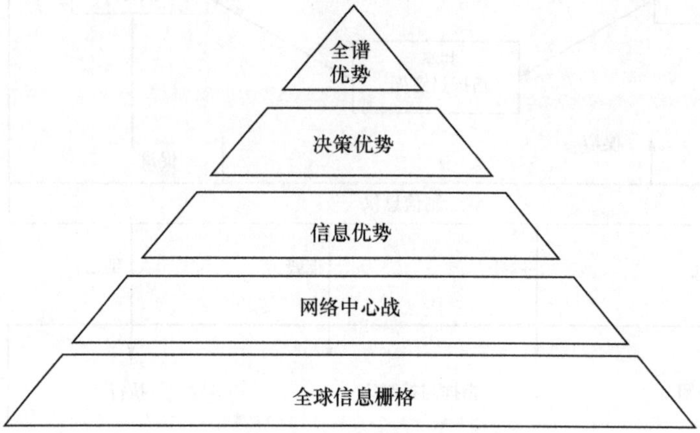

图 2-17 网络中心战获取作战全谱优势

2. 网络中心战对作战指挥的影响

1）指挥结构网络化

在网络中心战中，指挥结构增强了作战部队横向的联系，将指挥体制的纵长形树状结构转变成扁平形的网络结构，指挥体制以网络化结构为核心，采用横向一体化技术，在纵向上减少指挥层次，横向上进行实时交换，使战场信息快速、顺畅、有序地流动。

2）指挥信息共享化

指挥平台网络化打破了战场情报主要由本级情报力量保障，上下之间、横向之间难以实现情报信息共享的旧格局，实现了联合作战中诸军（兵）种情报信息的高度共享。

3）指挥决策实时化

在网络中心战作战过程中，将信息优势转化为知识优势，进而转化为决策优势才能真正赢得战场指挥的主动权，分布式联合决策应运而生，并迅速成为作战决策的基本方式；便于指挥决策的异地同步组织，有利于指挥系统内信息的整体交互，达成了指挥决策的横向协作交流，实现了在战场复杂情况下进行实时有效的指挥决策。

4）指挥控制精确化

针对网络中心战的指挥与控制，必须利用强劲发展的信息技术和对作战形势的共同理解，极力提高指挥控制的一致性，使任务完成得更快速、更有效。

5）指挥系统智能化

现代战争中武器装备的发展，部队编制的改变，使指挥系统的构成趋于复杂，造成指挥机构的部门增多，规模扩大。网络中心战明确立足于强化指挥功能，不断提高指挥信息系统智能化水平。

战争中拥有信息优势的一方，其强，强在信息化程度高；其弱，也恰恰弱在高度信息化带来的脆弱的一面。它在享有信息化所带来的种种便利的同时，也对信息系统的完整性与稳定性形成了严重的依赖。一个高度网络化并习惯在网络化环境中运转的国家，一旦其金融、电力、交通、通信、新闻媒体等部门的信息系统遭到网络攻击或物理破坏，有可能导致国家管理混乱、经济运转失灵、民众心理恐慌。一支高度依赖信息网络并习惯在信息化条件下作战的军队，一旦其 C4ISR 系统的关键节点受到高强度的信息软杀伤与火力硬摧毁，就可能导致这支军队陷于结构性的系统瘫痪，整体战斗力急速下降。而规模庞大、结构复杂的战区信息网络与国家信息网络，即使战时受到特别的屏护，也难以关闭所有的“易受攻击之窗”。

网络中心战从技术上说太复杂，而对于战争又太脆弱，当得不到什么信息的时候，就无法提供决策优势。历史表明，在所依赖的主要技术系统失效之后，要维持作战能力是非常困难的，鉴于网络中心战的信息栅格遍及各个军（兵）种并深植于联合作战构想之中，因此，系统的可靠性是一个不容忽视的问题。如果高度相关性存在于系统之中，则部分设备的失效将严重削弱部队的战斗力。在极端的条件下，甚至导致所有兵种全部瘫痪。同时，通过物理摧毁、干扰和侵入来破坏网络关键节点和连接，网络环境下容易受到不对称攻击，存在一定脆弱性。

网络中心战下的作战行动在时间、空间和强度上将是非线性的，战术级、战役级和战略级的不同作战层次界线趋于模糊，具有战略意义的战场作战逐渐增多，军队没有前方、后方和侧翼，战争将是短暂的和决定性的。在这一点上，网络中心战走向了极端，它将导致战略的完全战术化，战略和战术之间的战役层次被完全忽视。

网络中心战从提出至今已经过了多年的发展，初步建成了一套完整的作战体系。深入研究网络中心战的发展建设，对于提高军队信息化建设水平，增强军事信息系统的一体化、集成化有十分重要的借鉴意义。

思 考 题

1. 什么是指挥控制？
2. OODA 环的特点是什么？
3. 劳森—摩斯环的特点是什么？
4. HEAT 过程的特点是什么？
5. 什么是信息化战争？
6. 信息时代的指挥控制有什么特点？

第3章　战场情报信息综合处理

本章首先概括介绍战场情报信息处理技术的概念和战场情报信息处理流程；接着阐述多源信息融合技术；最后针对战场情报综合处理技术的应用，阐述战场目标综合识别。

3.1　战场情报信息处理技术

3.1.1　信息处理技术的概念

信息技术的迅速发展和广泛应用，使人类社会掀起了一场波澜壮阔的信息化浪潮，推动着人类社会从工业时代向信息时代迈进。在这种时代大变革中，人类生产和生活的各个方面都发生着质的改变，军事斗争的形式和方式也随之发生着深刻的变化，人类战争形态正在逐步由机械化战争向信息化战争演进。

与传统的军事斗争形态——机械化战争不同，信息化战争是以大量应用信息技术而形成的信息化武器装备为基础，以数字化部队为主力，以 C4ISR 系统为统一控制协调的纽带，以夺取信息优势为战略指导，以电子战、网络战、情报战、空间战和远程精确打击等为主要作战样式，诸军（兵）种在陆、海、空、天、网、电等多维一体化空间进行联合作战的高技术现代化战争。

在信息化战场上，军事力量各要素之间的紧密协调和各种武器系统威力的发挥，越来越明显地表现为对信息的依赖。信息已经成为继物质、能量之后的又一重要制胜因素和战略资源，信息控制能力是国力、军力的重要体现。由此可见，未来战争的胜负在很大程度上将取决于作战双方对信息的获取能力、处理能力和利用能力。“信息威慑”正日益成为未来战争中的一种新的威慑力量。信息优势已成为决定战争结局的重要因素。可以说，谁拥有信息优势，谁掌握制信息权，谁就能在未来的战争中赢得主动，并最终夺取战争胜利。

在人类认识的世界中，物质、能量和信息是构成世界的三大要素，它们是不同形态的资源，信息既不是物质，也不是能量，而是物质在相互作用中表现出来的一种属性。信息同物质、能源一样，是人类赖以生存和发展的宝贵资源，是现代社会的三大要素之一。数据、信息、情报有其共同特点，但又有所区别。数据是人们对问题说明或事件处理的一种定量表示，它仅仅是一种抽象的量的概念，本身并不代表任何具体东西；信息则是数据经过一定方式处理后得到的，是加载在数据之上对数据具体含义的解释。信息是直接面向用户的，对于不同的用户具有不同的意义和价值，这一点是数据所不具备的。数据是信息系统的加工原材料，信息则是信息系统的产品。从本质上看，信息是事物运动的状态、方式及其表现形式，情报则是有组织地获取的有针对性的信息，它是指挥决策的依据。没有及时准确的情报，就不可能有科学正确的指挥和控制。

军事情报信息是信息应用于军事领域的一种特殊形式，是在日常勤务和作战中表现出来的一种属性，是各种军事活动方式、状态的直接或间接的表述。军事情报信息是反映军事活动特征及其发展变化情况的各种情报、命令、指令、消息和资料的统称，包括数字、报表、凭证、文字、符号、图纸、语音、图像、视频和多媒体等多种形式。军事情报信息是作战指挥和军事行动的重要依据，是综合作战能力的重要组成部分。

战场情报信息处理系统是在各种信息技术武器设备的基础上，以计算机技术为核心、以通信网络技术为支撑平台而构成的军事信息系统，主要用于信息的获取、传输与处理。它通常由信息获取系统、信息传输系统、信息处理系统组成。信息处理系统包括各类信息分析、信息分发、指挥控制等硬件设备和计算机应用软件，这些设备和软件用于从大量原始信息资源中提取真实和有用的军事信息，并依据这些信息为作战指挥人员提供辅助决策。其中信息处理技术涉及信息获取、传递、存储、处理和使用的方方面面。

战场情报信息处理技术主要包含战场目标感知、检测、识别、定位和跟踪技术。

（1）目标感知技术。利用各种探测设备探测目标的外在特征信息，即目标所表现出来的几何特性、物理特性（如声、光、电、磁、热力学特性）及化学特性，以获取目标的本质及其内在规律。

对军事目标的感知最初采用的手段是对人类感觉器官功能的直接延伸，代表性仪器有工作于可见光波段的望远镜、照相机、探照灯等光学仪器。感知技术发展的里程碑是第二次世界大战中雷达、声纳的应用。目前随着新技术的发展和作战需求的牵引，雷达感知技术、声纳感知技术、电子侦察感知技术、可见光无源感知技术、红外和多光谱感知技术等成为重要的信息获取技术。

（2）目标检测技术。根据探测设备接收到的电磁信号、声信号、图形图像信息等，判断是否存在目标。

（3）目标识别技术。亦称属性分类或身份估计，是指对目标敌我属性、类型、种类的判别。目标识别是对基于不同信息源得到的目标属性数据所形成的一个组合的目标身份说明。现代战争要求指挥员能在瞬息万变的战场迅速做出战术决策，而只有在准确识别目标的基础上才能做到快速决策和有效打击。因此目标识别技术在现代战争中将始终具有重要地位。

（4）目标定位技术。测量目标位置参数、时间参数、运动参数等时空信息的技术，用于对目标进行精确定位。

（5）目标跟踪技术。根据传感器获取的目标点迹，确定或估计目标的有关参数，如航向、航速等运动参数，进而推算目标未来位置的过程。

以海战场情报信息处理过程为例，一般而言，海战场情报信息处理过程首先是收集预警探测站点和海空潜平台上报的海上目标情报，以及收集各级技术侦察情报、海上兵力行动/计划信息和民用海情信息。预警探测站点包括雷达观通站、电子对抗侦察站、水声站等，海空潜平台包括预警机/警戒机/电子侦察机、海上编队、水面舰艇、潜艇等。之后根据情报的类别或手段，分别进行各专业情报处理，完成基于单信息源的目标检测、目标识别、目标定位、目标跟踪，实现目标状态和属性的估计，即进行目标航迹生成和属性类型初判；在此基础上，进行多源异类情报综合，以某种准则和算法合并多信息源获取的位置、特征参数和身份信息，以获取单个实体目标（如辐射源、平台、武器、军事单元）的精确表示；最后基于对实体间的关系所做的推理，进行实体状态的估计和预测，最终构建战场态势图。

3.1.2　战场情报信息处理流程

从信息流程上来讲，战场情报信息处理系统通常是以计算机为核心、信息为媒介、通信网络为神经的，具有信息获取、传递、处理和对抗等能力的一种分布式信息处理系统。情报信息系统数据处理基本流程如下。

（1）获取。情报信息获取是通过一定的技术手段取得所需情报信息的过程。通常需要获取的情报信息包括地形、天候、电磁、武器性能、数量、位置、状态、水文气象等。

（2）传输。情报信息传输是利用情报数据传输网络将侦察监视器材获得的原始信息或经过处理的情报信息发送到所需平台的过程。基本手段分有线与无线、既有设施与野战临时设施，有线方法使用同轴和光纤；无线方法由于使用了许多新的技术，几乎涵盖了所有的频率范围。两种方法的数据传输，都依赖于以计算机为核心所构成的数据通信方式，并采用了许多新的加密和抗干扰方法。

（3）处理。广义的情报处理是指从获取情报到提供使用的整个过程。情报信息系统的核心功能是情报信息处理。处理过程包括数据处理（格式转换）、信息存储、相关处理、逻辑分析和输出。目前情报信息系统进行信息处理的核心技术是多源情报数据融合，涵盖技术层、表示层和认知层三个层次。

（4）分发。经处理后的情报信息根据需要分配给使用者，这个过程就是信息的分发。情报信息分发的基本原则是按权限，按范围，按需求，按时序。

（5）应用。情报信息的应用主要集中在三个关键的层面：指挥决策层，各作战要素层，武器平台操作层。理想化的结果是使各应用终端最终达到可靠互通、充分互用、易于互操作。

（6）反馈。情报信息反馈主要是从信息获取前端到数据应用终端的逐级信息双向交流，关键是不断地更新、改正和完善各类数据库，为应用提供可靠的信息数据。

指挥信息系统的信息处理流程如图 3-1 所示。

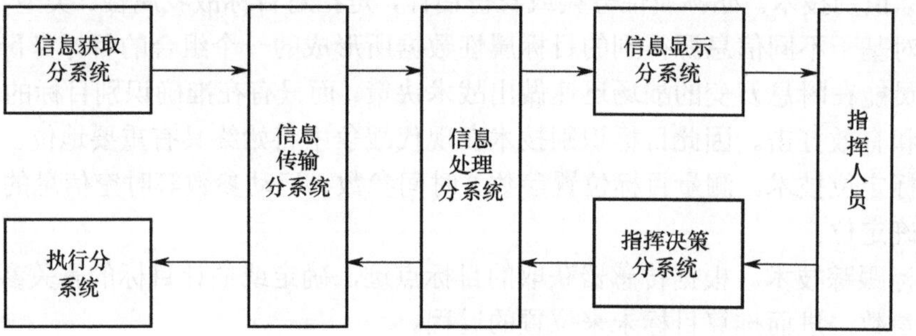

图 3-1 指挥信息系统的信息处理流程

按照信息流程和业务应用的需求划分，指挥信息系统分为信息收集分系统、信息传输分系统、信息处理分系统、信息显示分系统、指挥决策分系统、执行分系统等部分，各个分系统的功能如下。

1. 信息收集分系统

信息收集分系统是指挥信息系统的“耳目”，是整个系统的输入部分。该分系统能及时收集敌我双方的兵力部署、作战行动、战场地形、气象等情况，为指挥员定下决心提供实时的准确情报。

在作战应用上，信息获取分系统主要对应预警探测和情报侦察等系统，利用遥感、传感技术进行情报收集，由侦察卫星、侦察飞机、雷达、声纳、光学、红外等侦察探测设备组成。接收的信息类型主要有电磁信息、图形图像信息、声响信息、文电信息、语音信息等。

2. 信息传输分系统

信息传输分系统是指挥信息系统的"神经网络"，是连接指挥信息系统各要素、各分系统和各种设备的桥梁和纽带。在作战应用上，信息传输分系统主要对应军事通信系统，其主要任务是迅速、准确、安全可靠、不间断地传输各种指挥、控制、情报信息，将指挥信息系统各要素连接为一个有机的整体。

信息传输分系统主要由各种传输信道、交换设备、通信终端等组成。传输信道以光纤、数字微波接力、通信卫星信道为主，辅之以短波、超短波、散射信道等。

3. 信息处理分系统

信息处理分系统是指挥信息系统的"大脑"，是指挥信息系统的核心。在作战应用上，信息处理分系统主要对应指挥控制系统中的指挥部分，其任务是对所收集的各种情报信息和预警探测信息进行综合、分类、存储、更新、检索、复制和计算等，并进行目标运动参数计算、属性识别、威胁估计等分析和处理。

4. 信息显示分系统

信息显示分系统的作用是以文字、符号、数字、表格、图形图像等多种形式，为指挥员、参谋人员、操作人员提供形象、直观、清晰的战场态势，以便其及时了解情况，迅速做出决策。该分系统显示的信息，可以是由信息收集分系统提供并经信息处理分系统处理过的动态信息，也可以是数据库中存储的静态信息，如军用地图、水文资料等。

5. 指挥决策分系统

在作战应用上，指挥决策分系统主要对应指挥控制系统中的指挥部分，供指挥员实施作战指挥、参谋人员和操作人员进行战术技术管理。可根据作战需要，随时调阅各种实时情报或历史情报信息，随时调整所需显示或输出的信息，并可根据问题的性质，进行自动决策或计算机辅助决策控制。辅助指挥人员拟制各种作战方案或计划，对各种作战方案进行模拟、比较评估和优选等，提高指挥决策的科学性。

6. 执行分系统

执行分系统是指挥信息系统的"神经中枢"，是整个系统的输出与控制部分。在作战应用上，主要对应指挥控制系统中的控制部分，其主要任务是将作战命令信息或控制指令信息变为具体的作战行动或动作。执行分系统主要由人或部（分）队和执行设备组成，如导弹的发射控制和制导装置、火炮的发射控制装置以及各种遥控设备的执行机构等。

根据上述系统划分，战场情报信息处理系统包含战场目标的信息获取、传输、处理、显示、指挥决策等技术。其基本任务是收集各种情报信息，主要是有关敌我双方目标的各种信息，如目标属性、类型、位置参数、运动参数等，及时传送给指挥中心，在指挥中心进行汇集、分析、融合后，形成综合战场态势，为指挥员提供准确的、完整的实时作战空间图像，以及敌方目标视图，以便其进行作战指挥决策。

3.2 多源信息融合技术

3.2.1 概述

从信息角度出发，战场感知资源包括信息获取和信息处理资源。通过多源异类情报综合是获取战场情报最主要也是最重要的手段之一。在对多源情报信息进行综合时，需要采用多源信息融合（Multi-Source Information Fusion，MSIF）技术。多源信息融合技术起源于军事应用，是信息科学的一个新兴领域。20 世纪 70 年代初，首先在军事领域产生了“数据融合”的全新概念，即把多种传感器获得的数据进行“融合处理”，以得到比单一传感器更加准确和有用的信息。从 80 年代开始，基于多源信息综合意义的“融合”一词开始广泛出现于各类技术文献中，并且这一概念不断扩展，被处理的对象不仅包含多平台、多传感器、多源的信号和数据，还包括符号，甚至知识和经验等多种信息。随着传感器技术、计算机科学和信息技术的发展，多源信息融合技术的研究对象和应用领域已深入到国防、工业、农业、交通、通信等传统行业，还拓展到气象预报、地球科学、生物、社会、经济等新兴交叉行业，其理论和方法已成为智能信息处理及控制的一个重要研究方向。

1. 多源信息融合的定义

由于信息融合研究内容的广泛性和多样性，很难对信息融合给出一个统一的定义。在军事应用中普遍接受的信息融合的定义是 1991 年由美国三军组织——实验室理事联合会（Joint Directors of Laboratories，JDL）提出的，1994 年由澳大利亚防御科学技术委员会（Defense Science and Technology Organization，DSTO）加以扩展。JDL 定义为：信息融合是一种多层次、多方面的处理过程，包括对多源数据的检测、关联、相关、估计和综合，以得到精确的状态和身份估计及完整、及时的态势和威胁估计。

这个定义强调信息融合的三个主要方面：

（1）信息融合是一种多层次、多方面的处理过程，不同层次代表信息处理的不同级别，一般包括数据级、特征级、决策级。

（2）信息融合的过程包括对多源数据的检测、关联、相关、估计和综合。

（3）信息融合的结果包括低层次上的精确的状态和身份估计，以及高层次上的完整、及时的态势和威胁估计。

上述定义只适用于军事领域，一般意义上的信息融合技术是一种对多源不确定性信息进行综合处理及利用的信息处理技术。它是利用计算机技术，对由多种信息源获取或多个传感器观测到的信息进行多级别、多方面、多层次的处理，以获得单个或单类信息源无法获得的有价值的综合信息，并最终完成其决策和估计任务。

也有专家认为，信息融合就是由多种信息源如传感器、数据库、知识库和人类本身获取有关信息，并进行滤波、相关和集成，从而形成一个表示架构，这种架构适合获得有关决策，如对信息的解释、达到系统目标（如识别、跟踪或态势估计）、传感器管理和系统控制等。

这里的信息源可能是传感器（指的是对环境进行观测或探测的设备，是一种实体），如雷达、声纳、红外、光学设备等，其信息形式主要是传感器获取的数据、图像等，此时的信息融合称为多传感器数据融合（Multi-Sensor Data Fusion，MSDF）。目前信息融合已扩大到多类信息源，如数据库、知识库和人工情报，故一般称为多源信息融合（MSIF）。多传感器是数据融合技术的硬件基础，多信息源是数据融合技术的对象，识别优化是数据融合技术的核心。

2. 多源信息融合的优势

与单传感器系统相比，多传感器系统从多个几何学角度观察目标，然后融合数据，可以极大地增强探测和分类特征，并克服某些传感器的特定限制，可以概括为以下优势。

1）扩展了时间/空间覆盖范围

由于各传感器可能分布在不同的空间上，通过多个交叉覆盖的传感器作用区域，一种传感器可以探测到其他传感器探测不到的地方，如当目标从一个传感器探测区域转移到另一个传感器探测区域时，系统可以将目标跟踪从一个传感器正确地切换到另一个传感器。而在时间上，一种传感器可以探测其他传感器不能顾及的目标/事件，还可分时工作，如可见光传感器与红外传感器构成的多传感器系统，可在白天和夜晚分时工作。

2）增加了测量空间的维数

多传感器收集的信息中不相关的信息在测量空间中是正交的。在一定范围内增加测量向量的维数，可显著提高系统的性能，使多传感器系统不易受到敌方有意的干扰和迷惑。例如，在探测隐身平台时，雷达从不同角度进行辐射探测可能探测到该平台的一些次优属性，并区分探测是否为目标。图 3-2 说明了增加测量空间维数的优势。

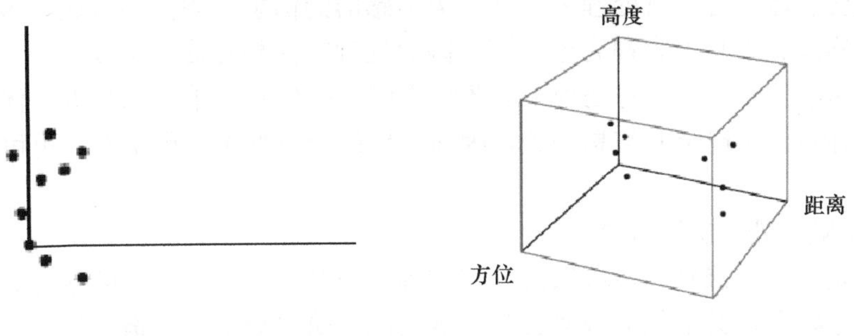

(a) 两个空中目标的方位和高度测量　　(b) 增加距离测量

图 3-2　增加测量空间维数的优势

图 3-2（a）所示为两个空中目标的方位和高度测量，因为它们在空间上重叠，所以无法可靠分离开来。但是如果增加距离测量（图 3-2（b）），就很容易分开了。因为最初的二维数据集的信息内容是不充分的，即使采用复杂的聚类算法也不能区分这两组目标。而增加第三个测量维数，就能够轻易地利用一个简单的聚类算法完成这个任务。

3）增强了系统的生存能力与容错能力

系统中布设多个传感器，当某些传感器不能利用或受到干扰毁坏时，可能会有其他传感器提供信息，即个别传感器的毁坏不影响整个系统的能力。例如，一个雷达工作在 1GHz 频率，另一个雷达工作在 3GHz 频率，在这种情况下，敌人必须采用对抗措施来对付这两种波段，才能使这个综合系统无法给出目标航迹。

4）改善了系统的处理性能

多种传感器对同一目标/事件加以确认，降低了目标/事件的不确定性，减少了信息的模糊性，提高了信息的可信度，从而提高了检测、识别、跟踪等决策的可信度。如多个传感器优化协同作用，提高了目标的探测概率，降低了多测量数据的模糊性和不确定性；多传感器目标数据综合处理，提高了系统跟踪和识别精度。

例如，红外成像和雷达是目标探测和跟踪的两种主要传感器。它们各有优缺点：红外成像可以测得目标的成像信息，而且测角精度高，测量连续，但是不能测距；雷达则具有全天候、可测角、测距等优点，但是测角精度低，容易受干扰，且在某些测量周期内会产生漏检现象。因此，如果将二者的信息有效融合，可以改善目标的跟踪精度，增强对目标跟踪的鲁棒性和抗干扰能力，提高武器系统的综合作战效能。

对于多传感器目标识别来说，现代战场上，由于目标的种类日益增多、行为日趋复杂，加之战场环境的复杂性和单一传感器探测的片面性，传统的基于雷达、声纳、电子支援措施、敌我识别器、光电等单传感器的目标识别方法已难以取得令人满意的效果。利用多个传感器从时间、空间等不同的角度刻画目标特征，提供多种观测数据，进行优化综合处理，能够去伪存真，最大限度地提高识别的准确性。

3. 多源信息融合技术分类

多源信息融合有多种分类方法，如按传感器组合方式、信息融合处理层次、信息融合目的分类等。

1）按传感器组合方式分类

在多传感器网络中，多种传感器可以按同类传感器或异类传感器进行组合。

（1）同类传感器组合。只处理来自同一类传感器的信息，如多部雷达、多部声纳等。各个传感器的数据格式、信息内容都完全相同，因而处理方法相对比较简便。

（2）异类传感器组合。同时处理来自各种不同类型传感器采集的数据。优点是信息内容广泛，可以取长补短，实现全源信息相关，因而分析结论更准确、更全面、更可靠，但处理难度则更高。

2）按信息融合处理层次分类

信息融合是一个多级别、多层次的处理过程。按融合层次分类，可分为数据级融合、特征级融合、决策级融合，其中数据级融合是最低层次，决策级融合是最高层次。

（1）数据级融合。数据级融合是在采集到的原始信息层次上进行融合，即直接对未经预处理的传感器原始观测数据或图像进行综合和分析。它只适合同类传感器的数据融合，如同类（或同质）的雷达数据直接合成或多源图像融合（也称为像素级融合）。

其优点是保留了尽可能多的信息，基本不发生信息丢失或遗漏（信息损失量最少），因此融合性能最好。其缺点是：①处理信息量大，所需处理时间长，实时性差；②要求数据在时间、空间上严格配准，图像融合则要求严格配准到每个像素的精度；③抗干扰性能差、容错性差；④算法难度高。

（2）特征级融合。特征级融合兼顾了数据级融合和决策级融合的优点，利用从传感器的原始信息中提取到的特征信息进行综合分析和处理。其优点是既保持足够数量的重要信息，又已经过可容许的数据压缩，大大稀释了数据量，可以提高处理过程的实时性；而且特别有价值的是，在模式识别、图像分析、计算机视觉等现代高科技应用中，实际上都是以特征提取为基础的，并已在这方面开展了大量工作，因此在特征级上进行融合较为方便。特征级融合的缺点是不可避免地会有某些信息损失，因此需对传感器预处理提出较严格的要求。

（3）决策级融合。决策级融合是在各传感器和各低层信息融合中心已经完成各自决策的基础上，根据一定准则和每个传感器的决策与决策可信度执行综合评判，给出一个统一的最终决策。

其优点是：①处理的信息量最少，最简单、实用；②容错性强：当某个或某些传感器出现错误时，系统经过适当融合处理，仍有可能得到正确结果；③传感器可以是异类的，融合中心处理代价低。其缺点是信息损失量大，性能相对较差。

上述三个信息融合处理层次的优缺点对比见表 3-1。

表 3-1　信息融合处理层次的优缺点

	数据级融合	特征级融合	决策级融合
传感器类型	同类	同类/异类	异类
处理信息量	最大	中等	最小
信息量损失	最小	中等	最大
抗干扰性能	最差	中等	最好
容错性能	最差	中等	最好
算法难度	最难	中等	最易
融合性能	最好	中等	最差

3）按信息融合目的分类

多源信息融合的目的大体可分为检测、估计、属性等。

（1）检测融合（Detection Fusion）。检测融合的主要目的是利用多传感器进行信息融合处理，可以消除单个或单类传感器检测的不确定性，提高检测系统的可靠性，获得对检测对象更准确的认识，如利用多个传感器检测目标以判断其是否存在。

（2）估计融合。估计融合的主要目的是利用多传感器检测信息对目标运动轨迹进行估计。利用单个传感器的估计可能难以得到比较准确的估计结果，需要多个传感器共同估计，并对多个估计信息进行融合，以最终确定目标运动轨迹。

（3）属性融合。属性融合的主要目的是利用多传感器检测信息对目标属性、类型进行判断。

4．多源融合检测技术

多源信息融合的目的主要是利用多源信息完成各种检测（如目标检测、故障检测、障碍物检测等）、状态估计（如目标状态参数估计）、属性识别（如目标敌我属性、目标类型识别等）任务。检测融合的主要目的是通过多传感器信息融合，以消除单个或单类传感器检测的不确定性，提高检测系统的可靠性，获得对被检测对象更准确的认识。例如，在军事监视应用中利用多传感器进行目标检测可以大大提高系统监视能力、改善检测性能、缩短决策时间。

由于利用单个传感器进行检测，缺乏对多源多维信息的协同利用、综合处理，也未能充分考虑被检测对象的系统性和整体性，因而在可靠性、准确性和实用性方面都存在着不同程度的缺陷，因此需要利用多个传感器进行协同检测，并利用多个检测信息进行融合。

多传感器检测融合结构主要有集中式和分布式两种。集中式融合结构是将每个传感器获得的观测信息直接传送到信息融合中心，信息融合中心借助一定的准则和算法对全部初始信息进行联合、筛选、相关和合成处理，一次性地提供信息融合输出。这种方法虽然具有数据全面、无信息丢失、最终判决结论置信度高等优点，但由于传输数据量大、信息处理时间长、融合中心负担重而影响系统响应能力。

分布式融合结构则是先由每个传感器对原始观测数据进行初步分析处理，做出本地判决结论，之后只将这种本地判决结论及其有关信息，或经初步分析认定可能存在某种结论但又不完全可靠的结论及其有关信息，向信息融合中心呈报。其后再由信息融合中心在更高层次上集中多方面信息做进一步的相关合成处理，获取最终判决结论。

与集中式融合结构相比，由于分布式融合结构没有接收到所有传感器的观测，因此其性能有所降低，但其传输数据量要少得多，对传输网络的要求低，信息融合处理时间短，响应速度快。这使在当前检测环境日趋复杂、数据量日益增大的情况下，分布式融合结构得到更广泛的重视，因此下面主要讨论分布式融合检测系统及分布式检测融合策略。

（1）分布式融合检测系统。下面以并行分布式融合检测结构为例，说明分布式检测问题的问题描述。并行分布式融合检测系统如图 3-3 所示。

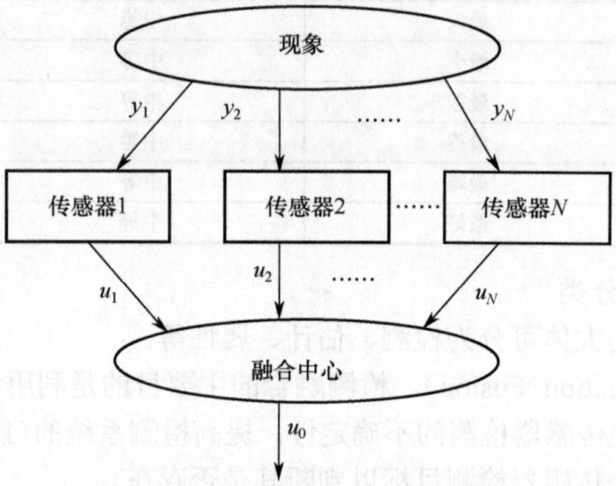

图 3-3　并行分布式融合检测系统

设多传感器检测系统由 N 个传感器组成。其中每个局部探测器基于自己的观测值 y_i 完成同一个决策任务 u_i，之后将决策值 u_i 传送到融合中心，融合中心的任务是根据接收到的局部决策，利用最优融合规则，作出最终决策 u_0。

在目标检测中的决策任务实际上属于二元假设检验问题。所谓的假设检验问题是指给定一组假设 $H_i, i = 0,1,\cdots,m-1$，通过对已有的数据集 y 进行处理来确定当前哪一个假设 H_j 是成立的，从而做出决策 D_j，而如何根据已有数据集 y 得到最优决策结果，属于最优决策策略问题。在目标检测中的二元假设检验，如在雷达监视区域里检测目标的存在与否，假设 H_0 表示无目标，H_1 表示有目标，$P(H_0) = P_0$ 和 $P(H_1) = P_1$ 分别为 H_0 和 H_1 出现的先验概率，且 $P_0 + P_1 = 1$。则每个传感器的决策值 u_i 为二元值，一般定义为

$$u_i = \begin{cases} 0, \text{假设} H_0 \text{（判定为无目标）} \\ 1, \text{假设} H_1 \text{（判定为有目标）} \end{cases} \quad (i = 1, 2, \cdots, N)$$

这些局部决策（而不是其观测向量）传送到融合中心，构成融合中心的观测向量

$$\boldsymbol{U} = (u_1, u_2, \cdots, u_N)$$

融合中心基于 $\boldsymbol{U}$ 获得全局决策 u_0，即融合中心的决策值为

$$u_0 = \begin{cases} 0, \text{假设} H_0 \text{（判定为无目标）} \\ 1, \text{假设} H_1 \text{（判定为有目标）} \end{cases}$$

这种判决结果有四种可能性：

① H_0 为真，判决 $u_0 = 0$；

② H_1 为真，判决 $u_0 = 1$；

③ H_0 为真，判决 $u_0=1$；

④ H_1 为真，判决 $u_0=0$。

前两者对应正确的选择，后两者对应错误的选择。其中，③称为第一类错误，即虚警（没有目标而判决有目标）；④称为第二类错误，即漏检（有目标而判决没有目标）。所得概率：

虚警率：$P_f=P(u=1|H_0)$；

漏检率：$P_m=P(u=0|H_1)$；

检测率：$P_d=P(u=1|H_1)$。

多传感器目标检测的目的就是使目标检测率尽可能高（漏检率尽可能低），虚警概率尽可能低。

（2）分布式检测融合策略。在分布式多传感器检测系统中，如何根据各传感器的决策值得到融合中心的决策值，有多种准则，假设系统中有 N 个传感器，其中，第 i 个传感器的检测率为 P_d^i，虚警概率为 P_f^i，漏检率为 P_m^i。u_i 表示第 i 个传感器的决策值，u_0 为按照各种融合策略得到的全局最优决策。以下分别介绍这些准则。

① “与”融合检测准则。

所有传感器判决结果为 1，则最终结果为 1；否则为 0。很容易证明，经过“与”融合检测后，系统的检测概率 P_d 和虚警概率 P_f 分别为

$$P_d=\prod_{i=1}^{N}P_d^i\,,\quad P_f=\prod_{i=1}^{N}P_f^i \tag{3-1}$$

显然这种融合策略可以大大降低系统的虚警概率，但是也会大大降低系统的检测概率。

② “或”融合检测准则。

很容易证明，经过“或”融合检测后，系统的检测概率 P_d 和虚警概率 P_f 分别为

$$P_d=1-\prod_{i=1}^{N}(1-P_d^i) \tag{3-2}$$

$$P_f=1-\prod_{i=1}^{N}(1-P_f^i) \tag{3-3}$$

这种融合策略可以大大提高系统的检测概率，但是也会大大增加系统的虚警概率。

③ 表决融合检测准则。

复杂干扰环境下的表决融合检测方法（也称为 k/n 规则），是在具有 n 个局部观测器的检测网络中，设定一个阈值 k，当 n 个观测器中有 k 个或 k 个以上支持某一假设时，则判定该假设成立。

描述如下：当系统中有 N 个传感器时，k/n 规则表示为

$$U_0=\begin{cases}1, & \sum_{i=1}^{N}u_i\geqslant k\\ 0, & \sum_{i=1}^{N}u_i<k\end{cases} \tag{3-4}$$

其中，k 为决定融合系统性能的重要参数，$1\leqslant k\leqslant n$，它的取值对在满足一定虚警率的前提下尽可能提高检测率具有重要意义。显然，当 $k=n$ 时，表决方法就是“与”方法；当 $k=1$ 时，表决方法就是“或”方法。

表决融合检测系统的检测概率 P_d 和虚警概率 P_f 分别为

$$P_d = \sum_{j=k}^{n} \sum_{\Sigma ui=j} \prod_{i} P_{d_i}^{u_i} (1 - P_d^i)^{1-u_i} \tag{3-5}$$

$$P_f = \sum_{j=k}^{n} \sum_{\Sigma ui=j} \prod_{i} P_{f_i}^{u_i} (1 - P_f^i)^{1-u_i} \tag{3-6}$$

对于固定的 n，当 k 取不同的值时，会产生不同的检测效果，选取小的 k 值能够提高检测率，但同时也增大了虚警率；选取大的 k 值降低了虚警率，但同时也降低了检测率。因此 k 的取值很关键，应该在满足一定虚警率的前提下尽可能提高检测率，或者在两者之间进行权衡，这与实际要求有关。

3.2.2 多源属性融合

对属性融合不存在精确和唯一的算法分类，在属性融合领域中有统计法、经典推理、贝叶斯推理、模板法、表决法以及自适应神经网络等。图 3-4 为属性融合算法的分类。它们可以归纳为三大类：物理模型、参数分类技术和基于知识的模型。

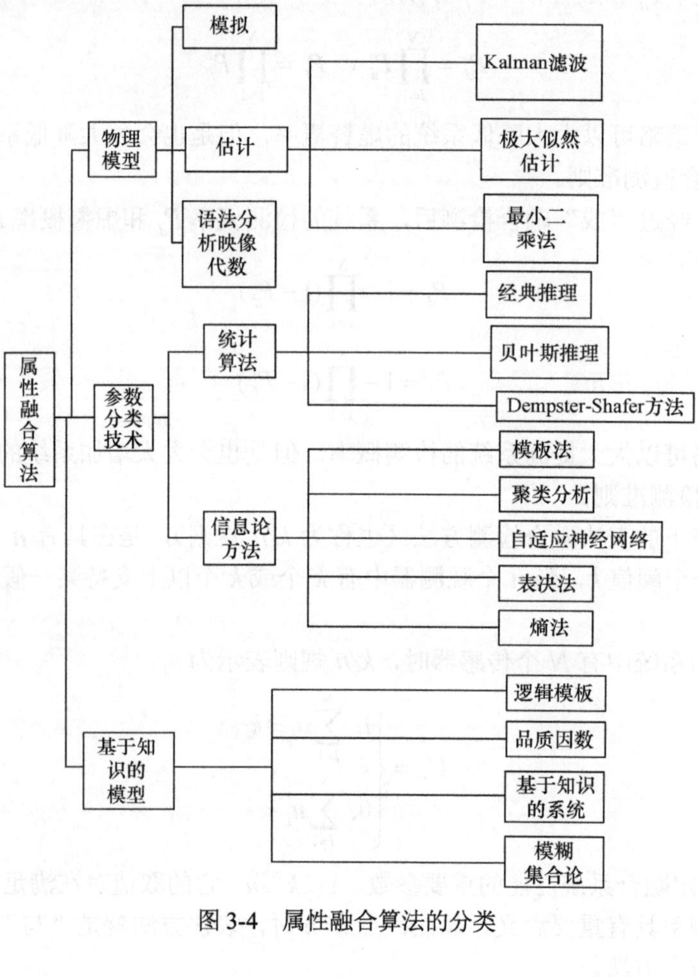

图 3-4 属性融合算法的分类

1. 物理模型

物理模型所采用的技术是根据物理模型模拟出可观测或可计算的数据（时间域、信号、数据、频域数据或图像等，如 RCS、IR 光谱），并把观测数据与预先存储的目标特征（一个先验的目标特征文件）或根据对观测数据进行预测的物理模型所得出的模拟特征进行比较。比较过程涉及计算预测数据和实测数据的相关关系。如果相关系数超过一个预先规定的阈值，则认为两者存在匹配关系（身份相同）。这种方法的物理模型如图 3-5 所示。

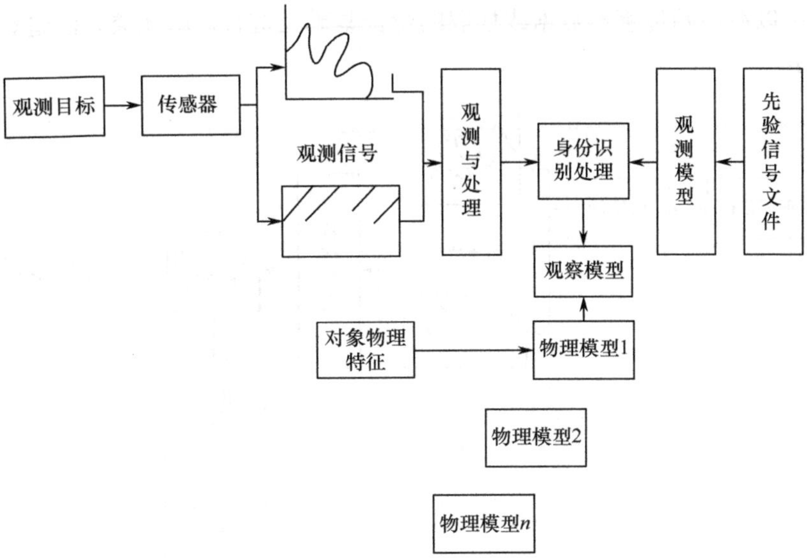

图 3-5　身份识别的物理模型方法

这里，预测一个实体特征的物理模型必须建立在要识别物体的物理特征的基础上。对每一种物体或每一类型的物体可能需要建立一个物理模型，如用数字信号模拟来预测发射机的发射情况。在实际应用中，物理模型可能十分复杂，因而需要设计庞大的软件程序。即使当物理模型相对简单或者使用一个先验特征数据时，观测模型和处理过程也可能相当复杂。

例如，一个成像传感器被用作遥感，并且已经有较简单的模型或者一个实体的真实照片。原则上，识别过程是很简单的，只是把观测图像与模型或一张事先得到的照片进行比较。但实际上为了把得到的观测数据与预测的模型或已有的照片进行匹配，可能需要相当多的处理工作，如传感器的几何校正、滤波器补偿、平台几何校正及动态距离调整等。物理模型由于计算量很大，其应用一般来说很有限。但在非实时环境中，该方法对于研究所涉及的物理现象是非常有价值的。

2. 参数分类技术

参数分类技术是依据参数数据获得属性说明，而不使用物理模型。在参数数据（如特征）和一个属性说明之间建立一个直接的映像，具体包括统计算法（如经典推理、贝叶斯推理、Dempster-Shafer 方法）和信息论方法（如模板法、聚类分析、自适应神经网络、表决法和熵法）。

统计算法有经典推理、贝叶斯推理、Dempster-Shafer 方法等。经典推理技术在给定先验前提假设下计算一个观测的概率，它的缺点是一次仅能估计两个假设（H_0 和 H_1）；多变量数据的复杂度高；不能直接使用先验似然估计。贝叶斯推理将贝叶斯公式用于目标属性估计，其缺点是定义先验似然函数困难；当存在多个可能假设和多条相关事件时复杂度高；需要对应的互不相容的假设；缺乏分配总的不确定性的能力。Dempster-Shafer 方法的综合规划在计算上的复杂度高。

3. 基于知识的模型

属性融合算法的第三种主要方法是基于知识的模型。这种方法主要是模仿人类对属性判别的推理过程，可以在原始传感器数据或抽取的特征基础上进行。用此类方法进行目标识别的原理如图 3-6 所示。

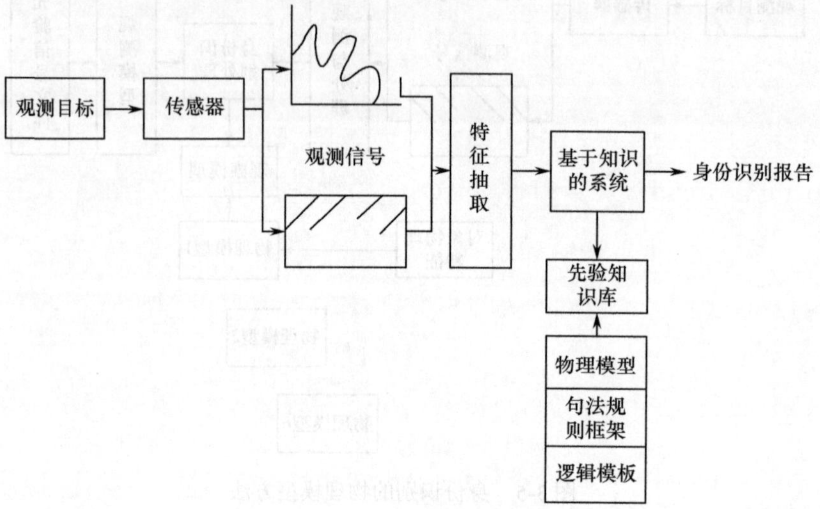

图 3-6 基于知识的目标识别原理

基于知识的方法的成功与否，在很大程度上依赖于一个先验知识库。有效的知识库是用知识工程技术建立的。这里虽然不明确要求使用物理模型，却是建立在对要识别实体的组成和结构有一个彻底了解的基础上的，因此，该方法只不过是用启发式的方法代替了数学模型而已。当目标物体能根据其组成部分及其相互关系来识别时，这种基于知识的方法尤其有用。不仅如此，对于一个复杂的实体，这种方法会变得很有用。例如，发射体的识别可以很容易地通过物理模型、模板法或神经网络来完成。但是，在识别诸如地对空导弹基地这样的军事目标时，就需要识别几个组成部分，辨别它们的功能及相互关系，并进行一些推理，因此只有基于知识的技术才能更好地进行这类识别。

这个分类中的技术主要包括逻辑模板、品质因数、基于知识的系统和模糊集合论。这些方法在一定意义上是基于人类处理信息的过程得出有关属性的结论。

3.3 战场目标综合识别

3.3.1 目标综合识别的概念

多源信息融合和目标综合识别是为支持作战决策，综合利用计算机、信息处理、人工智能等技术，按照一定准则，对多传感器获得的信息进行综合分析与处理的过程，包括对多源数据进行检测、相关、组合和估计，从而提高状态和身份估计的精度，以对战场态势和威胁的重要程度进行适时完整的评价。

在情报侦察领域，人们采用雷达、光电、电子等多种手段，对战场目标（可以是辐射源、武器平台、建筑或集群）进行搜寻，力求及时发现、证实/印证、识别和跟踪战场目标。可以通过采用协同和非协同的技术手段来实现对战场目标的综合识别，更好地掌握战场态势。作战双方需从表 3-2 所示的几个方面获取战场信息。

表 3-2　获取战场信息

战场信息资源	目标态势情报	类型、数量
		属性、位置
		状态、时间
	内涵/意图情报	政治、外交
		军事、经济
		科技、文卫
		宗教、社情
	环境情报	气象、地理
		地质、水文
		天文、电磁

目标综合识别充分利用了雷达、无源定位、协同识别和非协同识别各自的优势，形成超强的互补和印证能力，基本上解决了战场目标的发现、识别、跟踪等需求，可为战争时期的战场态势实时感知、指挥控制、多兵种联合作战、武器协同控制等提供强有力的保证，更是和平时期国土、海域边防安全、反恐斗争不可缺少的重要装备。雷达探测针对其所覆盖区域内所有目标，无源定位主要针对电磁目标；协同综合识别需要目标合作参与，而非协同综合识别不需要目标参与，但依赖目标的有意或无意辐射。

3.3.2　目标综合识别系统

1. 目标综合识别系统组成

目标综合识别系统由警戒雷达、单站无源定位、无线电侦察、信号侦察、AIS（综合识别系统）、SSR（二次雷达）、IFF（敌我识别系统）、信息融合等系统构成，如图 3-7 所示。

2. 综合识别原理

通过 PSR（一次雷达系统）、电子侦察系统、AIS/ATC/SSR 等系统发现监控区域内的目标和电磁目标，完成对海空区域内的目标截获和位置测量。系统可以相互引导、补充、印证，并可以利用精度高者进行实时校正（AIS、SSR 提供的位置精度不随距离的变化而变更）。

通过民用船舶 AIS、空中交通管制 SSR/ATC 和电子侦测系统，实现民用目标和第三方的识别；通过敌我识别器的装备和使用完成己方目标的鉴别；通过接收、解译 MarkX 的应答信息，破译侦收到的信号情报内涵、内特征信息，实现对敌方目标的属性识别。

利用破译的情报内涵获取目标状态、属性、威胁信息；利用信号特征分析（通联规律、工作模式、行为习惯等）评估目标工作状态、威胁等级；利用特征与细微特征分析建立目标特征数据库，完成目标个体识别，补充协同识别盲区；通过多源信息融合技术汇集协同和非协同信息源，形成战场综合态势，完成目标综合识别。

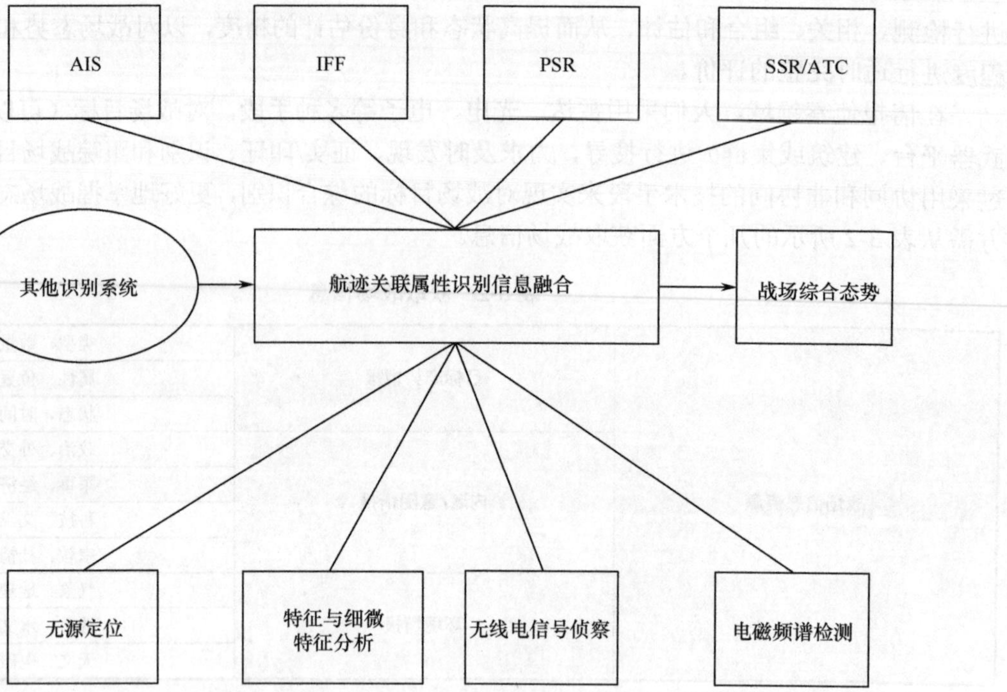

图 3-7 目标综合识别系统

识别过程如下：

（1）利用雷达情报实现覆盖区域的目标发现。

（2）利用 AIS、SSR 实现海空民用目标位置报告、属性识别及状态评估。

（3）利用识别器完成对己方目标的识别和位置确认。

（4）利用 IFF 侦收装备完成对敌方目标的识别。

（5）利用特征与细微特征分析实现对目标区域的电磁辐射源的个体识别。

（6）利用无源定位装备实现区域内的辐射源位置测量。

（7）利用多源数据及信息融合处理技术实现航迹关联、属性识别、互补与印证，实现战场综合态势显示与评估。

多源信息融合与目标综合识别技术将在海军各级指挥控制中心、武器控制系统和传感器资源管理等系统中发挥十分重要的作用，对海军装备发展及其能力有着重大的影响：一是能扩展海战场感知的时间和空间的覆盖范围，变单源探测为网络探测；二是能改进对海战场目标的探测能力，提高目标的发现概率和识别水平；三是能提高海上合成信息的精度和可信度，支持对重要目标的联合火力打击；四是能产生和维持一致的联合战场态势，支持联合作战决策和方案制订；五是能提高威胁判定的实时性和准确度，支持战场预警、及时打击和实时防御；六是能科学配置和控制探测/侦察平台和传感器，充分利用海战场空间感知资源。

思考题

1．情报信息系统数据处理基本流程有哪些？

2．战场感知能力包括哪些内容？

3．信息处理的级别有哪些？

4. 简述多源航迹融合过程。
5. 用自己的话说说什么是目标识别。
6. 画出目标跟踪处理流程。
7. 目标定位技术有哪些？
8. 简述目标综合识别系统的构成。

第 4 章　战场态势评估与运用

4.1　战场态势

4.1.1　战场态势的概念及产品

1．基本概念

1）定义

态势是对某一宏观事物各组成要素的诸属性状态信息的描述，包括静态描述与动态描述。军事指挥中，各级指挥员都需要在其作战任务区域地图上，标绘各种军事要素，如战场环境、敌我双方部署、作战想定、作战进程等情况，以便清楚地掌握和运用战场信息，这种在作战地图上标绘的信息就是态势信息。态势信息的主要用途就是帮助指挥决策者在军事地理空间中认识战场，达到战场感知的目的。战场态势指的是在战场空间内敌我双方投入兵力编成、兵力和武器部署等情况和地形、气象以及影响作战的战场环境诸因素的总称，是作战地域内各类军事单位，包括作战单元、保障单元及自然环境要素的各种状态信息，这些信息统称为战场态势信息。

广义上战场态势可分为态与势，“态”是相对静止的部分，是战场时空状态中的原本，而“势”是通过“态”，即状态的连续转换而反映的“态”的转换趋势及转换规律。狭义上战场态势单指“态”的部分。

战场态势信息包含静态的地理地形信息、动态的作战意图、兵力部署等；态势信息根据其具体表现形式分为文本、图形图像形式，如语音、视频等流媒体形式，其他各类复合形式。在对抗激烈的战场环境下，文本、图形图像形式的态势信息要比其他形式的态势信息更具有生命力。

联合战场态势将局部战场多维的态势信息空间，以及全局战场全维的态势信息空间向高层决策者以整体的方式加以描述，同时进行有效的可视化显示。在联合战场态势中，一方面将各种独立、分散、单一的地理空间环境信息进行融合处理，形成一体化的地理空间情报；另一方面将地理空间情报与其他的战场要素进行融合，形成包含各种作战要素的一体化作战环境。

美军为实现一体化联合作战的态势共享，提出了互操作作战图家族（Family of Interoperable Operational Pictures，FIOP），包括通用作战图（Common Operational Picture，COP）、通用战术图（Common Tactical Picture，CTP）和单一合成图（Single composition Picture，SIP）。这些作战态势图分别满足不同的作战指挥需要，而 COP 则建立于通用作战环境（Common Operational Environment，COE）之上，如图 4-1 所示。

CTP 是战术层的 COP，是生成 COP 的基础，是一次作战行动中敌、我、友及中立方当前和计划部署信息以及其他增强信息的集成和可视化表达。COP 并不是在战场上传送的静态图像，而是一个分布式的数据处理和交换环境，通过开发一个一致的联合通用数据库，使用通用的数据框架和设施，跨组织地共享数据，使得每一个参与者能够通过各自领域的传感器、专门技术等，纠正和增加该数据库的价值。COP 并不是由于对所有用户提供同样的视图而称为“通用”，而是由于所有用户都使用同样的数据，是公共信息的动态显示，用户能够选择需要的数据及其显示方式。

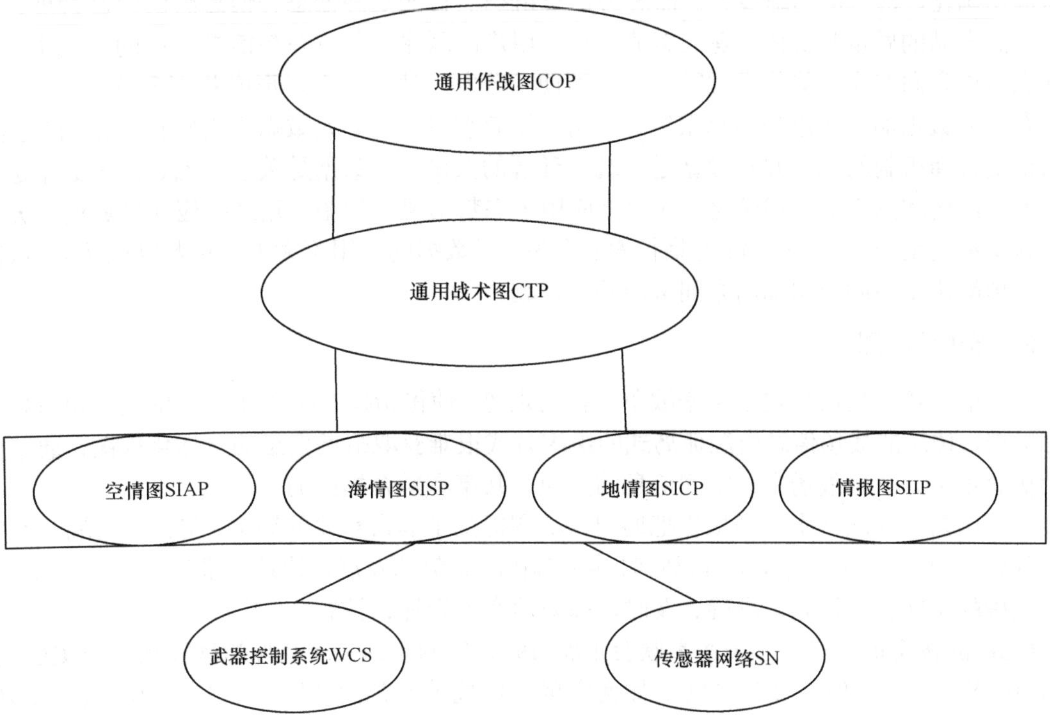

图 4-1 美军互操作作战图家族

由于 CTP 和上级 COP 的数据范围不同，两者的用途也不同。COP 面向战区指挥员，而 CTP 面向联合特遣部队指挥员（Commander of Joint Task Force，CJTF），后者更接近于计划的实际执行并直接参与任务。

2）功能

（1）作战实体/轨迹数据管理。COP 对战术和战略对象进行数据库管理。轨迹是具有时间和位置属性的战场目标相关数据。COP 能够收集、处理、分发和维护轨迹相关的历史数据。它能够为每个轨迹的历史记录存档，提取某个时刻的轨迹信息，轨迹数据可以手工输入系统，也可以自动从其他系统或者传感器进入系统。

（2）作战实体信息关联。关联的过程就是在轨迹数据库中为当前的位置报告（包含目标的位置、属性等）寻找匹配的记录。经关联后有三种结果，一种是在数据库中找到相应的记录；另一种是当找不到匹配记录时，在数据库中生成一条新的记录；最后一种是当前的报告不能提供足够的信息来进行匹配或者生成新的记录，这时生成一条“模糊”记录，留着以后验证或匹配。

（3）可视化。不同的应用系统为 COP/CTP 提供关于战场不同侧面的信息，COP 把它们组织为图层的方式，联系在一起，用特定的符号显示在地图上。COP 可视化的范围包括轨迹、战场空间环境、作战相关信息等。

（4）通信。为系统提供信息输入输出机制；共享/接收其他系统的信息；访问外部数据库的接口；与其他的 COP 系统进行数据同步。

战场态势信息组织是为了便于检索查询、分发共享、语义理解，按照一定规约的表达形式和格式方法来收集、处理、存储战场态势信息的过程。态势信息组织要求信息特征有序化、信息流向明确化、信息流速适度化。而态势信息组织的目的是降低态势信息流的混乱程度，提高态势信息产品的质量和价值，建立态势信息与用户的联系，节省态势信息活动的总成本，实现无序态势信息向有序态势信息的转换，从而便于分发，达成共享，形成共同理解。

基于元数据的战场态势信息组织方法得到了普遍的应用，元数据作为解释数据的数据，是构造语义解释机制的知识并对数据进行统一理解的关键。元数据是关于数据、操纵数据进程和应用程序结构和意义的描述信息。元数据应用于态势信息组织中，建立相应的态势信息元素的基本含义和元素项，便于存储、查询检索和分发。元数据的应用可大大避免数据的重复性建设，并很好地解决了不同数据部门之间资源共享问题。

2. 通用作战图

信息的一体化集成决定着未来战争过程的走势，使得指挥系统之间的信息交换和信息融合更加频繁，传统的战场信息资源孤岛式的组织方式很难获取战场信息的一体化视图，通用作战图的概念正是为解决战场多维空间信息的交换、共享和融合提出的。

美国国防部的网络中心战报告把通用作战图提到了非常重要的地位，将其作为战斗空间感知的基础。通过 COP，指挥员可以实时地了解作战态势的发展，快速、准确地交流作战意图，做出正确的军队行动计划，准确、及时、高效地实施指挥、控制。

COP 的概念最早产生于美军参联会主席 1997 年颁布的关于全球指挥控制系统 GCCS 的 3151.01 指令中，当时主要为了解决如何实现多作战单元共同使用战场态势的问题。2001 年 9 月 10 日，美国国防部在联合作战条令中对 COP 所进行的概念性描述是：“被一个以上指挥部共享的相关信息的单一相同显示，它有利于协同规划，帮助所有层次的作战部队实现态势感知。”

最初美军使用 COP 的目标是让所有人（从总司令到士兵）看到同样的战场视图，但很快就发现这个目标是不合适的。首先是不同层次的作战人员所关心的战场态势元素是不同的，所关心的战场范围、信息粒度，甚至关心的内容都存在差异；其次是同一层次的作战人员由于承担的军（兵）种和部门业务不同，因此所关心的只是与该层次各自业务内容有关的战场态势要素，该单位对战场全局态势的了解是粗粒度的；最后是在制订协同计划时，在协同双方所共用的态势图上，只需涉及双方协同、关心内容有关的态势元素相同即可，之外的态势元素并不需要求得一致，协同双方各自信息源报知与其业务相关的态势信息并不全部是对方所关心或与本次协同规划有关的。

因此，在 2003 年前后，美军提出了用户定义作战图形（User Defined Operational Picture，UDOP）概念，使得用户能够根据需要主动提取态势信息，而不是坐等靠通用分发得来的“相同态势的画面”。UDOP 使 COP 得到了发展，即从“让所有人看到相同的画面”发展到“可以讨论和组合不同视角观点的协作环境”，使得 COP 从态势的可视化显示发展到态势数据与信息的共享。与 UDOP 同时出现的 COP 内涵解释是 2003 年美军颁布的参联会主席指令 3151.01（对 1997 年版 3151.01 指令的重新修订）《GCCS COP 报告需求》，强调“GCCS COP 是一个分布式的数据处理和交换环境，用来建立战场目标的动态数据库，允许用户以各自的责任区域和指挥角色从该数据库选取数据或向该数据库贡献数据”。

美国国防信息系统局从数据环境角度对 COP 的描述为：“COP 是数据处理与交换的环境，并能在其中开发出连续的目标战术数据库，每个参与者可以根据自身传感器的观测、处理领域的专门知识和标准作战程序中的指挥角色，对该数据库进行增添、修改和提供附加值。”

美军在“2020 联合构想”中，又将 COP 发展为更加完整的定义：“COP 是一个系统，在包括陆、海、空、天和信息的整个战场空间内，将火力、ISR、后勤、机动融为一个整体，提供最新型的指挥与控制方式，实时调整部队，使领导决策过程都建立在网络化、知识共享的环境中。”该定义在原有定义的基础上，重点描述了 COP 在联合作战中的主要功能，将 COP 由战场感知领域扩展到作战领域，最终归结到为指挥员决策建立共享环境，从而与原定义保持一致。

从以上描述可以看出，COP 是一个滚动发展的概念，是与联合作战概念同时产生的，随着联合作战概念、技术模式和作战模式的深化而不断滚动发展。COP 作为战场态势感知和不同级别的作战人员共享态势的工具，融合、集成多个数据源获取的信息，内容包括战场空间环境信息和敌我态势信息及指挥员的规划命令等，最终表现形式是在战场环境地理信息基础上叠加作战计划，战场规划，敌、我、友及中立部队的位置和运动轨迹，以及设施或武器装备的有效控制区域等军事专题信息的态势图。

在概念上，COP 经历了态势可视化显示、相关态势数据与信息共享环境、联合 C4ISR 全维战场感知信息融合三个阶段；而在功能上，COP 从一开始就作为 COE（共用操作环境）的一部分被纳入全球指挥控制系统，成为其一个分系统，即“GCCS COP”。

4.1.2 战场态势生成过程

COP 的生成过程与作战指挥员向上级报告战场情况的报告过程密切相关，美军把 COP 作为规范下级指挥员向参联会、国防部长和决策者汇报情况的一种规范化手段，3151.01 指令专门规定了报告的制度、职责和相关行为规则。因此 COP 的生成与维护不仅是指挥员的技术职责，也是指挥员的作战职责。美军各级部队逐级报告如图 4-2 所示。

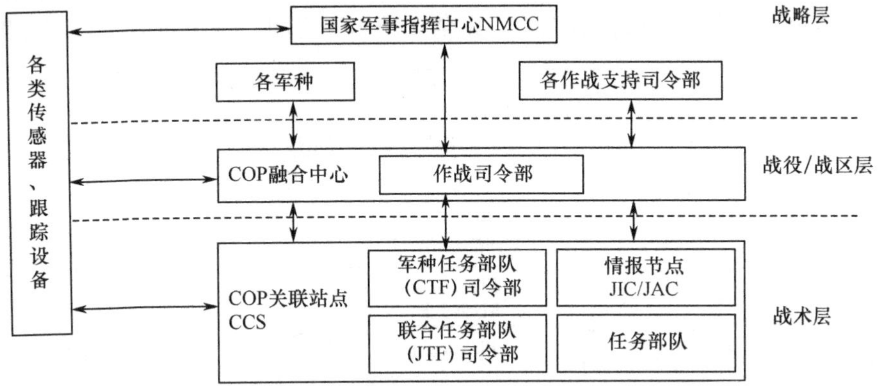

图 4-2　美军各级部队逐级报告

图 4-2 中数据源、COP 融合中心和本地 COP 关联站点是 COP 生成过程中的三个关键要素。

1. 数据源

COP 数据从多种数据源产生，如传感器、基于 GPS 的追踪设备、GCCS 数据库或后勤和情报数据库、状态报告等，这些信息为COP关联站点构建COP提供了基础信息。

2. COP融合中心

战区COP融合中心管理所有从下级COP关联站点收集来的数据，并加入需要的附加信息，承担着从战区COP到国家军事指挥中心及各支持司令部传输网关的角色。

3. 本地COP关联站点

本地的COP关联站点负责轨迹管理、生成作战叠加层和传输本地CTP/COP到战区COP关联站点。各COP关联站点由作战指挥员指定，一般都位于联合特遣队司令部、军种司令部和主要情报节点（如JAC）。具体情况由作战指挥员的需求和节点的能力决定。

战区COP关联站点负责管理战区COP，保持对战区COP体系结构的监督，以减少COP发生错误的可能性；各战术COP关联站点负责管理各自的体系结构，向上报告其体系结构状态并适时更新。战术COP关联站点的指挥员负责管理目标航迹信息，并负责航迹报告，还要负责其他COP关联站点通过数据分发系统注入本COP关联站点的数据。每个COP关联站点负责建立共享COP，以增强对当前和未来敌我作战行动的态势感知。各COP关联站点与相关的COP的参与者共享广播过滤器信息，确保收件人理解过滤信息的效果。COP关联站点与战区司令部协同规划通信路径，将局部COP/CTP数据传输到战区COP关联站点。

战区COP的生成过程实际上是各COP关联站点生成共用战术图CTP（也称局部COP），并且各COP关联站点的CTP传输汇集到战区司令部生成战区顶层COP的过程。

战区司令部责任区内的两级COP关联站点包含战区司令部、下属战术级JTF和CTF、情报中心（JIC/JAC）。在建立应急行动JTF时，由联合部队司令负责建立各战术级COP关联站点，以将建立的局部COP/CTP报告给战区COP关联站点；当应急行动不需要建立JTF时，则由各军种CTF负责建立战术COP关联站点，以生成必要的目标航迹报告给战区COP关联站点。

图中战区COP系统由多个战术报告节点生成的CTP向战区节点报告传感器数据、人工输入数据和自动来源数据构成，其技术体系结构与美军联合技术体系结构（Joint Technical Architecture，JTA）保持一致。为支持关键节点的联合指挥互操作，COP的作战体系结构必须是一种无缝连接结构，以实现诸报告节点间的完全互操作与协同。COP的建立过程如图4-3所示。

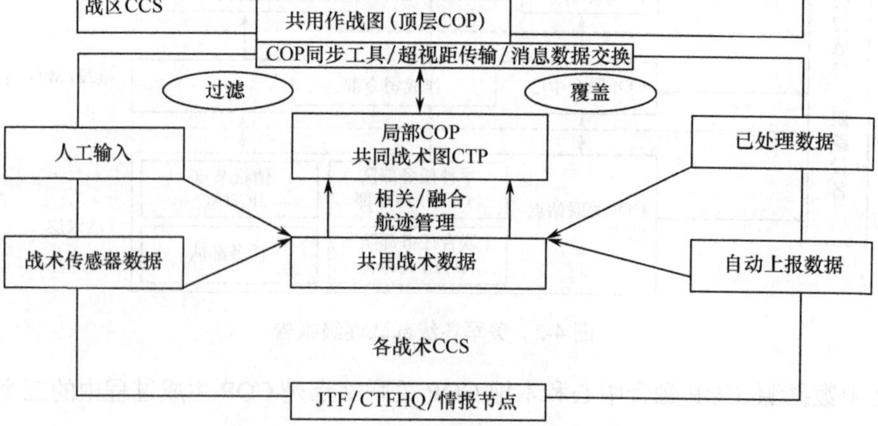

图4-3 COP的建立过程

《联合构想2020》中设想的COP将融合多维传感器数据并把实时情报和目标信息送到指挥

员手边，指挥员拥有透明的三维战场视图。由于处理信息速度快，目前的指挥链将成为影响部队行动速度的主要因素。为适应这个速度，新的 COP 将推动美军的组织结构发生改变。

4.2　战场态势估计

4.2.1　战场态势估计的概念

战场态势估计定义的背景是指战场上作战双方指挥员所进行的一场问题求解的竞赛及较量。由于战场态势通常指战场环境和兵力分布的当前状态和发展变化趋势，而作战目标不同，所关心的战场态势亦不相同，并且战场态势的诸构成要素及其相互关系随作战进程而变化。因此，战场态势的感知，即对战场态势的了解、掌握与预测就成为作战双方争夺战场信息优势的焦点。

确定一个战场态势假设及其构成要素，并依据战场目标变化确定战场态势要素及其相互关系的发展和变化，予以及时估计与更新，是检验一个指挥员的态势判断能力和作战指挥能力的重要内容。

战场态势估计最原始的概念是对战场上兵力分布状态及其发展变化趋势的估计过程。由于战场兵力分布及其发展变化依赖作战双方的企图目标、作战能力及战场环境，因此，态势估计已超出战场感知领域，更超出情报范围，而成为作战领域中指挥员所遂行的一项不可或缺的任务。战场态势估计在概念上经历了“态势感知”“JDL 的态势估计”和“三层态势结构”三个阶段。

态势估计，又称态势评估。目前对于态势估计还没有形成完整统一的定义，而且各种文献在不同的应用场合给出的概念也不一致，大家普遍接受的功能性描述为：“态势估计是根据参战各方力量的部署、作战能力、效能对战场态势进行解释，辨别敌方意图和作战计划的过程。”

态势估计主要包含两个基本方面：

一是确定具体战场态势特征和态势模式类，然后综合评定观测到的态势特征与态势类的对应关系，形成对态势特征的认识和分类，而将在这个过程中用到的知识作为判断这种对应关系是否成为一个合理的推理方向的依据；

二是确定所观测的实体军事行为在整个作战环境中的作用，以此来推理敌方的军事行动，即对敌方行动计划的识别。

1．态势感知

态势估计的概念源于态势感知（Situation Awareness，SA）。态势感知最初是飞行员的专业词汇，现在发展成人们处理复杂、动态问题的领域内的一项主要内容。1988 年美国心理学家 Endsley 首先给出了态势感知的定义：“态势感知是在一定的时空范围内了解周围的事物，掌握它们的含义和对未来状态的预测。”据此定义，可确定 SA 的四个要素：感知、理解、预测和评估：

（1）感知——获取所有可得的信息；

（2）理解——理解获得信息中对己态势有利的信息；

（3）预测——想象态势可能发展的方向，假定它不受外力影响；

（4）评估——评价外来因素对预测的影响。

1995 年 Endsley 提出了态势感知的三级模型，如图 4-4 所示。

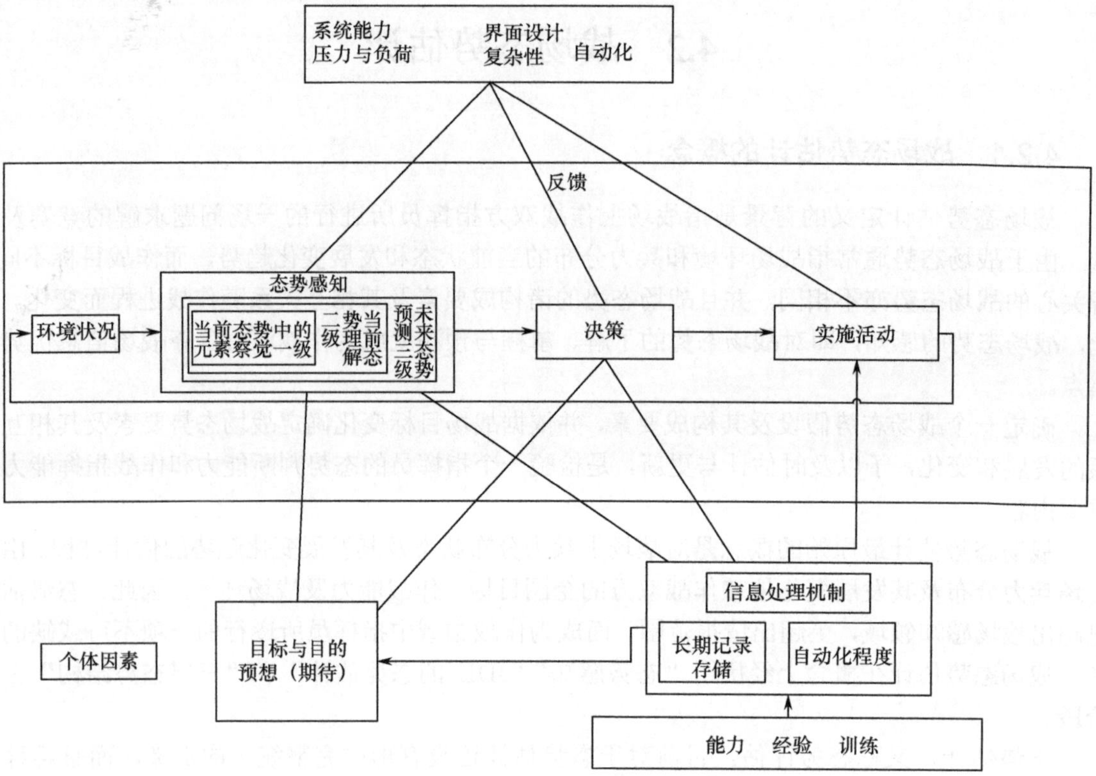

图 4-4 态势感知的三级模型

（1）一级 SA。环境元素察觉，是 SA 最低层，此阶段尚未完成感知数据的解释，只是形成一个原始态势画面。

（2）二级 SA。当前态势理解，紧随元素察觉之后进行理解，本质上是认识这些元素的含义并获得一个分析估计态势画面，所达到的理解程度标志人的专业知识水平。

（3）三级 SA。未来状态预测，是最高级别的 SA，其与对环境元素的未来状态、关系、事件的预测能力相联系。预测态势提供给当事人，使其预先采取措施、行为和方法，以适时处置可能出现的问题。

2. JDL 的态势估计

根据 JDL 数据融合处理模型的描述，态势估计是建立在关于作战活动、事件、时间、位置和兵力要素组织形式的一张多重视图，它将所观测到的战斗力量分布与活动和战场周围环境、敌方作战意图及敌方机动性有机地联系起来，识别已发生的事件和计划，得到敌方兵力结构、部署、行动方向与路线的估计，指出敌方的行为模式，推断出敌方的意图，做出对当前战场情景的合理解释，并对临近时刻的态势变化做出预测，最终形成战场综合态势图。

从上述定义可以看出，态势估计是对战场中战斗力量部署及其动态变化情况进行解释，推断敌方企图，预测敌方将来行动，提供最优决策依据与支持资源分配的过程，并特别强调了态势估计的最终目的是建立作战视图。

态势估计实际上是一个多重视图的处理过程，通过综合敌、我、友及中立部队的军事力量与地理、气象、社会、政治等社会因素，分析和确定引起观测事件发生的深层原因，并将表面上观察到的战场力量分布、活动同战场环境、敌方作战意图、敌机动性能等有机地联系起来，得到敌方兵力结构、使用、特点和战场形势的估计，其结果应该为指挥员提供战场态势的多重视图。理想的态势估计的结果是反映真实的战场态势，提供事件、活动的预测，并由此提供最优决策的依据。

JDL 关于态势估计的这一概念实际上是将战场态势概念和态势估计概念联系起来。前述战场态势的层次结构和三个层次的态势图就是三个层次的态势估计结果产品，因为其中既含有各种探测侦察手段获得的战场环境兵力分布与活动情况，又含有对作战计划（兵力结构、使用特点）、作战意图、作战行为（机动性）的估计与判断结果。因此，关于态势的概念和结构实际上已涵盖了态势估计的主要内容。JDL 的这一概念摒弃了态势的静态性和被动性（观测），强调了态势的动态性（发展变化）和主动性（估计、预测、控制），并将态势估计与对作战的支持紧密结合起来。

3．三层态势结构

21 世纪初，按照美国著名信息融合专家 James L. linas 的思想所建立的信息融合五级结构中，将战场态势分为观测态势（Observational Situation，OS）、估计态势（Assesment Situation，AS）和预测态势（Predictive Situation，PS）三层结构，这三层态势产品反映了战场感知的最终结果。其中观测态势来源于战场物理域，是（联合）探测检测和目标（融合）估计获得的；估计态势来源于观测态势和其他非实时感知信息（侦察情报、中长期情报、我方作战方案/计划，以及其他政治社会信息等）的综合，是经自动和人工结合的态势估计处理获得的；而预测态势则是依据估计态势、指挥员对敌我双方未来作战行为和未来战场事件的自动与人工判断预测获得的估计态势和预测态势。估计态势和预测态势是物理域、信息域、认知域和社会域的综合获取结果。其中，预测态势对未来战场上采用的作战决策和行动起决定性影响，如图 4-5 所示。

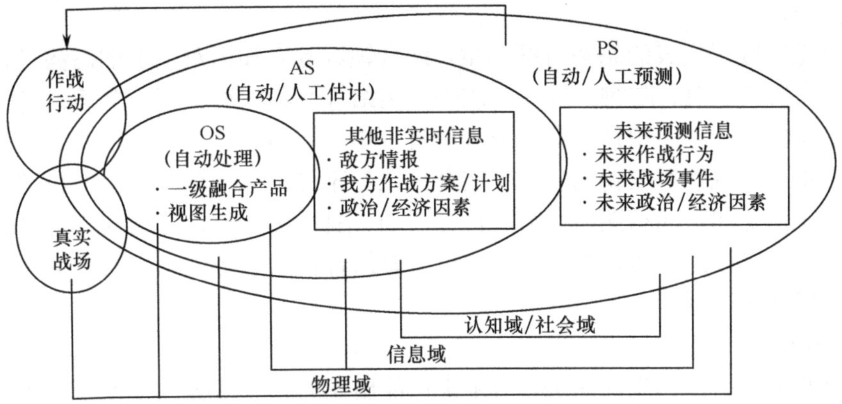

图 4-5　三层态势结构模型

4．战场态势估计功能模型

真实环境下态势估计的对象是在作战区域中随时间推移而不断动作并变化着的作战实体，态势估计实际上就是对这样一个动态变化的对象感知并提取出来的态势元素进行觉察、认识、理解和预测的处理过程。为态势估计的三级功能模型即一级态势觉察，提取态势要素；二级态势理解，根据态势特征向量并结合领域专家的军事知识解释当前态势，对敌方意图和计划进行识别；三级态势预测，根据态势理解的结果对战场态势进行预测。图 4-6 是态势估计的一般功能模型。

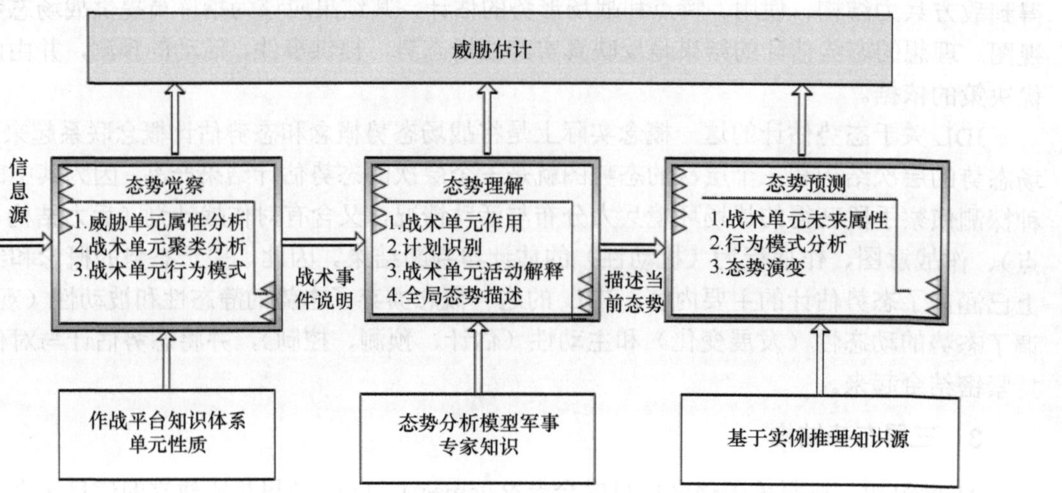

图 4-6 态势估计的一般功能模型

1）态势觉察

态势觉察从一级融合处理结果和预存相关信息中提取战场的态势要素。态势要素是战场要素集合的子集，是从敌我双方依据作战目标形成的各种可能态势中提取出来的。按照特征分，可将态势要素划分为以下几个类型：①战场实体；②实体的可探测特征：③实体间的关系；④实体的行为：⑤实体的行为所产生的事件。

该阶段主要提供战场环境中相关目标和要素的属性、状态信息，并进一步根据目标信息对目标进行聚类，形成具有军事意义的群体和模块。

2）态势理解

根据态势觉察过程生成的态势特征向量，结合领域专家知识对当前的态势进行理解，用于判断敌方战场布置（进攻、防御、行军、欺骗、集结等）和行动企图（穿插、迂回、逃跑等），是对敌方意图和作战计划的识别。在态势理解过程中，军事领域知识起着决定性的作用。

该阶段根据态势觉察所获得的信息，结合领域专家的军事知识对当前态势进行解释，判断敌方的兵力部署情况和作战意图，并给出目标活动、战场事件和兵力结构等内容的态势图。由于态势为一个动态发展的过程，态势理解阶段需要结合新的态势信息和已发生的态势，描述出战场态势的发展演变过程。

3）态势预测

态势预测基于已得出的当前态势，对未来可能出现的态势情况进行预测，对于不同级别的预测，可以是多实体军事单元的未来状态的预测，也可以是高层全局态势演变的预测。实体级的预测可以在状态和属性融合阶段完成；对高层态势的演变，可采用基于事例模板，建立完整的军事例库，形成军事例模板，基于模板匹配完成对态势的预测。

根据已获得的当前态势，对未来可能出现的态势进行预测，可以是对某作战实体的未来状态进行预测，也可以是对高层全局态势的演变进行预测。

总的来说，态势觉察是要解决“当前发生了什么事和存在哪些作战实体”，而态势理解是要解决“当前整体情况进行到哪一步，战场形势如何”，态势预测是要回答“未来可能会发生什么，战场状态可能会发生什么变化”。这三层态势处理过程是相互依赖的，下一阶段的处理需要上一阶段的支持，但它们之间可以并行进行。

4.2.2　战场态势察觉

态势察觉的输入是战场环境中某一个时刻 t 下的威胁单元（如航母、雷达、高炮等）信息，可以表示为

$$S(t)=\{P_1(t),P_2(t),\cdots,P_n(t)\} \tag{4-1}$$

式中，$P_i(t)(i=1,2,\cdots,n)$ 表示某一个威胁在该时刻的状态的集合，即

$P_i(t)$ ={目标批号，敌我属性，实体类型，目标状态，时间，武器载荷，……}

所谓态势察觉就是将威胁单元的状态信息集合与特征模板进行比较、判断、分析，提取我方所需要和关心的影响战场态势的战场元素。

态势察觉的过程可以记作：

$$T:X_{SN}\cdot X_{DB}^{SL}\rightarrow X_{\phi}^{SK} \tag{4-2}$$

式中，T 表示态势要素的提取过程；X_{SN} 表示一级融合的输出向量，描述了威胁单元在各个时刻的属性信息及行为信息；X_{DB}^{SL} 表示军事专家关于态势特征的认识，数学形式上表示为一个相应的特征矩阵，可由知识工程师和领域专家来建立；X_{ϕ}^{SK} 表示与态势类型 K 相关的特征向量。

将战场上能够决定态势发展的要素提取出来并进行分析，应用三元组表示：

$$A=\langle \Phi,\Gamma,\Psi\rangle \tag{4-3}$$

式中，Φ 表示在当前时刻对战场态势构成威胁的单元的行为态势事件；Γ 表示态势的时间属性；Ψ 表示态势空间状态属性；A 表示在当前时刻的威胁单元在时间、空间状态及逻辑上的关系。然后将态势察觉阶段收集到的有效信息元送到下一个态势理解阶段。

1．战场态势事件检测

事件指目标平台在一定态势空间和时间下发生的具有一定意义的行为，表示平台的状态（如速度、航向、辐射源状态等）发生了较大的变化。态势估计中，对目标事件一般分为三类：一类是普通事件，如平台出现、消失事件；另一类是辐射源事件，如某型号雷达开/关机、电台开/关机事件等；还有一类是机动事件，如平台拐弯、爬高/俯冲、加速/减速等。对于普通事件和辐射源事件，它们属于离散性事件，由一级融合的输入直接做出判断，可借助简单的布尔逻辑来实现；而机动事件，它的发生具有连续性，它的行为动作将持续一段时间，对该类事件检测时需要对它的发生设定相应的条件。

一般来说，目标平台机动的时间不是一个时间点，而是一个时间段，因此机动事件的检测应分为机动开始检测和机动结束检测两个步骤。假设目标平台在检测周期 T 时间内的加速/减速判别门限（单位：m/s）分别为 AcceMin 和 DeceMin。

若 $|V_2|-|V_1|>\text{AcceMin}$，则判定该平台加速。

若 $|V_1|-|V_2|<\text{DeceMin}$，则判定该平台减速。

否则，判定该平台做匀速运动。

拐弯和爬高俯冲的门限判别与加速/减速的判别类似。

门限判别法可以获得目标机动事件的定性定量值，但由于这些事件的发生具有连续性，并且事件与其相关状态量（速度、高度等）的变化程度是紧密联系的，也就使得这种判别方法在实际的应用中存在一定的缺陷，比如，目标平台平缓下降和快速俯冲的战术意义往往是不相同的。因此，目标机动事件的表达需要一种比布尔逻辑更鲁棒可行的方法，而模糊逻辑适应了这种需要。

模糊逻辑提供了一种处理人类认知不确定性的数学方法，可以对不精确的语义信息进行处理。由于事件的发生具有不确定性，因此使用模糊逻辑的方法来检测机动事件是合理可行的。模糊逻辑以隶属度函数来表示模糊集合。在态势觉察阶段中，把从一级数据融合传来的目标速度等事件状态具体值进行模糊化，从而对事件状态进行量化。

对于不同的事件，事件状态隶属度函数的建立可以选取不同的模型参数。比如，目标平台作爬高/俯冲（平缓、快速）运动、拐弯（平缓、突然）、加速/减速（平缓、突然）可以建立如图 4-7 所示的模糊子集。

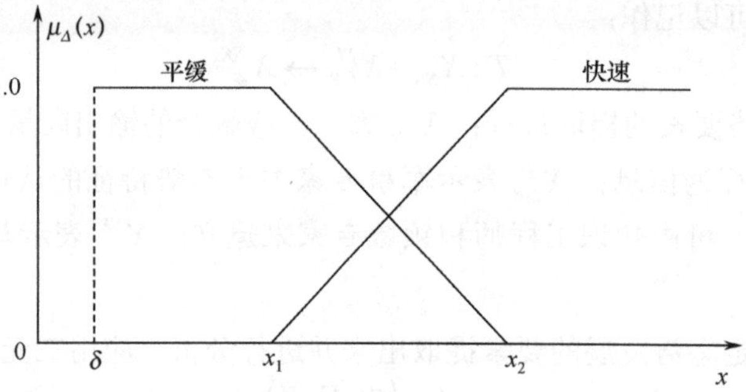

图 4-7 模糊子集

图 4-7 中，x 轴表示检测时间内平台变化的高度差，δ 表示该类型平台的俯冲检测门限，x_1、x_2 为隶属度函数的模糊化参数。通过定义俯冲事件的隶属度函数可判断目标的机动类别。

从一级融合输入的数据通过以上的处理后，其有效信息（态势元素）被提取出来。对发生的事件定量数值进行模糊化后的结果可以作为时间推理、空间推理、因果推理的输入，对态势进行分类识别，这样就将态势空间进行了一次粗集划分，从而完成对当前态势的一次判决。

2. 战场目标分群

目标分群是态势估计需要实现的一个重要功能，分群的基本思想是根据一级融合输入的诸威胁单元信息，按照一定的知识采用自底向上逐层分解的方式对描述威胁单元的信息进行抽象和划分，形成关系级别上的军事体系单元假设，以便揭示可以帮助确定态势元素之间的相互关系，并据此解释感兴趣的所有元素的特性。

1）目标群的类别

目标分群是将关于目标对象的可用数据按空间、相互关系等属性逐级分群，以揭示目标之间的相互联系，确定相互合作的功能，从而解释问题领域的各种行为。目标分群按从低级到高级顺序分为：目标平台、空间群、相互作用群和敌方/我方/中立方群四个层次，如图 4-8 所示。

（1）目标平台。各个威胁单元，即战场空间中各个独立的实体，如某一架飞机或某一艘舰船等。

（2）空间群。按照位置关系对空间上目标进行集合划分，同一群中的成员归属一致、空间位置相近、行为相似。空间群在空间范围上有很大变化，这取决于目标平台的类别和功能。

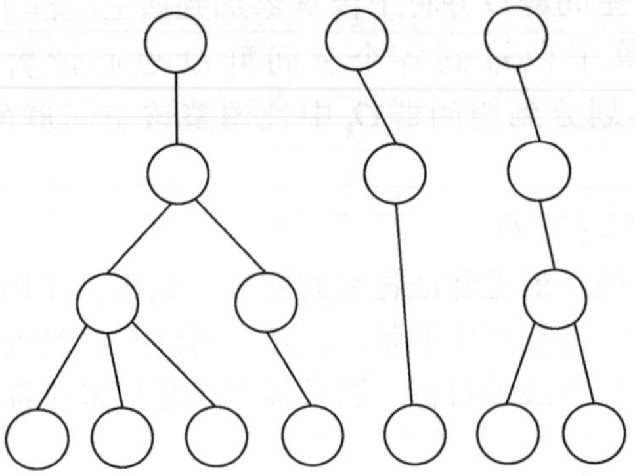

图 4-8　分群层次结构

在传统的空间群中，同一个群中的飞机都是同一种类型的，如都为战斗机或都为轰炸机，而我们认为，同一个空间群中的成员并不要求都是一种类型的，只要其中的成员都为飞机或都为舰船即可，因此，战斗机、轰炸机、电子干扰机和预警机可以混合编入一个空间群，这样比较灵活，也更加贴近战场上的实际情况。

（3）相互作用群。多个在战术上相关的空间群形成一个相互作用群，每个相互作用群都有一个战术目标，通过其多个空间群相互协同作战来实现。

相互作用群可能由空中、水面、陆地等各个空间群组合而成，从多个方向以不同行为进行协作。相互作用群有两个重要类型：防御群和攻击群。防御群用于表示友方/敌方兵力使用的防御掩护屏，如反潜掩护屏、防空掩护屏，具有以下参数：防御群的类型，如反潜、防空等；防御群的组成；作战方式；武器的杀伤范围等。攻击群是考虑了空间和功能参数后得到的敌我双方平台的子集，如若干从各个方位向敌方某个固定目标靠近的空间群构成一个攻击群。攻击群的参数有攻击群的类型、攻击的可能目标、攻击作战的阶段等。

（4）敌方/我方/中立方群。将所有相互作用群按敌方、我方和中立方标识划分为三个大群，形成战场的三大阵营。

2）目标分群算法

目标分群的过程就是群的递增建立和群结构的动态维护过程，与此同时，还需要不断地刷新、推理群的各种参数，如群的类型、空间范围、群的速度、重心位置、方向角等。分群实现中采用基于知识的最近邻法。

最近邻法的思想是：如果一个对象（目标平台或群）与其更高层的群对象的重心的距离在预先定义的门限范围内，且其属性与该高层群对象中的成员的属性满足一定的规则，则把该对象聚类到该群。由于不同类型的平台的运动参数有所不同，因此具体的分群门限也需要有所不同。

（1）目标平台划分到空间群。在时间片 t 时，当前空间群对象集合为 U，在该时刻新出现一平台 m，则将平台划分到空间群中采用的算法描述如下：

步骤 1：设空间群对象集合 $O=\varnothing$，依次从 U 集合中取空间群 $U_i \in U$，若 U_i 与平台 m 的归属一致，且满足约束条件，则 $O=O+\{U_i\}, U=U-\{U_i\}$。重复步骤 1 直到 U_i 遍历完所有的 U 则进入步骤 2。

约束条件中判断平台 m 当前位置、速度矢量与空间群 U_i 的重心位置位于分群距离、速度门限内。

步骤 2：若 $O=\varnothing$，则新生成一个空间群 O 并将平台 m 添加到该空间群中；$o=\{m\},O=\{o\}$；若 $O\neq\varnothing$ 且对象数目为 c，则计算平台 m 到各个空间群 O_i 重心位置的距离为 d_i，若 $d_k=\min(d_1,d_2,\cdots,d_c)$，则将平台 m 划分到空间群 O_k 中且调整该空间群的重心位置及平均速度。

步骤 3：聚类后的群对象集合 $U'=U+O$。

（2）空间群划分到相互作用群。使用最近邻法将空间群划分到相互作用群时，遵循的原理与将平台划分到空间群时的原理相同。需要指出的是，相互作用群不再仅以空间距离作为分群的度量，而是将空间群是否在实施同一个战术目标（这里强调的是战术目标，而不仅仅是攻击目标）作为分群的优先考虑原则。

3. 群结构的动态维护

目标分群是一个周期性的形成过程，在每一个融合周期，系统都接受一级数据融合的输入，并使用新接收到的数据对目标的位置、状态等信息进行更新。此外，在每一周期传感器可能发现新的目标，也可能失去目标的跟踪，目标或群之间也可能因空间位置变化而发生分批或合批等事件。因此，群结构是一个随时序动态变化的过程，为了对态势元素及其之间的关系进行合理的解释，必须实现群结构的动态维护。

4.2.3 战场态势理解

1. 战场态势要素

1）态势要素的分类

态势觉察阶段可视为人的大脑对当前战场事件的一种主观反应，是对战场态势中态势要素的认知。指挥官需提取出各个要素的属性信息及相应的状态信息，判断每个要素之间的相互关系和影响。态势要素是构成战场态势的兵力、环境、事件和估计等诸类要素，不同的战场态势包含不同的态势要素。

战场态势要素也称为战场态势估计要素，因为态势要素通常带有不确定性（模糊性和随机性），对态势要素的发展变化及其不确定性的估计，就构成了战场态势估计的主要内容。抛开具体特定作战目标，从总体上讲，战场态势由五类要素构成：

（1）兵力部署与作战能力类。

（2）重要动态目标类。

（3）战场环境类。

（4）社会/政治/经济环境类。

（5）对抗措施类。

每类所含态势要素的分层结构如图 4-9 所示。需特别说明：对抗要素是从下属四类要素中提取出来的，双方可能产生对抗的兵力、动态目标、地点和环境及可能的冲突样式和产生结果等预测等。

2）态势要素的获取

态势要素的获取主要通过部侦情报、战场图像分析和地理知识数据获取。部侦情报由情报部门通过各种侦察手段获取；战场图像由战场图像目标识别子系统对战场图像进行分析识别；

地理知识数据来自预先建立的地理信息知识库中。

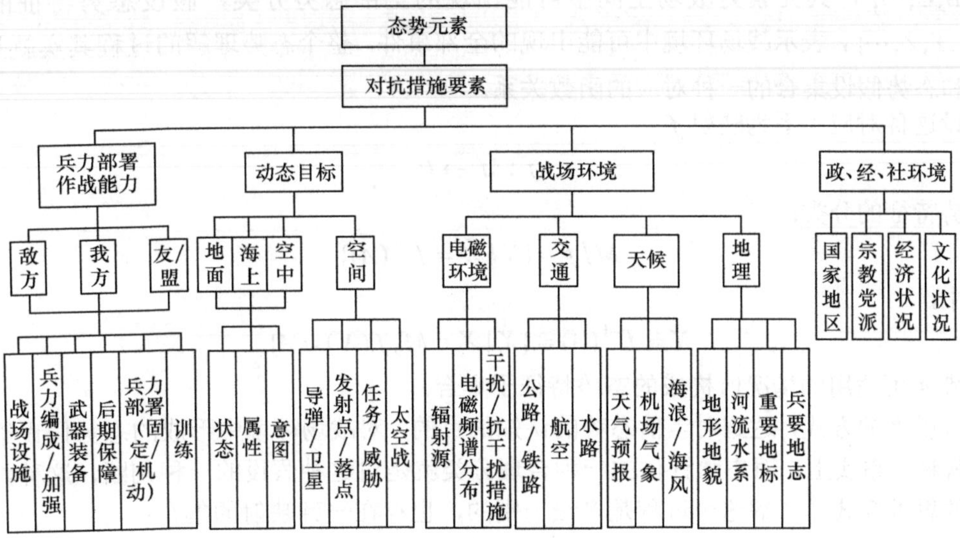

图 4-9 态势要素的分层结构

3）态势要素的提取

态势要素的提取过程如下：

（1）态势数据预处理，即对来自一级数据融合的结果进行数据归并、压缩、聚集和匹配，得到的目标综合数据也就是态势要素。

（2）态势关联，即对有用的态势要素进行分组，确定态势元素之间的相互关系，这时态势要素可称为态势实体。

（3）态势事件检测，即识别事件的出现。实际上态势数据预处理和态势关联解决了态势实体的属性问题，即态势实体是什么的问题，态势事件检测则解决了态势实体在发生什么的问题，它们共同构成了态势推理的基础。

2. 态势理解功能

态势理解是态势估计功能模型的第二级，是基于对态势元素的综合分析解释和表示战场情景，指出敌方的行为模式，目标意图功能是它的主要功能，能为态势预测提供证据支持。态势理解中如何有效地评估态势，推测出敌方的目标、意图，对当前战场情景做出合理的解释是重点需要解决的问题。“意图”的定义为期望达到某种目的的基本设想和打算。军事领域的作战意图定义为指挥员及其指挥机关为完成一定作战任务的基本设想和打算。

敌方意图包括两个含义：第一是指战场上敌方作战平台将来可能的行为，即意图决定了作战平台对行动的选择；第二是指敌方作战平台试图完成的任务，即意图是以作战目的引导的作战平台行为，因此敌方意图可以理解为敌方作战平台希望达到某种作战目的而采取的一系列作战行动计划。战场空间所能直接观察到的只是敌方作战平台的特定行动或活动，而这些活动隐含着敌方意图。

态势理解的过程可以解释为数据库中已经获得的军事知识 $K=(K_1,K_2,\cdots,K_m)$ 和传感器在探测获得的数据信息 $D=(D_1,D_2,\cdots,D_n)$ 的情况下的一种态势 $H=(H_1,H_2,\cdots,H_n)$ 的假设结果 $P(H|K,D)$，这种结果是一个不确定的概率值。

在态势理解的过程中，必须建立态势特征与态势识别的对应关系：设态势集合 $\theta=\{A,B,C,\cdots\}$，其元素为战场空间中可能出现的全部态势分类，假设态势特征的集合为 $M=\{X,Y,Z,\cdots\}$，表示战场环境中可能出现的全部事件。整个态势理解的过程其实就是态势要素集合和态势假设集合的一种对应的函数关系。

假设这种对应关系为映射 f：

$$f:M\to\theta \tag{4-4}$$

态势特征的分类：

$$M/f=\{\tilde{X}\mid\tilde{X}=f^{-1}(A)\} \tag{4-5}$$

式中，

$$\tilde{X}=f^{-1}(A)=\{X\mid X\in M,f(X)=A\} \tag{4-6}$$

即由态势 A 可适用的情况所构成的态势特征子集合。

通过以上的方式，达到对当前态势的认知的目的，对战场环境中形成的态势假设给予一个合理的解释。事实上，对态势评估的一种合理分类就是对这种假设的一种判断，这种判断对应于人类的思维模式，了解这个过程是多级识别的，也存在一种映射的集合：

$$F=\{f_1,f_2,\cdots,f_n\} \tag{4-7}$$

式中，$f_i(i=1,2,\cdots,n)$ 表示在第 i 次识别过程中；集合 $M=\{x,y,z,\cdots\}$ 表示态势元素和态势假设的一种对应关系。事实上，在每个识别过程中，都可以得到相应的态势元素设置情况的假设。每个识别过程可能得到更多的情况假设，不同的识别过程可能也有不同的情况的假设。通过重复的识别，逐步消除错误的假设情况，获得正确的敌方战略战术的意图。

对态势的理解，既包括对战场全局态势的理解，也包括对各个作战单元行动意图的理解。在态势理解阶段获得的军事事件，主要是敌方意图事件。态势理解过程中，更多的是对各个敌方作战单元意图的处理，通过分析各个作战单元的战术意图，最终获得敌方所有战场的意图。

3．基于计划识别的态势理解过程

计划识别是根据代理的行动序列来推断代理所追求目标的过程，着重对当前已发生行为的分析和抽象，同时对代理下一步的行为进行预测，因而对动态问题有很好的适应性，与态势估计中通过观察、分析战场中军事单元的动态行动来识别其计划的要求相一致。因此，态势估计实质上是一个计划识别过程。《美国国防部关键技术计划》明确指出态势估计的支持理论和技术之一是计划识别理论。

1）计划识别模型

计划识别是观察者根据代理的行为序列推断出代理所追求的目标及实现这一目标的计划的过程。实验表明人具有根据观测到的片段、琐碎的现象，推出具有合理因果关系的、完整而全面的规划描述的思维能力。

（1）代理。指为达到预定目标而在其所处环境灵活自主行动的实体。代理具有以下几个特点：①自治性：代理能够在没有人或其他代理直接干预下运行，并且有某种控制自身行为和内部状态的能力。②反应性：代理能够感知其所处的环境，并能对环境的变化做出及时而适当的反应。③自主性：代理感知所处环境的变化，并主动做出基于目标的行为。④可通信性：代理具有与人或其他代理进行交互的能力。

（2）目标。指某种预计或期望的状态，它是代理一系列行为的最根本的动机。

（3）行动。对单个代理事件序列的抽象，精细了代理的信息，描述“单代理在做什么”的问题。行动的知识表示可以采用行动算子知识表示，一条行动包括执行该行动的前提，以及执行该行动后的效果。

（4）任务。对单个代理的行动序列的进一步的提取，描述“单代理要做什么”的问题，一个任务由行动序列组成，行动序列间一个很重要的约束条件就是时间。另外，平台的类型、武器装备等也可以作为约束条件。

（5）计划。代理的行为序列，代理执行了这些行为，就有可能达到预期目的。描述的是多个代理如何协同完成目标的一个战术过程，描述“多代理要做什么”的问题。一个成功的多代理计划除了与战术规则有关，还应该因环境因素的不同而不同，空间、时间、地理、气候等环境因素都会影响到对计划的正确识别。

（6）规划。寻求能够达到所希望目的行为（或计划）的序列的过程。计划识别和规划是对两个相逆问题的求解。

（7）观测（值或结果）。指从观察者的角度来看执行某个计划的代理的行为。

（8）观测者。指试图识别另一代理的计划的代理。

图 4-10 示出了事件/行动/任务/计划结构层次。

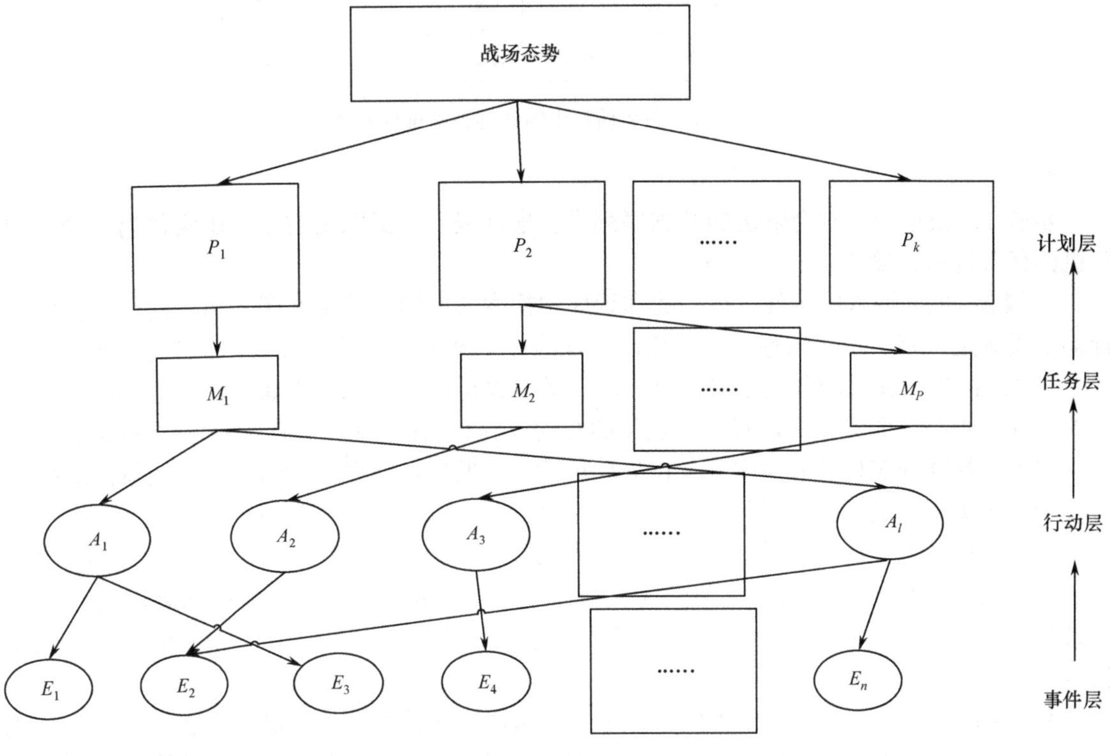

图 4-10　事件/行动/任务/计划结构层次

在如图 4-10 所示的事件/行动/任务/计划结构层次中，自顶向下是一个目标、计划逐级细化的过程，而自底向上是一个基于事实驱动的逐级推理过程。战场态势是对战场全局的最高抽象，反映出敌方最高的作战企图和行动计划，它通过对计划层各个多代理计划的识别来提取出多代理与多代理之间的协同关系，进而反映出整个战场的态势。多代理是一个代理群体，其中各个代理通过相互协商与合作来实现共同的军事目标，其战术配合及目标就是一个多代理的计划，反映的是战场的局部作战企图，通过对多个任务层的单代理任务来识别。单个代理在一个多代理计划中总有其各自的使命或任务，执行任务的过程中，通常分解成若干的行动或动作，因此可通过对行动层中同一代理的行动序列的抽象来识别出该代理已完成的或正在执行的任务。而行动通过对代理事件序列的观察来提取；事件可由态势觉察从多源数据融合（一级融合）的数据输出中提取态势特征来获得。态势估计中的计划识别推理模型如图 4-11 所示。

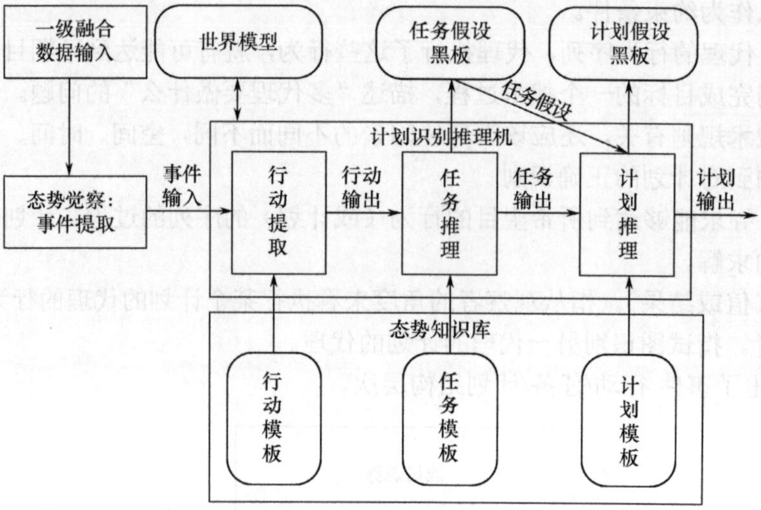

图 4-11 态势估计中的计划识别推理模型

2）推理算法

步骤 1：根据一级融合输出的数据序列进行事件提取，提取出的事件事实作为计划识别推理机的任务提取的输入。

步骤 2：根据输入的事件，在态势知识库中搜索与所输入的事件序列相关的行动模板，若行动前提满足，则实例化该行动，且输出代理的行动事实，然后进入下一步任务推理。

步骤 3：根据输入的行动事实，首先从任务假设黑板中读取所生成的任务假设，判断所发生的行动是否与该假设相关，对于已发生的行动序列和任务假设中的行动序列进行分析比对：

（1）若行动既在任务假设中，又在战场环境下已发生，则将行动的态势特征与行动在任务假设中约束关系定义的范围进行比较，计算行动与任务假设间的匹配度。

（2）若行动不在任务假设中，但在战场环境下已发生了，则从态势知识库的任务模板中搜索包含行动的模板，若找到相关的模板，则计算其与任务模板的匹配度，如果匹配度大于某一阈值，则填充此模板，将此填充的任务模板添加到任务假设黑板中，计算此任务假设的置信度。

步骤 4：将任务假设黑板中置信度大于一定阈值的任务假设及已发生的任务输出至计划推理中。将任务（假设）先后分别与计划假设黑板中的计划假设和态势知识库里的计划模板进行搜索匹配（算法与步骤 3 大致相同），判断任务是否与计划相关，计算任务与相关的计划模板的匹配度，再更新计划假设的置信度。如果任务序列与特定的计划模板足够匹配，则这个特定的计划模板就可以用来解释当前的战场态势。

4.2.4 战场态势预测

战争迷雾是制约指挥决策的重要因素，战场指挥员对战场态势“不知道”和对战争趋势“不了解”导致了决策力的下降。因此，战场透明化成为战场信息化过程中亟待解决的问题。

美军“深绿”计划中的“仿真之路”（SimPath）子系统将态势预测定性和定量技术进行融合，预测了各种可能的未来态势及每种预测结果的可行性，同时具备了快速预测的特点。与“深绿”计划相似的还有美国多家科研院所共同开发的 OpSpy 系统，该系统同样具备预测敌方行动方案的功能，系统图可在已知敌方作战意图的基础上，通过预测建立敌方可能采取行动的多分支结构，并在每个分支节点上由代价函数给出敌方采用该方案的可能性，为指挥员指挥决策提供依据。

态势预测阶段从通过态势察觉、态势理解这两个阶段得出当前战场的一个综合态势，对下一个时刻战场可能出现的态势情况进行预测，从而做出最优决策。即已知 t 时刻的态势 $S(t)$，求 $\{S(t+T),S(t+2T),\cdots\}$。对于态势的预测可以是战场很小单元要素的下一个状态，也可以是敌方兵力部署、行动计划的未来状态，还可以是我方对整个全局态势演变的预测。

整个态势预测的过程就是一个基于知识进行推理分析的过程。态势预测阶段获得的军事事件，既有对敌方作战单元运动状态的预测，也有对敌方行动意图的预测。敌方作战单元运动状态的变化可以根据航迹的状态方程、机动性、作战目的进行预测；而对敌方行动意图的预测，则必须根据敌方兵力当前位置、状态等信息，结合军事专家进行不确定性推理，根据获得的态势假设进行预测。态势预测过程可由下式表示：

$$S(t+t_0)=S(t)\times K(ME) \tag{4-8}$$

式中，$S(t)$ 表示 t 时刻战场态势；$K(ME)$ 表示军事专家对态势的知识，两者相结合，得到 $t+t_0$ 时刻战场态势 $S(t+t_0)$。对应不同级别的预测，可以是多实体军事单元的未来状态预测，也可以是高层全局态势估计技术及其算法研究态势演变的预测。作战对象未来位置的变化，可以根据航迹的状态方程、机动性、作战目的进行预测。

态势预测需要预测敌方将来可能的行为和动作、可能采取的攻击路径，分析得出可能的态势。战场态势预测需要对敌方意图、机会、能力及自身脆弱性有全面了解。

1. 基于黑板模型的意图识别系统建模

1）黑板模型介绍

1962 年 A. Newwell 提出了黑板模型，它是一种运用多知识源对信息源进行控制推理的模型。在黑板模型中，一个问题的所有可能的解答称作解法空间，将解法空间按照问题类型进行分层处理，层次中存放着相应的问题求解答案，这个求解答案是唯一的。将领域内专家的经验以特定的符号和相应的逻辑表达式按照层次进行存储，当有证据信息传来时，通过结合知识库中的领域知识，运用控制机构对问题进行推理求解，以事件触发的方式进行。黑板结构包括三个部分：黑板、知识源和控制机构，如图 4-12 所示。

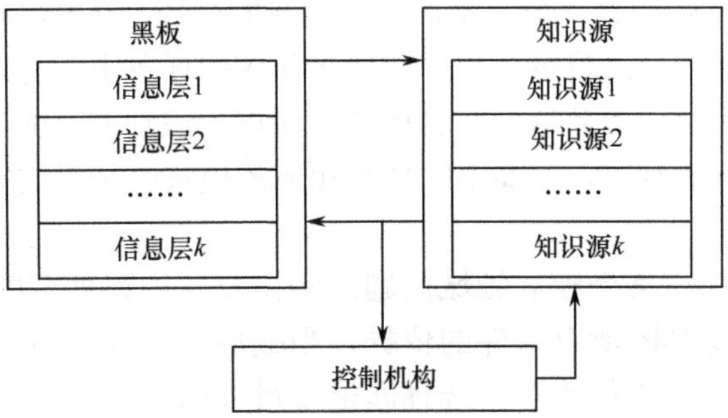

图 4-12　黑板结构模型

黑板是系统的全局工作区，获取的证据参数及产生的中间结果都在该区域中显示。知识库是意图识别系统领域知识的存储器，是进行意图识别的基础，采用什么样的知识表示方法及如何表达知识库是该模块需要解决的主要问题。

知识源是对某问题领域内的专家经验符号化表示及处理的一个存储器。领域内问题的所有可能解形成了知识库，这些可能解称为知识源，不同的知识源分层放置在知识库中。当传来证据信息时，知识库中的相应知识源被触发，通过控制机构对证据信息进行推理，推理结果满足触发条件的，就可以作为下一级的黑板内容的输入，重复上面的动作，达到对问题的最终求解。知识源按照级别的不同分别存放，不同级别间的知识源是不能进行直接推理的，需要通过黑板来对产生的中间结果进行传递，进而对问题逐步求解。黑板是一个动态的工作区，可以存储获取的数据信息及在模型运行过程中产生的中间结果。黑板是分层显示的，每个信息层反映了邻域内的某一元素的相应属性，当战场上传来信息时，首先存储在黑板的信息层中，然后才触发知识源，进而进行匹配推理。

控制机构是系统的处理器，当战场上传来证据参数时，通过该模块将证据参数同知识库进行匹配推理，达到对敌意图识别的目的，证据和知识库中与证据相关联的各个领域知识如何进行匹配和判定是该模块的主要研究内容。

2）黑板模型求解方法

黑板模型求解问题的步骤如下：

（1）执行一个知识源的动作部分改变黑板上的内容。

（2）根据目前黑板上的信息和各知识源为形成新解所提供的信息，控制模块选择下一个合适的知识源。

（3）通过对知识源的条件匹配来形成知识源调用环境，并执行知识源的动作部分，转步骤（1）。

一个意图识别问题的求解是通过以上步骤逐步实现的，当战场上传来证据信息时，先存入黑板信息层中，由于黑板上的内容发生了改变，相应的知识源被触发，控制机构通过相应的推理算法对知识源进行识别，识别成功的知识源作为下一级黑板的输入，就这样层层推理，最终达成对意图识别问题的求解。

控制机构是黑板模型求解问题的推理机构，由监督程序和调度程序组成。监督程序根据黑板的状态变化激活有关知识源，一旦黑板上的内容改变，监督程序将动作部分可执行的知识源放入调度队列中。调度程序通过一定的优先原则（如最佳性原则、重要性原则等）选择最合适的知识源来执行，用执行的结果修改黑板状态，为下一步推理循环创造条件。

3）基于黑板模型的意图识别过程

态势估计意图识别的过程是一个层层推理的动态的过程，首先需要从大量的信息源中提取出对己方决策有用的事件，其次将每个事件映射到相应的任务上，再次综合各个事件的任务进行推理获得目标的计划安排，最后达到对目标的意图进行识别的目的。但这个结果并非是一成不变的，随着新的信息源的到来，需要不断地对相应的模块的结果进行调整，从而达到对战场态势的及时把握。

首先，知识源作为描述某个独立领域问题的知识及其知识处理的知识库，就像存储在大脑中的先验知识一样，是判断所有事件的依据，当战场上传来了新信息源时，需要将这个事件的属性信息与知识源一一进行比对，选择匹配度最大的，为判断这个事件的意图提供辅助信息。

其次，黑板作为存储数据、传递信息和处理方法的动态数据库，能够很好地实现战场上不断到来的信息源之间的交流，由于各个知识源是独立的，黑板就担任了知识源之间的通信功能，在匹配推理的过程中，当获取的信息与知识库匹配得到相应的中间结果，产生的中间结果存储在黑板相应的信息层中，作为下一级触发知识源的条件，黑板是公共可访问的，不同的模块获取的知识源在黑板上通过逐步推理，从而达到对问题的最终求解。黑板所具备的流动性能够很好地满足决策者对战场上的动态迅速把握的要求，帮助决策者根据战场情况及时调整作战计划。

最后，控制机构是黑板模型求解问题的推理机构，是将从信息源中提取的事件特征向量同知识源中的意图集进行匹配的控制推理机构。这一过程是对战场信息处理的过程，当态势觉察的结果输入黑板后，经过控制机构的推理演算，按照相应的规则和匹配算法同知识源中的模板进行关联匹配，从而输出可能的意图集合。

4）基于黑板模型的意图识别建模

图 4-13 是基于黑板模型的目标意图识别系统建模，目标意图识别系统由事件行动特征提取、任务推理、计划推理和意图识别四级结构组成，前一级是后一级的基础。

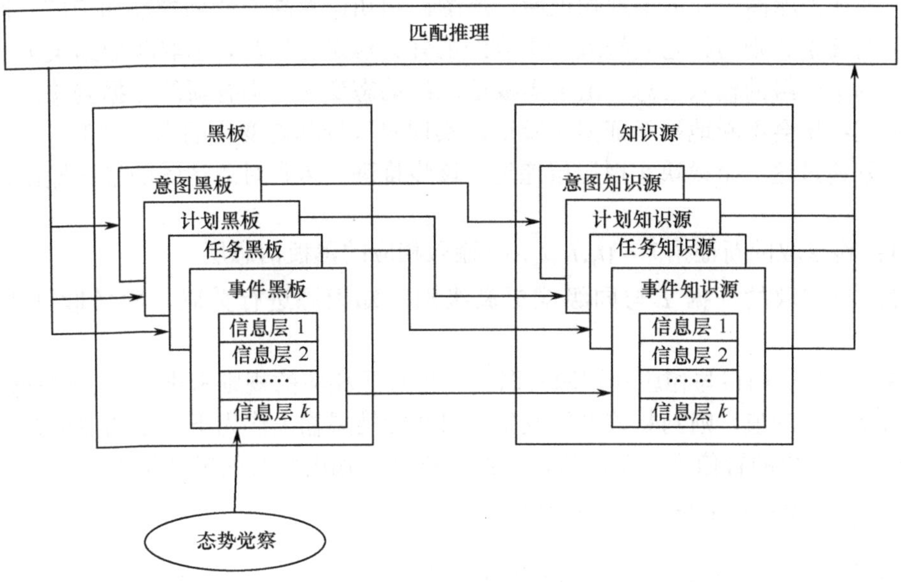

图 4-13　基于黑板模型的目标意图识别系统建模

根据意图识别的四级结构可以将黑板分为：行动特征提取黑板、任务推理黑板、计划推理黑板和意图识别黑板。这四级黑板的每一级又分为多个层次，因为获取的信息是随着时间和空间变化的，不同阶段获取的信息以及推理的结果存放在不同的层次中。由于意图识别的四个阶段是层层递进、逐步推理的，多级分层黑板也是一个逐级递进，每一级的推理均是在前一级的基础上展开的，这四级黑板相互合作，达到对意图识别问题的最终求解。

推理黑板主要是以战场上传来的信息源为基础，提取这些信息源的行动特征，按照时间和空间属性存入行动特征提取黑板的层次结构中。在黑板层次结构中存放态势特征元素的各种参数值，例如：数目、速度、时间属性值、空间属性值等，为下一级的任务推理做好准备。随着新的信息源的不断到来，层次结构中存放的相应特征参数不断增加，从而形成态势行动特征数据的动态表示。

任务推理黑板根据行动特征提取黑板提供的事件行动特征参数对事件可能的任务进行推理。事件与任务之间存在着一对一或者多对一的映射关系，可能一个事件对应着一个任务，也可能多个事件对应一个任务，并且这种映射关系以一定的函数关系表示出来，假设S事件与任务T之间的置信度有函数关系，v,t,w表示事件的相应属性值，则$T=S(v,t,w)$。通过这种函数关系就可以将意图识别的过程量化，便于理解和分析。上一级的任务推理黑板通过与事件的映射获得了一系列的任务，计划推理黑板就是如何根据已有的事件任务获得敌方的全盘计划，从而进行意图识别。同样，任务和计划之间以一定的函数关系表示，通过各个任务的置信度计算出相关联的计划的置信度，选择置信度最大的作为下一级的输入。

基于意图识别的基本过程将知识库也分为四级结构：行动特征提取知识库、任务推理知识库、计划推理知识库和意图识别知识库。每一级的知识库均按照"规则架+规则体"的规则组模式建立，每一个规则组解决一个子问题，规则架与规则架之间按照一定的逻辑序列层层递进，达到对问题的最终求解。

建立的黑板模型为四级层次递进结构，即任务层高于事件层，计划层高于任务层，意图层高于计划层；同理，知识库也分为与黑板对应的四级：任务推理知识库高于行动特征提取知识库，计划推理知识库高于任务推理知识库，意图识别知识库高于计划推理知识库。控制机构根据黑板信息的级别分别与跟它同级或者更高级的知识源进行匹配，选取匹配结果大于阈值的知识源输出作为下一级的输入信息。由于黑板信息的动态变化，当有新的证据到来时，匹配过程中产生的中间结果会不断地被新证据所验证，实现对战场动态变化的态势把握。

意图识别通过这三个模块实现层层递进、逐步推理，达到对敌意图的最终输出，推理步骤如下：

步骤 1：将获取的新证据$T=(t_1,t_2,t_3,\cdots)$输入相应的黑板信息层。

步骤 2：将获取的证据 T 与同级或更高级别的知识源进行关联，将关联结果输入控制机构。

步骤 3：控制机构将与相应知识源关联的证据按照相应的规则和推理算法进行匹配，匹配结果的置信度大于阈值，则判断该事件发生，将匹配结果输出作为下一级的黑板输入，即跳回步骤 1；若匹配结果的置信度小于阈值，则终止推理，输出此时的推理结果。

2. 基于多层黑板模型的战场态势预测

图 4-14 为基于多层黑板模型的战场态势建模。

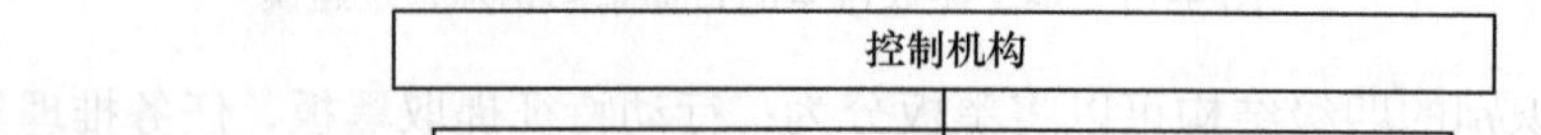

图 4-14 基于多层黑板模型的战场态势建模

（1）黑板。

① 状态事件黑板。主要存储雷达侦察信息、通信侦察信息、目标航迹信息的特征参数。

② 基本事件黑板。存储目标的雷达设备、无线电通信设备、目标运动状态的意图预测结果，是由对应的雷达侦察信息、通信侦察信息、目标航迹信息的特征参数变化反映的意图。雷达设备的意图包括搜索、跟踪、火控引导、干扰等，无线电通信设备的意图包括联络、指挥等，目标运动状态的意图包括俯冲、上升、远离本舰、逼近本舰、加速直线运动等。

③ 平台态势黑板。存储目标平台的意图预测结果，是由同一目标的雷达设备、无线电通信设备、运动状态的意图预测结果共同反映的目标平台的意图。目标平台的意图包括警戒、巡逻、攻击、拦截、轰炸、突防、干扰、预警、侦察等。

④ 空间群黑板。存储多个目标按照空间距离、航向、速度聚类的意图预测结果。空间群的意图如多个目标可形成飞机编队、舰艇编队等。

⑤ 功能群黑板。存储空间群具有某种作战意图的预测结果。功能群的意图包括警戒、拦截、轰炸、干扰等。

⑥ 相互作用群黑板：存储若干功能群因相互依赖关系而具有某种作战意图的预测结果。相互作用群的意图主要分为攻击和防御。

（2）知识源。

① 状态事件知识源。存储判断雷达侦察信息、通信侦察信息、目标航迹信息的特征参数是否变化的预设门限。

② 基本事件知识源。存储推理出目标的雷达设备、无线电通信设备、目标运动状态的意图预测结果的知识模板，用于对同一目标的雷达侦察信息、通信侦察信息、目标航迹信息的特征参数变化进行推理，分别得到其雷达设备、无线电通信设备、目标运动状态的意图预测结果。

③ 平台态势知识源。存储推理出目标平台的意图预测结果的知识模板，用于对同一目标的雷达设备、无线电通信设备、目标运动状态的意图进行推理，得到目标平台的意图预测结果。

④ 空间群知识源。存储空中编队、海上编队的距离预设门限。

⑤ 功能群知识源。存储推理出功能群的意图预测结果的知识模板，用于对同一空间群内所有目标平台的意图进行推理，得到功能群的意图预测结果。

⑥ 相互作用群知识源。存储推理出相互作用群的意图预测结果的知识模板，用于对所有功能群的意图进行推理，得到相互作用群的意图预测结果。

（3）控制机构。控制机构负责刺激模块、响应模块、判断模块的顺序调度，实现黑板与知识源的交互通信，具体描述如下：

① 刺激模块。根据每层黑板存储内容的变化，按照自下而上的顺序，即先从状态事件黑板开始，调用相关知识源进行推理，并在知识源中选择与黑板所提问题匹配度最高的知识做出解答，给出预测结果，规则如下：

i. 状态事件黑板通过刺激模块先后调用状态事件知识源和基本事件知识源。

ii. 非状态事件黑板通过刺激模块调用其上一层的知识源，如基本事件黑板调用平台态势知识源、平台态势黑板调用空间群知识源，以此类推。

② 响应模块。首先，根据每层知识源产生的意图预测结果找到相应匹配链表，规则如下。

i. 状态事件知识源产生的意图预测结果不存入匹配链表，直接用于基本事件知识源。

ii. 非状态事件知识源产生的意图预测结果应存入同层的匹配链表，如基本事件知识源产生的意图预测结果存入基本事件匹配链表，以此类推。

其次，在相应匹配链表中找到与预测对象对应的节点并更新，规则如下：

i. 如果节点不存在，那么建立新节点并存入意图预测结果，设置累计值为1；

ii. 如果节点存在，且当前预测对象使用的知识模板号与节点中预测对象使用的知识模板号相同，那么对累计值加1；

iii. 如果节点存在，且当前预测对象使用的知识模板号与节点中预测对象使用的知识模板号不同，那么用当前意图预测结果替换节点中意图预测结果，设置累计值为1。

③ 判断模块。对响应模块刚处理后的节点的累计值进行判断，规则如下：

i. 如果节点的累计值达到预设门限，那么利用节点的意图预测结果修改黑板中对应的意图预测结果，并用于上一层的意图预测；

ii. 如果节点的累计值未达到预设门限，那么对其继续累计。

3. 基于多层黑板模型的意图预测算法

战场态势是目标或目标群的作战意图的外在表现，目标或目标群的作战意图是战场态势的内在诱因。通过对战场态势分层，使目标或目标群的意图预测过程也具有了层次性。基于多层黑板模型的意图预测算法流程如图 4-15 所示，图中箭头及标注的数字代表算法执行的顺序。

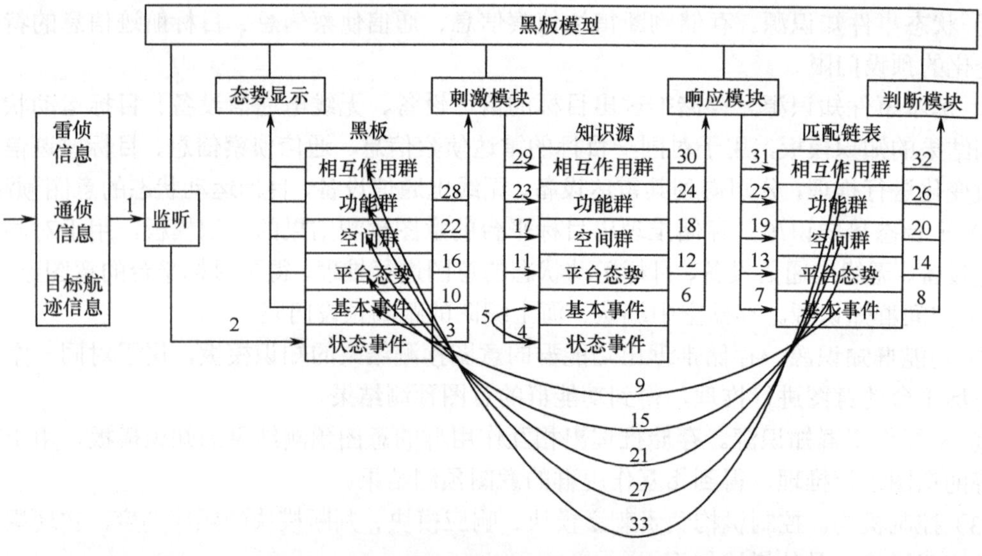

图 4-15　基于多层黑板模型的意图预测算法流程

分别从状态事件层、基本事件层、平台态势层、空间群层、功能群层、相互作用群层进行意图推测。图 4-16 是基于多层黑板模型态势评估案例显示界面。圈内十字的军标表示本舰，圈内圆点的军标表示邻舰，箭头的军标表示敌方目标的运动方向。由线圈圈出的目标属于同一空间群，由线条连接的功能群属于同一相互作用群。

4.2.5　态势估计相关技术

态势估计是一个不容易解决的多重视图和多级推理问题，在解决方法上有很大困难。态势估计问题涉及诸多领域的知识和技术，主要概括为两大类：军事领域知识；不确定性处理技术。实现态势估计系统的方法很多，主要的实现技术有基于知识的系统、基于模板匹配的系统、计划识别方法、贝叶斯网络、品质因数方法、模糊逻辑技术、遗传算法等。目前，关于态势估计还没有一个完善的理论方法与体系框架，为了正确地进行态势估计，单纯地依靠某一种方法是不可能实现的，必须选取多种态势估计方法，以达到方法上的最佳组合。事实上，现今已开发出来的较成熟的态势估计系统都是综合运用多种方法来实现的。下面介绍主要的态势估计实现技术及相关系统或模型。

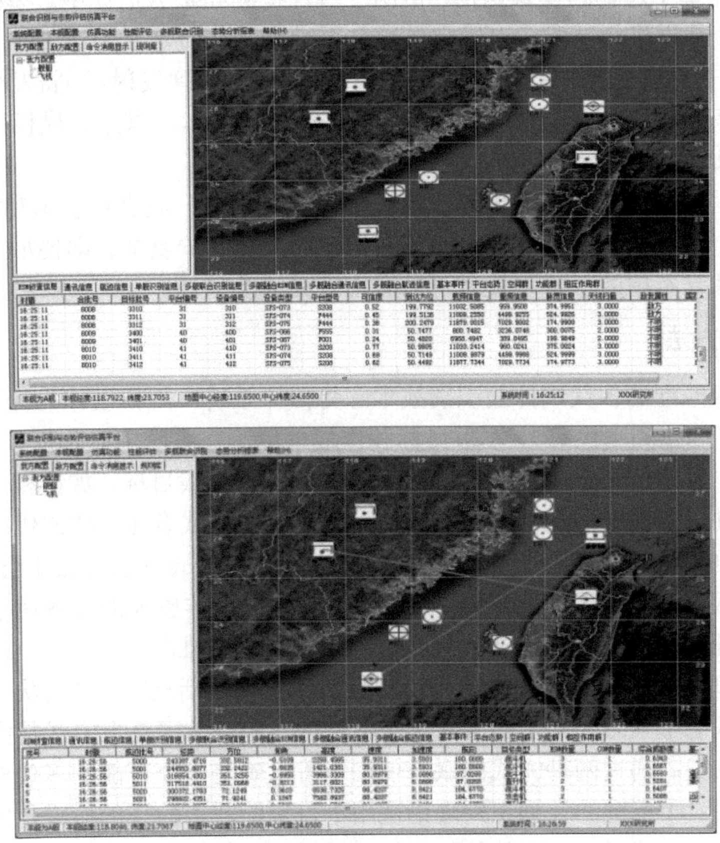

图 4-16　基于多层黑板模型态势评估案例显示界面

1. 基于知识的系统

基于知识的系统（Knowledge Based System，KBS），又称作专家系统，是因为所获取的知识和思维推理方式皆来自专家，后来统称为基于知识的系统，指知识的来源可能是专家、专业人员或者其他学习途径。

由于态势估计是病态结构问题，其输入信息通常是不完整、不精确或模糊的，使用的知识属于经验性的，其求解过程需要反复试探，求解结果也可能是不确定的，而基于知识的系统正是为解决这类问题而产生的。

基于知识的系统通常包括四个部分：包含知识及其组合所构成的知识库、含有动态静态数据的全局数据库、控制结构或者推理机、人机接口。知识库中的专家知识，一般采用产生式规则、语义网络、框架、脚本等机制来进行知识表达。军事专家系统知识以产生式规则和元规则表述居多。控制结构根据输入的数据或证据在知识库中进行搜索并得到结果。在基于知识的系统中，黑板结构是一种常见的作为态势估计的实现技术。

基于知识的系统优点是能够总结、存储和使用专家的经验知识，模拟专业分析人员的推理行为，具有知识积累和学习功能，但其构成很困难，需要专家与技术人员的紧密结合，并且无法模拟人的创造性思维，因此其智能性并不高。

2．基于模板匹配的系统

模板的含义即基于逻辑的模式识别，常用于事件检测和态势估计中。模板将一个预设的模式（模板）与观测数据进行匹配，以确定条件是否满足，从而是否允许进行一个推理或得到一个结论。一个模板所定义的模式可以表示一个战术事件（如导弹发射、即将发生的交战或活动），以及战场实体的识别（如武器类型或者兵力编成与属性等）。可以定义模板的多个层次来表示日益增加的复杂实体、事件或活动。

基于模板方法的主要优点容易理解，模板结构容易导出，能直接表示和汇集大量的数据，粒度可选择。缺点是其知识结构常采用静态结构，数据库维护复杂。即便如此，模板技术对数据融合系统仍是非常有用的，特别是对于高层推理或威胁估计。

3．计划识别方法

针对基于模板匹配的多代理计划识别战术态势估计系统，用模板作为计划知识表示形式，敌方的作战平台（舰艇和飞机等）、军事目标和作战单位等在系统中以代理（Agent）形式出现，它们或单独行动，或通过一定的方式协同行动来完成同一作战目标，如监视、进攻等。多代理计划识别方法的前提是在一定的战术条件下，为达到某一作战意图，敌方代理的军事行动往往以一个或一套计划为指导。若这一前提成立，当对敌方的战术战役条例已知或至少知道一部分，则我方就能事先假定敌方使用某些计划，然后依据输入的多传感器的探测侦察数据来推断敌方可能正在执行的计划，并在我方作战决策和行动中使用这些推断。

计划识别模型以多假设的形式描述代理的当前和未来的活动，并采用从上至下和从下至上两种处理方式。从上至下方式用于产生对未来活动的预测，从下至上方式是由所观察的代理的外在行为来识别假设。通过两种方式的联合使用，可以确定一个可能的多代理任务集合。这一理论面临的问题是：①标准的计划识别理论适用于可预测或可验证的假设，如果一次行动计划没有达到预期的效果，或者某一事件的计划超出了规划者的控制或预测能力，相应的假设就不成立。②即使可预测假设成立，由于蓝方从初始状态达到目标状态的基本行动可能是无序的，往往导致经典的统计计划模型失效，从而无法提供规划。

4．贝叶斯网络

贝叶斯网络（Bayesian Net，BN），亦称贝叶斯置信网络、概率网络或因果网络，是目前在人工智能中一种很重要的推理技术。BN 是一个有向无环图，其节点代表随机变量，边代表随机变量间的条件依赖关系。BN 可看作一个概率专家系统，其概率知识库由网络的拓扑结构和每个节点的条件概率表组成。构建概率知识库的主要目的是实现推理，以回答关于领域知识的特定询问。构建贝叶斯网络所需的先验知识或从现存的数据（样本）中学习，或由已知功能关系定义，或从领域专家知识中得到，或上述的组合获得。现有的大量贝叶斯网络系统由固定“模板模型”组成，其领域内通用的知识如变量集合、网络结构等基本是固定的。当 BN 技术用于大规模、更复杂的问题时，这种固定的“模板模型”有很大的局限性，尤其在军事态势估计中，模板模型是远远不够的。主要原因是：①任何给定类型军事态势估计，其参与者的数目不是静态的，而是随着态势而变化的。②用于一个参与者的有关变量的推理取决于参与者的类型。例如，雷达的发射模式是推断“地空导弹连”的一个关键变量。但是，这个变量不适用于没有雷达的作战单元。显然，具有固定变量集合和固定拓扑结构的网络是不够的。解决上述局限性的一个有效方法是采用多实体贝叶斯网络（Multiple Entity Bayesian Net，MEBN），其相关实体的数目、实体之间的关系、实体与观测的联系都是不确定的领域知识。一个 MEBN 通过贝叶斯网络片（Bayesian Net Fragments，BN Frags）体系和结构集合来描述一个概率分布。把复杂的模型分解成概念上有意义并且可操作的 BN Frags，用于表示概率知识库中的可共享元素，每个贝叶斯网络片包含了随机变量的一个子集合的概率知识，实体结构的模式、行为和关系等均可以编码成贝叶斯网络片。一个知识库由贝叶斯网络片的集合组成，为组装成一个特定态势的贝叶斯网络提供了原材料。在军事应用中，知识是分级组织的。军事组织体系的不同层次对应着相应的知识块，可以在各个相应的知识块上定义 BN Frags。不同层次的 BN Frags 之间的连接使得某一层上的证据能支持其他层上的推理，从而证据可以用在任何适宜的抽象层。

贝叶斯网络的优点是知识的表示和推理有严格的数学基础，贝叶斯网络推理的连续性克服了基于规则系统的某些不足。但是它也有不足之处，如缺乏对目标属性假设类型的总体描述能力（未必能把所有假设都列全），以及无法将多层属性测量置于同一概率空间中进行处理等。

5. 模糊逻辑技术和遗传算法

在态势估计中，模糊逻辑技术和遗传算法作为局部技术起辅助作用。使用模糊逻辑技术的作用是将低层不精确的非格式数据信息转换为中层的独立作战实体的知识单元。遗传算法主要用于行动路线（Course of Actions，CoAs）择优。

作为态势估计的第一阶段，态势觉察的主要任务是提取态势元素，聚类分群形成各层次军事体系单元，并将其输出作为更高阶段态势估计的输入。态势觉察的实现性能对整个态势估计问题的求解有着重要的影响，事件检测和目标分群是态势觉察阶段需要实现的两个重要功能。

态势觉察包括三个层次：

（1）态势要素感知：提取战场环境下的目标、作战平台等态势要素，并给出其属性和状态的感知信息态势要素理解。

（2）利用关于地形、气候、条例和其他环境信息的上下文解释态势要素间相互关系和影响，进行进一步的认知分析。

（3）态势要素预测：对态势要素及其状态进行预测，如可能会发生的事件和行动。

6. 基于深度学习的预测方法与应用技术

深度神经网络通过逐层抽象特征实现对复杂系统规律的形式化表示和认知，如果将各层神经网络的节点作为指标，其网络结构内各节点就构成了反映复杂系统各方面能力特性的一整套指标体系，可表示为

$$Y = f(H(X)) \tag{4-9}$$

式中，Y 为输出指标集；X 为输入指标集；f 为神经网络等效函数形式；$H(X)$ 为网络化指标体系结构。神经网络的黑箱模型主要体现在 $H(X)$，即各隐含节点意义不明确，因此要“白化”黑箱模型需在指标体系构建上下功夫。采用大数据和复杂网络分析的方法，构建出描述作战体系能力的指标网络结构框架，以此作为先验知识，采用神经网络结构构建作战态势评估模型。其主要思路如图 4-17 所示。

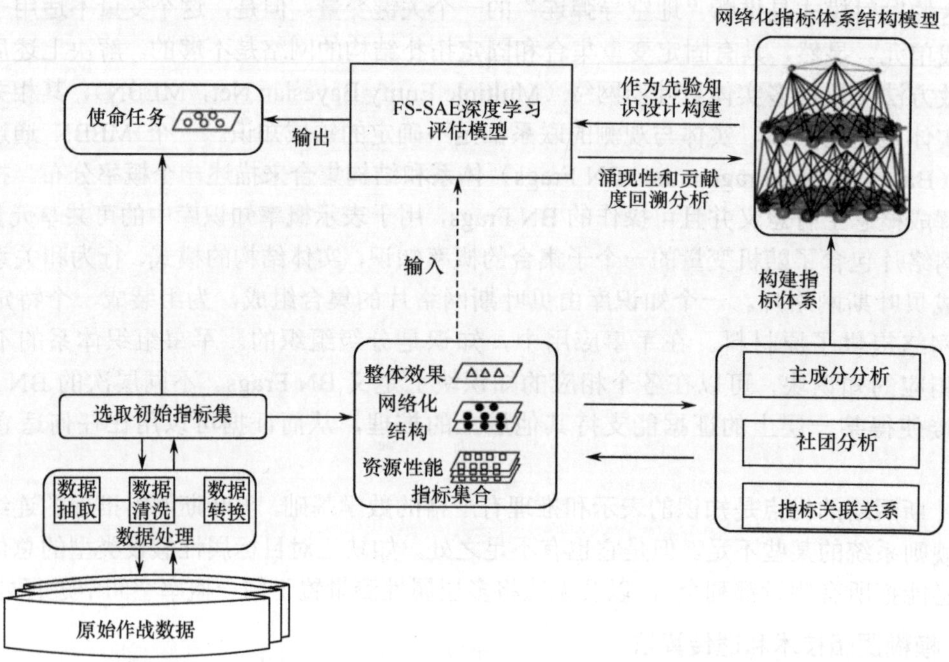

图 4-17　基于强制稀疏自编码神经网络模型的作战态势评估思路

（1）对作战中产生的海量数据进行预处理，依据使命任务选定初始指标集，将使命任务指标集作为输出，其他指标集作为输入。

（2）以大数据分析和复杂网络相结合的方法，构建层层聚合的网络化能力指标体系结构框架。

（3）构建以初始指标集合为输入节点、使命任务指标为输出节点、网络化能力指标体系结构框架为网络结构的 FS-SAE 态势评估模型，通过预测使命任务完成度来验证模型的有效性。

（4）依据 FS-SAE 确定的涌现关系形式化表示，回溯分析体系能力涌现性机制和体系贡献率。交战数据记录越全面，能力指标集越完备，指标交互关系分析越深入，对作战态势的评估将越准确。

4.3　战场态势分发

4.3.1　战场态势分发的基本概念

战场态势信息共享是网络中心战的重要特征。网络中心条件下的联合作战对态势信息具有高度依赖性。态势感知能力也成为衡量一支部队网络中心条件下联合作战的重要标准。要将合适的态势信息在合适的时间发送给合适的作战节点，就要考虑态势信息的分发问题。态势分发和共享能力是指在作战中作战单元对作战态势一致、共享的控制能力，核心是为作战单元及指控系统的协同交互提供信息保障，并影响甚至决定指挥员的决策。

态势信息的分发是指态势信息的生产者通过各种方式将态势信息分发到态势用户的过程。通过态势数据加工、传播、使用、流动，实现态势分发、共享能力。一般认为态势信息的共享要比态势信息的分发的含义更广、范畴更大，态势信息分发可以理解为实现态势信息共享的一种途径，而态势信息共享则是态势信息分发要达成的一种宏观上的效果和状态。

传统的态势信息沿着指控流进行收集、处理再进行逐级逐层分发，要求同步连接，耦合度高，不能解决由态势信息多元化所带来的分发效率不高、分发难以控制、带宽瓶颈等问题，这种态势信息的分发方法已不适合未来网络化联合作战对态势信息与情报信息的保障需求。

态势信息分发参与者主要包括以下方面。

1. 态势信息提供者

态势信息提供者即能提供态势信息的各种实体，如雷达站、卫星地面工作站等。这些实体根据自身具有的传感设备探测到的数据或人工获取的情报数据，进行初步处理后转换为有意义的原始信息，并利用态势信息核心服务将其发布。各个态势信息提供者所提供的原始信息基于各自领域的相关标准，相互之间具有异构性。

2. 态势信息使用者

态势信息使用者是指具有一定的权限、需要使用态势信息完成其他任务的作战实体，能通过信息接口向态势信息核心服务描述自己的信息需求，并接收态势信息在本地数字地图上以图形化的方式显示的态势信息。态势信息使用者也可根据需要和权限进行信息的检索。

态势信息提供者和使用者只是逻辑上的区分，在物理上可能是同一个实体，即存在一个物理实体既是提供者也是使用者的情况。

由于态势信息的服务对象具体到每一个作战单元，而每一个作战单元既是数据提供者，也是数据使用者，这就使得态势信息必然是分布式存储的，甚至是异构的。态势信息分发具有以下特征：

（1）态势信息分发的参与者在作为态势信息生产者的同时，也作为态势信息需求者参与态势信息的分发。态势信息生产者与态势信息需求者之间的通信是一对多或多对多的。

（2）态势信息分发的参与者数量众多，有多个态势信息生产者与多个态势信息需求者。物理上表现为各级各类作战单元和指控单元。态势信息需求者往往不太关心态势信息从哪里来，而只关心其得到的态势信息是否满足其需求，并且其需求偏好是动态变化的。态势信息生产者往往不太关心态势信息发给谁，只关注分发的过程及分发可靠性、连接性。

（3）态势信息需求者对历史数据的敏感度往往不及对战场实施态势信息的需求，而信息分发者则必须支持对历史数据的检索查询、分发获取。

（4）态势信息参与者往往是基于计算能力有限的设备及无线载体来进行传输，参与者处在不停的战役战术运动中，由于通信中断、网络阻塞、移动漫游等随时可能会退出，态势分发的结构处于动态变化的过程中。

（5）态势信息分发可以是有中心的或是对等的，态势分发系统必须提供较好的异步、匿名、一对多通信能力；而态势数据的发送要求是松耦合的，参与者数量的不断增加使以数据交换为中心的态势信息分发应用变得不适应需求。

图 4-18 是 DoD 数据分发示意图。

美国国防部（Department of Defense，DoD）数据战略构想中，对数据信息从可见性、可获取性、可理解性、可信性、互操作性、响应性等多方面进行了规约。这是建立态势信息分发可借鉴的标准，也是态势信息分发建立服务功能模块的重要依据。在美军 JBI（Joint Battlespace Infosphere）构想中，态势信息分发是一个重要的内容。在 JBI 1.2 版本体系结构中，对各种服务式构件组成的战场服务体系结构进行了详细的描述。

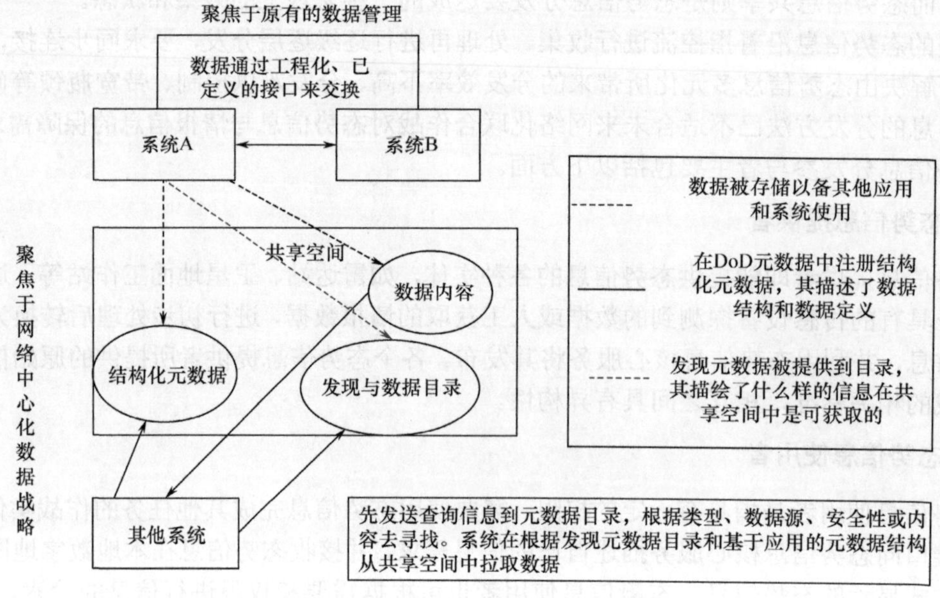

图 4-18　DoD 数据分发示意图

4.3.2　战场态势分发的结构

战场态势信息分发结构目前主要有四种，如图 4-19 所示。

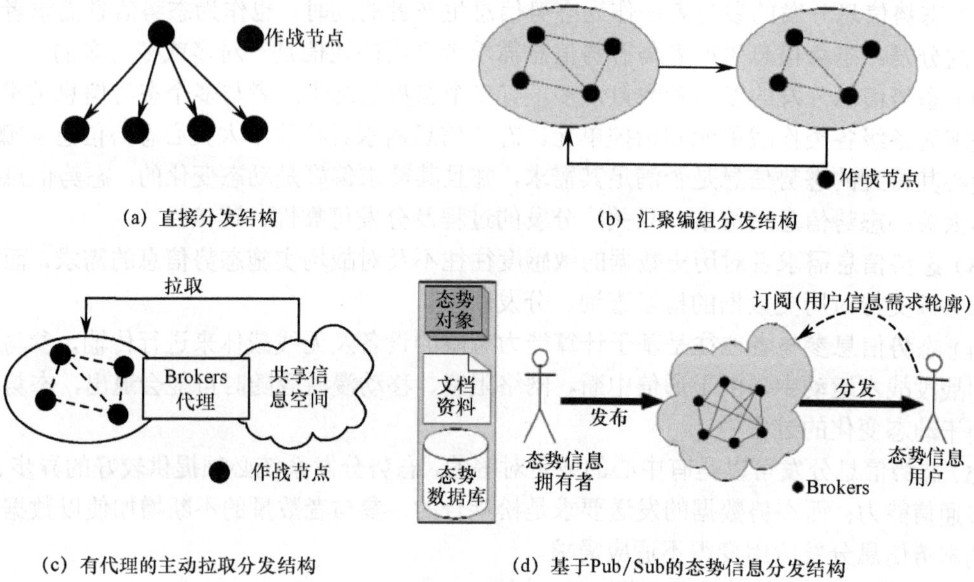

图 4-19　战场态势信息分发主要结构

1. 直接分发结构

态势信息拥有者直接将态势信息发给态势信息需求者，可扩展性及健壮性都不好。

2. 汇聚编组分发结构

态势信息拥有者与态势信息用户依据某种准则（如通信距离或隶属关系）进行汇聚编组，态势信息由同一组态势信息拥有者提供给态势信息需求者。

直接分发结构和汇聚编组分发结构都可运用广播、组播等技术进行态势信息的传输，简单直接，但当态势信息需求者不知道态势信息，或不知道态势信息拥有者时，两种结构都无法工作。

3. 有代理的主动拉取分发结构

态势信息需求者采用代理负责在共享战场态势空间中侦听态势信息，发现有可用的态势信息立即通知态势信息需求者，态势信息需求者再主动从态势信息共享空间内拉取所需要的态势信息。该结构在安全上无法得到保障，易于被敌方利用。

4. 基于 Pub/Sub 的态势信息分发结构

采用 Pub/Sub（发布/订阅）方式进行态势信息分发，具有较好的可扩展性及健壮性，并可通过访问控制进行安全性控制。态势信息订阅分发的结果不仅仅形成一个用户自定义的定制作战视图（UDOP），在多维战场环境中，被订阅的态势信息可以更多样的形式和更科学化的方式进行分发，以增强态势信息订阅者对于战场态势的感知，提高决策能力和效率，实现信息优势向决策优势的转换。

4.3.3 战场态势定制分发的模式

1. 信息的拉、推模式

在信息获取的模式上，有下面两种模式：

1）拉

信息的拉方式通常由用户来寻找其所需要的信息，通过浏览或通过相应的链接和 URL 进行深入访问。

2）推

信息的推方式通常需要一个中间服务模块用来收集、分类、整理将要推送出去的信息内容，并将信息推送出去。用户端则利用安装在本地的接收模块接收传来的信息，并显示出来。推（Push）在商业信息业务应用广泛。

Push 技术的本质在于让信息去主动地寻找用户，其优势在于信息的主动性和及时性，通过使用该技术，可以尽快地将信息推送到用户面前；其缺点在于信息的准确性较差，由简单的筛选机制取代了人工的选择，必然会使被推送信息和用户的需求间存在一定的差异。

Push 技术与广播的区别在于 Push 是有条件地分发，而广播采取泛洪式的分发。Push 技术会根据用户访问历史对其兴趣偏好进行聚类分析，再根据聚类所获得的用户兴趣偏好，针对不同的用户分发不同的信息；而对信息广播分发来说，用户是无差别对待的。

2. 态势信息订制分发方法

态势信息订制分发是指按照态势用户的要求和订阅条件来进行态势信息的分发。每个态势用户都有个性化的信息需求特征，订制就是让态势信息生产者或拥有者获得这种个性化信息需求特征。

订制指态势信息用户对所需要或感兴趣的信息做一个轮廓性的规约。信息订制或订阅服务传送的是用户的信息需求特征，而后共享信息空间中的代理才可据此将适当的信息传送给用户。

态势信息分发采取网络传输中的组播、广播通信方式。根据态势信息的权限及其他约束采用不同的态势信息数据传播通信方式。态势信息组播是一个源点将同一态势信息传送到多个目的节点的通信方式，使用的协议是组播路由协议。组播源可以是一个或多个态势发送者，只需通过一次发送，就把含有态势信息的数据包同时发送到特定的有多个用户的组播组，而只有属于该组播组的地址才能接收到态势信息的数据包，态势信息的数据包只在组播传输树分叉的地方由路由器复制。运用组播的通信方式可以有效地节省网络带宽，而不论有多少个目标地址，在整个网络的任何一条链路上只传送单一的数据包。根据态势信息接收点的多寡可将态势信息组播分为多播与单播。

态势信息广播是指在作战节点网络的 IP 子网内广播态势信息数据包，所有在子网内部的作战节点都将接收到这些态势数据包。通过泛洪可以在更广的范围内广播态势信息，其缺点是生成分组多且带宽消耗大。显然，在态势信息分发中运用组播优于广播态势：组播不仅能有效减少网络流量，而且能控制节点冗余数据的接收；相对单播而言，能同时减少数据发送开销及减少网络流量，利于改善网络拥塞和数据的延迟特性。

3. 系统结构

服务的部署是分布式的，即服务有可能在本地也可能在其他节点上；信息检索服务、信息分发服务、信息订制服务都是粗粒度的，在具体实现上，可由细粒度的服务来实现。细粒度的服务还可以进行组合、聚合，以完成态势信息订制分发用户的服务。分布式态势信息服务结构如图 4-20 所示。

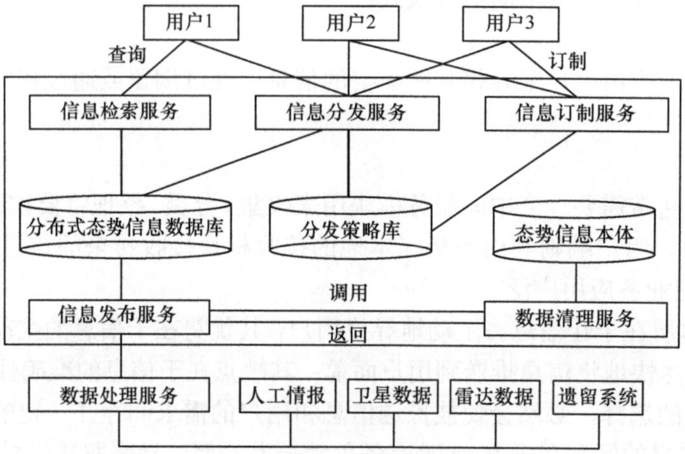

图 4-20 分布式态势信息服务结构

态势信息核心服务包括一系列的服务和数据库，用来形成一个公共的战场空间，从而支持态势信息的发布和使用。态势信息核心服务包括以下内容：

（1）态势信息本体库。用来保存态势信息的本体描述，作为对数据进行规范化处理的参考。

（2）分布式态势信息数据库。用来存储经过规范化处理的态势信息。态势数据库存储态势数据的过程和应用特点决定了态势数据库是分布式的。

（3）分发策略库。用来存储用户的订制信息和权限信息，支持信息分发服务进行有选择的分发。

（4）数据标准化服务。根据态势信息的统一描述规范和本体库对原始的态势信息进行规范化处理，消除异构性带来的理解障碍。

（5）信息发布服务。将清理过的数据存入态势信息数据库中，并触发对应的事件，使信息分发服务对所触发的事件进行操作。态势信息的产生是离散的、随机的，态势信息服务不断接收这些离散的、随机的态势信息，在将这些态势信息写入分布式态势数据库之前要对态势信息进行数据清理和规范化操作，在态势信息不断产生的过程中，态势信息服务还要支持态势信息分发服务相应的事件触发机制。

（6）信息订制服务。用来支持用户订制自己的需求偏好，并结合权限信息存入分发策略库。态势信息订制服务接收态势信息用户对于态势信息的订制请求。

态势信息的订制可以针对某个主题内容，也可以针对某一片地域，或是针对某一种类型的对象。态势信息按主题分类，用户可以通过态势信息订制事件来订制用户感兴趣的特定主题。信息订制服务支持态势信息主题多粒度、分层次、多属性的订制，如态势信息层次化的订制、态势信息多属性订制。

（7）信息分发服务。根据触发的事件及分发策略库中的相关内容，选择需要与事件相关态势信息的用户，向其发送数据包。态势信息分发服务支持以数据包的形式向用户发送满足其订制请求或检索请求的结果。态势信息分发服务完成订制分发结果的发送，并通过一定的事件机制，随态势信息发布服务和态势信息订制服务、态势信息检索服务的更新而不断更新其发送的内容。

（8）信息检索服务。用来支持用户按条件对态势信息数据库中的信息进行检索操作。检索服务接收编写的查询语句，通过与分布式态势数据库的交互，产生用户的检索结果，提交态势信息分发服务，并反馈给检索用户。与态势信息订制服务类似，态势信息检索服务也支持多粒度、分层次、多属性的态势信息检索。

4.3.4　基于 GBB 技术的联合态势共享与分发

1．通用黑板（General Black Board，GBB）

1）多 Agent 系统（Multi-Agent Systems，MAS）

多 Agent 系统由自动的、交互的实体所组成，每个实体通常执行一项单独的明确界定的任务。多 Agent 体系结构已经被证明是一种建立复杂的、可扩展的、自适应软件系统的上佳选择，因为它能够解决早期概念阶段的系统复杂的管理问题。基于体系的 Agent 模仿人类解决问题的方法，即将一个问题分解为更小的子问题，每个子问题能够轻易地解决，而一个子问题的解决方案作为另一个问题的解决方案的输入量。另外，Agent 技术是面向对象范式的继承，它丰富了具有自动角色概念的被动对象的世界。

MAS 的固有结构在分布系统和创建分布多 Agent 系统（Distributed Multi-Agent Systems，DMAS）方面具有巨大的优势，Agent 被分布到网络中，可以使用网络上的所有资源，而不局限于一台计算机的单一计算能力。

今天，对于复杂的分布式近实时系统来说，DMAS 是一种新兴体系结构解决方案，可应用于游戏系统、机器学习、建模与仿真、军事指挥与控制及其他不同类型的专家系统等领域。

DMAS 体系提供了系统设计、系统模块化，组件可重用性，系统可扩展性，以及计算资源的优化使用方面极大的灵活性。通用黑板（GBB）开发框架为 DMAS 提供了一个完整的开发框架。

2）GBB 体系结构

GBB 框架被设计为一个 DMAS，在此框架下黑板作为主用黑板（GBB）是整个系统结构的中心。这个体系结构后面的主要概念是联合数据存储库的创建，它使得多个软件 Agent 能够在必要的时候访问和修改数据，也使得整个系统能够实现异步操作，通过强制事件驱动操作可以实现同步操作。

基于 GBB 的应用程序的顶层体系结构即 DMAS，在图 4-21 中进行描述和阐释。

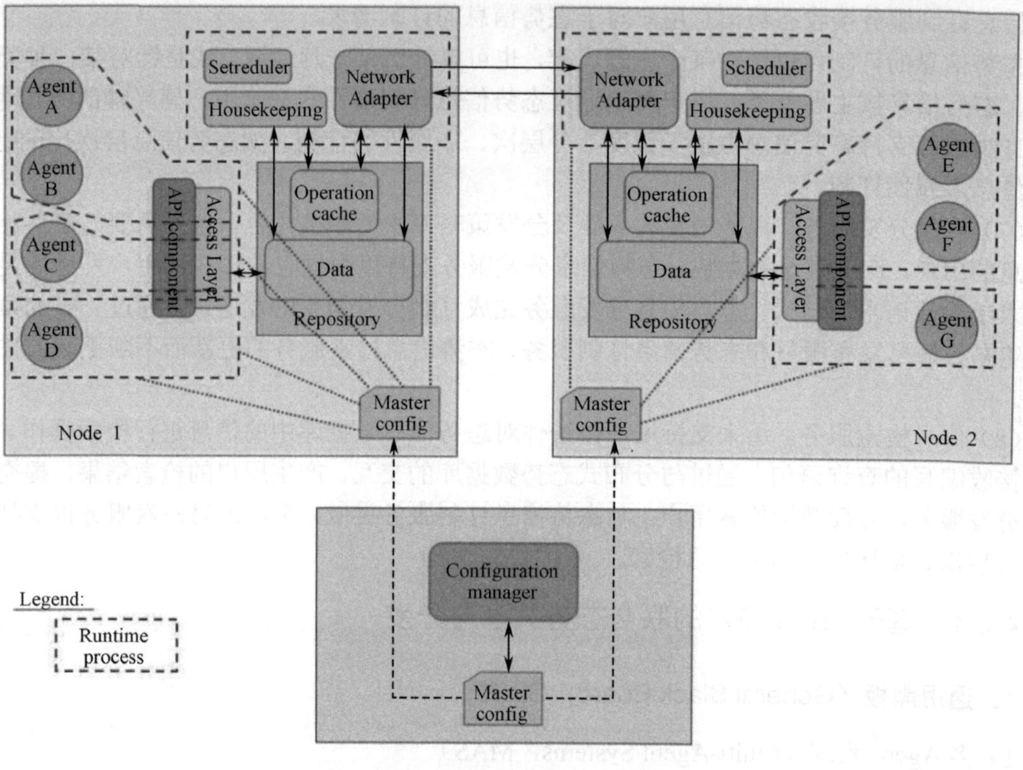

图 4-21 DMAS 顶层体系结构（程序描述）

如图 4-21 所示，一个普通的数据仓库分布于各节点上，使得应用程序的数据对于各节点上执行的 Agent 来说都是可用的。这个数据仓库被两个应用程序所支持。GBB 管理器负责创建和维护每个单节点上的数据仓库，SNA 负责数据分布和节点间的数据同步。

GBB 体系结构（图 4-22）的主要原则是：

（1）Agent 间的所有交互都通过 GBB 来实现。

（2）在所有系统节点上的分布数据都是独特的。

（3）一个 Agent 不知道另一个 Agent 的行动（所需的知识）。

（4）不同 Agent 都是特定的应用程序。GBB SDK 除了提供 Agent 激活通用框架和离线应用程序配置编辑，还为 Agent 实现提供数据访问和调用服务。

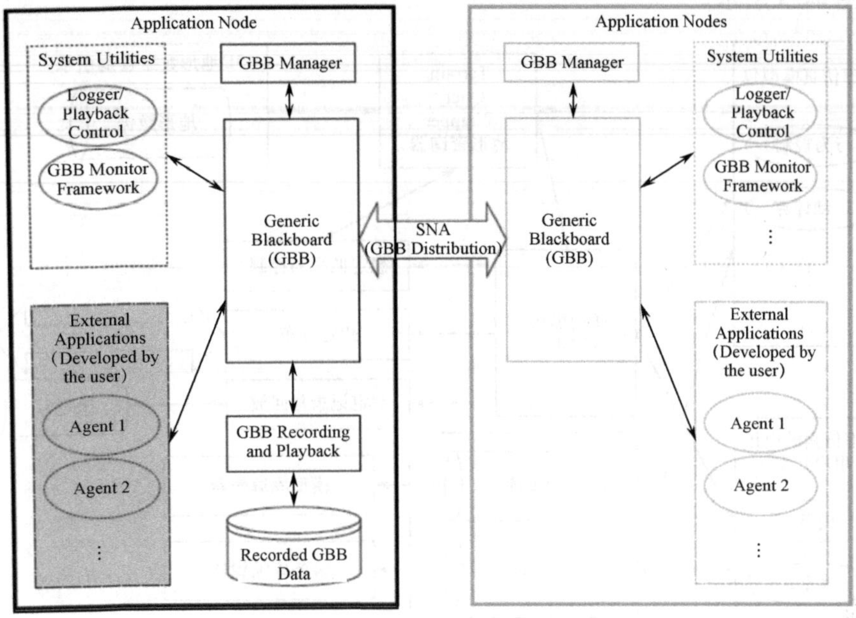

图 4-22　GBB 体系结构（程序描述）

2. GBB 数据存储

GBB 是一个通用的仓库，它包含了整个执行期的应用数据。这个实现在共享内存空间的仓库，使得所有应用程序的 Agent 能够在任何时间访问该数据。

GBB 以简化的关系数据库的形式保持了应用数据。GBB 由下列类型的表格构成：

（1）主实体表。

（2）实体表。

（3）描述符表。

（4）消息表。

1）GBB 管理器

GBB 管理器负责 GBB 创建和管理，它保持了 GBB 的完整性和可用性。该管理器控制 GBB 的更新循环；在每个周期的结尾，该周期所更新的数据对所有“读”的 Agent 来说变成可用，而较旧的那份数据变成“可写”。这种方法称为“双缓存”，确保了未实现锁机制的条件下，没有 Agent 读取数据而另一个 Agent 正更新数据。

2）串行网络适配器（SNA）

在应用执行期间，SNA（SNA.exe）负责不同节点间黑板同步，确保数据对所有 Agent 是可用的，无论在哪个 CPU 执行。

在一个特定的 SNA 节点操作，将由某节点所生成的数据分布到所有感兴趣的节点上。为了减少计算和网络负载，SNA 可以被配置为只分布相关的表；其他节点不感兴趣的数据（如运行在其他机器上的 Agent）将不会被发送。

3. 基于 GBB 的 MAXSIM 平台

MAXSIM 平台是一个先进的分布式仿真引擎，是基于多 Agent 框架体系构建的仿真系统开发平台，具有很好的开放性，可用于军用分布式训练模拟系统的开发，MAXSIM 仿真平台体系结构如图 4-23 所示。

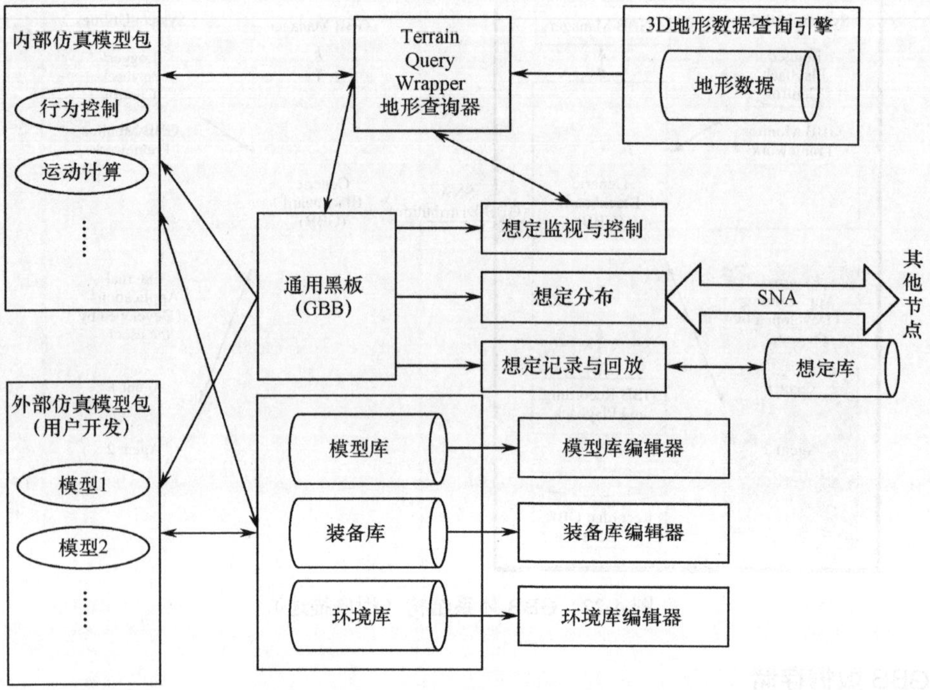

图 4-23　MAXSIM 仿真平台体系结构

各组成结构的功能如下：

1）通用黑板（GBB）

GBB 是一个通用库，它包含了整个仿真执行期间的战场数据，各个 Agent 之间数据交互均通过 GBB 完成，GBB 可看作 MAXSIM 平台的数据交互中心。

2）仿真网络代理（SNA）

SNA 负责将存储在 GBB 中的信息分发到参与仿真执行的节点中。

3）记录器

记录器是一个通用程序，用于在系统运行过程中记录 GBB 数据，在 MAXSIM 中，记录器记录了整个仿真执行过程中的想定战场数据。

4）玩家

玩家是一个通用的应用程序，其设计目标是将记录器中的数据填充到 GBB 中。

5）知识库

知识库包括技术知识库（TKB）、行为知识库（BKB）、想定知识库，TKB 存储了想定中所有可用平台类型的技术数据，BKB 包含了想定中每个参与方所有可用的战法。

6）知识库编辑器

知识库编辑器包括想定编辑器（SE）、技术知识库编辑器（TKE）和行为编辑器（BE），SE 使用户可以创建和更新一个想定，这个想定表示了一个仿真战场的初始状态，它能够为实时仿真所用；TKE 是一个创建和编辑技术知识库图形用户界面程序，它使用户可以定义仿真战场上的可用实体的技术参数；BE 为用户创建和编辑行为的图形用户界面程序，每个用户定义的行为都可用状态机来表示。图 4-24 为战法编辑实例流程图。图 4-25 为 MAXSIM 兵力部署图。

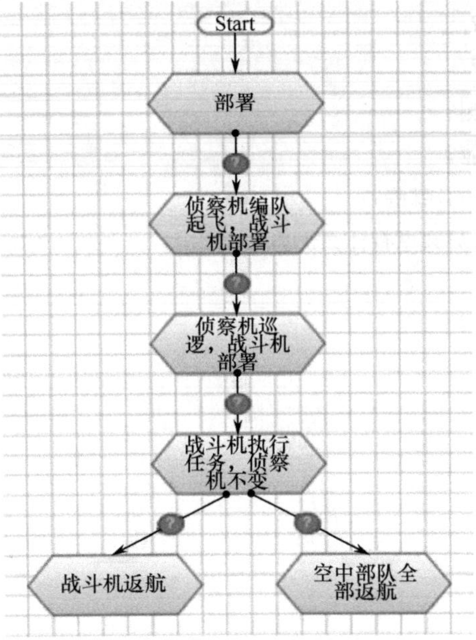

图 4-24　战法编辑实例流程图

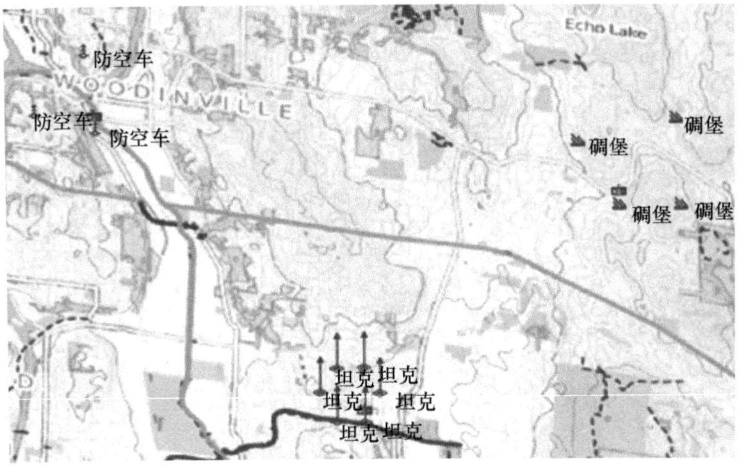

图 4-25　MAXSIM 兵力部署图

7）仿真模型包

MAXSIM 提供一个仿真代理集合，每个代理负责一项特定的仿真任务，这些代理包括：

（1）行为控制代理。用于模拟决策过程和在想定执行过程中对 CGF 行为进行控制。

（2）物理仿真代理。主要负责物理计算，例如：运动、传感器探测、武器效果计算等。

（3）通用工具代理。主要用于支持用户申请、仿真模型的通用工具函数、仿真代理管理等。

思 考 题

1. 什么是战场态势？
2. 态势感知的四个要素和三级功能分别是什么？

3. 战场态势要素如何分类？
4. 意图识别过程是怎样的？
5. 如何对战场态势进行预测？
6. 战场态势显示有哪些功能？
7. 战场态势分发的主要结构有哪些？
8. 基于 GBB 技术的联合态势共享有什么优势？

第 5 章　作战筹划与作战方案生成

5.1　作战筹划

5.1.1　作战筹划与作战任务

1. 作战筹划

1）定义

作战筹划是指指挥员及其指挥机关对作战行动进行的运筹和谋划，是在综合分析判断情况的基础上，对作战目的、作战方针、作战部署、作战时间、战法等重大问题进行创造性思维，进而形成作战基本构想的过程。从定义可知，作战筹划是对作战全局进行的宏观谋划与整体设计，是作战行动的顶层设计，其结果是形成作战构想，并作为方案拟制和作战计划制订的基础。虽然作战筹划的成果是战斗构想，但实际应用中通常将其涵盖范围外延至作战方案的拟制和优选评估，如图 5-1 所示。

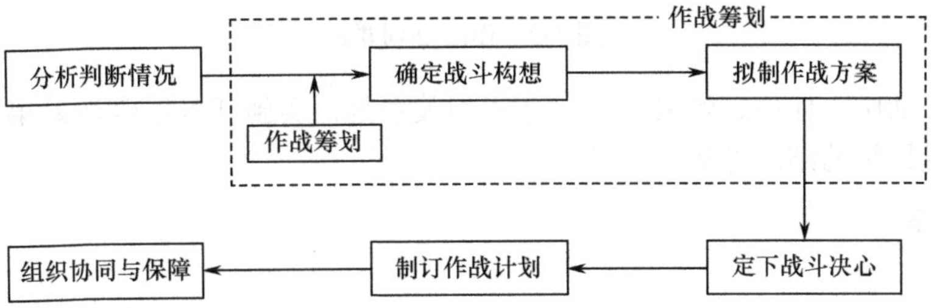

图 5-1　作战筹划在组织筹划过程中的地位

2）作战筹划的特点

作战筹划的特点主要体现在四个方面：

（1）全局性。统筹全局、着眼全局是一切战争筹划的基本点。毛泽东主席指出，“只要有战争，就有战争的全局。全局的中心问题亦即重心，它是关系作战全局的主要矛盾”。因此，即便是涉及战役行动的某个阶段或某个局部，也必须放在战争全局的大背景下进行筹划设计，充分考虑每一个行动细节可能产生的风险和代价。

（2）谋略性。战争既是军事实力的激烈对抗，更是指挥谋略的博弈较量。吃透作战对手，搞清我长敌短，熟知战场环境，善用谋略、施计用策是筹划指挥艺术的灵魂和核心。指挥员应充分发挥创造力和想象力，敢于打破常规、出敌不意、巧用战法；综合运用批判性思维和创新性思维，精于谋略、长于算计、周密筹划，确保战争策略高敌一筹、先敌一手。

（3）应变性。信息化战场态势瞬息万变，作战任务规划需要紧随作战进程变化，实现滚动筹划、滚动更新，全流程衔接；需要基于战场态势和对抗环境的变化，实时更新作战数据和匹配方案计划，实现作战任务规划的对抗性响应；需要依据上级作战意图和任务变化，快速调整作战目标、选择作战样式、优化兵力火力、规划作战行动。

（4）精确性。精确高效是信息化战争的突出特点和客观要求，作战任务规划必须实现全面掌握情况、精确筹划计算、智能辅助决策，将行动规划的要素细化至最小粒度，比如，打击目标聚焦至关键部位，作战手段固化到平台弹药，行动协同精确至度、分、秒，力求以最小的代价获取最大的效益。

3）作战筹划要素

作战筹划是一种支持战役或大规模作战计划及其实施的概念和框架结构，作战筹划要素则是产生、选择作战方案和拟制作战计划的思维工具和推理的基础，有助于指挥官及其参谋人员设想战役或作战行动并制订作战构想。美军战役法规定了作战筹划的 17 项要素，作战筹划要素如图 5-2 所示。

作战筹划要素	
1. 作战安排	10. 作战能力范围
2. 顶点	11. 作战线
3. 协同性	12. 直接与间接方式
4. 预见性	13. 决定点
5. 平衡性	14. 重心
6. 全局性影响力	15. 效果
7. 部队和职能	16. 终态与目标
8. 时机与节奏	17. 终止
9. 同步与纵深	

图 5-2　作战筹划要素

联合作战行动中，任务、效果和目标之间的关系是：实施任务以创造效果，通过效果来达到目标，以实现最终的结局态势。

2. 作战任务

1）定义

作战任务是指在一定的战场环境和时空约束下，作战单元为完成所承担的责任或达到特定的作战目的，而进行的一系列相互关联的作战行动的有序集合。作战任务是对作战使命的细化，涉及的主要因素包括：

（1）作战实体。指执行任务的作战单元及任务作用的对象——环境和其他作战单元，如敌我双方的作战部队、人工设施等。

（2）作战目的。通过任务的执行以达到某种预期的状态，是对目标对象状态改变的一种函数关系判断。

（3）作战行动。在特定战场环境下的不可分或不必要再分的基本战斗行为，是作战过程中抽象出来最基本、最底层的要素。

（4）关系。包括总体作战任务与具体作战任务之间的关系、作战任务与作战行动之间的关系和作战行动之间的关系。

2）分类

作战任务按作战规模分为战略任务、战役任务、战斗任务；按作战类型分为进攻作战任务和防御作战任务。作战任务是组织指挥作战的基本依据。

战略任务，是对战争全局或战略方向的形势产生决定性影响或重大影响的作战任务；战役任务，是战役集团通过一系列战斗行动使本作战区域内的形势发生根本变化或急剧变化的作战任务；战斗任务，是战术兵团在战役范围内或单独采取战斗行动所承担的作战任务。

进攻作战任务，是攻击敌军的重要阵地、基地、地域和目标，歼灭敌军兵力所承担的作战任务；防御作战任务，是扼守重要阵地、基地、地域，抗击敌军进攻，杀伤消耗敌军兵力所承担的作战任务。

作战任务通常以作战命令的形式下达给执行者。指挥员受领作战任务后，必须正确了解任务，领会上级意图，迅速定下决心，组织实施，保证完成任务。

5.1.2　作战方案

1. 作战方案的基本定义

作战方案，也称“作战预案”，是关于作战进程和打法的设想。通常在指挥员首领任务、定下初步决心后，由参谋长主持，以作战部门为主，有关部门参加共同拟制。其主要内容包括：作战阶段划分，敌方企图和可能行动，己方对策与战法，各军（兵）种、部队的行动方法和协同事项，指挥组织等。可采用地图注记式、表格式或文字记述式、光电记述式等形式。通常拟制数个作战方案，并选定基本方案；根据情况组织论证、计算机模拟或沙盘推演；条件许可时还可进行实兵演练加以检验、修正和完善。

在战役级联合作战筹划过程中，常会遇到作战设计、行动方案、联合计划三个概念。根据 2017 年版的美军 *JP5-0 Joint Planning* 描述，行动方案是在作战设计的基础上，规划目标、关键任务、主要能力需求、风险等内容，是联合计划拟制过程的中间产品。行动方案又可称为联合作战方案，宋有法等编著的《一体化联合作战司令部工作》对联合作战方案做出定义：对即将实施的一体化联合作战行动的总体设想，既是下一步一体化联合作战司令部参谋长向一体化联合作战指挥员提出一体化联合作战决心建议的基础，也是拟制一体化联合作战计划的先导。

王振认为，作战方案是“使用作战兵力达成一定战役或战斗目的的计划文件，是组织指挥部队作战行动的依据性文件，是作战意图和决心的集中体现”。

2. 作战方案的构成

联合作战方案是战役级联合计划拟制过程的中间产品，根据 *JP5-0 Joint Planning* 中规范的联合计划要素，国外联合计划由头部、主体和附录组成，根据不同司令部的需求，在细节上可能略有调整，但是在主体框架上基本一致。头部包括编号、发布司令部、发布地点、有效日期时组、作战计划序号或代字、参考资料等，主体包括态势、使命、执行、管理后勤和指挥控制五部分，态势部分重点描述了敌我双方的作战重心、行动方案、作战规则和影响计划实施的假设。

国内联合计划一般由标题、正文、签名和附件组成，标题和签名对应国外联合计划的头部，主体包括态势、使命、限制、阶段和任务及参考文献等，其中态势包括敌情、我情和战场环境。

5.1.3 作战计划

1．作战计划的军事学定义

战前筹划、战时指挥及战后总结是作战指挥活动的三个基本过程，定下作战决心、依据决心制订作战计划是作战筹划阶段的核心内容，同时也是指挥人员实施作战行动的基本依据。

制订作战计划作为作战指挥过程中的重要阶段，最终目标作战计划一般指为达成作战任务而制订的兵力部署、基本打法、作战各阶段和各项保障的基本文书，包括作战行动计划和作战保障计划两类，是组织指挥部队行动的依据。作战计划是指挥员决心的具体体现，是作战单位在特定的作战环境下，通过资源的使用，来达到特定目标的作战行动的集合。

通过作战计划的制订，有利于统一作战思想和集中指挥；可以将指挥员的决心具体化、规范化，并为各部队提供作战行动的程序和方法，能够为部队遂行各自的作战任务和具体的行动方案提供依据；指挥机构可通过作战计划对作战行动实施有效的监督与协调。

作战计划分为行动计划和保障计划两类，行动计划又可以分为总体行动计划和分支行动计划。

总体行动计划内容主要包括：

（1）情况判断与结论。

（2）上级企图和本部队任务。

（3）友邻任务及分界线。

（4）各部队的编成、配置、任务。

（5）各作战阶段情况预想及行动方案。

（6）协同事项。

（7）指挥机构的开设时间、地点，各行动方案的指挥归属。

（8）预定作战行动的起止时间和完成作战准备的时间进度。

作战分支计划是作战总体计划的具体化，是作战计划的重要组成部分。一般情况下，在总体计划中不宜展开的详细计划，但又涉及作战的各个方面，需要作战指挥机关统一的问题，才拟制分支计划。分支计划由各部门、专业兵种根据总的作战企图和决心，会同有关部门或专业共同拟制。作战分支计划通常包括反侦察计划、电子对抗计划、反空袭与防空计划、航空兵作战计划、伪装欺骗计划、后方防卫计划等。作战分支计划的主要内容包括：

（1）情况判断结论。

（2）兵力编成及任务。

（3）作战方向和目标。

（4）作战时机与手段。

（5）有关协同事项。

（6）具体保障措施。

（7）指挥的组织。

（8）完成准备进度安排。

2．作战计划的特征

现代战争作战条件下，对计划的灵活性、实时性、鲁棒性等方面提出了更高的要求。依靠信息化的网络环境，行动计划的制订不依赖事先准备的周密计划，计划系统能够及时准确地获得当前态势信息和应付突发事件所需的兵力资源和数据，并能够迅速处理这些包含大量不确定因素的原始数据，根据探索性仿真选优，通过行动结果和突发事件随时修正组织编成和行动过程。信息化条件下联合作战任务计划主要呈现出以下特点。

1）任务计划高度不确定

多兵种作战与保障动态协同的不确定性是决定联合作战成败的关键因素，要求作战任务计划具有适应性和灵活性，任务计划只有在战时或临战前才能达成正确的行动，这必然要突出应急形势下计划的快速修正和无预案条件下应急计划的快速生成。

2）作战计划高度复杂

作战任务计划包括兵种间的作战协同计划，以及在其规约下的各兵种作战行动与保障计划，计划的复杂性不仅在于繁重的计算和文书工作，更主要的是各兵种及各层次任务计划系统间的互操作性，以共同完成作战任务计划。这就要求各级作战计划必须基于充分而恰当的资源信息，不同层次的任务计划必须依赖相同的数据资源，以保证任务的高效完成。同时要求实现程序科学化，作战任务计划要面向目标设计，以避免任务计划工作的混乱和重心的偏离。

3）作战计划整体性

作战任务计划可以看成是对多兵种兵力与资源的时空组合方法，追求全局最优组合而不是局部或某一兵种任务计划的最优。因此要求明确诸军（兵）种各级的协同关系，并作为联合作战总任务计划的重要组成。

4）作战计划时间紧迫性

多兵种协同作战任务计划是在战场环境下完成的，在紧迫时限内制订含有高度不确定性因素的复杂任务计划已不可能单由手工完成，甚至只计算计划机构间的任务传输延迟就不能做到对战场突发事件的及时反应。因此应急形势下联合作战任务计划的制订需要依靠数据交换，并尽可能应用辅助任务计划工具，只有这样才能做到任务计划的正确性、及时性和高效性。

3. 作战计划系统的发展

美军是较早研究和开发多兵种联合作战计划系统的军队之一。1991 年兰德公司的报告认为现代多兵种联合作战呈现为动态变化和不可预见的新形式，战场指挥的正确、及时和稳定面临着战场高度不确定的严峻挑战，将最优的任务计划方法应用于联合作战计划系统是未来制订联合战役任务计划的重要手段。为此美军开发了一系列不同层次和不同类型的作战计划系统，大大提高了作战指挥决策的速度和质量。

美军的联合作战计划制订主要分为三大类：周密规划、紧急行动计划和战役计划。

美军目前已经开发了如下多个联合作战计划系统：

1）作战计划与执行系统（Joint Operations Planning and Execution System，JOPES）

作战计划与执行系统是制订联合作战计划和实施联合作战的一体化指挥控制系统，将各种军语和作战程序融为一体，为各军种的演习、作战提供一个标准化的联合作战计划系统，用于监督、计划和实施与联合作战有关的动员、部署、兵力使用和后勤保障等行为，以满足国家和战区级指挥员在联合作战中对信息的需求。JOPES 包含如下工具：需求拟定和分析、调度和调动、后勤保障分析和可行性评估、联合运输流动和分析系统、联合工程计划和实施系统、医疗计划和实施系统及非部队人员生成程序等。

2）联合任务规划系统（Joint Mission Planning System，JMPS）

联合任务规划系统将海军任务规划系统（Naval Mission Planning System，NMPS）、空军任务支持系统（Air Force Mission Support System，AFMSS）和特种部队行动计划和预演系统（Special Operation Forces Planning And Rehearsal System，SOFPARS）一起移植到统一的软件平台，目的是为三军联合作战提供任务规划系统。系统主要用来制订威胁分析、路径规划、攻击协调等任务计划。

3）ESAR Ⅱ/EB 系统

ESAR Ⅱ/EB 系统由美国空军实验室和乔治梅森大学等联合开发。系统设计用于支持对敌方行动和己方反应的分析以评估行动过程（Course of Actions，COA）的选择。系统以定量分析方法关联行动与效果，支持建立对 COA 的产生和选择实施分析和权衡的模型。系统开发采用贝叶斯网和 Petri 网分析技术。

4）建模评估系统（Joint Modeling And Simulation Systems，JMASS）

建模评估系统是在美国空军电子战数字评估系统基础上发展起来的，由于良好的体系结构和标准化特性，后来发展到各军种，建立了多军种通用的体系结构和相关标准。JMASS 包括一组工具集，以协助建立、配置模型，将这些模型集成到模拟系统执行及对模拟运行结果进行处理，JMASS 为战术一级的建模提供了公共的作战模拟结构。该系统提供了一个开放的系统级的体系结构，并提供了有关设计原理来指导模型的设计和改进，同时它强调了用户的可用性，可视为模拟系统的软件支持环境，具有良好定义的建模接口标准。JMASS 系统由四个部分组成，分别是系统的体系结构、已有功能模型的集成、红方威胁模型及蓝方数字化系统模型。

5）美国陆军建模和仿真系统

该系统是一个可重组、新一代的计算机生成兵力系统。该系统可对单兵、单作战平台到营层次的作战行动进行仿真，对选定兵力单元作战行为建模至营层次，对指挥实体建模到旅层次。其具有可变的仿真等级，以支持不同领域的建模与仿真。它能够精确、有效地描述部队的作战和保障的行动过程，以评估部队作战行动的真实效果。

美军为了提高战役层中各军种计划系统的互操作能力，近年来引入了许多新技术，包括多智能体技术、基于模型的表示方法、核心计划表示、基于本体的计划表示、分布式协同规划技术、数据挖掘、知识管理及语义网等，使得实现新一代计划系统的设计与集成需求成为可能。美国防部联合指挥与控制路线图中规定，自适应任务计划编制和演练（AMP&R）是联合指挥控制（C2）的核心能力之一，是面对变化的态势迅速编制行动计划并不断修改该计划的能力，是战略级、战役级和战术级行动实现军事转型的关键因素。该能力主要包括分布式、协同及交互的实施计划编制能力，在不同作战指挥环境下具有生成和修改计划的能力等，其中，面向服务架构（Service Oriented Architecture，SOA）可作为实现该能力的最佳技术途径。采用 SOA 的最大好处在于能快速集成新研及现有系统，使其能进入一体化联合共享的网络环境，最大限度地提高系统集成能力和系统间互操作能力；同时能够充分利用支持开放标准的“货架产品”和开放源代码，最大限度降低开发成本及对提供商的依赖程度。

5.2 作战方案设计

随着信息和网络技术的发展，现代组织正面临前所未有的挑战，这种挑战包括了组织所处环境的不确定性、组织使命的复杂性及组织平台功能的多样性、组织结构上的松散性等。新技术的广泛应用使得现代组织突破了地域限制、组织资源限制及传统的结构限制，呈现出分布性、自主性、灵活性和扁平性。新型的现代组织在不同的领域有不同的表现形式，如网络组织、虚拟企业、灵性组织和超链接组织等。

由于组织成员个体能力的有限性、组织使命的复杂性及组织面临环境的不确定性，现代组织的竞争优势不再仅限于组织物理平台资源、组织权威及组织成员个体能力，而更多的是通过适时快速地优化组合组织有限能力的成员个体、组织物理资源及信息资源，以组织成员个体之间的协作、物理资源配置部署及组织运作策略的使用来获取竞争优势，实现组织目标。

这种对传统组织的冲击在战场环境中的兵力组织上表现得尤为突出。信息化战争是陆、海、空、天、电多维一体的战争，战场环境是一个典型的分布环境，在这种分布的环境中由于个体（指挥员）能力的有限性、武器平台功能的多样性及作战使命的复杂性，战争双方的对抗呈现一种典型的组织与组织、团队与团队之间的对抗。对抗不再仅仅限于武器平台的功能和成员个体的能力，更多的是通过快速优化整合战场资源，以组织成员个体、作战平台或作战单元之间在作战使命任务上快速而有效的协作、协同，从而获取战争对抗优势。由于战场环境的激烈变化与复杂性，要维持战争中的对抗优势就必须根据作战使命与战场环境适时调整组织对抗部署和策略，在战场空间中这种行动包括作战资源配置和部署的调整、作战行动的协同，以及确保这些行动快速、有效、准确的信息链接部署，所有这些适时、有效的行动是维持战场空间对抗优势的关键。

这种组织整体对抗优势的获取与维持必须建立在敏捷的指挥控制组织之上。“敏捷”是信息时代组织的最重要特征之一。敏捷组织并不是一种新型的组织模式，而是一种组织行为，这一行为是指组织要素（包括管理控制结构、运作策略和信息交流拓扑与共享机制等）在激烈变化的竞争环境中所特有的鲁棒性、适应性、弹性、灵活性和创新性等特征。这些特征的综合便构成了敏捷组织的“敏捷性”，其中，鲁棒性和适应性是组织敏捷行为的基本特征。鲁棒性是指组织能够承受战场环境与作战使命一定程度上的变化而维持较好的运作效能。适应性是指组织在面对组织使命、环境或内部参数非预期的激烈变化时能够快速有效地进行结构和策略的调整以维持良好的效能。鲁棒性和适应性的兵力组织不仅能承受敌方一定程度上的打击，同时在局部或整体受损、作战使命和环境变化的情况下能进行快速的调整，以维持其整体效能，获取对抗优势。

未来战场环境中的兵力组织应该是一种非传统集中式、金字塔形的组织结构，是一种扁平、分散和平行的适应性结构。这种结构中个体可以进行自主、平行决策而整体呈现自组织、自适应的特性。这种新型的战场兵力组织形式是军事高科技驱动下新军事变革的必然产物，是未来信息化战争中实现“网络中心战”关键技术之一，也是“不对称战争”中弱方对抗强敌的制胜关键。

作战组织可以认为是作战方案的具体表达形式，因此，我们所说的作战组织设计也就是最终的作战方案设计，而前两节所讨论的作战计划及生成则属于作战方案中的核心内容之一。

5.2.1　作战组织的概念

作战组织是处于战场环境中的作战资源实体在作战使命的驱动下形成的整体有序行为和与之协调的作战结构关系，其有序的行为是作战组织完成其使命的行动过程或任务流程，协调的作战结构关系是与有序行为匹配的实体间的作战结构关系。

作战组织的基本特征包括：

（1）有人与物理资源实体的集合。

（2）有特定的作战使命。

（3）有实现使命任务的整体有序行为。

（4）有与整体有序行为匹配的作战结构关系。

（5）处在分布的、复杂的战场空间。

作战组织的基本元素包括组织实体、结构和过程。

5.2.2 作战组织设计

作战组织设计可以概括为对以下问题的回答。

（1）所设计的团队或组织需要面临什么样的环境和使命？

（2）基于组织使命产生任务序列和任务对资源的需求，即在什么时间去做什么？什么任务的执行需要哪些功能的协作？这一问题的本质是执行使命的行动策略问题。

（3）平台资源到任务的分配，即哪些平台执行什么功能去完成什么任务？这一问题的本质是作战平台的部署问题。

（4）平台资源的聚类，即哪些平台归属同一决策实体的指挥更有利于组织的整体效能？

（5）决策实体的协作交流与指挥控制关系，即在平台资源聚类基础上建立这些聚类之间的关系，这些关系的建立确立了决策实体之间的指挥协同关系。

作战组织的设计是基于组织使命环境的分析，在组织约束（决策实体与平台资源能力约束）条件下设计执行组织使命的有效的组织初始状态和与这一状态相匹配的组织结构以实现组织使命目标。其设计工作包括如下步骤：

第一步：作战组织使命环境分析；

第二步：建立作战组织的实体模型，确定作战组织设计的约束参数；

第三步：设计与环境相适应的初始组织状态，也称为使命规划；

第四步：设计与使命规划结果相匹配的组织结构，也称为结构设计。

作战组织设计步骤如图 5-3 所示。

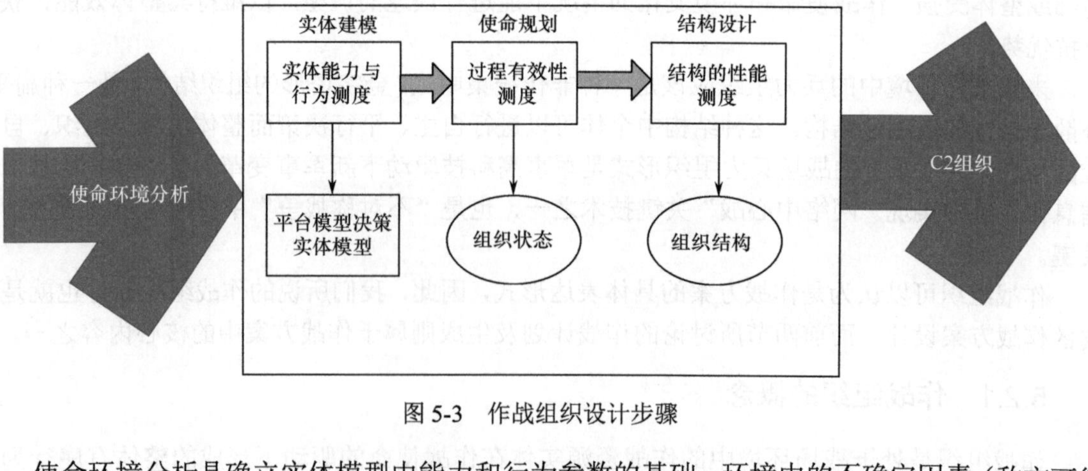

图 5-3 作战组织设计步骤

使命环境分析是确立实体模型中能力和行为参数的基础，环境中的不确定因素（敌方可能行动或事件的发生）和组织使命是组织过程设计基础。使命环境分析确定了结构设计中的协作参数，实体模型中的实体行动能力和行为模型是对组织资源的定量描述，实体模型是过程设计与结构设计的约束参数，过程设计是对完成组织使命有效性最大化的追求，组织过程是结构设计的基础，结构设计是对组织过程最佳匹配的追求。显然，当结构设计不能满足设计目标时就需要调整组织过程，以追求有效性与结构适应性的最佳匹配。

1．使命规划

军事指挥上，使命流程的设计与评估都采用了基于效果的思想，使命规划的有效性是对执行组织使命的行动过程或任务流程的有效量度。

使命规划也可以看作组织完成其使命的行动过程设计，某一任务的执行可以看作一次行动。行动过程设计是人工智能领域面向目标的行为设计，过程的选择是多阶段决策问题，是对完成使命有效性测度的追求；在军事指挥领域，行动过程设计是完成作战使命的行动过程选择，过程的选择受限于组织资源能力状态的约束，同样也是对期望效果的追求。

记 $C(O)$ 为组织资源的能力状态，ef 为行动的效果。行动过程的产生可分三个阶段：

（1）由平台资源的能力产生基本行动 A。

（2）阶段行动的有效性 EoP 评估：记 k 阶段行动 A_k，则对 A_k 的评估包括行动效果评估 $e_f(A_k)$ 和 k 阶段资源能力的约束状态 $C_k(O)$ 评估。$C_k(O)$ 是一种局部约束，通常依据平台资源的可重用性来确定。

（3）行动过程（GT）的产生：是在全局行动策略中选择最佳 EoP。

使命规划也即行动过程的产生如图 5-4 所示。使命规划的输出包括组织要实现的任务集 T、任务和资源间的需求关系 R_T 和任务间的依赖关系 A_T。

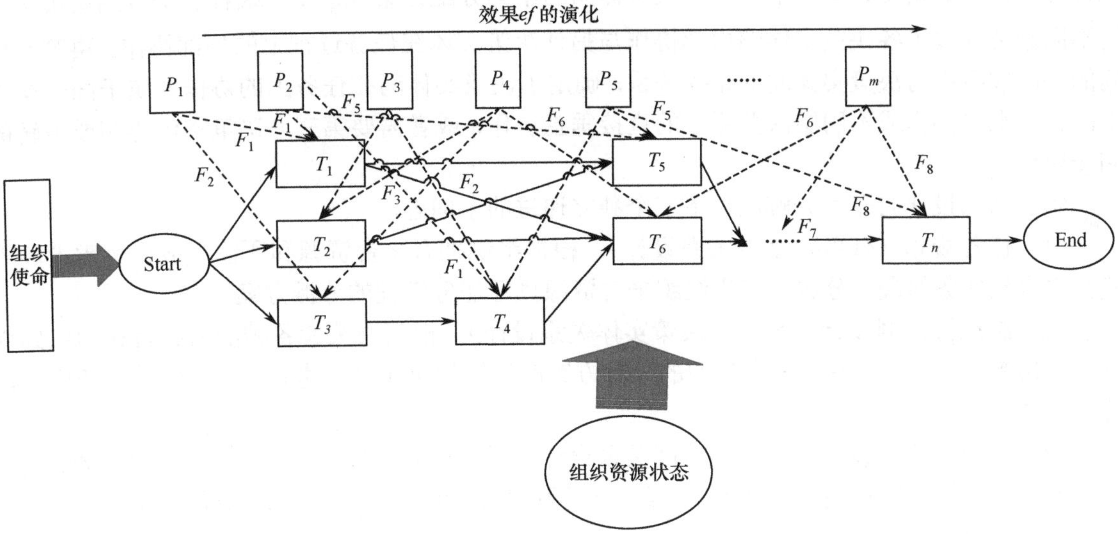

图 5-4　行动过程的产生

行动过程是效果 ef 与组织资源状态 $C(O)$ 并行演化的过程，一次完整的行动过程就构成了组织过程图（GT），每一个子过程或子任务都需要某一类或几类资源能力的提供，而资源能力的提供改变了组织资源的能力状态 $C(O)$。

通常组织使命的完成会有不同的行动方案，将不同的行动方案定义为过程空间 ZT，则 ZT 由过程和过程流图构成。任务空间包含了所有可能实现组织目标的任务过程。最佳组织过程选择就是求解任务空间的一点 $G^*(G^* \in ZT)$，G^* 在 $C(O)$ 的约束下获得最佳 EOP。过程设计的输出包括过程流图 GT 及 GT 中各节点子任务（过程）的基本属性数据。

2．组织结构设计

组织过程 GT 是组织结构设计的基础。组织结构设计确定决策实体之间的层次结构关系 R_{DM-DM}（决策实体间的指挥控制（层次结构）关系，三种协作关系即直接水平协作、垂直协作以及通过第三方的间接协作）、决策实体与平台之间的控制关系 R_{DM-P}（组织决策实体对平台的控制（决策实体的内部协作）和决策实体通过平台在过程上的协同（决策实体的外部协作））、决策实体和任务的执行关系 R_{DM-T} 及平台与任务之间的分配关系 R_{P-T}（组织内协作基础，决策实体在任务过程上的协作是通过各自所控制的物理平台在任务执行上行动的协同，没有平台的协同就不存在决策实体在过程上的协作）。组织结构设计的输入为 $O_{\text{state}} =< P, DM, T, F, Rule, R_P, R_T, A_T >$；输出为 $O_{\text{struct}} = (R_{P-T}, R_{DM-P}, R_{DM-T}, R_{DM-DM})$。

结构设计是建立决策实体、平台和任务之间三个层次的关系，首先需要建立组织过程图，即完成组织使命的任务流程及任务属性数据，在组织过程的机构上建立结构视图。过程图式组织完成使命的人物图，确定了组织完成使命的任务、任务间的关联和数据流。结构设计是建立过程图到组织结构之间的映射，实现结构与过程的最佳匹配，是典型的多目标优化问题。

通常考虑的目标主要有三个：一是最小化整个使命（行动过程）的完成时间；二是最小化组织结构执行使命的性能测度；三是最小化决策实体的决策协作交流。由于不同平台具备资源能力和自身属性的不同，不同的平台—任务（过程）关联 R_{P-T} 导致不同的平台分配方案和平台执行任务过程的调度方案。平台到决策实体间的不同分配方案 R_{DM-P}，或者说平台到决策实体的不同聚类导致了各决策实体的内部协作与另外决策实体在任务过程上的外部协作。决策实体间的关联式组织内决策实体间的指控关系，确定了决策实体间在任务上的协作式属于同一层次上的直接水平协作或不同层次关系上的直接垂直协作，或者需要第三方决策实体协调或中转的间接协作。

组织结构设计问题可分解成以下三个独立递进的子问题。

（1）任务规划（任务—平台关系设计）。根据组织拥有平台资源和所需完成任务需求约束确立平台到任务的最佳分派，产生组织平台资源执行任务流程的分派方案。

（2）组织协作网设计（平台—决策实体关系设计）。根据决策者各种能力和负载约束确立平台到决策者的聚类，基于平台资源的分派方案产生组织协作网，建立决策实体之间的协作连接关系和链接权重。

（3）组织决策树设计（决策实体间关系设计）。根据组织高校运作的协作需求确立组织内决策实体间的指挥控制关系，是基于组织协作网产生决策实体间最佳的决策层次结构。

1）任务规划

R_{P-T} 关系设计是进行平台资源到任务分配，其分配问题的实质是根据平台功能资源的能力和属性，以及任务顺序关系和对功能资源的需求进行规划，以产生最佳的调度方案，使得使命完成时间最小。因此，R_{P-T} 关系设计也可以看作一个任务计划问题，是在所建立的任务流图的基础上进行资源的合理配置与部署，其目标是把合适的作战平台部署到正确的地点去执行正确的任务。

设计目标包括：

（1）最短时间内完成任务过程处理。

（2）合适的平台或平台组去执行合适的任务。

（3）在平台分配过程中满足所有任务的概念资源需求。

（4）在完成任务的情况下尽量减少平台在任务执行上不必要的协作。

平台调度方案的设计目标是在满足任务资源需求情况下使 GT 中最长时间路径最小化。

2）组织协作网设计

组织协作网设计（R_{DM-P} 关系）是建立决策实体对平台资源的最优控制关系，作战平台在任务上的交互协作导致决策实体之间的协作，决策实体对平台控制关系的设计确定决策实体之间的协作网，边表示两个决策实体间存在协作，权重表示需要进行协作任务的数量。这一关系设计本质上建立组织内的协作网，目标是减小决策实体之间在任务处理上的不必要协作，提高任务执行效率，减少组织内的协作工作负载。

3）组织决策树设计

组织决策树设计（R_{DM-DM} 关系）是建立组织内决策实体之间的指挥控制（层次结构）关系，这种层次结构关系在等级组织中是组织决策结构的体现。

构建主要解决问题包括：

（1）减少组织内决策实体间交流的延迟。

（2）减少并平衡组织内决策实体的协作负载。

由于决策实体所控制的平台在任务上复杂的交互协作导致了决策实体之间协作网的形成，组织协作网是组织决策树结构产生的基础。而决策实体之间的层次等级关系改变了组织协作网内原有的协作关系，建立了新的协作关系。这种新的协作关系不仅包括决策实体之间的直接水平协作，还包括直接垂直协作和间接协作关系等。

组织决策树的建立以决策实体间的链接数量来测度决策实体间的协作量，并以最小化协作量为设计目标，协作量的最小化减少了结构的层次，使结构趋于扁平，同时也力求减少决策实体间的间接协作关系。

组织结构设计的方法，实质上是自底向上的分析和求解问题的方法，但这种构造方法对于组织结构设计这种复杂的多目标问题来说，一旦规模扩大，结果将大大偏离最优解。

5.2.3　作战计划生成过程

1．作战计划生成

拟制作战计划必须以决心为依据，但决心不是计划的全部依据。各级指挥机关的作战计划在不违背总的作战意图的前提下，开动脑筋，大胆设想，把粗线条的决策，变成具体可行的行动计划。

要使计划具有一定的弹性。在制订计划时，必须考虑到战场情况的可能变化，立足最困难和最复杂的情况，制订出多个行动方案；各方案要留有调整余地。这样，当战场情况与计划不符时，及时调整、补充或改变计划，从而保持计划的整体稳定。

作战计划必须周密细致。在拟制作战计划的过程中，对情况的预想、兵力对比和运算、各部队作战任务和作战行动的规定等都必须准确细致。稍有不周，就会埋下隐患。

要提高计划时效性。为了争取时间，计划必须简明，还要尽可能使用先进的技术手段，提高工作效率，为部队留出充足的准备时间。

要科学、合理、高效地使用各类资源，围绕作战方向、作战力量、作战行动和作战阶段之间的关系，充分利用作战预案，发挥指挥自动化系统的作用，综合运用各种方法，尽可能缩短计划拟制时间并严格保密。

作战计划的制订是依据给定资源、约束条件、初始状态和作战目标，运用相应的规划技术，产生一系列的作战行动序列（Course of Actions，COA），通过作战行动序列的执行实现从初始状态向目标状态的转变。

作战计划的过程就是解决采取何种行动和在何时采取这些行动的问题。前一个问题是规划问题，后一个问题是时序调度问题。作战计划通常包括成百上千的任务，这些任务之间会有复杂的因果关系和时间约束关系，需要分配资源、排序，还需要处理各种冲突，所有这些使得作战计划的制订过程成为一个十分复杂的过程。因此，要产生合理的作战行动序列，计划系统应该具备任务分解及关联、数字推理、并行分布规划、交互计划、执行监视、重新计划、评估度量等方面的能力。

约米尼（Antoine Henri Jomini）将军在《战争艺术》中将作战艺术定义为娴熟地使用军事力量，通过设计、组织、安排和指挥战役与会战，达到战略目标。它的主要作用就是把军事战略以作战行动及最终的战术行动表现出来。根据作战艺术的定义，可确定计划拟制人员在作战计划拟制的过程中需要完成的任务，主要包括以下几个方面。

（1）确定达成战略目标的军事条件或最终状态。

（2）决定达到所希望的最终状态而必须要完成的作战目标。

（3）对一系列行动进行排序，以最终实现作战目标。

（4）利用所分配的军事资源来保持所希望的行动序列。基于作战艺术的艺术计划拟制过程如图 5-5 所示。

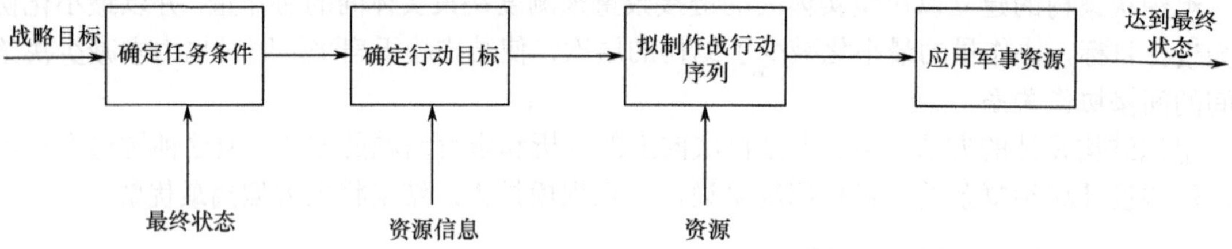

图 5-5 基于作战艺术的艺术计划拟制过程

拟制作战计划的传统方法通常是根据战略意图、战役决心和首长的有关指示进行拟制。总体计划以担负主要任务的部队的作战部门为主拟制，分支计划为各主管业务部门根据总体计划拟制。

典型的作战计划生成过程主要是指根据战场态势的实时变化情况，在分析敌我双方作战意图及作战目标的基础上，综合考虑可用的作战资源及部署情况，选择适当的作战资源，生成相关作战命令，从而指定何种资源在何时、何地完成何种作战目标，并对作战的进程实施全程监控，同时根据战场态势的实时演化修订相应作战计划。作战计划的生成是一个周期循环迭代的过程，在一个计划生成周期内主要包括了态势评估、目标选择、计划生成、计划评估和选择、计划执行监控和修正等多个流程。作战计划生成过程的输入包括了战场情报和作战使命，它的输出为详细的作战命令，如图 5-6 所示。

（1）态势评估。态势评估主要是在战场情报和侦察监视系统的支撑下，根据所获得的各种情报资源，对敌我双方的作战部署、作战力量进行对比分析，同时根据敌方的各武器平台的运动轨迹对敌方作战意图进行判断，评估相应的威胁并对威胁进行排序，为作战目标的选择提供依据。

（2）目标选择。目标选择主要是指在态势分析的基础上，根据作战的意图选择本次作战的具体作战目标。

（3）计划生成。为了达成作战使命和作战意图，生成详细的可执行的作战计划集合，计划生成主要包括作战行动序列（COA）的生成、作战资源的选择调度和相关作战组织结构的设计。

（4）计划评估和选择。计划选择主要是在可选计划集合中，综合考虑各种计划评估标准，对作战计划进行选优。

（5）计划执行监控和修正。主要是指在计划执行过程中对整个计划的执行进行监控，评估作战任务的完成情况，监控敌我双方作战资源的损耗情况，评判整个战场态势是否向预定的状态进行演化，同时在必要的情况下需要对作战计划进行适应性的调整。

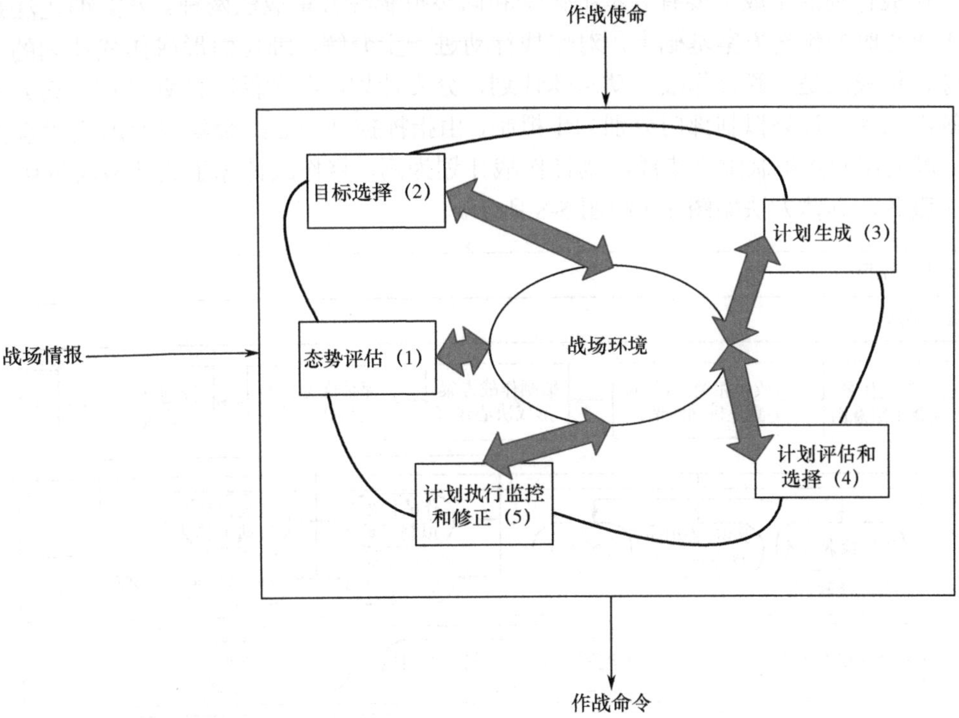

图 5-6　拟制作战计划图

2. 联合作战计划生成

美军联合作战的计划制订工作贯穿于整个军事行动过程，而推行共同的计划制订程序是统一实施联合作战的一个重要步骤。美军在 2006 年版联合出版物《联合作战计划》中指出联合作战计划包括应变计划和危机行动计划两类。而联合作战计划制订程序（JOPP）作为一种分析程序，为两种计划制订工作提供了一个总体框架，适用于各层级部队执行各类型的联合作战任务。

美军认为，系统且科学地制订程序对联合作战计划至关重要，是各军（兵）种共同行动的前提。联合作战计划制订程序包含以下三层含义。

（1）共同的计划制订程序是联合作战的基础。为便于运用共同的联合作战规律，联合作战部队必须有一套共同的作战理论。这套理论不仅限于打算如何作战，还包括共同的技术性语言和程序。如果缺乏一个各方所共同接受的理论，尤其是统一的程序，计划或实施军事作战行动将十分困难。

（2）系统的计划制订程序可以确保决策质量。作战计划是作战决策的继续和深化，是指挥员决心的具体化，因而作战计划的质量就更具体地反映了决策的质量。正确地制订作战计划程序，可以使决策者在预案的基础上优选确定具体的作战方案。这样做，可以在战时时间紧张的情况下，提高决策和计划的科学性和时效性。同时，也给计划的制订预留了足够的时间，增强了计划的周密性。

（3）科学的计划制订程序能够精确控制部队的行动。指挥员的决心只有经过参谋人员的周密筹划，并以作战计划的方式表现出来，才能为指挥员提供衡量、评估部队作战组织实施的具体依据，并依此控制部队的行动。因而，计划是控制部队行动的依据。科学的制订计划程序，可以确保计划的周密性，有助于指挥员科学控制所属部队的行动。

联合作战计划的生成主要有方案细化法和同步拟制综合集成法两种。方案细化法是指在指挥员定下决心时的优选方案基础上，对作战行动进一步分解、细化而形成作战计划的方法；同步拟制综合集成法是指联合作战行动总体计划、分支计划、各种保障计划及军（兵）种作战行动计划等由相关的计划拟制部门分别同步拟制，由指挥控制中心综合集成而形成联合作战计划的方法。以采用同步拟制综合集成法制订作战计划为例，将作战计划生成业务流程中的活动映射为候选服务，具体方法如图 5-7 和图 5-8 所示。

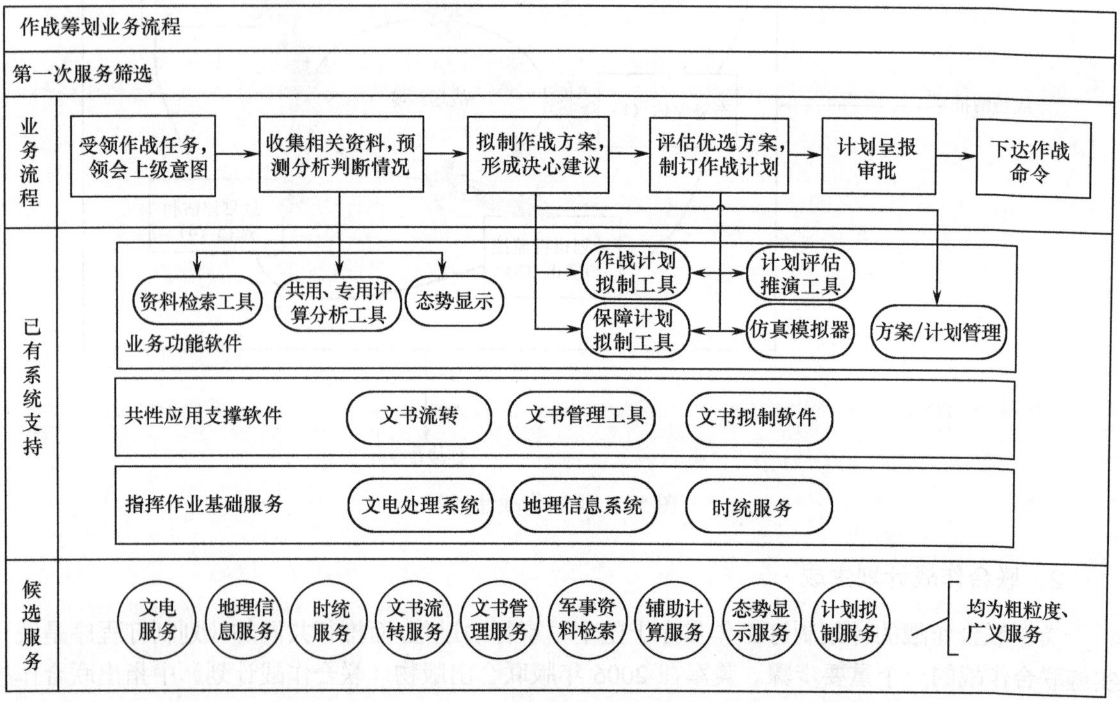

图 5-7 作战筹划流程分析

不管战争能否按照战前的作战计划进行，作战计划总是需要拟制，作战计划明确的意志性决定了作战计划可以转化为在时间轴上的虚拟战争，各时间点上虚拟战争具有的特性又为评估作战计划提供了基础。

研究战例时，可依据作战计划虚拟出作战进程，提炼各个时间节点上的特征数据，并与同一时间节点上现实的战争态势特征点数据进行对比，为精细地分析与评估战争提供基础。

运用到实战时，可依据原有作战计划，结合现实情况变化，在计划与现实的结合中虚拟出动态化的作战进程，对已经实施的作战计划或修改后的作战计划进行分析与评估，为计算机仿真决策提供支持。

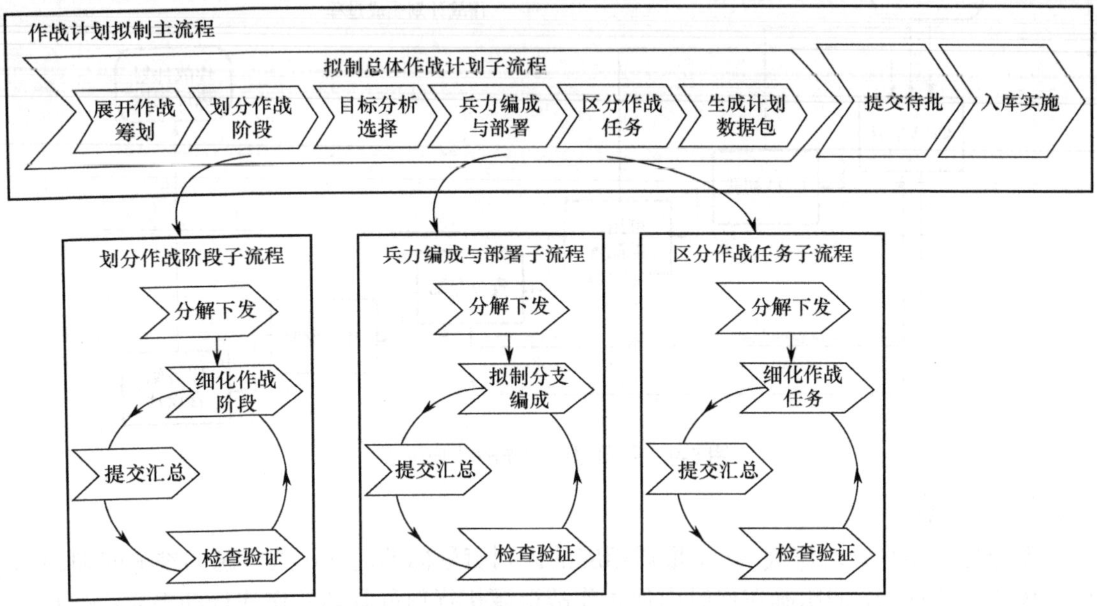

图 5-8 作战筹划流程分析方法

3. 作战计划生成方法和过程

作战行动过程序列的生成面向具体的作战任务，作战计划人员在领会上级作战意图、明确本级作战使命的基础上，根据具体的作战使命制定相关的作战任务，作战任务可以看作一个分层的树状结构，体现出一种层次关系，某一任务的完成可以分解为若干子任务来实现。根据具体的作战任务，生成作战计划执行流程，通过作战计划流程的执行，作用于战场环境，使战场态势向期望的目标状态演化，从而达成相应的作战使命。所以，作战行动过程序列生成的输入为作战任务，输出为作战计划执行流程。作战行动过程序列的生成是一个顺序迭代、逐步递进的过程，分为 COA 生成、COA 初验、可用资源配置、资源分配、计划校验和服务组合设计六个步骤，如图 5-9 所示。

1）COA 生成

COA 生成主要是界定完成相关作战任务所需的作战活动，设计作战活动之间的执行关系，通过作战活动之间的有机组合，协同完成作战使命，它只是描述了作战活动在逻辑上的执行顺序关系，并不涉及具体的作战资源和服务。

2）COA 初验

COA 初验是指对已规划和设计的 COA 进行初步的检查，排除作战活动在逻辑上的冲突，确定 COA 中的关键路径和关键活动，在后续步骤中需要对作战活动中的关键活动给予更高的优先级和关注级别。

3）可用资源配置

针对所设计的 COA 中的活动发现能够执行相关作战活动的可用资源，针对各作战活动生成相应的可用资源列表，各作战资源自身携带资源自描述信息，为资源分配中作战资源的优化调度奠定基础。

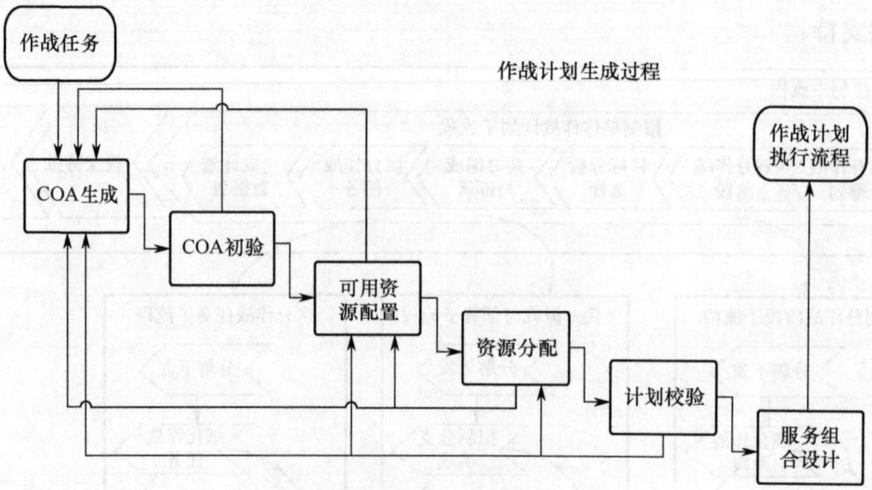

图 5-9　面向服务的作战计划生成

4）资源分配

资源分配主要是针对作战活动，根据相应的评判衡量标准进行作战资源的统筹匹配、优选，生成具体的作战行动，即明确在何时由何种作战资源执行何种具体的作战行动来完成何种作战任务。

5）计划校验

计划校验是对生成的作战行动序列进行评估，根据相应的指标体系和衡量标准对作战行动序列的整体性能和效能进行综合评估，评判其是否能够满足本次作战任务的具体要求，可以采用系统分析和仿真等多种不同形式的方法来进行。

6）服务组合设计

计划校验成功之后，得到了一个切实可行的能够满足具体作战目的和要求的作战行动序列，服务组合设计则是根据这一作战行动序列设计服务之间进行作战协同所需的各种详细细节，如服务之间的输入/输出和请求/相应关系，将各分散、独立的作战服务有机地连接为一个整体，协同执行来完成相关作战任务。服务组合设计所得到的是一个可以执行的详细的作战计划执行流程。

COA 的生成是一个顺序迭代的过程模型，需要有良好的反馈机制，任何后续步骤的失败将直接反馈至前续若干步骤，从而进行适应性的调整。例如，COA 初验的失败将直接导致对 COA 进行修正；可用资源配置不成功也将直接反馈到 COA 生成过程，对 COA 进行调整或重新生成新的 COA；资源分配的失败也将促使可用资源配置步骤重新考虑可替代资源或对 COA 进行重新调整。

4．计划系统体系结构

现行的联合作战计划生成结构模型是一个层次迭代结构模型。联合作战计划生成系统将根据整体作战意图及当前敌我双方的战场态势，确定陆、海、空等诸军种的联合作战计划方案，并传达给相应的各军（兵）种的计划生成系统。后者将对接收到的计划方案进行进一步细化，并传送到所属的各作战单元的计划生成系统。各作战单元确定的作战计划将最终汇总到联合作战计划生成系统中进行确认并进一步调整。

系统中的计划生成按隶属关系形成树状层次结构，根节点负责协调、安排叶节点的作战计划，而其余各节点则根据父节点的协调安排生成各自的作战计划，并将其进一步分解到各自的叶节点。层次式的计划生成体系通过逐级分解作战计划能够适应大规模的作战计划生成任务。严格层次式的体系依赖上级节点的协调、控制，全局作战计划的情况变化需要逐级上报，并由高层节点统一协调，大量底层节点间缺乏直接的沟通途径，而未来以网络为中心的作战，将是高度分散的作战力量在多维空间同时进行的作战。其力量部署将由以往的实体编组、集中配置方式改变为分散配置、虚拟编组方式。也就是说，作战力量不再像以往那样，在战前预先编组成具有不同功能和可遂行各种任务的作战实体，并把它们相对集中和规则地配置在一起，严格按照预先制订的计划共同执行一定的任务，而是战前尽可能以分散的、不规则的、动态的形式部署于战场的多维空间，作战过程中依据战场临时态势和完成作战任务的需要，实现实时部署于不同空间、具备不同功能的多种作战力量和保障力量之间的行动一致和效能聚合。因此，为了灵活适应从完全集中的指控结构到以网络为中心的自同步等各种指控关系和模式，需要一种对等式联合作战计划生成结构模型，如图 5-10 所示。

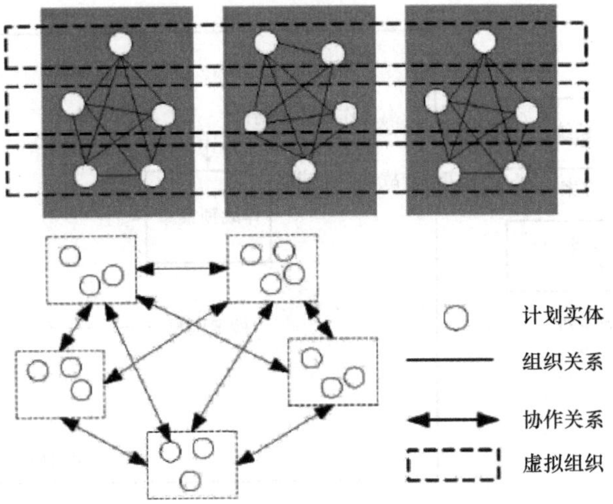

图 5-10　对等式联合作战计划生成结构模型

在对等式联合作战计划生成结构模型中，各军种的各级作战决策部门被视为具有一定自治性和独立性的计划实体，各计划实体之间是一种对等、协商的关系，以虚拟组织的形式存在，不严格区分层次的隶属关系。每个计划实体根据战场需要，可以隶属不同的虚拟组织，并且根据环境的变化，虚拟组织的构成也可以动态地调整，所以计划实体具有很高的灵活性。此外，在制订计划过程中各实体根据自身的情况及全局任务目标经过协商确定、优化各自的作战计划，以保证全局任务目标的实现。对等的计划生成体系强调各计划生成实体间更充分有序地交流和协作，体现了联合作战环境下各作战实体自同步的特点，在快速变化的战场环境中具有高适应性。

5.3　作战方案生成方法

5.3.1　基于推理的作战方案生成方法

基于推理的作战方案生成方法有基于案例推理 CBR 的方法、基于 Agent 的模糊推理方法和基于过程推理的方法等。

1．基于案例推理 CBR 的方法

案例推理（Case Based Reasoning，CBR）的思想就是通过联想或类比，将过去解决此类问题的先验知识用于解决当前的问题。在 CBR 中，每一个案例可以看作一个作战预案，经过检索匹配得到的适应解可以看作匹配得到的最优作战预案。本节针对反导作战案例对 CBR 方法进行说明。

1）CBR 在反导作战预案匹配中的应用分析

在分层式反导作战管理系统中，体系级作战管理系统中的预案应用模块主要实现了离线状态基于仿真推演的作战预案制订功能、基于预案和预警情报的实时作战预案生成两大功能。在实时作战预案生成阶段，从作战预案库中通过检索匹配算法，得到的实时作战预案可以作为最终作战方案生成的直接依据，见图 5-11。

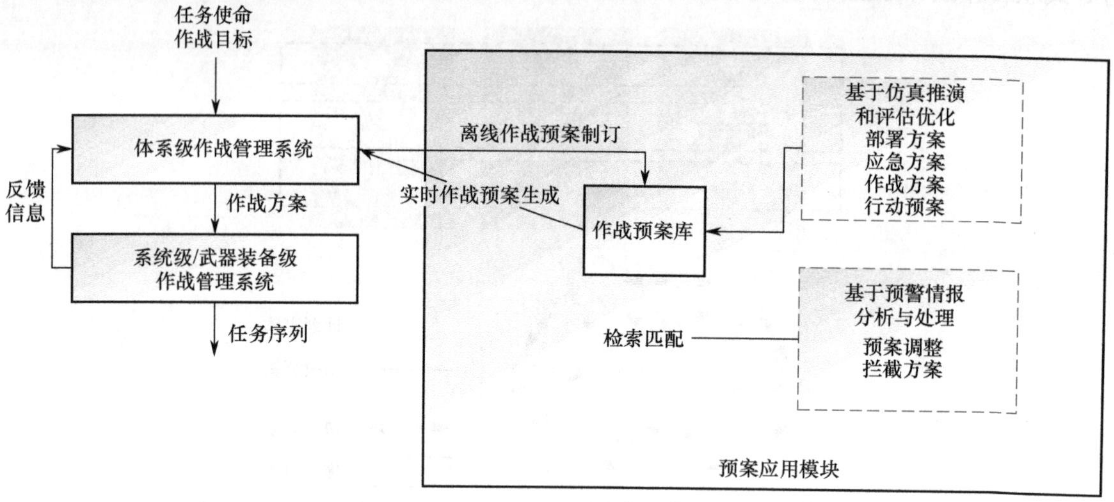

图 5-11　作战预案在作战管理系统的应用

2）基于 CBR 的反导作战预案关键技术

作战预案库中存储的每一个作战预案都是经过仿真推演和评估优化后得到的最优作战方案，在预案生成和使用过程中涉及的关键技术主要包括：①作战预案的表示——便于生成、存储；②作战预案的索引——便于快速检索匹配；③作战预案的检索匹配算法——匹配决策依据；④作战预案的调整学习——预案的使用并丰富预案库的知识。

（1）基于框架层次结构的作战预案表示。框架层次结构是人工智能中用来表达特殊事件或经验的有效机制，用框架描述结构很适合表达 CBR 中的每一个预案。在反导作战预案中，需要存储的信息主要包括任务、目标、决策、效能（Mission Target Decision Efficiency，MTDE）等内容，通过反导作战过程中关键要素分析，本书给出了反导作战预案的框架层次结构，见表 5-1。

框架层次结构表示方法层次性强，便于模块化实现，同时，每一个槽的每个侧面可以有一个或多个值，甚至也可以是其他框架，具有灵活性、可扩充性等特征。

（2）基于 MTDE 的作战预案索引。预案的索引就是这个作战预案的关键字或关键字组合，它是区别各作战预案的依据，一个好的索引能够平衡预案数据的组织结构，并实现快速最优检索匹配。本书中的预案是按照 MTDE 来索引的，见表 5-2。

表 5-1　反导作战预案的框架层次结构

槽序列	反导作战预案　No.XX	
槽 1：上级任务	侧面 1：重要点目标防御	侧面值：<防御等级 m_1>
	侧面 2：区域目标防御	侧面值：<防御等级 m_2>
	侧面 3：联合防空作战防御	侧面值：<防御等级 m_3>
槽 2：目标	侧面 1：类型	侧面值：<目标类型 K>
	侧面 2：射程	侧面值：<发点、落点、末速度、再入角>
	侧面 3：突防方式	侧面值：<微变轨>
	侧面 4：诱饵类型	侧面值：<轻或重>
	侧面 5：诱饵数量	侧面值：<4>
	侧面 6：干扰方式	侧面值：<电磁干扰>
槽 3：传感器决策方案	侧面 1：部署情况	侧面值：<地点、类型、数量>
	侧面 2：协同探测跟踪策略	侧面值：<截获时机、区域>
	侧面 3：引导方式	侧面值：<预警雷达引导跟踪雷达>
	侧面 4：协同识别	侧面值：<对象、时机、方法>
槽 4：火力单元决策方案	侧面 1：末段高层武器部署情况	侧面值：<地点、类型、数量>
	侧面 2：末段低层武器部署情况	侧面值：<地点、类型、数量>
	侧面 3：协同拦截策略	侧面值：<高低拦、高拦、低拦>
	侧面 4：火力——目标分配结果	侧面值：<目标火力编号>
	侧面 5：预期拦截效果	侧面值：<拦截概率>
槽 5：作战结果	侧面：拦截结果	侧面值：<成功或失败>
槽 6：效能评估	侧面 1：传感器协同效能	侧面值：<截获时间、概率>
	侧面 2：火力单元协同效能	侧面值：<漏载数>

表 5-2　按照 MTDE 索引

作战预案 No.XX	M	T	D	E
1	重要点目标防御	1000 km	2 发弹（低 2）	成功（80%）
2	重要点目标防御	3500 km	4 发弹（高 2 低 2）	成功（95%）
3	区域目标防御	2 枚 2500km	6 发弹（高 1 低 2）	成功（90%）
4	联合防空作战防御	电子干扰	2 发弹（高 1 低 1）	成功（10%）

（3）基于海明距离的作战预案检索匹配算法。在关键的作战预案检索匹配阶段，其基本过程描述如图 5-12 所示。

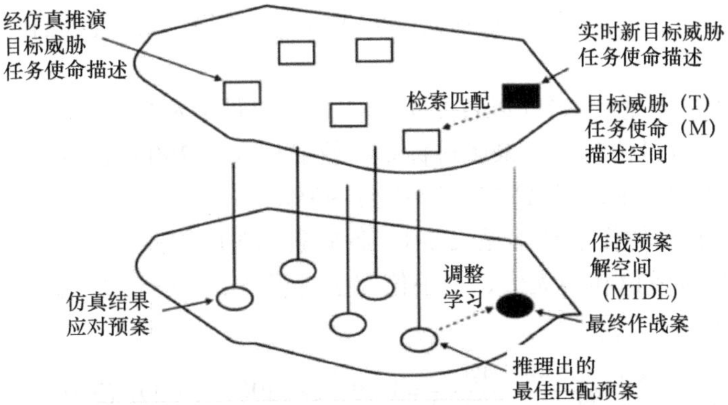

图 5-12　基于 CBR 的作战预案检索过程描述

在这里，采用基于海明距离的检索匹配算法，在计算海明距离之前必须将作战预案的各预案要素进行统一量化处理，权值分配。对于关键的 M、T 要素而言，取其权值都为 1，D、E 要素则都取值在 0～1，而且$\sum w_i > 1$，相似度的值也可以小于 0。

采用海明距离计算新输入问题与库中预案的相似度：

$$\mathrm{sim}(X,Y) = 1 - \mathrm{dist}(X,Y) = 1 - \sum_i w_i \mathrm{dist}(x_i, y_i) \tag{5-1}$$

式中，X为输入问题的案例化描述；x_i为问题X的属性；Y为预案库中的已有案例；y_i为Y的属性；w_i为第i个属性的权值；$\mathrm{dist}(x_i, y_i)$为

$$\mathrm{dist}(x_i, y_i) = \frac{|x_i - y_i|}{|\max_i - \min_i|} \tag{5-2}$$

式中，$\max_i$和$\min_i$分别为案例的第i个属性经统一量化处理后的最大值和最小值。对于符号属性值，如果$x_i = y_i$，则$\mathrm{dist}(x_i, y_i) = 0$，否则$\mathrm{dist}(x_i, y_i) = 1$。例比，如任务中的重要点目标防御和区域目标防御之间的$\mathrm{dist}(x_i, y_i) = 1$。

（4）作战预案的调整与学习。作战预案的调整就是通过检索匹配获得相似预案后，对匹配预案做出适应性调整，可以是直接向匹配预案中加入一些新内容，也可以是将匹配预案的部分内容进行改造，得到最终作战方案。在这里，采用转换型适配策略和参数调整的调整适配技术，它的基本思想就是比较检索到的案例与新问题所关心的属性之间的差别，从而将最终的目标方案向合适的方向调整。

作战预案的学习是指 CBR 系统不断获取新知识、改进旧知识的过程，一个 CBR 系统会在应用过程中学习更多知识和经验，形成一个新案例，这时计算其与所有旧案例之间的相似度，满足一定阈值后，才以实际案例的形式存储于预案库中，丰富预案库的同时也保证了预案库中案例的质量。

3）基于 CBR 的作战预案检索匹配算法算例

（1）作战预案在作战管理系统中的使用流程。在反导作战方案生成阶段，需要依据弹道目标前期预警信息、上级下达的作战任务目标和预案库检索匹配策略等基本信息进行作战方案确定，其作战预案处理流程见图 5-13。

作战预案库依据 T、M 和匹配策略等输入信息在预案库中进行检索匹配，匹配成功后经方案调整就可形成最终作战方案，向下级下发作战任务序列，并通过预案学习机制进行预案存储；图 5-13 中另一条辅助流程是实时作战方案计算处理，能够对作战方案的调整阶段起到辅助决策作用。

（2）多预案检索匹配计算算例。在检索匹配阶段，为了便于说明问题和验证方法的有效性，做如下假设：

① 新问题X的描述见表 5-3（以各要素某一关键侧面值为例）。

作战任务是重要点目标防御，来袭目标是一枚射程大约 3000km 的弹道导弹，要求采用发射四枚拦截弹的高防御级别，拦截成功率不低于 90%。

② 预案库中已存储的作战预案见表 5-4（各要素相对应侧面值）。

③ MTDE 各要素权值和最大值、最小值取值见表 5-5。基于以上假设，则新问题X与作战预案 1 的距离结果为

$$\mathrm{dist}(x_i, 1) = \sum_i w_i \frac{|x_i - y_i|}{|\max_i - \min_i|} = 1\times 0 + 1\times(3000-1000)/(3500-800) +$$
$$0.5\times(4-2)/(4-0) + 0.5\times(0.9-0.8)/(1-0) = 1.04$$

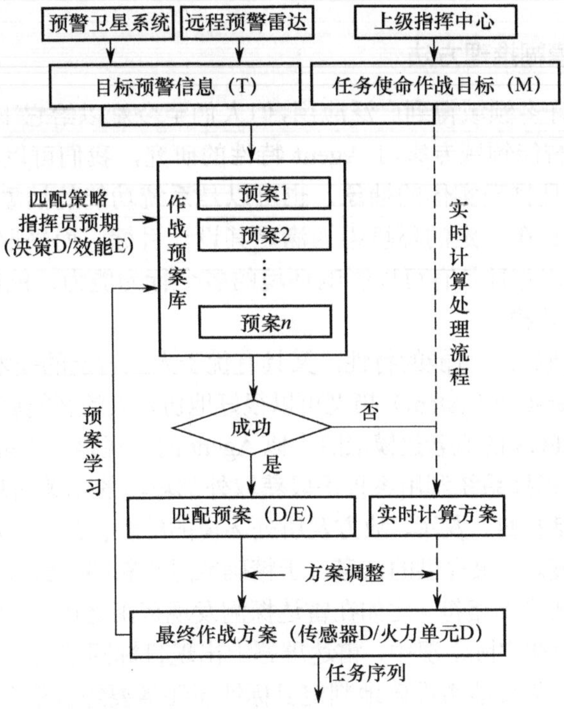

图 5-13　作战预案处理流程

表 5-3　新问题 X 的描述

新问题描述	M	T	D	E
X	重要点目标防御	3000 km	4 发弹	成功（大于 90%）

表 5-4　预案库中已存储的作战预案

作战预案 No.XX	M	T	D	E
1	重要点目标防御	1000 km	2 发弹	成功（80%）
2	重要点目标防御	3500 km	4 发弹	成功（95%）
3	区域目标防御	2 枚 2000 km	6 发弹	成功（90%）

表 5-5　MTDE 各要素权值和最大值、最小值取值

要素	M	T	D	E
权值	1	1	0.5	0.5
最大值、最小值	0.1	800～3500km	0～4 发弹	0～100%

同理，$\text{dist}(x_i,2)=0.21$，$\text{dist}(x_i,3)=1.495$；

所以，$\text{sim}(X,1)=1-\text{dist}(X,1)=1-1.04=-0.04$；

$\text{sim}(X,2)=1-\text{dist}(X,2)=1-0.21=0.79$；

$\text{sim}(X,3)=1-\text{dist}(X,3)=1-1.495=-0.495$

计算结果显示，相似度最高的作战预案 2，主要是因为权值较高的任务和目标 2 大关键要素最为相似，都同为点目标防御，来袭目标射程也最为相近，这与实际作战应用情况是相符的。因此我们把作战预案 2 选为匹配预案，经方案调整阶段进行部分参数调整就可作为最终作战方案。

2. 基于 Agent 的模糊推理方法

虽然 Agent 技术在许多领域得到广泛应用，但人们至今难以给它下一个能普遍接受的定义。根据 Wooldrige 和人工智能领域专家对 Agent 特性的研究，我们可以这样认为：Agent 是实际系统的某种抽象（一般是物理实体的抽象，也可以是系统功能的抽象），是一个基于硬件或软件的计算机系统。它能够在一定的环境中为满足其设计目标，而采取一定的自主行为；Agent 总能感知其所在的环境，并且具有可以影响环境的多个行为能力，能够适应环境的变化。

1）AWPGS 的概念建模

由于 Agent 具有类似人工智能的特性，又具有优于人工智能的技术和方法，因此，AWPGS（Agent Warfare Plan Generating System）模型可以很好地仿真人的智能属性，从而模拟指挥系统在作战中的决策过程。AWPGS 的概念建模依照类似 Agent 的“观察、决策和行动”的流程来实现。

（1）观察。观察是指指挥系统利用各种手段获取外部环境的相关信息。通过雷达等传感设备、情况通报等手段获取包括自身、友军、敌方及所处环境的综合信息。对观察阶段的建模需要注意的是提供信息的准确程度。如果提供的信息过于精确或过于粗略，那么方案部署在后续行动决策中的表现可能会与实际情形不相符。比如在雷达探测发现范围之内，可能就认为发现了目标，而且了解了目标的性质。而在实际情况中，雷达屏幕上出现目标回波后，观察者对目标性质的判定是一个逐步逼近的过程，最终能否准确地判定目标性质还需要综合很多其他的因素。

（2）决策。决策模型依赖敌我双方当前的态势及所能得到情报等因素，综合判断下一步应该采取的措施或行动。在实现中一般先将作战预案写入预案库，在系统仿真过程中需要进行决策时，它遵循“匹配—选择—应用”这样一个循环机制，决定下一步骤。

（3）行动。这里的行动是指根据作战方案的目标集和行动集，部署作战单元的行动。例如，向某个目标发射导弹、关闭某个传感器、占领某个位置等；也可以是内部状态的改变，如指挥系统由二级转为一级。

由此可见，采用 Agent 技术可以方便地构建出基于 Agent 的智能体模型模拟人的某种行为，进一步构建出具有更高逼真度的作战仿真系统。

2）AWPGS 的基本结构

现以某部队三级指挥自动化系统为背景，提出一种实体模型，如图 5-14 所示。

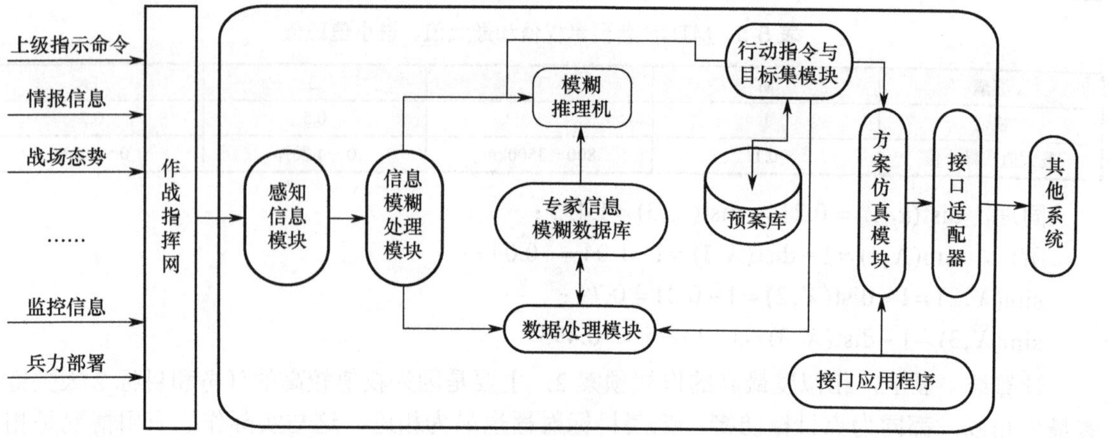

图 5-14 某实体模型

（1）智能推理机。它是 Agent 实体模型的核心部件，主要承担模型的推理计算任务。

（2）专家信息模糊数据库。它是系统做出军事推理决策的依据，具体包括战场信息数据库、敌我兵力数据库、人员素质分析数据库、心理分析数据库、指挥武器装备数据库、战斗行为数库、指挥决策数据库、规则库等推理信息。

（3）感知信息模块。它是用于接收外围战场环境、敌我双方兵力兵器、态势、上级命令等信息的接收器。

（4）信息模糊处理模块。其用于将接收到的感知的战场环境信息进行模糊化，以便于系统的使用。

（5）行动指令与目标集模块。其用于收集推理机产生出来的信息和命令。

（6）数据处理模块。数据处理主要是将模糊化的信息填入各类表格中，在此基础上进行分类归纳，析取出各类情报的要点及关键字，供决策使用。

（7）方案仿真模块。将生成的作战方案进行仿真，以直观化的形式演示作战方案。

（8）接口应用程序。它是存放仿真模型的功能程序集。

（9）接口适配器。其用于完成与其他系统的有机连接和信息的转换输出。

3. 基于过程推理的方法

1）过程推理系统

作为基于 BDI 结构的 Agent 模型——过程推理系统（Procedure Reasoning System，PRS），是迄今开发的最持久的 Agent 结构。它已经被应用在几个非常著名的多 Agent 操作中，包括称为 OASIS 的航空运输控制系统、澳大利亚皇家空军称为 SWARMM 的仿真系统，以及称为 SPOC 的商业过程管理系统。过程推理系统是在动态环境下推理和执行任务的一个系统，对于给定目标，只需要在规划库中进行匹配，而不是根据第一原理进行规划，因此执行效率是较高的。以上这些优点，决定了过程推理系统也可用于指挥控制系统中，实现作战方案的自动生成。

过程推理系统是由 MichaelGeorgeff 和 AmyLansky 开发的，它可能是第一个显式地嵌入信念—愿望—意图模式的 Agent 结构。在 PRS 中，规划库中的每一个规划有下面的元素：目标——规划的后件（Post-Cond）；上下文——规划的前件（Pre-Cond）；规划体——规划的“方法”部分，即要执行的行为序列（Body）。

2）作战方案生成过程描述

改进的过程推理系统如图 5-15 所示。其生成作战方案运行流程如图 5-16 所示。其运行过程与传统的 BDI 模型类似，其生成作战方案的运行过程描述如下。

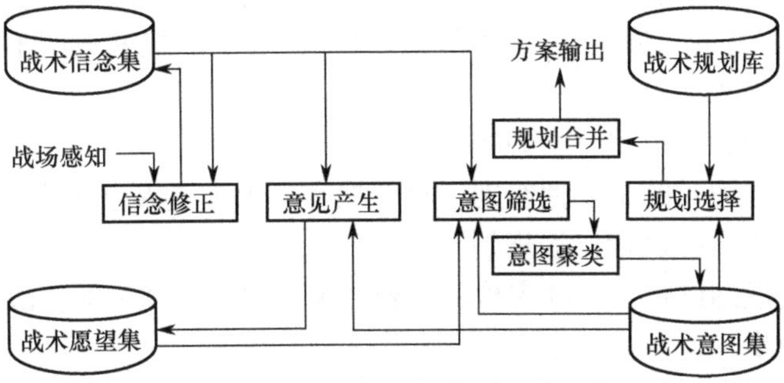

图 5-15　改进的过程推理系统

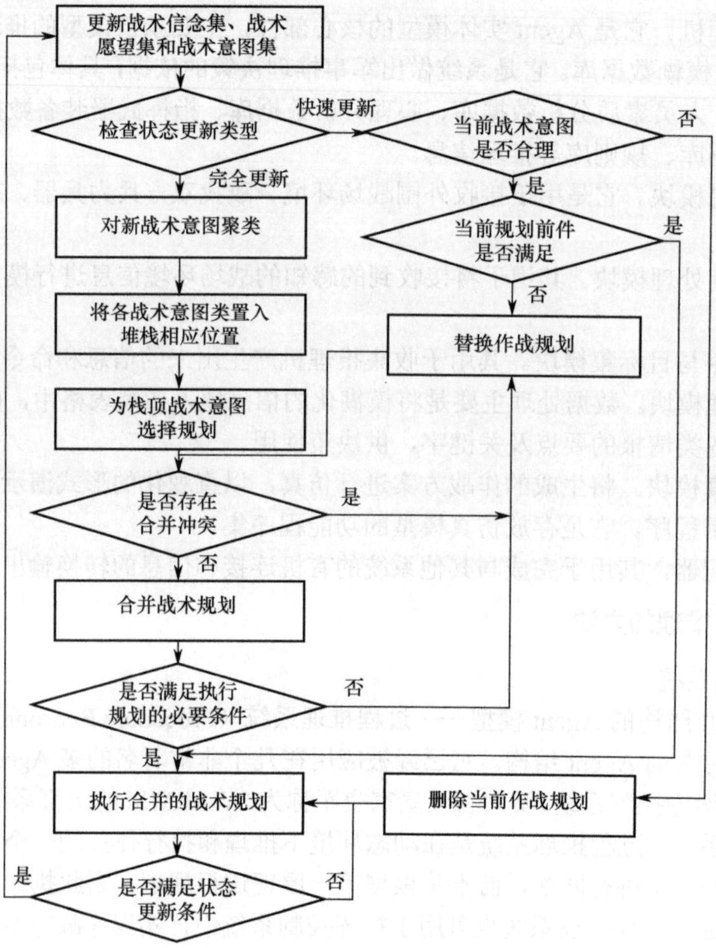

图 5-16 生成作战方案运行流程

（1）C2-Agent 根据其战场感知输入和当前战术信念修正战术信念集。

（2）C2-Agent 根据战场环境和当前战术意图的当前战术信念确定一个可能的意见（战术愿望）。

（3）C2-Agent 根据当前战术信念、战术愿望和战术意图更新战术意图集。若是快速更新转入（4），完全更新则转入（5）。

（4）检测当前战术意图 g_i 是否合理，若合理，则检查当前作战规划 p_i 的前件是否满足，若满足，转入（11），不满足则替换 p_i，然后转入（8）；若当前战术意图不合理，则删除合并规划中的 p_i 部分，然后转入（11）。

（5）C2-Agent 对新战术意图进行动态聚类。

（6）根据各战术意图类的重要性级别，将各战术意图类置入意图堆栈的相应位置。

（7）对栈顶的战术意图进行作战规划选择。

（8）对所选作战规划进行合并冲突检测，若冲突，则替换冲突的作战规划并重新检测；若不冲突，则继续下一步。

（9）按照合并规划的原则进行战术规划合并。

（10）检测是否满足执行规划的必要条件，若不满足，则将不满足条件的战术规划替换掉，再转回（8）；否则继续下一步。

（11）执行合并的战术规划，若满足状态更新的条件，转回（1）。

5.3.2 基于知识的作战方案生成方法

1. 知识表示

解决知识工程问题的关键与前提在于对复杂问题的知识表示。从一般意义上讲，所谓知识表示是为描述世界所做的一组约定，是知识的符号化、形式化或模型化。各种不同的知识表示方法，是各种不同的形式化的知识模型。从计算机科学的角度来看，知识表示是研究计算机表示知识的可行性、有效性的一般方法，是把人类知识表示成机器能处理的数据结构和系统控制结构的策略。知识表示不仅研究知识的表示与存储，还需解决知识的使用。

1）采用知识表示的目的

（1）更好地利用知识。知识表示的目的是利用知识，是海军特种作战方案辅助生成的基础，全面、合理的海军特种作战知识表示可以提高知识的利用效率。

（2）知识组织、维护和管理。规范化、格式化的描述作战方案方便计算机处理，便于知识的挖掘、发现。

（3）便于理解和实现。便于非计算机专业的方案拟制人员的理解，以及计算机实现。

2）知识表示方法

常用知识表示方法包括谓词逻辑表示法、产生式规则表示法、语义网络表示法、框架表示法、面向对象的知识表示、基于本体的知识表示方法、基于 Petri 网的表示方法、基于模糊逻辑的表示方法、基于关系模式的表示方法、基于事件关联图的表示方法、基于决策表的表示和问题归约表示方法等。

对同一知识工程问题，一般都可采用多种方法进行表示。各种知识表示方法通常都是在进行某项具体研究时或建立在某个智能系统时提出来的，有一定的针对性和局限性。不同领域中的知识一般都有不同的特点，而每一种知识表示方法也各有自己的长处与不足。因而，有些领域的知识可能采用这种表示模式比较合适，而有些领域的知识可能采用另一种表示模式更好。有时，为更全面地表达知识，还需把几种表示模式结合起来，作为一个整体使用。

2. 剧本表示法

剧本表示法（也称脚本表示法）是夏克（R. C. Schank）于 1975 年前后依据其概念依赖理论提出的一种知识表示方式，它是知识工程中框架表示方法的一种特殊形式，它用一组槽来描述某些事件的发生序列，就像剧本中的事件序列一样，故称为“剧本”或脚本。剧本表示法可实现海军特种作战方案的辅助生成，但传统的剧本知识表示较为呆板，能力有限，不具备对于元素的基本属性描述能力，难以描述多变的作战现实。通过改进剧本表示方式，可为作战方案与计划的生成提供更科学、有效、灵活的辅助。

作战方案是科学与艺术的结合，既具有客观性又具有主观性，对作战方案的知识表示需满足如下要求：能够正确、有效、全面地描述拟制作战领域内的所有知识；知识表示同时与推理方法相匹配；领域内不同层次知识的描述模式需统一；具有模块化结构，便于知识库的维护、扩充与完善；描述格式自然、直观，便于方案拟制人员理解。

剧本作为一种知识表达结构，有较广泛的使用范围。现实世界中，事件发生的某种模式通常主要来自事件之间的因果关系。某事件中的执行者完成一个动作后才能完成另一个动作（通常不止一个选择）。剧本中所描述的事件形成一个巨大的因果链，这个链的起点是一组开场条件，满足某些开场条件，剧本中的事件才能产生。链的终点是一组结果，有了这组结果，以后的事件或事件序列（可能用其他剧本来描述）又能继续发生。在这个链内一件事情和前后的事情都相互联系。前面的事件使当前的事件有可能产生，而当前事件又使后面的事件有可能产生。这符合现实世界事件过程，符合人们的思维过程。

3．剧本表示法的基本结构

1）剧本的基本组成部分

进入条件：指出脚本所描述的事件可能发生的先决条件，即事件发生的前提条件。

角色：描述事件中可能出现的人物。

道具：描述事件中可能出现的相关物体。

舞台：事件所发生的空间。

场景：描述事件序列，可以有多个场景（场景可变化、剧情可变化）。

结局：给出在剧本所描述的事件发生以后通常所产生的结果。

2）剧本的表示方法的拓展

由于知识表示较为呆板，能力有限，对于剧本中的角色、道具等相关元素的属性表示能力很弱。针对以上不足，改进剧本知识表示方式中需扩展的概念如下：

元作战环境：每一步行动所发生的空间，随情节发展作战环境不断转换，元作战环境是剧本中的舞台。

元目标：每一步行动针对的目标，是每一场场景的反面角色及其使用道具。

元兵力：包括实施海军特种作战的基本人员与装备，是剧本中的正面角色及其使用道具。

元动作：描述每一场景中为达成目标所需采取的行动，是每一场场景的情节。

建立元任务：元任务描述元兵力采取的元行动，元任务是剧本推理的基础。

建立资源协调表：依据各元元素属性，协调实施兵力、资源的分配。

建立元剧情网：元剧情网是独立元作战环境中采用元兵力针对元目标实施元行动的描述。通过元任务推理建立元剧情网，可供方案生成时进行选择、裁剪。元情节网结构如图 5-17 所示。

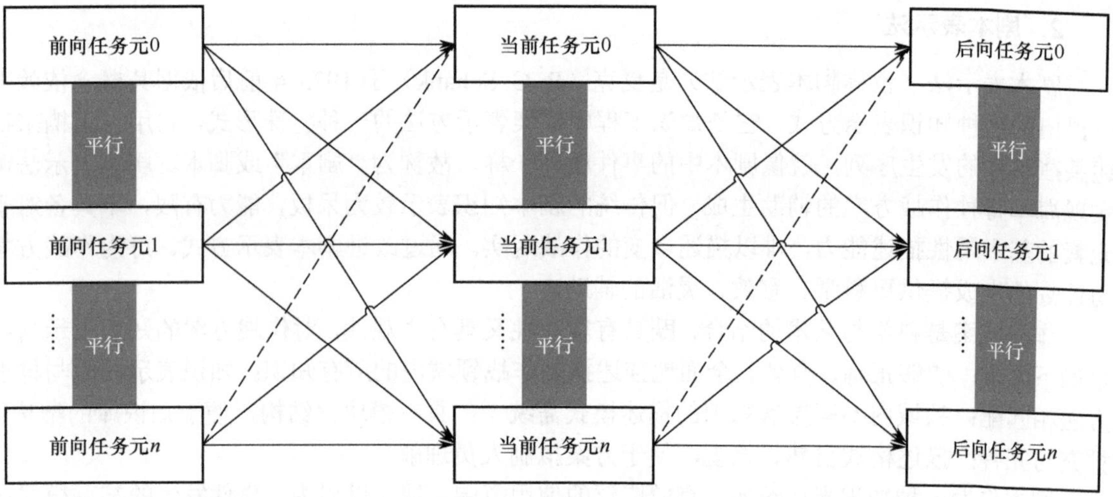

图 5-17　元情节网结构

4. 作战方案辅助生成系统构建

基于剧本表示的方案辅助生成，采用由顶向下的方式对作战任务进行分解，如图 5-18 所示。通过将总体任务、目标分解至元场景与元任务，不需要考虑过多细节，建立对问题的第一层抽象，可以将精力放在完成并确定问题解决的基本思路上；将元场景进一步分解为元作战环境与元目标，将元任务进一步分解为元兵力与元行动，建立问题的第二层抽象，发现需解决问题的细节，不断补充临时元兵力队列。

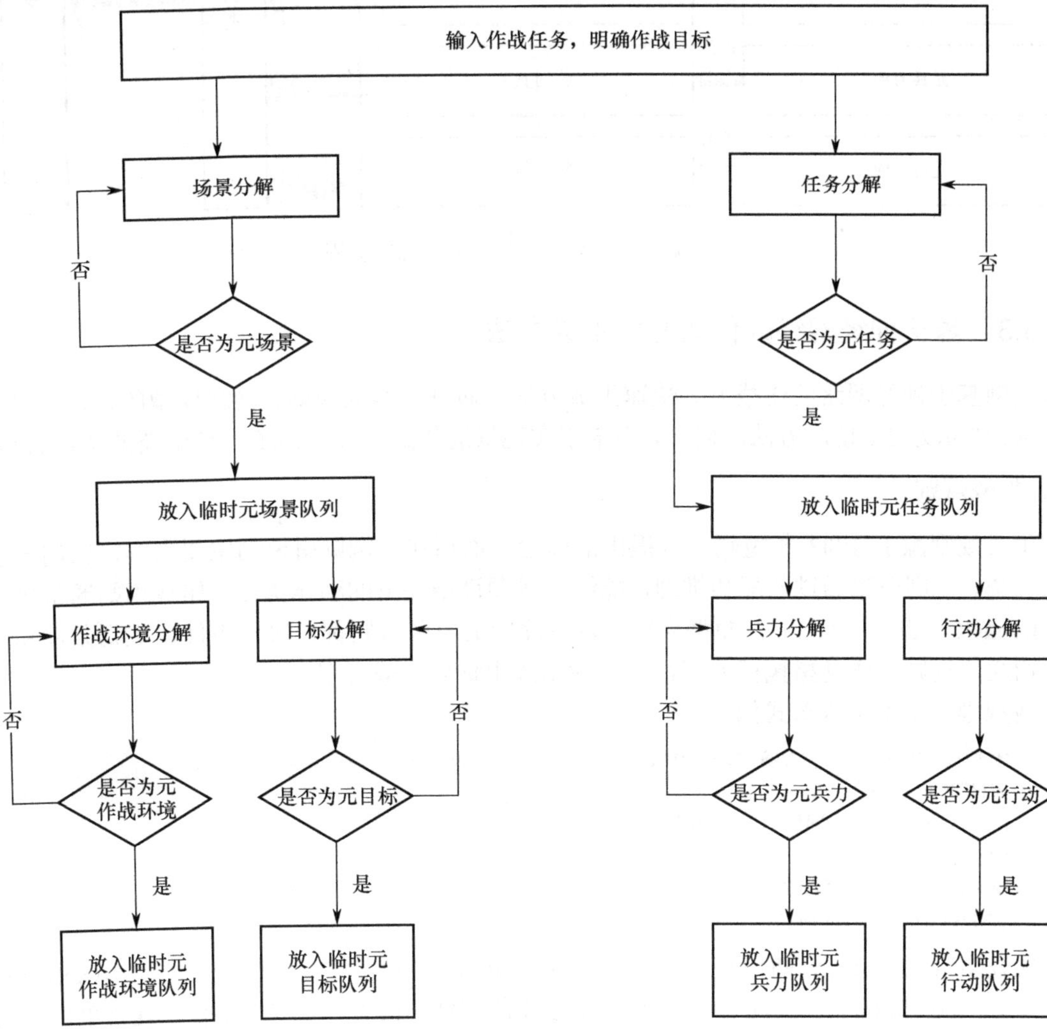

图 5-18 作战任务分解

基于剧本表示的作战方案拟制流程，如图 5-19 所示。其格式基本确定；各元元素库中的数据抽象自战例总结、专家经验、作战条令条例；临时元素来自对于当前作战任务的分解。

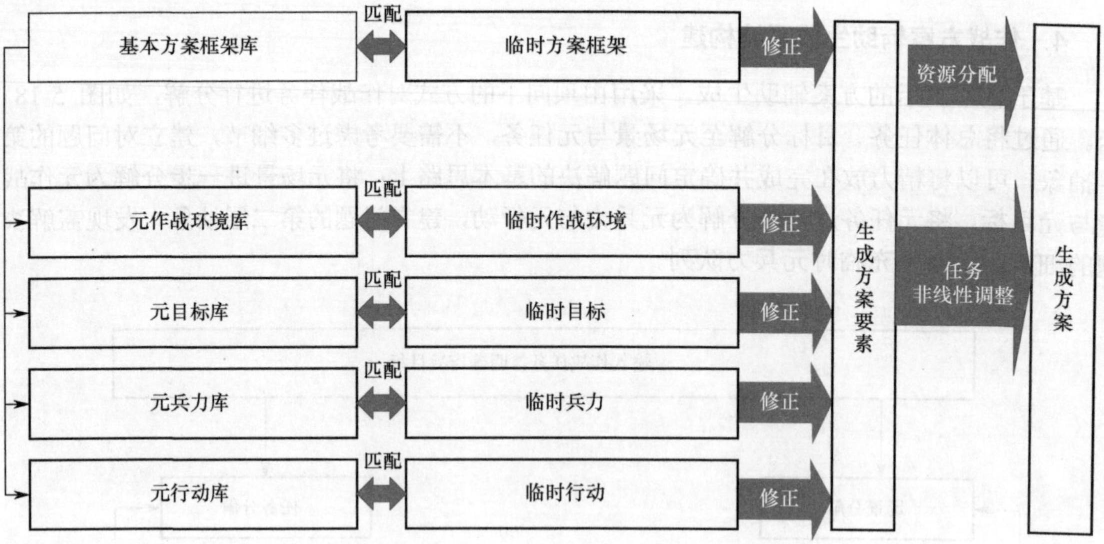

图 5-19 基于剧本表示的作战方案拟制流程

5.3.3 基于神经网络的作战方案生成方法

本案例基于神经网络的作战方案快速生成方法，通过对作战规则、网络模型的构建，以及训练样本、训练方法、使用方法的研究，为未来实现快速作战指挥提出了一种全新的解决思路。

1. 作战规则

产生式规则源于 1943 年逻辑学家提出的概念，而后作为规则引擎的主要内容，应用于多种专家系统。规则引擎通过匹配和推理，能够完成预设条件下的动作执行。作战规则通常采用 ECA（Event Condition Action）模型表述，规则库中的每条规则都由触发事件、规则条件和规则动作构成，规则动作是指执行方案，在作战指挥中称为作战方案。

作战规则的基本结构形式如下：

```
RULE<规则名>［<参数>、…］
WHEN（event）
IF<condition 1>THEN<action 1>
…
IF<condition n>THEN<action n>（n≥1）
END-RULE［<规则名>］
```

当触发事件(event)出现时，根据规则条件(condition)的满足情况执行相应的动作(action)。其中，event、condition 和 action 既可以是一个独立的事件，也可以是复合事件。复合事件是由独立事件按一定的方式组合而成的。

在规则中，规则条件描述是核心，如上述最简单的 IF-THEN 模型。然而，针对复合事件，简单的规则模型在执行时太过机械死板，泛化性较差，在面临战场突发情况时，极易产生触发事件无法匹配、无法生成作战序列的情况。因此，通过采用人工智能中的深度卷积神经网络对规则条件进行构建，并通过对样本库的学习进行模型优化，使其具备智能化特征，所得的模型具备很好的泛化性，能够有效应对各类战场特情。

2．神经网络模型

1）传统神经网络模型

在传统神经网络模型中，前馈神经网络是其中最典型的一种。Rosenblatt 在其论文中提出了感知器模型，如图 5-20 所示。感知器是组成传统神经网络的基本单元，其本身可以视作一个线性二分类器，在线性可分的数据集上将收敛到某一个解。一个感知器包括一组输入节点、一个输出节点、一个激活函数和一组权值。设输入向量为 x，输出值为 y，则感知器的输出结果为

$$y = \text{activation}(\boldsymbol{w} * x) \tag{5-3}$$

式中，$\boldsymbol{w}$ 是权值向量；activation 是激活函数。

$$g(z) = \frac{1}{\mathrm{e}^{-z}} \tag{5-4}$$

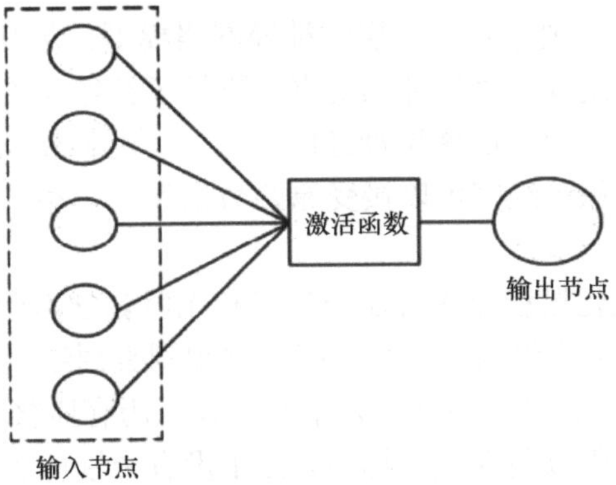

图 5-20　感知器模型

激活函数和权值向量将输入向量映射到了一个单一的标量输出值。输出值 y 的取值范围可以通过激活函数的适当选择而确定。通过对权值向量 $\boldsymbol{w}$ 的训练学习，可以使感知器的输出能够越来越趋近于我们所期望的输出值。

单个感知器的分类面是超平面，属于线性分类器，对于线性不可分的数据集将无能为力。遗憾的是，绝大多数的分类问题都不是线性可分问题，无法使用简单的线性分类器得出结果。如果将每个感知器视作人类大脑中的一个神经元，每个神经元只负责某个单一特征的识别工作，那么联合多个神经元便可得到任意形状的分类边界，得到一个非线性分类器。这便是神经网络算法的思想。

前馈神经网络由多个神经层组成，而每个神经层由多个感知器（也称作神经元）组成。同一层的神经元彼此无连接，而每个神经元都与前一层的所有神经元相连接，并且将自身的输出连接到下层的所有神经元。模型的底层是输入层，直接接收输入向量；模型的顶层是输出层，输出层节点数等于需要分类的总数，如图 5-21 所示。

神经网络模型进行分类任务时，输入向量从底层开始，逐层计算神经元节点输出，并最终传递到输出层，取输出值最高的神经元节点作为分类结果。由于这个过程中数据的流向是自下而上的，因此被称为前馈过程。神经网络模型进行训练任务时，将首先进行一次前馈过程，得出模型输出后计算出代价函数，利用梯度下降法从输出层开始逐层修正权值矩阵，每一层神经元的权值计算都必须依赖上一层的权值计算结果。由于这个过程中误差的流向是自上而下的，

这种训练算法被称为误差反向传播算法。误差反向传播算法被认为是当前最有效率的神经网络训练算法之一。

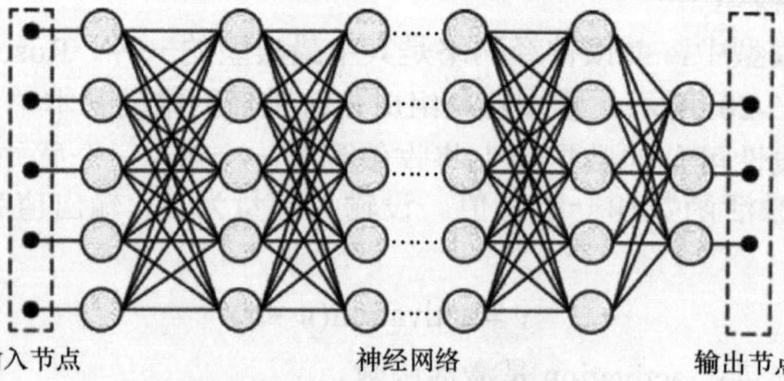

图 5-21 前馈神经网络模型

2）深度卷积神经网络

深度卷积神经网络模型主要指超过三层的神经网络模型，卷积神经网络是深层神经网络的一种，由于仿照生物视觉系统使用“局部感受野”降低了神经元连接权值的数目，因此卷积神经网络是当时少有的几个真正有效的深层神经网络之一。由于卷积神经网络的深层结构，数据特征得以层层抽取，因此卷积神经网可以接受原始数据作为模型的输入，传统的特征提取步骤将改由网络代劳。

深度卷积神经网络的优化过程分为有监督学习和无监督学习两种。有监督学习使用的训练数据必须是有标签数据，目标代价函数多数是跟模型预测类别结果与实际类别标签之间的误差有关，应用于分类识别问题的机器学习模型几乎都必须经历有监督学习的训练过程。与之相对，无监督学习使用的训练数据无须包含类别标签。由于没有类别标签，因此无监督学习的代价函数不能利用预测误差。多数无监督模型使用的代价函数是样本间彼此的距离（如聚类算法）、重建样本与原始样本的误差（如自动编码机）或最大似然准则（如受限玻尔兹曼机）。

3. 基于神经网络的作战方案生成方法

1）训练样本的构建方法

本案例拟采用有监督学习的方法对神经网络进行训练。根据有监督学习方法的要求，样本主要包括输入和输出两部分组成。要使用神经网络生成作战方案，其输入应为触发事件，输出为作战方案。

2）样本中的输入矩阵

根据具体作战任务，假设一个作战起始时刻t_0。

对每个威胁进行分类标记s_1，如可将美军所有的航母按照 1，2，3，…进行编码。

对每个威胁的威胁等级进行标记w_1，如可将美军航母的威胁等级按照 1，2，3，…进行编码。

对每个威胁的时空位置进行标记，如可将美军航母的时空位置分别标记为t_1和m_1，其中，t_1是时刻，m_1是坐标。对我方所有可能的参战装备（含武器、传感器等）状态进行标记，包括装备编号s_2，装备状态等级w_2，武器达到作战状态需要的时间t_2，武器的作战空间位置m_2。组成四元组$k_1=(s_1,w_1,t_1,m_1)$和$k_2=(s_2,w_2,t_2,m_2)$，将两类四元组组合构成输入矩阵，即

$$\boldsymbol{K}_{\mathrm{IN}}=\begin{cases}k_{11}\\ \vdots\\ k_{1i}\\ \vdots\\ k_{1N}\\ k_{21}\\ \vdots\\ k_{2j}\\ \vdots\\ k_{2C}\end{cases} \tag{5-5}$$

式中，N 是作战任务中的威胁总数；C 是作战任务中可能的参战装备总数。

（1）样本中的输出矩阵。样本中的输出数据在形式是一个逻辑向量，其维度与参战装备总数 C 相同，即

$$\boldsymbol{K}_{\mathrm{OUT}}=\begin{cases}l_i\\ \vdots\\ l_j\\ \vdots\\ l_{\mathrm{C}}\end{cases} \tag{5-6}$$

式中，每一个 l_j 都是一个逻辑变量，其取值为 1 时，表示该装备被选中，按照预定程序继续执行相关装备工作，直至进入作战状态；其取值为 0 时，表示该装备未被选中。

（2）样本的构建方法。神经网络的训练需要大量的样本数据，按照通用方法，可采用人工模拟的方法，根据假想的作战任务进行构建。

对于矩阵中的 s_1 、w_1 、s_2 、w_2 采用遍历的方法进行实例化；对于其中的连续变量 t_1 和 m_1 ，t_2 和 m_2 ，可采用离散化的方式进行采样和遍历，这样就形成了样本的输入数据集合 $\{\boldsymbol{K}_{\mathrm{IN}}\}$ 。根据集合 $\{\boldsymbol{K}_{\mathrm{IN}}\}$ ，结合假想的作战任务，可形成数据 $\{\boldsymbol{K}_{\mathrm{OUT}}\}$ 。将 $\{\boldsymbol{K}_{\mathrm{IN}}\}$ 和 $\{\boldsymbol{K}_{\mathrm{OUT}}\}$ 进行一一组合就构成了训练样本库。

3）模型的构建、训练及使用方法

在网络模型构建方面，网络的输入维度为 $N+C$ ，网络的输出维度为 C ；当网络的输入和输出维度较低时，可采用传统神经网络进行构建，网络可使用 3 层。当网络的输入和输出维度较高时，可采用深度卷积神经网络进行构建，直接采用 LeNet5 的网络结构，只需将其输入替换为 $N+C$ 维，输出替换为 C 维即可。

在得到了训练样本和网络结构后，可采用随机梯度下降等算法对网络模型参数进行优化，从而得到最优的网络结构。

在得到了最优的网络结构后，该网络就可用于生成作战方案，通过情报系统获取的实时战场情况对 $\boldsymbol{K}_{\mathrm{IN}}$ 进行填充，输入网络就可快速获取输出向量 $\boldsymbol{K}_{\mathrm{OUT}}$ ，从而就选定参战装备，形成作战方案，各装备按照预设程序继续执行战备工作，直至接战。

5.3.4 基于图元的作战方案生成方法

1. 战术图元设计与应用

从作战方案生成角度看，战术图元设计主要围绕两方面：

（1）方案制作快捷性和展现灵活性。

（2）部署及兵力的图上展现能力、行动与航线关联及作战任务的自动生成能力。

1）设计与分类

战术图元指军队标号附加特定的战术含义，使军队标号既有图形化表现也有丰富战术内涵，是作战方案图形化表现的基本单元。基础战术图元由军标公共属性及战术共性数据组成，由此派生出的一般战术图元包含了战术和军标特性数据。战术图元由图形、战术和关联三个属性信息层构成。其中，图形属性由颜色、线性及大小等要素构成，先解决何处显示问题，再解决相关显示操作问题，如移动类（旋转、放大和缩小等）及显示变更类（填充、线条和图标等）；战术属性包含敌我属性、探测范围、性能及装备等；关联属性指各类战术图元间的关联关系，即将逻辑上存在关联关系的图元构成战术含义的关联关系。

战术图元可从战术含义和图形显示进行区分。战术含义战术图元可分为部署及环境类（含机场、港口、观通阵地、雷达阵地、岸导阵地、保卫目标、责任区域、训练区和辖区线等）、作战行动类（含作战任务、指挥序列、计划航线、打击海域、待机点、展开点和齐射点）及兵力类（包含舰艇编队、驱逐舰、护卫舰、航空母舰、舰载机、轰炸机和战斗机等）；图形显示战术图元可分为显示和关联两类，如图 5-22 所示。

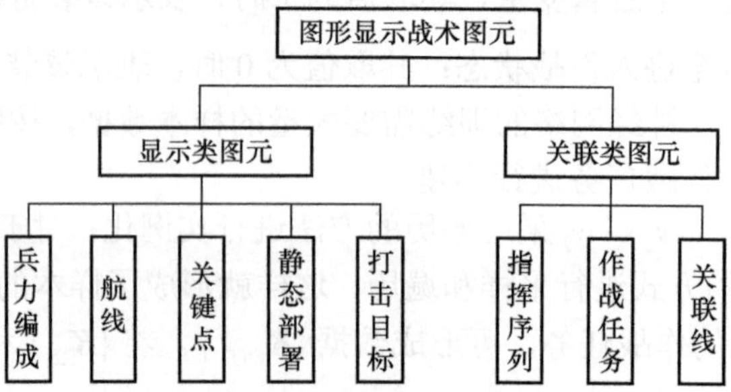

图 5-22 图形显示战术图元分类

2）战术图元关联

战术图元关联包括数据、位置、兵力及任务等。实际上战术图元是方案数据的图形化表现形式，因此战术图元的关联处理及因关联关系导致的联动动作，将支持对作战方案局部调整和快速生成。

战术图元的数据关联指在战术图元标绘过程中，将标绘内容自动挂接底层支持数据、自动完成战术图元战术属性附加及底层数据修改同步修改战术图元战术属性等功能。战术图元关联实现包括以下两种：

（1）如果关联关系可量化，则作战规则采用通用作战规则进行处理。

（2）如果关联关系无法量化，则作战规则采用额外的关联处理库定制实现。

关联线图元旨在解决图元间关联问题，即将图元内置数据间关联关系通过关联线拖拽自动实现；兵力任务类图元旨在实现作战行动的快速生成问题，且由各兵种兵力行动生成模型构成。

该图元在关联打击目标（保卫目标）及关联使用兵力后，通过默认参数或从战术属性中提取的相关要素直接生成作战兵力行动。图 5-23 为关联线和作战任务两类图元应用示意图，其中关联线图元可自动形成上下级关系。

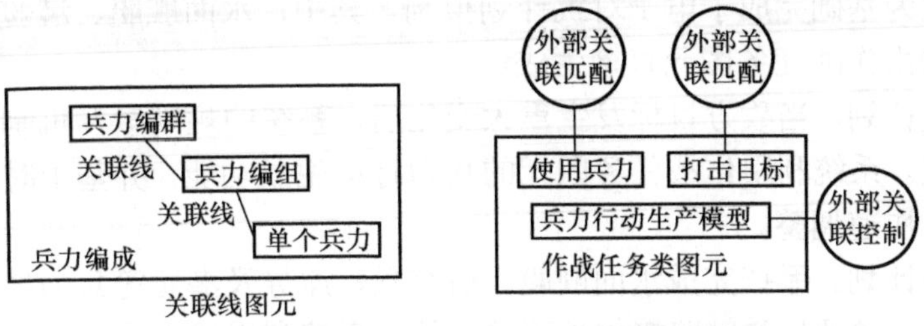

(a) 关联线图元应用　　(b) 作战任务类图元应用

图 5-23　两类图元应用示意图

图 5-23（a）中，关联线图元使用方式为选择关联线图元，应用中使关联线一端关联兵力编群图元，另一端关联兵力编组图元，则构建了兵力编群和兵力编组之间的隶属关系，通过同样操作可构建兵力编组和单个兵力的隶属关系，完成群—组—单兵战术级兵力编成。同时，关联线图元可自动对群—组—单兵的匹配关系及原则进行检查，如水面舰艇突击群组只关联水面舰艇兵力等。图 5-23（b）中的作战任务类图元包括使用兵力、打击目标及兵力行动生成模型三个控制图标。使用兵力有两种使用方式：

（1）默认方式，即通过指定任务时限，自动选择在该时限内达成执行任务可能的兵力。

（2）在态势图上通过拖拽方式关联实时动态兵力（如水面舰艇、航空兵和潜艇等）及静态兵力（如岸导和地防等）等。

打击目标的使用方式为：在态势图上通过拖拽方式关联对应的敌方实时目标和静态部署等。兵力行动生成模型的使用方式为自动匹配，即如果打击目标为敌水面舰艇，则兵力行动生成模型自动使用各兵力的对海突击模型，模型相关参数为默认参数。当使用人员需要人工选择兵力行动模型时，则通过兵力行动生成模型控制图标实现行动模型及参数的人工干预，利用作战任务图元结果可生成对应兵力的行动航线。

2. 应用案例

在海军某训练基地中，将本书作战方案快速生成技术应用于作战方案临机生成及调整过程，针对海军多兵种合同突击敌水面舰艇作战任务，指挥信息系统根据实时态势进行作战方案临机规划。

1）兵力使用及流程

为应对某海域可能出现的突发情况，针对敌海上舰艇编队，利用我航空兵、水面舰艇、潜艇及岸导等兵力，在岸基电子战兵力支援下对敌实施多波次联合打击，由岸基指挥所对所属兵力直接指挥。岸基指挥所与各作战平台共同完成综合情况分析、确定打击决心、制订作战计划、调整作战计划及执行作战计划等各作战阶段任务。

（1）综合情况分析。系统进行了水文气象情况分析、敌我兵力作战能力及威胁判断分析。系统利用敌兵力图元与历史航迹数据库相关联方式，快速查询敌兵力历史航迹，并以此作为威胁判断依据。

（2）确定打击决心。系统进行了打击目标排序及可用兵力选择。系统利用战术规则与图元相关联方式，在指定目标和打击时限条件下，自动生成我兵力与打击目标间的可打击示意线图元，以直观展现我可用兵力。

（3）制订作战计划。系统进行了水面舰艇、航空兵、岸导及潜艇等兵力的兵力行动和火力计划生成，并以此为基础完成了电子对抗计划拟制。其中，水面舰艇、潜艇及岸导兵力的兵力和火力行动计划均由作战任务图元直接生成。

（4）调整作战计划。当敌方目标发生重大变化后，系统的规则触发机制将自动触发进行兵力行动计划的调整。系统利用作战任务图元的兵力行动生成功能，并基于时空冲突检测技术完成兵力行动计划的快速调整。

（5）执行作战计划。系统完成水面舰艇、航空兵、岸导及潜艇等兵力的目标指示发送、指挥引导、攻击决策发送及导弹航路接收处理等功能。系统利用战术图元与数传指挥处理相关联方式，实现了指挥命令快捷发送和通信链路状态直观展现。

2）战术图元关联

实例应用表明，利用战术图元进行方案制作时，我方兵力编成生成时间由分钟级缩短至秒级，各兵力行动生成时间也由分钟级缩短至秒级。敌方兵力机动后，我方兵力行动重新调整生成时间由 10min 左右缩短为 2min 左右，显著提高了方案制作效率。该实例验证了作战图元快速生成作战方案的可行性。

第 6 章　指挥信息系统结构建模与评估

6.1　指挥信息系统结构的概念及理论问题

6.1.1　指挥信息系统结构的概念

1．指挥信息系统组成要素

指挥信息系统组成要素是指为完成系统使命任务、实现系统功能目标所必须包含的各种分系统、子系统或部件。这些分系统、子系统或部件由用于实现信息获取、传递、处理、利用、管理等功能的软件和硬件设备构成。

指挥信总系统组成要素与系统的种类和等级密切相关。例如，对一个典型的战术级航空兵指挥信息系统而言，需要根据上级指挥所的统一部署和分配的作战任务，负责对所属航空兵部队实施指挥控制，对空中作战飞机实施指挥引导。因此，其组成要素包括：

（1）作战指挥分系统，用于受领上级任务，显示与分析战场综合态势，下发作战命令，监控作战进程等。

（2）航空兵指挥引导分系统，用于接受航空兵作战任务，制订航空兵作战计划，实施指挥引导。

（3）通信保障分系统，用于监控通信网络设备运行情况，制订通信保障预案，确保各类信息的及时准确传递。

（4）技术保障分系统，用于系统配置、管理、推演及文电处理等。

对一个典型的战役级区域综合防空指挥信息系统而言，其组成要素除了包括战术级航空兵指挥信息系统，还包括：

（1）预警探测分系统，用于对空中目标进行预警和探测。

（2）情报综合处理分系统，用于形成综合防空情报。

（3）防空导弹指挥控制分系统，用于指挥地空导弹火力单元。

（4）高炮指挥控制分系统，用于指挥高射炮。

（5）侦察情报处理分系统，用于处理下属侦察部队情报。

（6）电抗情报处理分系统，用于处理电抗情报，形成电抗态势。

可以看出，相对于战术级系统，战役级区域综合防空系统的级别更高，其规模与要素有所增加，本质上反映了单个兵种（航空兵）到多兵种（航空兵、地面防空、电子对抗等）协同作战需求的变化。

指挥信息系统处于不断发展的过程中，其组成要素的种类、范畴、内涵也在不断变化和发展。

2．指挥信息系统组成要素之间的关系

关系是指事物之间相互作用、相互影响的状态。

在信息时代，战争涉及的领域以物理域、信息域和认知与社会域重新界定。物理域是战争的传统域，存在着战争各方物理上的各类作战部队、作战平台和装备实体；信息域是信息活动的领域，是信息产生、处理、共享和访问的领域；认知与社会域既包括所有军事人员的感知、意识、理解、决策、信念等认知活动，也包括部队实体之间的组织关系、作战条令、战术、法规、文化等。因此，本书从信息时代战争三个域的视角分析指挥信息系统各组成要素之间的关系。

指挥信息系统组成要素之间的关系是指组成要素之间相互作用、相互影响的状态总称，包括物理域的物理连接关系、信息域的业务处理关系、认知与社会域的组织行为关系等。

1）物理连接关系

从物理域角度看，指挥信息系统各个设备之间通过通信网络连接起来，并以此为载体进行组成要素之间的信息传递和交换。无论是较早的局域网还是后来的广域网，再到目前的栅格通信网络等，指挥信息系统各组成要素之间都会因为网络连接而产生关系，称为物理连接关系。例如，在广域网中，传感器节点、情报处理节点、作战指挥节点等系统组成要素，通过路向器、光缆、电台等有线/无线通信设备互连，进而形成了组成要素之间客观存在的连接关系。

2）业务处理关系

指挥信息系统用于支撑作战指挥业务处理流程的实现，从系统角度看，作战指挥的业务流程就是系统业务处理流程。例如，从态势感知到决策、从决策到指挥控制、从指挥控制到火力打击等。可以认为，系统业务处理流程中的各种业务处理节点之间的关系是系统业务处理关系。具体包括：从情报获取与处理到态势生成，体现为情报处理节点与指挥所节点之间的情报保障关系；从决策到火力打击，体现为指挥所节点与武器平台之间的指挥关系；在决策节点之间，上下级指挥所或者同级指挥所之间体现的是指挥关系或者协同关系，火力打击节点之间体现的是协同关系。因此，指挥信息系统基本的业务处理关系包括情报保障关系、指挥关系和协同关系等。

由于指挥信息系统本身就是以信息获取、传输、处理和利用为主的系统，从信息域角度看，系统业务处理关系最终映射到一个个信息活动上，体现为各种信息交互关系，如情报处理节点与指挥所节点之间的情报保障关系就是两者发生了情报信息交互；指挥所节点与武器平台之间的指挥关系体现为一种指挥命令信息（或控制信息）的交互，等等。可以看出，业务处理关系最终体现的信息交互关系是组成要素之间的一种逻辑关系。

3）组织行为关系

指挥信息系统组成要素之间的关系还反映了指挥机构、作战实体之间的组织行为关系。这种关系与作战样式、任务类型、指挥体制、部队编成、作战条令及参与指挥信息系统的人的行为等密切相关，属于认知域和社会域范畴。组织行为关系不作为本书研究对象。关于对指挥组织行为关系相关的研究，目前学术界称为指挥控制（C2）组织设计。指挥信息系统组成要素之间三种关系的层次概念如图 6-1 所示。

综合分析上述三种关系，我们认为有以下结论：

（1）物理连接关系可看作一种物理关系，业务处理关系和组织行为关系可认为是一种逻辑关系。

（2）物理连接关系是对业务处理关系的一种支撑和必要条件，两个系统组成要素之间只有存在直接或间接的物理连接关系，才能有信息交互的可能；组成要素之间一旦有业务处理关系，就必须在物理上是联通的。

（3）业务处理关系是组织行为关系在系统层面的一种映射，组织行为关系是对业务处理关系的顶层需求，业务处理关系需要适应和支持组织行为关系。

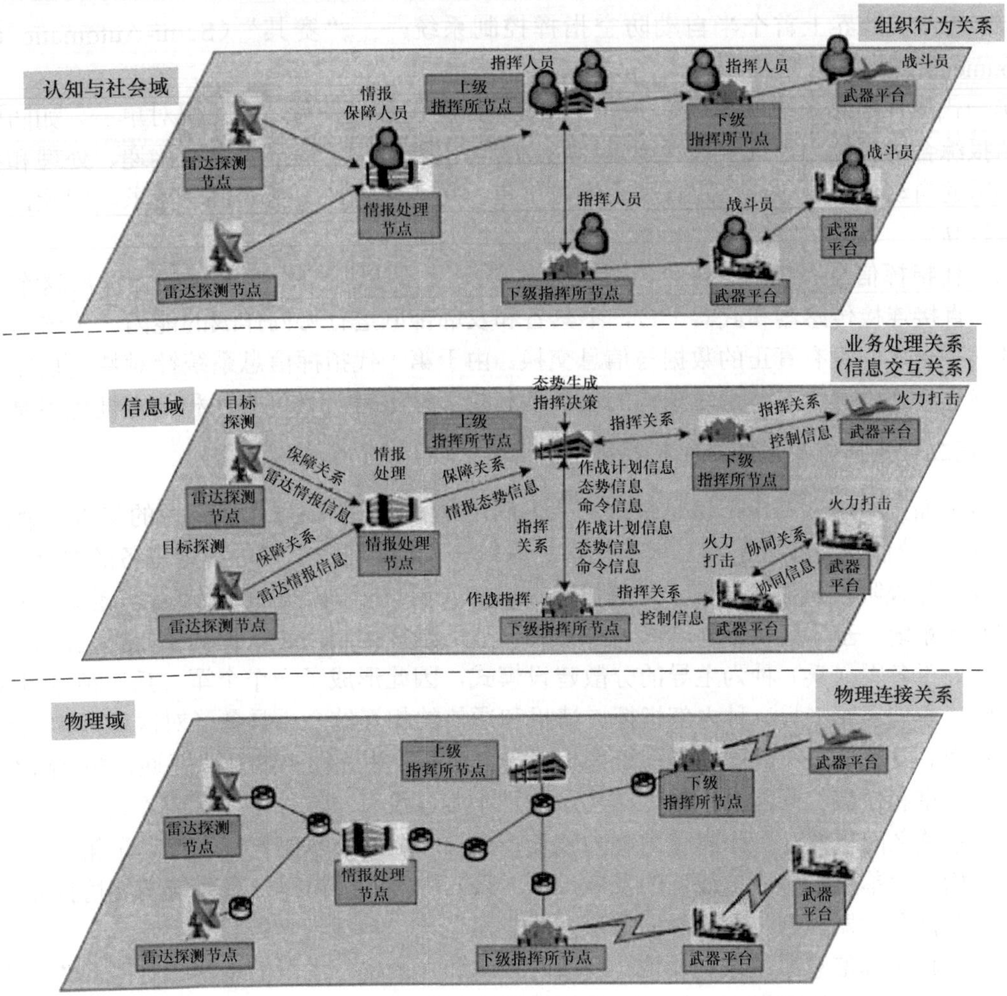

图 6-1　指挥信息系统组成要素之间三种关系的层次概念

6.1.2　指挥信息系统结构的发展历程

在军事需求牵引的电子信息技术的推动下，以美军为代表的军事强国的指挥信息系统经过半个多世纪的发展历程，大致经历了初创、分散建设、集成建设三个阶段，发展了三代指挥信息系统，目前进入“以网络为中心”的一体化建设阶段，正在建设以“网络中心、面向服务”为主要技术特征的第四代指挥信息系统。

从几个阶段的发展历程来看，指挥信息系统的发展经历了由简单到复杂、从低级到高级、由单一功能到综合功能、由简单互联到高度联网、由各军（兵）种独立建设到一体化建设的过程，这些过程伴随着军事需求的不断变化和科学技术的迅猛发展具有明显的时代特征。下面以美军为代表，以各代指挥信息系统结构为核心，分析和总结这些特点，归纳指挥信息系统结构发展演化的历程，把握其发展的规律，为指挥信息系统结构理论研究提供参考。

1．第一代指挥信息系统及结构特征

第一代指挥信息系统是经过初创阶段发展建设而成的，时间大体是在冷战时期，苏美两大政治军事集团为防止对方飞机的突然袭击和核打击，美军开始建设防空自动化指挥系统，并于

1958 年建成了世界上首个半自动防空指挥控制系统——“赛其”（Scmi-Automatic Ground Environment，SAGE）系统。

第一代指挥信息系统以承担单一的作战指挥控制任务为使命，功能相对单一，如防空预警雷达情报综合处理能力、航空兵拦截引导能力等，主要解决了情报获取、传递、处理和指挥手段等环节的自动化问题，在一定程度上满足了单一军（兵）种的作战指挥需求。因此，系统结构效率较高。

第一代指挥信息系统的特征可以凝练为“单点”，即以某一作战区域的指挥所这个“点”为中心，直接连接传感器和武器平台，不具备和友邻部队进行协同作战的能力。传感器、指挥所和武器平台之间没有真正的数据与信息交换。由于第一代指挥信息系统针对特定功能，而且没有考虑冗余备份等策略，系统结构的灵活性和抗毁性很差，且可靠性和稳定性也不是很高。

2. 第二代指挥信息系统及结构特征

冷战全面升级时期的指挥信息系统主要为满足军（兵）种独立作战指挥的基本需要，通过各军（兵）种分散建设建成了第二代指挥信息系统——面向军（兵）种特定任务的多功能系统。

在分散建设阶段，随着通信、计算机等技术的发展，指挥信息系统从 C2 逐步发展为 C3 系统和 C3I 系统，基本解决了军（兵）种独立作战的指挥控制问题，提高了指挥自动化水平。由于系统处于各军（兵）种为主导的分散建设模式，因此形成了一个个军（兵）种专用的指挥信息系统，实现了军（兵）种内部指挥、情报和通信的相互结合，具备了对区域内多兵种作战的指挥能力。但是第二代指挥信息系统都相对独立运行，相互间不能互联互通，缺乏跨军（兵）种的信息共享和作战协同能力；软件结构层次性不强，没有“软件平台”或“共性软件”的概念，不同系统之间软件互操作和重用能力较差；由于互联网技术的发展，推动了第二代指挥信息系统结构从“单点”向“单线”的发展，军（兵）种内各级指挥信息系统围绕情报获取和处理、作战指挥和武器控制，实现纵向逐层互联，呈现出“单线”特征。

与第一代指挥信息系统结构相比，局域网技术和冗余备份手段的运用，使得系统结构的时效性和可靠性均有大幅度提高。但同时系统结构的复杂度大大增加，固定的信息交互关系限制了系统结构适应外部环境的变化能力，系统结构的灵活性较差。

3. 第三代指挥信息系统及结构特征

针对第二代指挥信息系统的问题，美军提出了新军事变革理论，并通过跨军（兵）种综合集成手段，着手开展第三代指挥信息系统建设，形成了跨军（兵）种多功能的综合系统。

这一阶段，由于计算机技术的快速发展，计算机软件和网络在指挥信息系统中的作用日益突出，计算（computing）被综合 C3I 系统选中，与此同时，监视和侦察也综合到 C3I，发展为 C4ISR 系统。从这一时期开始，指挥信息系统建设了顶层设计，重视推行技术标准、统一技术体制、集成联试实验等总体工作。

在计算机软件和广域网通信等技术发展的推动下，第三代指挥信息系统的结构呈现“面”的特征，是一种“层次化联网的树状结构”，具备了一定程度的跨军（兵）种能力。

与第二代指挥信息系统结构相比，第三代指挥信息系统结构规模更大、系统组成要素种类更多，部分实现了跨军（兵）种互联互通能力，完成了从“线”到“面”的转变。系统信息交互和共享能力比第二代指挥信息系统有了大幅提高，通过联合共享库、数据库订阅/分发、固定的信息推送和信息点播等方式实现了各军（兵）种系统间信息的有限共享。因此，系统结构的高效性依然保持，连通性大大增强，也具有一定的鲁棒性，但预设的系统物理结构仍然限制了应对非预期任务的变化能力，系统结构的灵活性没有得到显著提高。

总体来讲，第三代指挥信息系统由于采用了层次化联网结构，还存在以下问题：

（1）系统结构灵活性仍然较差。主要问题是层次化联网结构遵循的是通信、计算等资源与系统固定绑定、事先预设的原则。

（2）横向协同困难。层次化联网虽然解决了部分跨军（兵）种集成问题，但由于系统结构本质还是依据编制和指挥体制关系连接，因此军（兵）种之间横向协同仍困难，尤其是在战术级层面，制约了联合作战的有效实施。

（3）信息共享效率低。信息主要在军（兵）种内部交互，信息流主要是由下至上流动的情报、报告，以及由上至下流动的态势分发和计划、命令，跨军（兵）种系统之间的信息交互和共享层次多、效率低。

（4）系统节点功能庞大和臃肿。基于平台中心建设思想，追求功能的完整和独立运行，造成指挥所软件功能庞大和臃肿，系统部署/升级/维护困难，灵活性和适应性差。

4. 第四代指挥信息系统及结构特征

1）第四代指挥信息系统

随着新型作战理论和概念的提出，美军认识到综合集成后的 C4ISR 系统仍然很难满足联合作战的需要。与此同时，兴起的互联网及后来的栅格（grid）技术、面向服务的体系架构（SOA）等为人们提供了建设指挥信息系统的新技术。在新军事需求的牵引和信息技术发展的有力推动下，美国国防部于 1999 年提出建设全球信息栅格（Global Information Grid，GIG）的战略构想，并且依托 GIG 这一全新的信息基础设施，强调以“基于能力”的方式推进联合部队转型，遵循“网络赋能”思想全面建立网络中心化的 C4ISR 系统，这也标志着指挥信息系统进入了一体化建设新阶段，第四代指挥信息系统应运而生。

第四代指挥信息系统的作战需求是第四代指挥信息系统能作为纽带和支撑，融合各种作战力量、作战要素和资源，将实时感知、高效指控、精确打击、快速机动、全面防护、综合保障等能力综合集成，形成具有倍增效应的体系作战能力。第四代指挥信息系统所涉及的网络技术将向以 IP 和多协议标记交换（Multiprotocol Label Switching，MPLS）技术、智能光传送网技术为核心的栅格化网络体系方向发展，综合通信和网络业务服务能力大幅提高。网络和软件的新技术、新体制将大大提高指挥信息系统的开放性、灵活性、高效性和鲁棒性。

与第三代指挥信息系统相比，第四代指挥信息系统的构建方式将依托军事信息基础设施（Military Information Infrastructure，MII）来构建和运行各级各类指挥信息系统（如美军的全球信息栅格）。军事信息基础设施是军事信息系统的共用部分，由陆、海、空、天基的边信网络设施，计算机与存储设施，信息服务设施，安全可信设施，运行管理设施和相关政策标准构成。在军事信息基础设施支撑下，第四代指挥信息系统的主要能力特征可以概括为“即插即用、柔性重组、按需服务”等。

2）第四代指挥信息系统结构特征分析

与第三代指挥信息系统层次化联网的树状结构相比，实现了向以网络为中心的扁平化组网结构转变。这种系统结构强调“体系”（整体），即通过军事信息基础设施使得传感器、指挥控制系统和武器平台等要素成为一个有机整体，并能通过动态重组其组成要素的关系和功能来适应任务和环境的变化需求，从而具备应对多种安全威胁、完成多样化作战任务的能力。

指挥信息系统及结构发展历程如表 6-1 所列。

表 6-1　指挥信息系统及结构发展历程

系统分代	发展建设阶段	时间	典型系统	结构形态	结构特征
第一代指挥信息系统	初创阶段	20 世纪 50 年代至 70 年代	赛其系统	单一功能的单主机直连结构	单点
第二代指挥信息系统	分散建设阶段	20 世纪 80 年代至 90 年代中期	全球军事指挥控制系统	多种功能的局域网互联结构	单线
第三代指挥信息系统	集成建设阶段	20 世纪 90 年代中期至 21 世纪初	全球指挥控系统	层次化互联网的树状结构	面
第四代指挥信息系统	一体化建设阶段	21 世纪初至今	全球信息栅格、未来作战系统（FCS）；联合作战管理指挥控制系统（JBMC2）	以网络为中心的扁平化结构	体系（整体）

6.2　指挥信息系统结构建模

6.2.1　指挥信息系统单元

根据 6.1 节描述的指挥信息系统结构的概念，系统结构由系统各组成要素及它们之间的关系组成。其中，系统各组成要素在本书中称为系统单元。通过定义和充分分析系统单元的概念内涵、基本组成和属性，并建立系统单元的模型，可以进一步界定系统结构理论与优化方法的范围，并为建立合适的系统结构模型打下基础。

1. 指挥信息系统单元定义

系统单元一般又称为系统节点或节点，是指具有一定职责权限、完成特定功能、物理上独立存在的指挥信息系统组成要素。从该定义可知，系统单元是指挥信息系统组成要素，具有如下几个方面的内涵：

（1）系统单元依附于指挥控制组织实体，履行组织赋予的相关使命任务，具有明确的职责和任务范围。

（2）系统单元具有明确的功能，这些功能与指挥信息系统种类、用途、应用层次等密切相关，如防空预警、雷达情报处理、航空兵指挥引导等功能。

（3）系统单元是一个物理实体，不是一个逻辑的概念，有具体的物理位置和网络地址，如战区情报处理中心、区域防空作战指挥中心等。

系统单元的概念在历代指挥信息系统中都有，但是其内涵随着指挥信息系统的发展一直在不断变化。

在单主机直连结构的第一代指挥信息系统中，整个系统就是一个系统单元。因此，第一代指挥信息系统单元种类单一，粒度非常粗。

在局域网互联结构的第二代指挥信息系统中，系统单元可以是系统局域网中的一个功能节点，如航空兵师指挥引导系统中的雷情处理席、指挥员席、领航员席等，这些席位都是采用人机结合的工作模式，计算机完成雷达情报接收与处理、引导方案解算、空情态势显示等任务，作战人员对计算结果进行确认或修改，并通过系统下达飞机引导指令。因此，第二代指挥信息系统单元种类增多，单元粒度可以分解到系统中的某个功能席位，但单元的分布局限在一个有限的物理空间内。

在层次化联网的树状结构的第三代指挥信息系统中，系统单元的概念已扩展为广域网上的一个功能节点，这些节点由隶属不同军（兵）种、不同部门和组织的各类功能系统组成，系统的种类按功能可以分为侦察监视系统、情报处理系统、指挥控制系统、作战保障系统等。这些系统按部署方式又可以分为地面固定式系统、车载式系统、舰载式系统和机载式系统等。因此，第三代指挥信息系统单元的种类、形态和功能进一步丰富，分布的地理空间更广，涉及陆、海、空战场空间。

目前正在发展的第四代指挥信息系统，其建设思路从面向特定任务向面向多样化任务转变，采用以网络为中心、面向服务的技术体制，在军事信息基础设施上构建、集成和运行各级各类指挥信息系统，系统单元的内涵与特征将发生显著的变化。下面以第四代指挥信息系统为对象，具体研究系统单元的特征、组成及属性。

2. 指挥信息系统单元特征

根据系统单元的定义，在分析第四代指挥信息系统概念、运作机制和结构特征的基础上，我们认为指挥信息系统单元应具有如下特征：

（1）系统单元的分布性。系统单元在地理上是广泛分布的，一方面是第四代指挥信息系统灵活、鲁棒等特性的需要满足网络化作战更加分散的特点；另一方面根据系统单元的职责权限，系统单元应尽可能在其责任区内，以提高系统单元运作的效率。

（2）系统单元的异构性。系统单元是异构的，这种异构性主要体现在系统单元本身的软硬件平台、技术实现方式等方面。而屏蔽系统单元这些异构性的关键是支撑系统单元构建和运行的军事信息基础设施，由军事信息基础设施提供屏蔽这些异构性的中间层，使得系统单元之间能够实现无缝的互联互通互操作。

（3）系统单元的多样性。指挥信息系统具有多种不同类型的系统单元，按照功能领域分，有战场感知设备类单元、情报处理类单元、指控指挥类单元、武器控制类单元等；按支持的作战层次的不同分，有战略级单元、战役级单元、战术级单元、战斗级单元等；按应用领域分，又有陆军类单元、空军类单元、海军类单元、联合作战类单元等。系统单元的多样性是第四代指挥信息系统支持多样化军事任务及联合作战的必然要求。

（4）系统单元之间的功能松耦合性。系统单元功能之间是松耦合的，单元之间通过消息/信息进行交互，彼此并不知道对方是如何处理信息的，一个系统单元内处理流程的改变不会影响另一个系统单元。系统单元功能的松耦合性是实现第四代指挥信息系统结构灵活的基础。

（5）系统单元运作的独立性。系统单元在其职责权限范围内独立地运行，其运行状态不受其他单元的影响。系统单元内部运作的流程不受其他单元的控制，当与其他系统单元共同构成一个任务系统时，仍然可以维持其原有任务的运作。

（6）系统单元的可组合性。随着系统单元的专业性分工要求不断增强、功能分类不断细化，系统单元可以呈现不同的粒度，其粒度可以大到一个指挥所系统，也可以小到只具有单一功能的设备，可以根据研制需要将几个较小粒度的单元组合起来配置成较大粒度的单元，也可以根据任务需要动态组合网络上的系统单元形成一个虚拟的任务系统。

（7）系统单元的可配置性。系统单元的组织关系、使命任务和功能要素可以根据作战任务需求动态配置，以便满足第四代指挥信息系统结构能够动态重构的要求，这也是实现灵活、敏捷的指挥信息系统的基础。

（8）系统单元之间的协同性。在军事信息基础设施支撑下，系统单元具有与其他单元交互协同的能力，为其他单元提供自身的能力，也能使用其他单元的能力，能够根据任务需要在多种系统单元之间建立协作关系，满足第四代指挥信息系统协同运行的能力要求。

（9）系统单元的层次性。根据作战指挥的范围和规模，指挥信息系统通常分为战略级、战役级、战术级等不同的层次，因此作为指挥信息系统的组成要素，系统单元也具有层次性的特征，如情报保障系统单元，根据其提供情报层次的不同，可分为战略级、战役级、战术级等不同层次的情报保障系统单元。

3. 指挥信息系统单元组成

系统单元是由各类资源组成的，其关系如图 6-2 所示。系统单元的功能，履行其职责和任务的能力，依赖其配置的各类资源。广义上，隶属该系统单元，可被系统单元使用的都是系统单元中的资源。系统单元中的资源是指用于实现系统单元中信息获取、传递、处理、利用、管理等功能的软件和硬件设备的总称。其中，组成系统单元的硬件资源包括计算资源（各类服务器、客户机等）、存储资源（存储器）、传输资源（内联网络设备、通信接入设备等）、安全防护资源（防火墙、加解密设备等）等；软件资源包括应用系统、软件、服务、数据等。

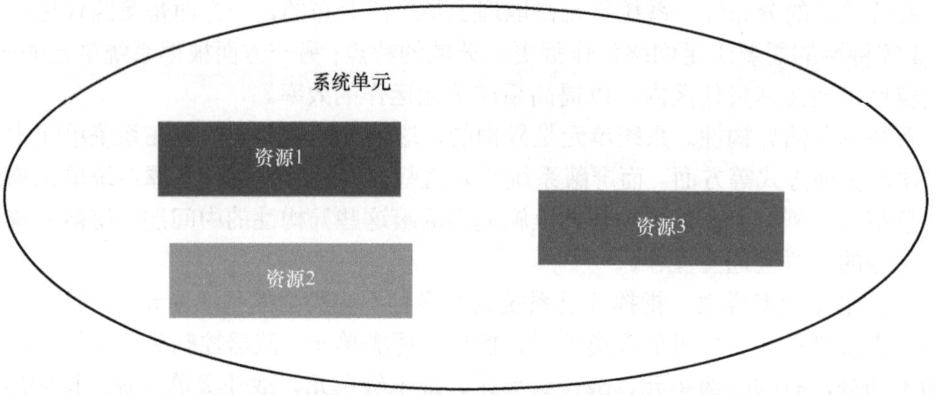

图 6-2 系统单元和资源的关系

传统以平台为中心的指挥信息系统中，各种平台往往集多种功能于一体。从功能整合的角度看，以平台为中心的指挥信息系统按编制体制方式把功能资源条块分割，采用集中固定的使用模式；从资源利用角度看，以平台为中心的指挥信息系统内资源没有组网运用，利用率较低。随着指挥信息系统向网络中心化的第四代系统发展，系统结构从以往固定、树状结构向基于军事信息基础设施的新型结构转变，系统单元具有了前文所述的一些新的特征，组成系统单元的资源的能力有了如下新的变化。

（1）资源能力可共享。系统单元内资源不只是限制在系统单元内部使用，还可以服务的形式对外共享，为其他系统单元提供信息或功能服务。资源共享的能力大小、用户范围等随系统单元的任务动态配置。

（2）资源可按需部署。网络中心化条件下，资源可根据系统单元的能力要求按需部署。系统单元的能力是由其部署资源的能力决定的，而资源的类型、能力等受到系统单元需求的制约。在明确系统单元的能力需求后，系统单元所需的各种服务、数据、应用软件等资源可从网上按需获取和动态部署。资源按需部署可实现系统单元能力的网络化生成。

（3）资源可动态扩展。资源可动态扩展表现在两个方面：一方面资源可以通过增加硬件设备或软件模块等方式扩展能力；另一方面资源可以通过网络中心化使用模式，利用军事信息基础设施提供的资源管理调度功能，通过网络扩展资源的能力。例如，当系统单元内的计算资源能力不能满足任务要求时，处理时延不能满足任务要求，此时扩展计算能力的传统方式是通过增配系统单元内的计算机设备，而网络中心化的方式是将部分任务分配到军事信息基础设施的计算资源上执行，充分利用军事信息基础设施的计算资源实现系统单元计算资源的动态扩展。

根据四代系统中的各类资源的可动态部署和按需扩展的新特征，单个资源或不同资源的组合不一定是系统单元。只有当单个资源或资源的组合构成一个功能系统，作为网络上的一个节点，并承担一定的任务，赋予相应的职责权限时，该资源或资源的组合才能称为一个系统单元。

4. 指挥信息系统单元属性

属性是描述事物的具体特征或性质，通常包括数据类型、域/范围、默认值等。明确系统单元属性具有以下两方面的作用。

（1）属性是对系统单元本质的抽象描述。通过梳理系统单元的属性，可以回答系统单元是什么、能干什么。系统单元的属性是建立系统单元模型的基础，也是获取系统单元设计变量的基础，能够指导第四代指挥信息系统结构建模、特性度量和优化方法的研究。

（2）根据属性可以区分不同的系统单元，两个系统单元不同，必然是因为它们的某些属性不同。因此，属性是对系统单元进行分类的依据，根据系统单元属性可以建立系统单元分类的体系，对系统单元进行合理的细分，从而指导系统单元的建模、设计和开发。

系统单元的属性总体上可以从四方面进行描述，即任务属性、空间属性、组织属性和能力属性。一旦系统单元的属性赋予相应的值，就可以确定一个系统单元实例及其状态。需要注意的是，系统单元属性并不是固定不变的，如平时和战时、战时不同的作战阶段等；同一个系统单元的属性值都可能不一样，如战时根据任务编组会临时改变系统单元的隶属部门、承担的任务、组织关系、能力需求等。因此通过梳理系统单元的属性，分析它们约束作用和取值范围，对系统单元进一步抽象建模具有指导作用。

1）任务属性

任务属性主要反映系统单元承担的使命任务及履行任务的范围。任务属性由任务类型、任务内容、任务范围等组成。任务类型反映的是系统单元承担的任务种类，一般可分为预警探视、侦察与监视、情报处理、指挥控制等；任务内容反映的是系统单元承担的具体作战任务的描述，涉及任务目标、触发条件、约束条件等，如指挥控制任务类型中的拦截低空目标任务，该任务的触发条件是敌方低空目标进入拦截空域，该任务约束条件是必须收到拦截命令；任务范围反映了系统单元履行使命任务的责任范围，一般用三维或二维空间来描述。系统单元的任务属性具有明显的领域应用特征。

2）空间属性

空间属性反映的是系统单元在物理空间和赛博空间中的位置。空间属性由物理空间中的地理位置与机动特性、赛博空间中的网络地址组成。物理空间中的地理位置就是系统单元部署地方的经纬度和海拔高度，机动特性是部署在运动平台上的单元所特有的属性，主要包括运动速度、方向等属性参数。赛博空间中的网络地址就是系统单元与其他单元组网通信的地址。

3）组织属性

组织属性主要反映系统单元在作战指挥组织中的角色和关系，是系统单元承担作战任务的组织保证。组织属性由标识号、隶属部门、指挥等级、组织关系等组成。标识号是系统单元在作战指挥组织中区别于其他单元的、唯一的标识，如可以用军事实体的部队番号作为标识号；隶属部门是系统单元服务的军事实体，可进一步分解为国籍、军（兵）种、具体的作战机构或部门等，如空军航空兵师、陆军地防团等；指挥层级是系统单元的军事实体所处的指挥层次，一般可分为战略级、战役级、战术级和战斗级系统单元，如战术级航空兵师指挥，其指挥引导系统单元的指挥等级同为战术级；组织关系反映的是与该系统单元在组织结构上有关系的其他系统单元，这里我们将系统单元之间的组织关系用它们军事实体之间的组织关系来描述，因此组织关系描述的是该系统单元的上级系统单元、下级系统单元、友邻系统单元及协作系统单元。系统单元的组织属性反映的是指挥控制结构和体制特征。

4）能力属性

能力属性主要反映系统单元在信息系统层面上的能力构成及内容，可分为任务处理能力、交互能力、安全抗毁能力和可配置能力。

（1）任务处理能力反映系统单元完成其承担任务的能力，可由处理容量、处理时间和处理质量等属性描述。处理容量是指系统单元能够同时有效完成处理的最大任务数。例如，雷达情报处理单元对空中目标航迹处理能力是能够同时处理目标航迹的最大批数；处理时间反映系统单元完成任务的平均时间，如每批目标航迹平均处理时延；处理质量反映系统单元完成任务的质量属性，如假目标率低于5%。

（2）交互能力反映系统单元与网络上的其他系统单元互联互通互操作的能力，可由任务信息交互能力、协同运作能力、环境感知能力和通信端口能力四种能力属性来描述：

① 任务信息交互能力反映系统单元根据其承担的任务与其他系统单元交互任务信息的能力。

② 协同运作能力反映系统单元中的计算、存储、功能软件等资源的按需协同共享及非预期的信息分发能力。

③ 环境感知能力反映系统单元对军事信息、基础设施及其他系统单元中相关资源的状态信息的收集和分析能力，可通过感知对象、感知内容、感知周期和感知范围等属性来描述。

④ 通信端口能力反映系统单元接入通信网络的能力，可由通信端口类型、端口吞吐量、端口性能、端口数量等属性来描述。

（3）安全抗毁能力反映系统单元抵抗内部或外部干扰的能力，内部干扰主要来自因系统单元自身设计缺陷引发的故障，而外部干扰主要来自敌方的物理毁伤或赛博攻击等破坏活动。

（4）可配置能力反映系统单元能够根据任务需求配置其资源的能力，该能力属性体现系统单元可组合性、可配置性等特征。可配置能力可由配置对象、配置内容和配置时间等描述。

6.2.2 指挥信息系统单元关系

1. 指挥信息系统单元关系定义

系统各单元之间是通过各种关系建立联系和相互作用，共同形成具有一定功能、满足任务需求的系统结构。系统单元间关系是多种多样的。例如，航空兵师指挥所单元对航空兵团指挥所单元之间通过命令、计划、态势等指挥控制信息上报/下达方式，构成的指挥与被指挥关系；

两个友邻的航空兵师指挥所单元之间通过态势、计划等共享，共同遂行作战任务时所构成的相互协助与配合的协作关系等；雷达旅团情报处理单元与航空兵师指挥所单元之间根据任务职责建立信息提供者与使用者的信息保障关系等。不同的系统单元之间的关系对系统的形成、运行的影响不同，定义所有的关系既无必要，也无可能，因此需要重点关注和识别出影响系统结构特性的主要关系。

系统单元关系具有如下内涵。

（1）系统单元关系不是抽象的概念而是某种具体的关联，有明确的关联对象和关联内容。

（2）系统单元有直接关系也有间接关系，系统单元间直接关系是指不通过其他系统单元建立的某种关联。例如，航空兵师指挥所单元与航空兵团指挥所单元构成直接指挥关系，而战役方向指挥所单元与航空兵团指挥所单元构成间接指挥关系。

（3）系统单元关系是系统单元之间关联的描述也是约束。通过分析和建立系统单元之间的关系，一方面是系统单元之间关联的客观描述；另一方面也是约束系统单元的资源配置及系统单元之间的业务流程的关键。

2. 指挥信息系统单元关系特性

结合第四代指挥信息系统结构特征，我们认为系统单元关系具有如下一些基本特征。

1）组织性

系统单元关系不是随意、偶发的，而是根据使命任务、编制体制、职责权限、信息基础设施等多种条件建立的，系统单元关系反映相对稳定的作战指挥流程和业务处理过程，是系统单元组织属性在系统单元关系中的具体体现和反映。

2）动态性

在网络中心化环境下，由于系统单元可能会遇到大量非预期的情况，如承担任务的范围扩大、系统单元的增加或退出等，系统单元承担的任务、拥有的资源能力、所处通信环境等都会处于不断的变化中，因此系统单元关系的关联对象、关联方式、关联内容等都处于不断变化的不稳定状态。系统单元关系的动态性贯穿于系统结构的整个任务周期中。

3）可配置性

在网络中心化环境下，系统单元关系的动态性必然要求系统单元关系是可动态配置的。系统单元关系的可配置性是指系统单元关系的关联对象、关联方式、关联内容能够根据任务需求和环境变化，通过系统单元的可配置能力，进行人工或自适应的配置。系统单元关系的可配置性是支撑第四代指挥信息系统结构灵活、鲁棒等特性的关键特征。

3. 指挥信息系统单元关系属性

系统单元关系属性一方面需要清晰表达它在系统结构优化中的主要内容；另一方面必须反映网络中心化环境下系统单元关系的内涵和特征，从而可以指导和约束第四代指挥信息系统结构特征的度量和优化。

根据上述系统单元关系的特征分析，建立了如图 6-3 所示的系统单元关系属性的基本分类体系。系统单元关系属性总体上可以分为五个方面，即关系主体、承载的信息属性、关系可配置属性、物理连接属性和安全可靠属性。

1）关系主体

关系主体反映系统单元关系所关联的系统单元，例如，发生指挥关系的主体是决策控制单元，发生信息保障关系的主体是情报获取单元和情报处理单元等。通过对关系主体属性的定义可以实现对关系所关联的对象的约束。

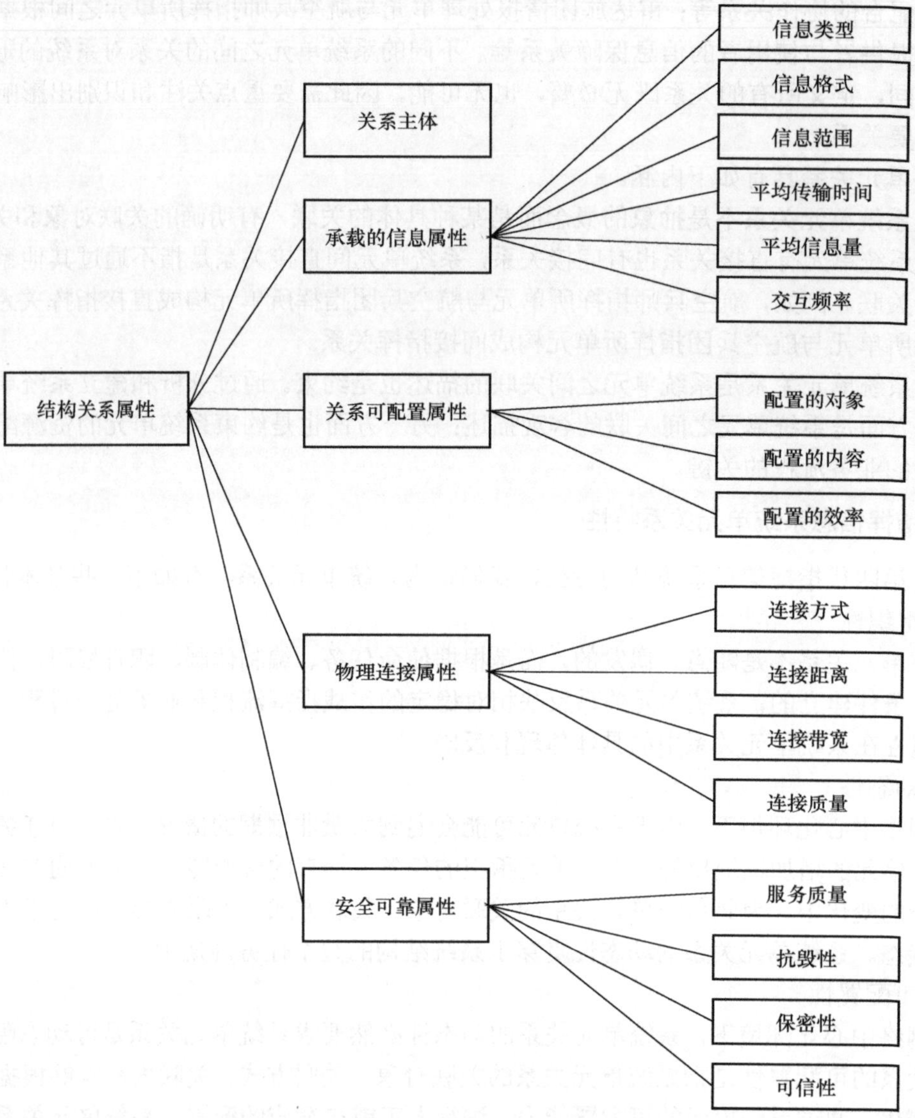

图 6-3 系统单元关系属性的基本分类体系

2）承载的信息属性

系统单元间各种关系最终都可以映射/落实到系统单元之间的信息交互上，通过系统单元之间的信息交互实现或反映系统单元间的指挥、协同、信息保障、备份接替等关系。承载的信息属性具体包括信息类型、信息格式、信息范围、平均传输时间、平均信息量、交互频率等。信息类型是系统单元关系类型在信息层面的映射，例如，指挥关系可以落实到指挥命令信息，协同关系可以落实到态势共享信息、任务协同信息等。

信息格式是指承载的信息所采用的数据编码方式的约定。信息范围反映信息在时间、空间、内容等上的限制，如作战计划信息的时间、空间和内容上的限制要求。平均传输时间反映承载的信息通过网络传输所需的平均时延。平均信息量反映承载信息平均占据的存储空间或占用传输带宽的大小。交互频率反映在一段时间周期内信息交换的次数。

3）关系可配置属性

关系可配置属性反映系统单元关系的可配置性特征。关系的可配置属性包括配置的对象、配置的内容和配置的效率等。其中，配置的对象反映可配置的关系类型，如雷达情报保障关系是配置的对象；配置的内容反映配置对象的具体可配置的属性，如雷达情报保障关系的情报传输周期是配置的内容；配置的效率反映从配置需求事件的发生到配置生效所花费的人工、时间、费用等方面的描述，如配置雷达情报保障关系花费了 5s。

4）物理连接属性

物理连接属性反映系统单元关系对系统单元之间的物理通信链路的要求。物理连接属性为军事信息基础设施中通信网络的路由、带宽等的动态配置提供依据。物理连接属性具体包括连接方式、连接距离、连接带宽、连接质量等。其中，连接方式反映系统单元关系采用的通信方式，它与关系主体的通信端口属性密切相关，具体包括数据链方式、无线电台方式、专线方式、网络方式等。连接距离反映系统单元关系能够发生作用的通信距离，特别是无线网络环境下，系统单元通信端口的能力有限，系统单元关系能够起到作用的通信距离受限。连接带宽反映系统单元关系对通信带宽的要求，连接带宽可以是关系的主体之间直接的通信链路的带宽，如两个系统单元直接通过无线电台直接通信的带宽，也可以是系统单元之间通过多跳建立的通信链路的实际带宽。连接质量反映系统单元关系对通信的质量要求，可以用误码率等表示。

5）安全可靠属性

安全可靠属性反映系统单元关系的具体实现在安全性以及可靠性等方面的性质或要求，可以从关系的服务质量（QoS）、抗毁性、保密性、可信性等方面描述。其中关系的服务质量反映对关系承载的信息在交换过程中质量方面的性质或要求，如信息交换的准确性、信息交换的优先级等。关系的抗毁性反映关系承载的信息在传输过程中，关系的物理连接在受到物理毁伤、赛博攻击、环境因素等干扰下，仍然能够维持关系的存在及其作用的性质，关系的抗毁性可分为强、中、弱等。关系的保密性反映关系承载信息的保密等级或要求，如机密级、秘密级、一般级等。关系的可靠性反映对关系主体信任、关系承载的信息的信任及关系的物理连接的信任三个方面的具体要求，是建立系统单元可信关系的重要属性。

由于系统单元关系是形成系统结构的基础，例如，如果系统单元关系都是指挥关系，那么该系统结构是一种指挥结构；如果系统单元关系都是协作关系，那么该系统结构是一种系统单元的协作结构，等等，因此分析系统单元关系的属性及其内涵，是抽象建立系统结构表征模型、在系统结构中配置单元间关系的基础。

4．三类基本的单元关系模型

根据前面对每类系统单元的信息输入和输出的分析，我们认为信息内容可以分为三大类。

1）情报类信息

该类信息主要包括通过侦察、监视探测装备获取的原始目标信息，以及通过情报处理产生的融合或综合后的情报信息，具体又可以分为雷达情报、地防情报、航管情报、综合情报等。

2）指控类信息

该类信息主要是各级该类指挥机构用于指挥或控制隶属部队、武器装备等过程中产生的信息，主要包括指挥或控制的相关计划、命令、目标相关情况等。例如，航空兵引导指令、航空管制的空域管理指令等。

3）状态类信息

该类信息主要是由于各类系统单元将自身及周边环境状态上报所产生的信息，包括传感器、指挥系统、武器平台的位置、能力、周边环境等状态信息。

根据信息内容的分类，可以进一步将信息关系分为三大类，每类关系又对应多种关系实例。

（1）情报保障与共享关系：是保障或共享情报的系统单元与处理或使用情报的系统单元之间的信息交互关系。这种关系主要交互的是情报类信息。

（2）指挥与控制关系：是系统单元之间的指挥与被指挥、控制与被控制的业务关系。这种关系主要交互的是指控类信息。

（3）状态同步与反馈关系：是系统单元将相关状态信息与其他系统单元同步或向其他系统单元反馈的关系。这种关系主要交互的是状态类信息。

各种系统单元信息关系实现的本质是相应的信息内容需要通过军事信息基础设施中的通信网传输。对于任意一种信息关系，根据系统结构特性度量和优化的要求，可以将信息关系的多种属性抽象为信息平均传输时延，主要是因为信息关系所承载的信息的属性如传输频次、数据量等，以及通信网提供的信息传输的特性如带宽、时延、误码、抖动等，从系统结构分析角度看，最终都可以转换成信息传输的平均传输时延。因此，通过抽象，信息关系的属性可以建模为如下的四元组：

R::=<Types, Delay, Dis, Infor>

Types：信息类型属于集合{情报信息，指控信息，状态信息}的一个子集。

Delay：信息传输平均时延，如果有真实的、运行的系统，那么该值可采用系统的实测值，也可采用信息传输总量与通信网提供的可用带宽的比值进行估计；如果系统还处于设计阶段，那么可采用系统的指标或通过系统的仿真实验进行估计。

Dis：表示单元关系，起点单元与终点单元之间的信息传输距离，这里等同为起点单元与终点单元之间的物理距离。

Infor：表示单元关系包含的信息数据量，单位为KB。

基于四类基本系统单元及三类基本关系的描述和模型，运用图论理论，将系统单元抽象为图论中的节点，将系统单元之间的关系抽象为图论中的边，建立指挥信息系统结构的复杂网络模型。在图论中，无向无权网络中所有边的权值都相同，并且不考虑方向，仅反映节点之间简单连接方式和相互作用关系。如果给每条边都加上方向，同时赋予相应的权值，该网络就成为有向加权网络。有向加权网络能够描述节点之间相互作用的方向，同时表征连接存在的不同程度的强弱关系，比较完整地表达网络的结构特征。考虑到指挥信息系统单元之间信息交互关系的有向性、时延区分、流量区分等特点，采用有向加权网络对指挥信息系统结构进行建模。另外，指挥信息系统是一个庞大的复杂系统，从拓扑角度看，其结构本身就是一个庞大的复杂网络。基于以上两点，采用有向加权复杂网络模型作为指挥信息系统结构建模的基础数学模型。

【定义6.1】指挥信息系统结构的有向加权复杂网络模型

用简单有向加权连通图 $G=(V,E)$ 来表示指挥信息系统结构，其中，图中的节点 $V=\{v_1,v_2,\cdots,v_n\}$ 代表系统单元的集合，如情报获取单元、情报处理单元、决策控制单元和响应执行单元等；$n=|V|$ 表示系统单元的总数。图中的边（连接）集 $E=\{e_1,e_2,\cdots,e_m\}$ 代表系统单元之间各类信息交互关系，如情报保障关系、情报共享关系、指挥关系、状态同步关系、反馈关

系等，$m=|E|$ 表示系统单元之间信息交互关系的总数。$\forall e_i \in E$ 在 V 中有一对节点 (v_i,v_j) 与之对应，且 (v_i,v_j) 和 (v_j,v_i) 不是同一条边。对于每条边 $(v_i,v_j)\in E$，定义一组权值 $(ew_1,ew_2,\cdots,ew_k)$ 表示对系统单元 v_i 和 v_j 之间信息交互关系的度量，边的权值的数量和代表的物理意义可以根据具体分析而定，增加边权值是对系统单元之间信息交互关系强度的差异的一种反映。例如，$\forall e_i=(v_i,v_j)\in E, v_i,v_j\in V$，用正实数的权值 delay($e$) 表示系统单元 v_i 和 v_j 之间信息传输的时延大小；用正实数的权值 content(e) 表示系统单元 v_i 和 v_j 之间信息量大小；用{−1，1}两个权值表示系统单元 v_i 到 v_j 的信息对于 v_j 进行进一步信息处理的影响程度，−1 表示负作用影响，1 表示正作用影响。考虑到指挥信息系统中系统单元的类型区别和能力大小，对于每个系统单元 $v_i\in V$，定义一组节点的权值 $(vw_1,vw_2,\cdots,vw_t)$ 表示对系统单元 v_i 属性和能力的度量。例如，$\forall v_i\in V$，用正实数的权值 delay(v_i) 表示系统单元 v_i 信息处理的时延大小；用正实数权值 prec(v_i) 表示系统单元 v_i 信息处理的精度等。

【定义 6.2】指挥信息系统结构的邻接矩阵模型

除了用图形方式，也可以用图的邻接矩阵来表示系统结构，刻画系统结构中系统单元之间的信息交互关系，用方阵 $\boldsymbol{A}$ 表示，方阵中的元素用 a_{ij} 表示。因此，对于一个系统结构 $G=(V,E)$ 来说，其中系统单元集合 $V=\{v_1,v_2,\cdots,v_n\}$ 中有 n 个系统单元，则根据边权值的不同，系统结构的邻接矩阵 $\boldsymbol{A}=\{a_{ij}\}_{n\times n}$ 可以定义为

$$a_{ij}=\begin{cases} ew_x(i,j)((v_i,v_j)\in E, x\in\{1,2,\cdots,k\}) \\ 0\text{或}\infty((v_i,v_j)\notin E) \end{cases} \tag{6-1}$$

式中，$ew_x(i,j)$ 表示边 $e_i=(v_i,v_j)$ 上当权为 $ew_x(x\in\{1,2,\cdots,k\})$ 时的权值大小。当两个系统单元无信息交互关系时，权值取 0 或 ∞，可根据使用的具体情况而定。显然，邻接矩阵的数量取决于边上权值的数量多少。

【定义 6.3】指挥信息系统结构的 0−1 邻接矩阵模型

当只需要描述两个系统单元之间是否存在信息交互关系时，可将邻接矩阵模型简化为 0−1 邻接矩阵模型，即系统结构的 0−1 邻接矩阵 $\boldsymbol{A}_{0-1}=\{a_{ij}\}_{n\times n}$ 可以定义为

$$a_{ij}=\begin{cases} 1 & ((v_i,v_j)\in E) \\ 0 & ((v_i,v_j)\notin E) \end{cases} \tag{6-2}$$

式中，两个系统单元只要有信息交互关系，则用 1 表示，否则用 0 表示。

需要注意的是，由于受到指挥作战业务流程、编制体制、系统级别等约束，第四代指挥信息系统结构形成的复杂网络与目前发现的生物网络、社会网络、WWW 网络、技术网络等各类网络的构成与连接机制有很大不同。例如，系统结构复杂网络中的节点有属性区别，各类系统单元特性和能力不同，不同系统单元之间的信息关系也有严格的要求；情报获取单元和响应执行单元往往是叶子节点；不同级别的决策控制单元有严格的层次结构，同一级别的决策控制单元有明显的协同要求；决策控制单元往往是作战中心，具有较大的度并体现一定的集群性。

6.3 指挥信息系统结构特性度量

6.3.1 系统结构特性

1. 系统结构性定义

从历代指挥信息系统结构分析及演化特点来讲，灵活、高效和鲁棒始终是指挥信息系统结构应该具备的特性。但在分析特性内涵及相互关系时，应注意基于军事信息基础设施构建与运行的第四代指挥信息系统结构的概念与内涵发生了重大变化，通信、计算、信息等资源共享与服务化技术赋予了系统结构灵活性和鲁棒性新的内涵和要素，实现高效性、灵活性和鲁棒性的技术和手段更丰富了。下面结合第四代指挥信息系统，进一步研究分析这些特性的内涵及要素。

1）灵活性

灵活性是对系统结构适应内外部环境变化的能力度量，内部环境包括系统运行状态、资源负载情况等因素，外部环境包括作战任务、指挥体制、组织结构、作战变成、战场态势、军事信息基础设施等因素。结构灵活性是指挥信息系统适应信息时代战争复杂性的基本要求，其内涵主要包括以下几个方面。

（1）灵活性不但反映了系统结构在作战过程中的适变能力，也反映了系统结构适应技术和装备发展的能力。这里的技术是指系统涉及的计算机、通信网络、基础软件、软件集成等技术，装备是指系统集成的各类指控系统装备、ISR 装备、通信与导航设备、武器平台（系统）等。

（2）结构决定功能，结构的灵活性决定了整个指挥信息系统的灵活性，是实现第四代指挥信息系统“随域接入、即插即用、功能重组”等能力特征的基础。

（3）从作战应用角度讲，灵活性也要考虑时间代价，即系统结构适应变化的时间必须满足作战任务的要求，有些学者为了强调时间对信息时代作战指挥与控制的重要性，在“灵活性”概念的基础上，提出了“敏捷性”，如 Alberts 提出敏捷的指挥控制能力概念。

实现系统结构灵活性的要素主要包括以下几个方面。

（1）可配置性。系统单元及单元关系可以根据任务需求进行重新配置，具有一定的机构重构能力，如给某系统单元配置新的资源和功能。

（2）自组织特性。系统单元能够根据外部环境和内部运行情况的变化进行调整，具有一定的自组织和自适应特性。

（3）开放性。系统结构能够方便地加入新系统单元，或对已有的系统单元进行更新或退出。

（4）动态组合型。系统在运行过程中，可以根据任务需要动态组合不同的系统单元，建立这些系统单元间的任务协同关系。

（5）分布性。系统单元的粒度越小、功能上越分布，系统结构越灵活，如分布式处理结构比集中式处理结构更方便地实现处理功能和流程的调整。

（6）异构性。系统单元具有不同的类型、形态和功能及行为特征，使系统结构能够适应多样化的军事任务和复杂多变的战场环境。

（7）机动性。系统单元在物理空间上具有一定的灵活机动能力，适应现代作战快速、机动的特点，但机动性不是事先结构灵活的必要条件。

（8）响应性。系统单元及单元间关系能够根据内外部环境快速进行调整，确保在规定的时间内完成系统结构的调整。

2）高效性

高效性是对系统结构运行效率的综合度量。结构高效性是指挥信息系统总体设计的关键目标，也是系统装备满足技战术能力要求的基础。高效性内涵主要包括两个方面。

（1）从作战应用角度讲，结构高效性是实现指挥信息系统与时间相关的技战术能力指标的基础，以最短的时间完成作战任务是评价系统结构高效的标准。

（2）从系统运行角度讲，结构高效性反映了系统单元能力利用率高及均衡性，同时反映了系统整体的运行效率。

实现系统结构高效性的要素主要包括以下几个方面。

（1）及时性。时间特性是衡量系统结构高效运行的关键性能参数，涉及具体的系统任务处理和信息流转时间，需要系统单元运行及交互实时高效。

（2）协同性。系统单元能够发挥各自的能力特长，开展有效的协作，形成“1+1＞2”的体系效能，通过协同提高结构的整体效率。

（3）共享性。系统单元之间能够实现资源和功能共享，资源涉及数据、信息、计算和存储服务等，共享性能有效提高结构的资源利用率，降低成本。

（4）择优性。系统结构中包含了各系统单元之间的任务处理流程，根据任务来择优组合系统单元，优化任务处理流程，提高结构的运行效率。

（5）均衡性。系统单元的资源和能力配置主要与任务动态优化匹配，确保各系统单元运行性能负载均衡，避免由于某些系统单元性能的严重下降影响到整个结构运行的效率。例如，如果结构中承担关键任务的系统单元处理超时，那么会影响到与它交互的其他系统单元的运行性能，进而可能会影响到整个系统结构的运行效率。

3）鲁棒性

鲁棒性是指系统单元及单元关系不确定（失效或降效）情况下仍保持原有效能的能力。鲁棒的结构能够承受结构单元及单元关系一定程度上的不确定，例如，某系统单元的失效或降效不影响结构原有的效能。鲁棒性内涵主要包括两个方面。

（1）结构鲁棒性决定了指挥信息系统能力的鲁棒性，它是在复杂对抗环境下指挥信息系统提供持续、稳定、可靠的作战能力的基础，也是系统韧性的一种体现。

（2）结构鲁棒性体现了系统结构在受到外部软/硬攻击时具有的抗毁能力，是实现指挥信息系统安全抗毁的重要因素之一。

实现系统结构鲁棒性的要素主要包括以下几个方面。

（1）抗毁性。系统单元及单元关系需要具备抗软/硬攻击的能力，关键系统单元需要考虑容灾备份。

（2）自主性。系统结构具有自主感知组成要素状态的能力，当系统单元失效或降效时自主采取调整措施，如启动使用备份系统单元或将失效的系统单元承担的任务迁移到其他结构系统单元上。

（3）体系防御。在赛博空间对抗环境下，系统结构具有抗赛博攻击的体系防御能力，包括统一的防御手段和策略、威胁告警、赛博态势共享、迅速隔离威胁源、快速修复等能力。网络化程度越高，针对赛博威胁的脆弱性越明显。因此，体系防御是第四代系统结构实现鲁棒性的关键要素之一。

2. 系统结构特性相互关系分析

上面从顶层分析了灵活性、高效性和鲁棒性是第四代指挥信息系统结构应具备的特性，并进一步分析了这些特性的实现要素。根据实现要素的分析，可知这些特性之间存在着相互影响、相互作用、相互制约的关系。分析清楚这些相互关系对第四代指挥信息系统结构的进一步研究和建立优化模型具有指导作用。下面具体分析特性之间的相互关系。

灵活性与高效性之间总体上存在着一定的制约关系，但也存在着某些相互增益关系，具体表现在以下几个方面。

（1）从复杂系统角度分析，系统结构灵活性的提高，将增加系统结构的复杂性，牺牲一部分系统结构运行效率，增加系统结构实现难度和成本，从而会在一定程度上影响到它的高效性。例如，采用 SOA 架构的系统的灵活性提高了，但增加了消息处理的复杂性，延长了系统的响应时间。

（2）系统单元的分布性越强，结构可组合变化的空间就越大，结构的灵活性就越高，但系统单元的粒度分解得过细，完成任务就需要更多系统单元之间的协作和交互，显然过多的系统单元参与会降低执行任务的时效性。因此，结构分布性与高效性之间存在着制约关系。

（3）协同性和共享性能提高系统结构的高效性，同时，在一定程度上也能提高系统结构的灵活性。这是由于系统单元之间的协作和资源共享能力的提高会增强系统结构的动态组合能力，提高系统结构完成任务的能力。

灵活性与鲁棒性之间也存在着一定的制约关系，主要表现在灵活性中的开放性和动态组合性会增加系统结构在赛博作战环境下的脆弱性，如果不采取有效的防御措施，那么不可信的系统单元接入或与其他系统单元建立任务协作关系，会对系统结构运行产生安全可信问题，使系统结构运行失效或降效，降低系统结构鲁棒性。

高效性与鲁棒性之间也存在着一定的制约关系，具体表现在以下几个方面。

（1）协同性、共享性能提高系统结构的运行效率，但也增加了系统单元之间信息传输与互操作的机会，在赛博作战环境下不同节点之间的信息传输与互操作存在着安全可信问题，如会产生病毒传染、信息被篡改或窃取、系统单元被远程控制等问题。因此，在赛博作战环境中，协同性、共享性会增加系统结构的脆弱性，如果不采取有效的防御措施，会对系统结构的鲁棒性产生一定的影响。

（2）抗毁性和体系防御能力是提高系统结构鲁棒性的两个关键要素，但结构关键系统单元的备份、部署赛博防御系统和工具等都会增加系统结构运行开销，对系统结构的运行效率产生一定的影响。

6.3.2 基于复杂网络统计参量的系统结构特性度量方法

建立复杂网络统计参量与结构灵活性、高效性、鲁棒性三种特性之间的映射关系，如图 6-4 所示。

结合指挥信息系统结构的定义与基本特性，本节定义了指挥信息系统结构度分布、系统结构代价、系统结构聚集系数、系统结构平均路径长度、系统结构直径、系统结构介数分布及系统结构抗毁度等统计参量，实现对系统结构特性的度量。

【定义 6.4】系统结构度分布

系统结构度分布是指系统结构中系统单元度所服从的分布规律，包括系统单元入度分布和系统单元出度分布。

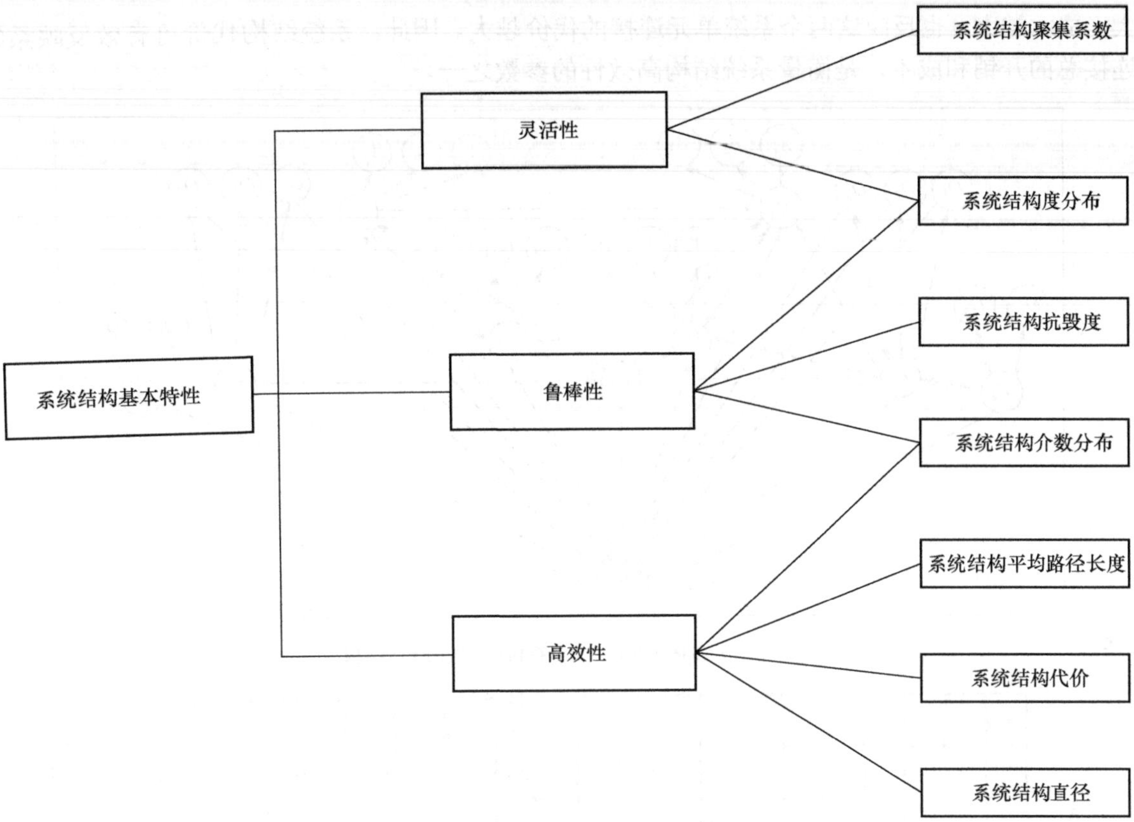

图 6-4　指挥信息系统结构基本特性与复杂网络统计参量的对应关系

在有向网络中，系统单元度分为入度和出度，其中入度是指系统结构中从其他系统单元指向该系统单元的信息交互关系的数目；出度是指系统结构中从该系统单元指向其他系统单元的信息交互关系的数目。显然，对于系统单元 v_i 而言，其入度 $k_i^{\text{in}}=\sum_{j=1}^{n}a_{ji}$，出度 $k_i^{\text{out}}=\sum_{j=1}^{n}a_{ij}$，$a_{ij}$ 是系统结构的 0-1 邻接矩阵的元素。系统单元入度分布和出度分布可以分别用分布函数 $P_{\text{in}}(k)$ 和 $P_{\text{out}}(k)$ 表示，分别表示系统结构中任意取一个系统单元，其入度值和出度值刚好等于 k 的概率，反映了系统单元的连接情况。系统结构中不同的分布函数反映了系统单元地位的差异程度或重要程度。例如，决策控制单元（如指挥所节点）往往具有较大的入度和出度。典型的分布函数主要有指数分布、泊松分布和幂律分布等。

Jeffrey R. Cares 认为大多自适应、可重新配置和可恢复的军事作战网络都具有偏斜分布（幂律分布就是一种偏斜分布）。一般来说，指挥信息系统结构的度分布也具有偏斜分布的特点。这是由于指挥信息系统往往存在大量具有较小入度和出度的系统单元（如传感器和武器平台）、存在中等规模数量具有中等入度和出度的系统单元（如中等规模数量的情报处理节点或指挥所节点）、存在少量具有较大入度和出度的系统单元（如战略级指挥所节点、大型情报处理中心等）。

例如，图 6-5 给出了某区域联合防空指挥信息系统的系统结构，以及该结构对应的入度和出度分布情况。显然，该系统结构的入度和出度分布基本符合偏斜分布。

【定义 6.5】系统结构代价

系统结构代价可以通过系统结构中所有信息交互关系的信息量总和来间接反映。如果两个系统单元之间要求交互的信息量越大，说明连接这两个系统单元所需的通信网络链路的带宽越大，成本越大，也反映这两个系统单元连接的代价越大。因此，系统结构代价可有效反映系统连接总的开销和成本，是衡量系统结构高效性的参数之一。

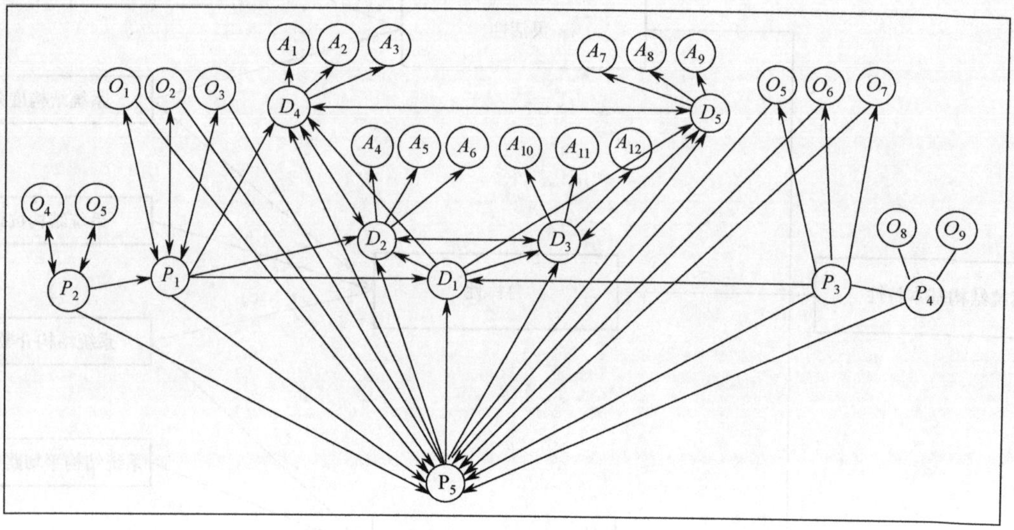

(a) 某区域联合防空指挥信息系统的系统结构

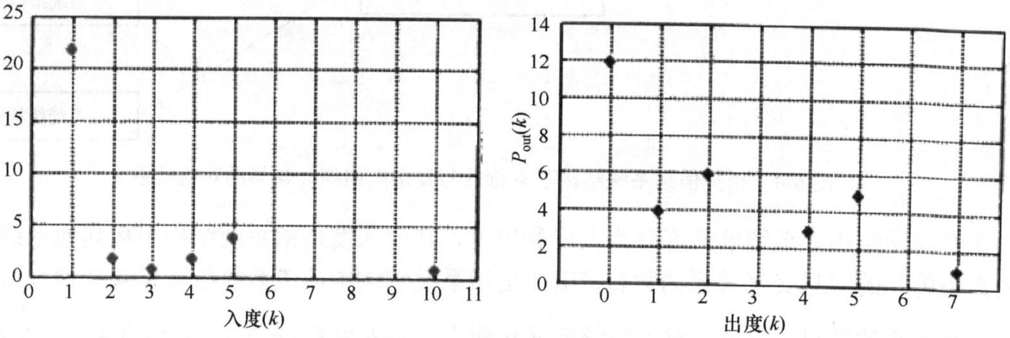

(b) 系统结构对应的度分布

图 6-5 系统结构度分布实例

$$\cos t(G) = \sum_{\forall e \in E} \text{content}(e) \tag{6-3}$$

【定义 6.6】系统单元入聚集系数

系统单元入聚集系数是指系统结构中连向该系统单元（以该系统单元为终点）的所有系统单元间聚集的程度，是这些系统单元之间边的数目占可能的最大边的数目的比例，即

$$C_i^{\text{in}} = \frac{E_i^{\text{in}}}{k_i^{\text{in}} \times (k_i^{\text{in}} - 1)} \tag{6-4}$$

式中，E_i^{in} 为这些系统单元之间实际存在的边数，由于系统单元 v_i 的入度为 k_i^{in}，则连向该系统单元的 k_i^{in} 个系统单元之间可能存在的最大边放为 $k_i^{\text{in}} \times (k_i^{\text{in}} - 1)$。

【定义 6.7】系统结构入聚集系数

系统结构入聚集系数为所有系统单元入聚集系数的平均值。

$$C_{\text{in}}(G) = \frac{1}{n}\sum_{\forall v_i \in V} C_i^{\text{in}} = \frac{1}{n}\sum_{\forall v_i \in V} \frac{E_i^{\text{in}}}{k_i^{\text{in}} \times (k_i^{\text{in}} - 1)} \tag{6-5}$$

同理，可定义系统单元出聚集系数和系统结构出聚集系数。

【定义 6.8】系统单元出聚集系数

系统单元出聚集系数为系统结构中该系统单元连出（以该系统单元为起点）的所有系统单元间聚集的程度，是这些系统单元之间边的数目占可能的最大边的数目的比例。

$$C_i^{\text{out}} = \frac{E_i^{\text{out}}}{k_i^{\text{out}} \times (k_i^{\text{out}} - 1)} \tag{6-6}$$

【定义 6.9】系统结构出聚集系数

系统结构出聚集系数为所有系统单元出聚集系数的平均值。

$$C_{\text{out}}(G) = \frac{1}{n}\sum_{\forall v_i \in V} C_i^{\text{out}} = \frac{1}{n}\sum_{\forall v_i \in V} \frac{E_i^{\text{out}}}{k_i^{\text{out}} \times (k_i^{\text{out}} - 1)} \tag{6-7}$$

【定义 6.10】系统结构聚集系数

系统结构聚集系数为系统结构入聚集系数和系统结构出聚集系数之和，即

$$C(G) = C_{\text{in}}(G) + C_{\text{out}}(G) = \frac{1}{n}(\sum_{\forall v_i \in V} C_i^{\text{in}} + \sum_{\forall v_i \in V} C_i^{\text{out}}) \tag{6-8}$$

系统结构聚集系数反映了系统结构集团化程度，是衡量系统结构单元之间联系的紧密度的重要参数。通过聚集系数参量，可有效反映系统结构单元之间自组织、自同步与动态组合等特性，因此它可作为反映系统结构灵活性的重要参数。在指挥信息系统中，聚集系数表示在完成某个作战任务时，同一作战体系内各个系统单元之间可以相互协调的能力。

一般来说，系统结构聚集系数越大，说明系统单元之间的联系越紧密，系统网络化程度越高。第四代指挥信息系统应该具有较大的系统结构聚集系数。

例如，图 6-6 给出了两个指挥信息系统结构的网络模型，计算两个系统结构的聚集系数如表 6-2 所列。

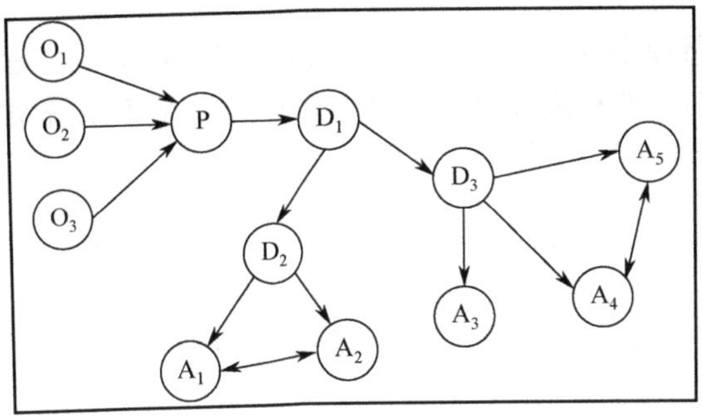

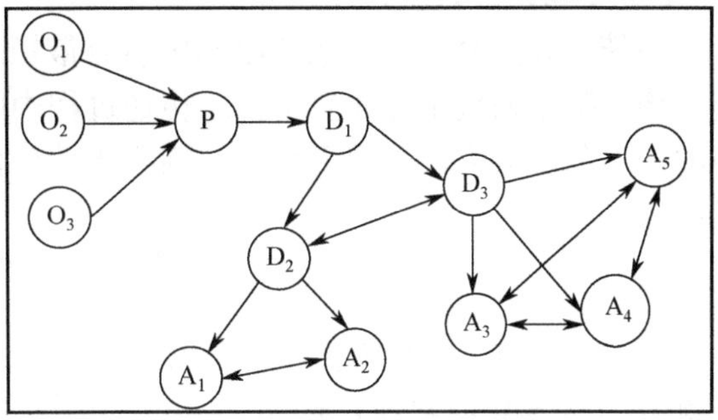

图 6-6　两个指挥信息系统结构的网络模型

表 6-2　两个系统结构的聚集系数

系统结构	系统结构入聚集系数	系统结构出聚集系数	系统结构聚集系数
系统结构 1	0.0833	0.0566	0.1389
系统结构 2	0.2917	0.2014	0.4931

从表 6-2 中可以看出，在决策控制单元之间和响应执行单元之间，系统结构 2 比系统结构 1 有着更多的横向协同交互关系，反映出系统结构 2 中的各系统单元联系更为紧密，具有更强

的协同能力。表 6-2 中的计算结果也显示系统结构 2 的聚集系数（0.4931）远远大于系统结构 1 的聚集系数（0.1389）。

【定义 6.11】系统结构平均路径长度

系统结构平均路径长度为系统中任意两个系统单元之间的最短距离的平均值，这里的最短距离可以是最短跳数（经历的边上的权值为 1），也可以是最短时延距离（经历的边上的权值为信息交互的时延大小）。系统结构平均路径长度反映了系统的效率，是衡量系统结构高效性的重要指标。平均路径长度越大，说明系统层次越多，系统中信息的流动、共享与同步将会越困难和低效。

$$L(G)=\frac{1}{n(n-1)}\sum_{\forall v_i,v_j\in V,i\neq j} l_{ij} \tag{6-9}$$

$$\begin{aligned} l_{ij} &= \sum_{\forall v_i,v_j\in V,i\neq j} w_x(e)(\mathrm{sp}(v_i,v_j)) \\ &= \sum_{\forall v_i,v_j\in V,i\neq j} w_x(e),\begin{cases} w_x=\mathrm{delay}()\text{（如果是最短时延距离）} \\ w_x=1\text{（如果是最短跳数）} \end{cases} \end{aligned} \tag{6-10}$$

式中，l_{ij} 为系统单元 v_i 和 v_j 之间的最短跳数或最短时延距离，定义为两个系统单元之间的最短路径上跳数或时延的总和；$\mathrm{sp}(v_i,v_j)$ 为系统单元 v_i 和 v_j 之间的最短路径。

【定义 6.12】系统结构直径

系统结构直径为系统结构中所有的最短距离中的最大值，可以有效反映系统结构整体连通性能和效能，当最短距离采用最短时延距离，可有效反映系统结构的整体信息效能。因此，系统结构直径是系统结构鲁棒性和高效性的重要参数。

$$D(G)=\max_{\forall v_i,v_j\in V,i\neq j} l_{ij} \tag{6-11}$$

【定义 6.13】系统单元点介数

系统单元点介数是指系统结构中所有最短路径中经过该系统单元的数量比例，体现的是系统结构中某个系统单元在整个信息传递过程中的重要程度，反映了该系统单元在整个系统结构中的作用和影响力，可用于系统结构鲁捧性分析中对于关键节点的评价。

$$BC_i=\max_{\forall v_j,v_k\in V,j\neq k}\frac{\sigma_{jk}(i)}{\sigma_{jk}} \tag{6-12}$$

式中，$\sigma_{jk}(i)$ 为系统单元 v_j 和 v_k 之间最短路径经过系统单元 v_i 的数目；σ_{jk} 表示系统单元 v_j 和 v_k 之间最短路径的总数。

【定义 6.14】系统结构介数分布量

系统结构介数分布量是指系统结构中系统单元点介数所服从的分布规律，是衡量系统结构鲁棒性和高效性的一个重要参数。

【定义 6.15】系统结构抗毁度

系统结构抗毁度用于描述系统结构中的系统单元及其关系发生失效或遭受攻击条件下，系统结构保持连通的能力，是衡量系统结构鲁棒性的重要目标函数。系统结构抗毁度值越大，表示系统的连接程度越好，即鲁棒性越好。

$$\text{Inv}(G)=\frac{1}{\omega\sum_{i=1}^{\omega}\left(\frac{N_i}{n}\times L_i\right)} \tag{6-13}$$

式中，ω 为系统结构包含的连通分支数；N_i 为第 i 个连通分支的节点数目；L_i 为第 i 个连通分支的平均路径长度。

将上述复杂网络统计参量进行归纳，如表 6-3 所列。

表 6-3　复杂网络统计参量

序号	参数名称	计算公式	物理含义
1	系统结构度分布	入度 $k_i^{\text{in}}=\sum_{j=1}^{n}a_{ji}$ 出度 $k_i^{\text{out}}=\sum_{j=1}^{n}a_{ij}$	反映了系统单元的连接情况。系统结构中不同的分布函数反映了系统单元地位的差异程度或重要程度
2	系统结构代价	$\text{Cost}(G)=\sum_{\forall e\in E}\text{content}(e)$	系统结构代价可有效反映系统连接总的开销和成本，使衡量系统结构高效性的参数之一
3	系统结构聚集系数	$C(G)+C_{\text{in}}(G)+C_{\text{out}}(G)=\frac{1}{n}\left(\sum_{\forall v_i\in V}C_i^{\text{in}}+\sum_{\forall v_i\in V}C_i^{\text{out}}\right)$	系统结构聚集系数反映了系统结构集团化程度，是反映系统结构灵活性的重要参数
4	系统结构平均路径长度	$L(G)=\frac{1}{n(n-1)}\sum_{\forall v_i,v_j\in V,i\neq j}l_{ij}$	系统结构平均路径长度反映了系统的效率，是衡量系统结构高效性的重要指标
5	系统结构直径	$D(G)=\max_{\forall v_i,v_j\in V,i\neq j}l_{ij}$	系统结构直径可有效反映系统结构整体连通性和效能，是系统结构鲁棒性和高效性的重要参数
6	系统结构介数分布	$BC_i=\sum_{\forall v_j,v_k\in V,j\neq k}\frac{\sigma_{jk}(i)}{\sigma_{jk}}$	系统结构介数分布是指系统结构中系统单元点介数所服从的分布规律，是系统结构鲁棒性和高效性的一个重要参数
7	系统结构抗毁度	$\text{Inv}(G)=\frac{1}{\omega\sum_{i=1}^{\omega}\left(\frac{N_i}{n}\times L_i\right)}$	系统结构抗毁度用于描述系统结构中的系统单元及其关系发生失效或遭受攻击条件下，系统结构保持连同的能力，是衡量系统结构鲁棒性的重要目标函数

6.3.3　系统结构网络化效能度量方法

灵活性、鲁棒性、高效性反映的是系统结构完成任务的能力特性，因此前面研究的是从完成任务能力角度来度量系统结构优劣的方法，研究的途径是将系统结构抽象成一个网络模型，将系统结构中的单元抽象成网络模型中的节点，将单元间的关系抽象成网络模型中的有向边。

研究的案例表明，指挥信息系统结构扁平化程度与三个结构特性存在着正向关系，结构扁平化程度越高，结构的灵活性、鲁棒性和高效性越优。由于结构扁平化程度取决于系统结构各单元联网的程度（简称网络化程度），因此，网络化程度的提升能够改善系统结构的特性，也就是说网络是提高系统结构灵活性、鲁棒性和高效性的一种使能。

另外，根据网络中心战基本原则，系统结构各单元广泛联网，能够提高战场态势感知与共享能力、缩短指挥控制周期和改善作战行动管控与同步效果，最终提高系统的任务效能即完成任务的效果。因此，网络化程度的提升能够带来系统效能的提升。

综上所述，在假设战场赛博空间安全可控的条件下，系统结构网络化程度的提升不但能够带来系统结构特性的改善，也能够带来系统结构效能的提升。因此，网络化程度与系统结构的优劣密切相关。我们将网络化所带来的系统结构特性改善和任务效能提高统称为系统结构的网络化方法效能。显然，网络化程度越高，产生的系统结构网络化效能越大，系统完成任务的效果就越好。下面结合网络中心战结构模型和 OODA 过程模型，建立指挥信息系统结构中“环”的概念，进而提出系统结构“五环”概念，并通过定义网络化效能因子来度量指挥信息系统结构的网络化效能。

1．理论依据

1）网络中心战结构模型

网络中心战强大的威力主要来自其结构，网络中心战结构模型按功能分为相互耦合的四个部分：感知探测栅格、指挥控制栅格、火力打击栅格和信息栅格，如图 6-7 所示。

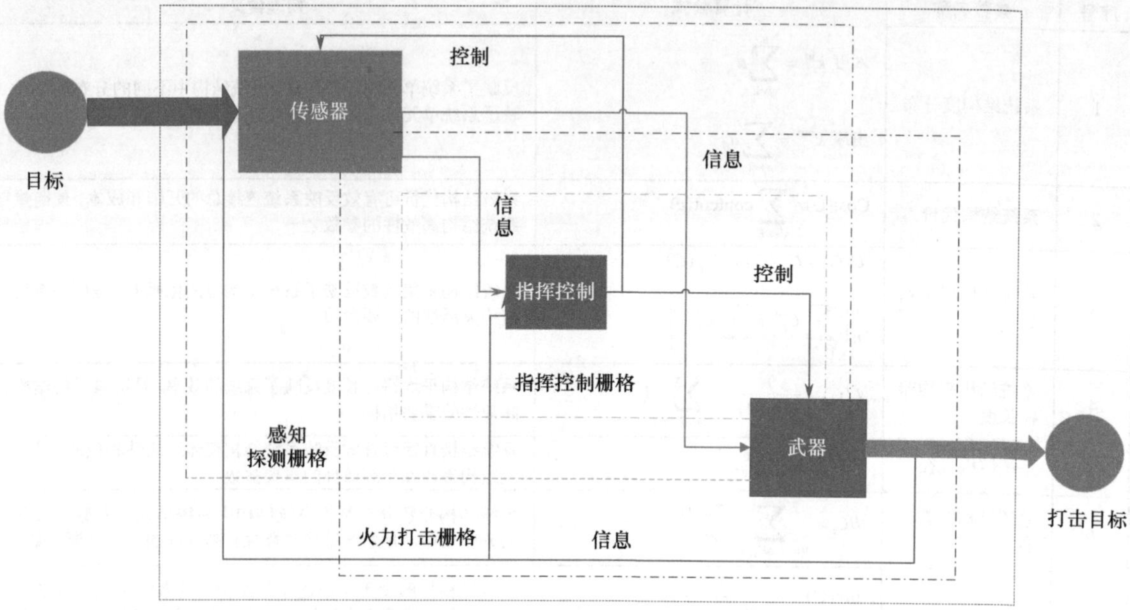

图 6-7　网络中心战结构模型

（1）感知探测栅格将传感器作为网上节点，共享及综合运用所有感知探测和信息处理资源，获取要素齐全的目标信息，统一进行分布式多源信息融合处理，形成一致的覆盖陆、海、空、天与电磁空间的战场感知态势，达成战场单向透明，为预警、决策、武器控制按需提供情报服务。

（2）指挥控制栅格是通过网络对作战区域内不同类型的指挥控制系统进行组织，按网络化作战规律运行，完成战场态势一致理解与共享、作战/保障计划协同制订、决策信息共享、最优作战计划、任务动态调整、过程全程监控、效果实时评估、作战保障灵活支持等任务的指挥网络。

（3）火力打击栅格通过数据链或其他通信网络对信息化武器单元进行组网，支持指挥单元与武器单元交链控制，多个武器单元的火力组网运用，多武器平台共享瞄准、测控、制导、跟踪等资源，实现多平台火力协同打击。

（4）信息栅格将有效集成各种信息资源，连接各种传感器、指挥机构、武器、人员及设备，提供一致的信息获取、处理及共享的机制，形成物理上分布、逻辑上集中的信息环境，是感知探测栅格、指挥控制栅格和火力打击栅格的基础。

2）OODA 过程模型

OODA 过程模型是 Boyd 上校提出的经典作战指挥模型，它以指挥控制为核心描述了“观察—判断—决策—行动”的作战过程环路，如图 6-8 所示。

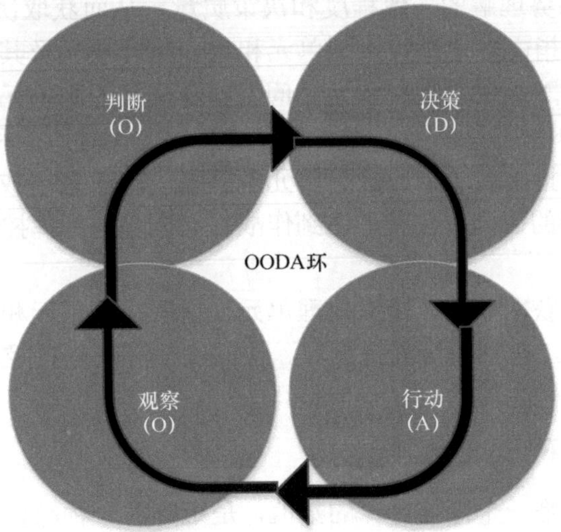

图 6-8　OODA 过程模型

“观察—判断—决策—行动”四个过程相互关联和循环往复，构成了一切作战活动的基础。在作战中谁能够更快地完成 OODA 循环，并打乱对手的循环，谁就能赢得作战的主动和胜利。在网络中心化条件下，由于信息技术的运用和信息系统的发展，OODA 环的运行速度将加快，而且其过程呈现动态自适应的特征，各级部队在领会上级指挥官的意图后，能够根据战场态势积极发挥主观能动性，自下而上地组织和协同复杂的战斗活动，将作战从一步一步的战斗行动转变为自适应、并发执行、协调有序、行动快速的网络化体系作战。对于 OODA 环过程的每一步骤而言，除了加快其速度能缩短整个周期，提高过程中信息（情报、态势）质量、决策质量、共享或同步能力等也是缩短整个循环周期、提高指挥速度的重要因素。

2．系统结构的“五环”理论模型

【定义 6-16】环　是图论中一种由边和节点组成的特殊结构，在指挥信息系统结构中，当有向边形成闭合回路时，则将该回路称为环。“环”越多，说明系统单元之间的共享、协同、指控、反馈等行为越密切，系统的资源共享与协同程度越高，反馈优化能力越强，系统的指挥控制能力越强，即系统网络化效能越大。Jeffrey R. Cares 在研究分布式网络化作战理论时也得出了相同的观点。如果系统结构中没有环，也就不会产生有用的网络化效能。

【定义 6-17】系统结构“五环”　基于网络中心战结构模型和 OODA 过程模型，将指挥信息系统结构中的环根据其作用，划分为协同探测环、协同决策环、协同控制环、协同执行环四类基本环和综合环，称为系统结构“五环”。

（1）协同探测环，是指由多个传感器节点和情报处理节点及其之间的关系组成的闭合回路，其主要功能是实现多个传感器之间的协同探测，并根据情报处理效果对传感器进行反馈控制。在传感器组网状态下，功能互补的传感器协同探测（如 ESM 与雷达协同、预警雷达给火控雷达目标指示）、同类型的传感器联合探测（如多个防空预警雷达联合探测），以及根据情报处理效果优化配置传感器资源和控制传感器工作状态，能够有效提高目标探测能力和抗干扰能力，形成信息优势。

（2）协同决策环，是指由多个决策控制单元及其之间的关系组成的闭合回路，其主要功能是完成决策控制单元之间的态势共享和协同决策，它有助于形成高质量的战场态势图（COP），提高各级指挥员对战场态势理解的一致程度和决策质量，从而获取决策优势。

（3）协同控制环，是指由多个决策控制单元和响应执行单元及其之间的关系组成的闭合回路，其主要功能是完成上下级决策控制单元之间，以及决策控制单元与响应执行单元之间的作战计划和指令下达/上报和状态反馈等，有利于作战进程的实时监控和作战计划的及时调整。

（4）协同执行环，是指由多个响应执行单元及其之间的关系组成的闭合回路，其主要功能是实现响应执行单元之间的协同，有利于达到作战行动同步。指挥控制环和协同执行环直接影响作战行动优势的取得。

（5）综合环，由情报获取单元、情报处理单元、指挥决策单元和响应执行单元等组成，指从整个 OODA 过程角度，包括了协同探测环、协同决策环、指挥控制环和协同执行环在内的整个系统结构的环。

3．系统结构的"五环"理论模型

在数学上，特征值 λ 是一个矩阵计算的数值，是矩阵的一种综合参数，反映了特征向量在变换时的伸缩倍数。由于邻接矩阵是一种"稀疏非负矩阵"，由 Perron-Frobenius 定理可知，矩阵至少存在一个大于所有其他特征值的、实的、非负特征值，即最大特征值 $\lambda_{\max}$。一般来讲，当邻接矩阵为 0-1 矩阵时，其最大特征值有三种不同取值：无环（$\lambda_{\max}=0$）、单环（$\lambda_{\max}=1$）和多环（$\lambda_{\max}>1$），最大特征值与结构中环的数量呈正向关系。因此，本书将这一参数用来表达结构中环的数量大小，最大特征值越大，结构中环的数量越多，越能反映系统组网的连接效果，即系统结构网络化程度。图 6-9 给出了三种不同的结构以及对应的 0-1 邻接矩阵的战大特征值 $\lambda_{\max}$，其中多环结构被认为是具有网络化效能的结构。

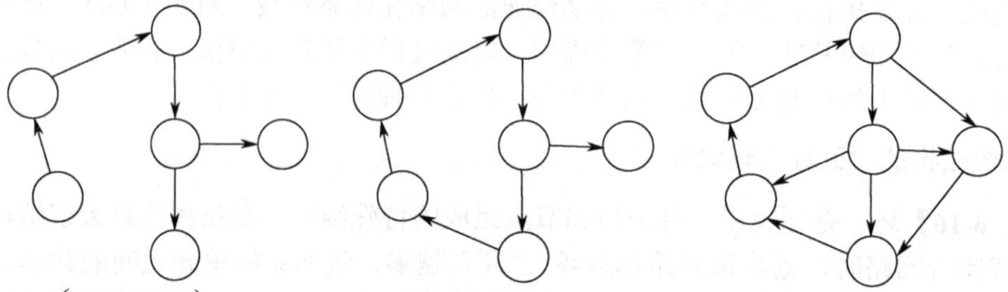

$$A_{p-1}=\begin{pmatrix}0&1&0&0&0&0\\0&0&1&0&0&0\\0&0&0&1&0&0\\0&0&0&0&1&1\\0&0&0&0&0&0\\0&0&0&0&0&0\end{pmatrix}\lambda_{\max}=0\quad A_{p-2}=\begin{pmatrix}0&1&0&0&0&0\\0&0&1&0&0&0\\0&0&0&1&0&0\\0&0&0&0&1&1\\0&0&0&0&0&0\\1&0&0&0&0&0\end{pmatrix}\lambda_{\max}=1\quad A_{p-3}=\begin{pmatrix}0&1&0&0&0&0\\0&0&1&0&0&0\\0&0&0&1&1&0\\1&0&0&0&1&1\\0&0&0&0&0&1\\1&0&0&0&0&0\end{pmatrix}\lambda_{\max}=1.3247$$

(a) 无环结构　　(b) 单环结构　　(c) 多环结构

图 6-9　三种结构及对应的邻接矩阵和最大特征值

1）协同探测环

协同探测环的基本原理是多元信息融合原理，通过多个情报获取单元与情报处理单元组网，共享感知探测资源，并进行多源信息融合，形成战场一致的感知态势（情报）。研究表明，当来自多个传感器的信息融合在一起时，合成的目标轨迹误差就会迅速收敛到可用的交战精度。

推论 1：在系统结构中，如果增加情报处理单元对情报获取单元的管控功能，对情报获取单元进行目标指示或传感器参数的优化控制，就能够实现多个情报获取单元的协同探测，则协同探测环的数量会增加，系统结构的网络化效能因子会提高，系统的战场感知能力随之提高。

推论 2：在系统结构中，对同一目标，如果增加异类传感探测手段进行协同探测，并进行多元情报属性融合，则协同探测环的数量会增加，系统机构的网络化效能因子会提高，系统的跟踪和识别目标能力也随之提高。

2）协同决策环

协同决策环的基本原理是网络中心战行动的共享态势感知和理解机制，通过提高决策控制单元之间的态势（包含指挥员对态势的理解）共享程度，形成理解一致的战场公共作战态势图（COP），从而可以更准确地了解战场敌我双方情况，提高决策质量和作战行动同步程度，提高系统的作战效能。美国兰德（RAND）公司在“空空战斗”实验中已经验证，在网络中心化作战条件下，由于所有参与方都能共享同一张共用战术图，使态势感知和态势理解能力得以显著改进，最终将这种认知优势转换为空战中生存能力和杀伤力的提高。美军陆军第五军及第三机械化步兵师在“自由伊拉克行动”中，通过安装蓝军跟踪系统，大幅提高了指挥控制系统的网络化效能，在攻占“目标桃子”的作战行动中，共享了作战态势图，提高了部队的态势感知能力，并使得部队快速做出决策和自我调整，极大提高了指挥和战术灵活性及任务效能。

推论 3：在系统结构中，决策控制单元之间横向协同和交互越多，协同决策环的数量越多，系统结构的网络化效能因子就越高，系统的共享态势和理解能力随之越强，决策优势就越明显。

3）指挥控制环

指挥控制环的基本原理是控制工程的反馈优化原理。在决策控制单元对响应执行单元进行指挥时，如果能根据响应执行单元反馈的情况及时调整作战方案，形成最优的作战方案，从而实现对响应执行单元更适时、精确的指挥控制，则会提高响应执行单元之间的协同能力和完成任务的成功率。在伊拉克战争期间，通过蓝军跟踪系统 Col（利益共同体）的运用，美国陆军第五军和第三机械化步兵师享受到的网络化优势远远超过了“沙漠风暴行动”期间的作战部队，使部队能在更为分散的环境中作战，移动速度更快，并极大降低了误伤率，形成了在“沙漠风暴行动”期间所无法想象的协同和联合作战能力。

一般来说，在网络化作战体系中，增加控制“反馈化”机制，即赋予响应执行单元处理各种突发情况的时间和空间，形成“信息—反馈—控制”的良性控制循环体系，是提升指挥控制能力的有效手段。这也是网络中心战的“权利边缘化”的重要体现。

推论 4：在指挥控制环中，在相同的动态编组情况下，如果响应执行单元具备向决策控制节点反馈信息的机制，能提高系统结构的网络化效能因子，从作战应用层面能使决策控制单元具备精确控制的能力，从而提高协同指挥的灵活性和任务效能。

4）协同执行环

协同执行环的基本原理是网络中心化指挥控制的自同步原理。系统结构中两个以上的响应执行单元，围绕指挥员意志、共享态势及同一任务目标，根据自身能力和战场情况变化，自行调节作战行动与行为，提高指挥的持续能力和速率，从而提到系统的作战效能。美军在 20 世纪末进行的某舰队作战实验（FBE）已经有效验证了网络中心化条件下自同步的巨大潜力。与传统平台为中心作战相比，通过使陆军直升机、P-3，LAMPS、AC-130 及陆基和航空母舰舰载飞机之间协同和自同步，漏网目标数量降低了一个数量级，作战任务可在一半时间内完成。

推论 5：在协同执行环中，对某决策控制单元而言，如果参与的响应执行单元之间协同越紧密，则系统网络化效能因子越高。对作战应用层面而言，响应执行单元之间的自同步能力越强，指挥的敏捷性越强。

6.4 基于效果的指挥信息系统结构仿真评估

仿真是分析研究复杂问题的有效手段和工具。基于效果的系统结构仿真评估方法是指在模拟的作战任务和环境下，通过计算机仿真模型来模拟系统行为及特性（由各系统单元行为及它们之间的交互行为组成），并利用记录的仿真实验数据评估系统结构的特性及效能（任务完成效果）是否满足设计要求。仿真评价综合考虑了系统的使命任务、对抗环境、作战应用过程、系统单元之间的动态交互行为和相互作用等因素，从模拟的作战应用过程和效果来评估系统结构的优劣。因此，基于效果的系统结构仿真评估方法是从任务完成效果来评价系统结构特性和整体的优劣。需要注意的是，仿真评估结果具有一定的局限性，它既取决于系统结构仿真模型的逼真度，又与特定的作战环境和条件密切相关。下面分别描述系统结构仿真评估框架、系统结构仿真评估指标及计算模型、系统结构仿真建模方法。

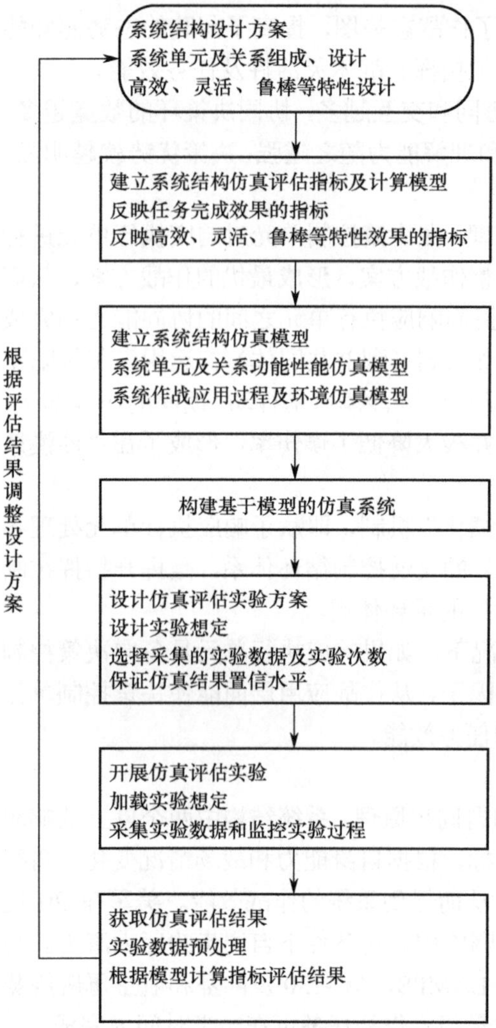

图 6-10 系统结构仿真评估框架

6.4.1 系统结构仿真评估框架

系统结构仿真评估的基本原理是在特定的作战任务和环境下，通过模拟系统单元及关系的行为、状态和任务完成效果来评价其优劣，其框架如图 6-10 所示。与一般的系统仿真评估过程类似，系统结构仿真评估的基本过程包括：根据系统结构设计方案建立系统结构仿真评估指标及计算模型、建立结构仿真模型、构建仿真评估实验系统、设计仿真评估实验方案、开展仿真评估实验、获取仿真评估结果等。

其中，系统结构设计方案包括系统单元及关系组成、设计，以及高效、灵活、鲁棒等特性设计；系统结构仿真评估指标及计算模型包括反映任务完成效果的指标及反映高效、灵活、鲁棒等特性效果的指标；系统结构仿真模型包括系统单元及关系功能性能仿真模型、作战应用过程及环境仿真模型；基于系统结构仿真模型构建相应的仿真评估实验系统，设计仿真评估实验方案包括设计实验想定、选择采集的实验数据及设计实验次数，保证仿真结果置信水平；开展仿真评估实验包括加载实验想定、采集实验数据和监控实验过程；获取仿真评估结果包括实验数据预处理、根据模型计算指标评估结果。在获取仿真评估结果之后，还可以根据评估结果对系统结构进行优化调整。

6.4.2　系统结构仿真评估指标体系及计算模型

1. 系统结构仿真评估指标体系

系统结构仿真评估指标体系从系统结构的高效性、鲁棒性、灵活性和效能四个方面建立，如图 6-11 所示。

其中，系统结构高效性包括情报、态势和指令等信息的时效性和系统反应时间等；系统结构鲁棒性包括系统结构自身抗毁能力、情报保障能力变化程度、信息共享能力变化程度和指挥控制能力变化程度等；系统结构灵活性包括配置能力、接入能力、组合能力和调整能力等；系统结构效能是对系统结构完成任务效果的综合性评估，主要包括态势感知效能和指挥控制效能等。

2. 基于效果的系统结构高效性仿真评估指标及计算模型

系统结构高效性效果可以通过仿真情报、指控和协同等信息流模型在系统完成任务过程中的时间特性来评估。情报、指控、协同等信息在系统各单元间快速顺畅地传递是指挥信息系统完成任务和发挥效能的核心能力。下面描述几个重要的信息流时效性评估指标及计算模型，这些指标都可以通过仿真实验获取评估数据。

1）情报保障时效性

情报保障时效性用来衡量情报处理单元、决策控制单元和响应执行单元等信宿单元能否及时获得相关情报保障信息，定义为从情报获取单元和情报处理单元等信源单元发送情报到信宿单元并接收到该情报的平均时间间隔，是系统中所有信宿单元在一定评估时段内的平均值。情报保障时效性可以具体分为情报处理单元、决策控制单元和响应执行单元分别获取情报信息的时效性，评估模型为：

$$\begin{cases} T_{\text{情报处理单元}} = \dfrac{\sum_{i=1}^{N_{\text{情报处理单元}}} \sum_{j=1}^{M_{\text{情报处理单元}i}} \left(t_{ij}^{1}(\text{情报处理单元}) - t_{ij}^{0}(\text{情报处理单元})\right)}{\sum_{i=1}^{N_{\text{情报处理单元}}} M_{\text{情报处理单元}i}} \\ T_{\text{决策控制单元}} = \dfrac{\sum_{i=1}^{N_{\text{决策控制单元}}} \sum_{j=1}^{M_{\text{决策控制单元}i}} \left(t_{ij}^{1}(\text{决策控制单元}) - t_{ij}^{0}(\text{决策控制单元})\right)}{\sum_{i=1}^{N_{\text{决策控制单元}}} M_{\text{决策控制单元}i}} \\ T_{\text{响应执行单元}} = \dfrac{\sum_{i=1}^{N_{\text{响应执行单元}}} \sum_{j=1}^{M_{\text{响应执行单元}i}} \left(t_{ij}^{1}(\text{响应执行单元}) - t_{ij}^{0}(\text{响应执行单元})\right)}{\sum_{i=1}^{N_{\text{响应执行单元}}} M_{\text{响应执行单元}i}} \end{cases} \tag{6-14}$$

以情报处理单元获取情报信息的时效性为例，N 表示系统中情报处理单元的总数；M 表示情报处理单元 i 在指定的评估时段内共接收的情报信息次数；t_{ij}^{0}（情报处理单元）表示第 i 个情报处理单元在选定的评估时段内接收到第 j 个情报信息的时刻，该时刻可以通过情报处理单元对每个接收的情报报文打上接收时刻的时间戳获得；t_{ij}^{1}（情报处理单元）表示第 j 个情报报文从信源发出的时刻，该时刻可以通过信源对每个发送的情报报文打上发送时刻的时间戳获得。在仿真实验过程中，评估时段可以设为整个实验过程。可见，情报处理单元获取情报信息的时效性是所有情报处理单元情报获取时效性在一定时段内的求平均，决策控制单元和响应执行单元获取情报信息的时效性与此类似。

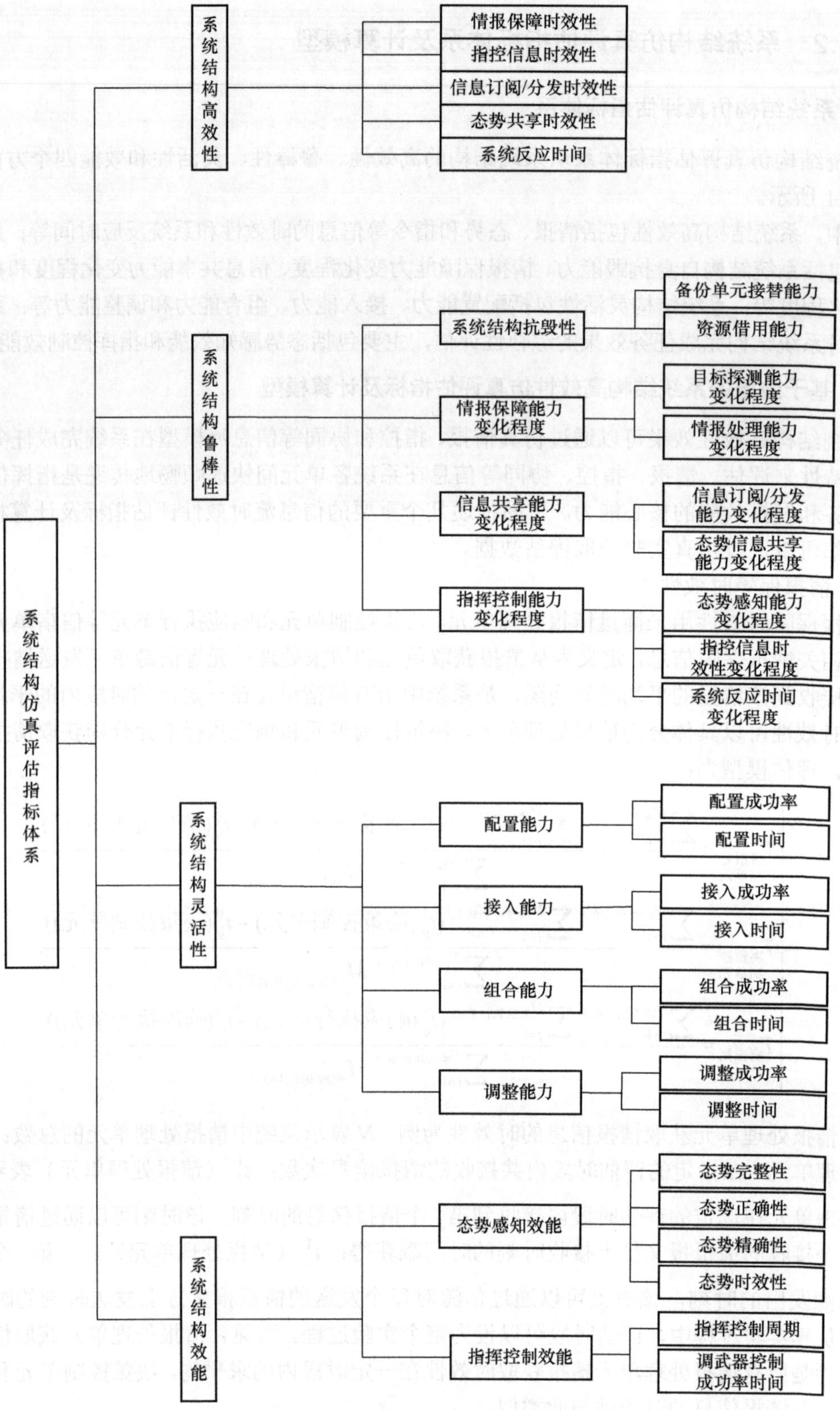

图 6-11 系统结构仿真评估指标体系

整个系统结构的情报保障信息时效性是对所有情报处理单元、决策控制单元和响应执行单元获取情报信息的时效性的求平均，评估模型为

$$T_{\substack{\text{情报}\\\text{保障}\\\text{时效性}}}=\frac{\sum_{i=1}^{N_{\text{情报处理单元}}}\sum_{j=1}^{M_{\text{情报处理单元}i}}\left(t_{ij}^{1}\left(\begin{matrix}\text{情报处}\\\text{理单元}\end{matrix}\right)-t_{ij}^{0}\left(\begin{matrix}\text{情报处}\\\text{理单元}\end{matrix}\right)\right)}{\left(\sum_{i=1}^{N_{\text{情报处理单元}}}M_{\text{情报处理单元}i}+\sum_{i=1}^{N_{\text{决策控制单元}}}M_{\text{决策控制单元}i}+\sum_{i=1}^{N_{\text{响应执行单元}}}M_{\text{响应执行单元}i}\right)}+$$

$$\frac{\sum_{i=1}^{N_{\text{决策控制单元}}}\sum_{j=1}^{M_{\text{决策控制单元}i}}\left(t_{ij}^{1}\left(\begin{matrix}\text{决策控}\\\text{制单元}\end{matrix}\right)-t_{ij}^{0}\left(\begin{matrix}\text{决策控}\\\text{制单元}\end{matrix}\right)\right)}{\left(\sum_{i=1}^{N_{\text{情报处理单元}}}M_{\text{情报处理单元}i}+\sum_{i=1}^{N_{\text{决策控制单元}}}M_{\text{决策控制单元}i}+\sum_{i=1}^{N_{\text{响应执行单元}}}M_{\text{响应执行单元}i}\right)}+ \quad (6\text{-}15)$$

$$\frac{\sum_{i=1}^{N_{\text{响应执行单元}}}\sum_{j=1}^{M_{\text{响应执行单元}i}}\left(t_{ij}^{1}\left(\begin{matrix}\text{响应执行}\\\text{单元}\end{matrix}\right)-t_{ij}^{0}\left(\begin{matrix}\text{响应执行}\\\text{单元}\end{matrix}\right)\right)}{\left(\sum_{i=1}^{N_{\text{情报处理单元}}}M_{\text{情报处理单元}i}+\sum_{i=1}^{N_{\text{决策控制单元}}}M_{\text{决策控制单元}i}+\sum_{i=1}^{N_{\text{响应执行单元}}}M_{\text{响应执行单元}i}\right)}$$

式中，$M_{\text{响应执行单元}i}$ 表示响应执行单元 i 在指定的评估时段内共接收的指控信息次数。

2）情报信息时效性

指控信息时效性用来衡量决策控制单元和响应执行单元等能否及时获得指控信息，其中指控信息指作战方案、计划和指令等信息。指控信息时效性定义为从决策控制单元发出指控信息开始到下级决策控制单元或响应执行单元接收到该指控信息的平均时间间隔。决策控制单元和响应执行单元获取指控信息的时效性评估模型为

$$\begin{cases}T_{\text{决策控制单元}}=\dfrac{\sum_{i=1}^{N_{\text{决策控制单元}}}\sum_{j=1}^{M_{\text{决策控制单元}}}\left(\tau_{ij}^{1}\left(\text{决策控制单元}\right)-\tau_{ij}^{0}\left(\text{决策控制单元}\right)\right)}{\sum_{i=1}^{N_{\text{决策控制单元}}}M_{\text{决策控制单元}}}\\[2ex]T_{\text{响应执行单元}}=\dfrac{\sum_{i=1}^{N_{\text{响应执行单元}}}\sum_{j=1}^{M_{\text{响应执行单元}}}\left(\tau_{ij}^{1}\left(\text{响应执行单元}\right)-\tau_{ij}^{0}\left(\text{响应执行单元}\right)\right)}{\sum_{i=1}^{N_{\text{响应执行单元}}}M_{\text{响应执行单元}}}\end{cases} \quad (6\text{-}16)$$

以响应执行单元获取指控信息的时效性为例，$N_{\text{响应执行单元}}$ 表示系统中响应执行单元的总数；$\tau_{ij}^{1}(\text{响应执行单元})$ 表示第 i 个响应执行单元在选定的评估时段内接收到第 j 个指控信息的时刻，该时刻可以通过响应执行单元对每个接收的指控信息报文打上接收时刻的时间戳获得；$\tau_{ij}^{0}(\text{响应执行单元})$ 表示第 j 个指控信息报文从上级决策控制单元发出的时刻，该时刻可以通过决策控制单元对每个发送的指控信息报文打上发送时刻的时间戳获得。在仿真实验过程中，评估时段可以设为整个实验过程。可见，响应执行单元获取指控信息的时效性是所有响应执行单元获取指控信息时效性一定时段内的求平均，决策控制单元获取指控信息的时效性与此类似。

整个系统结构的指控信息时效性是对所有决策控制单元和响应执行单元获取指控信息的时效性的求平均，评估模型为

$$T_{\text{指挥信息时效性}}=\frac{\sum_{i=1}^{N_{\text{决策控制单元}}}\sum_{j=1}^{M_{\text{决策控制单元}i}}\left(\tau_{ij}^{1}\left(\text{决策控制单元}\right)-\tau_{ij}^{0}\left(\text{决策控制单元}\right)\right)+\sum_{i=1}^{N_{\text{响应执行单元}}}\sum_{j=1}^{M_{\text{响应执行单元}i}}\left(\tau_{ij}^{1}\left(\text{响应执行单元}\right)-\tau_{ij}^{0}\left(\text{响应执行单元}\right)\right)}{\sum_{i=1}^{N_{\text{决策控制单元}}}M_{\text{决策控制单元}i}+\sum_{i=1}^{N_{\text{响应执行单元}}}M_{\text{响应执行单元}i}} \tag{6-17}$$

3）信息订阅/分发时效性

信息订阅/分发时效性用来衡量指挥信息系统中信息用户能否通过信息订阅请求及时获取相关的信息服务，其中信息用户包括情报处理单元、决策控制单元和响应执行单元等，为简化评估模型，在此不对信息用户进一步分类。信息订阅/分发时效性定义为从信息用户向信息提供者发出信息订阅请求开始，到接收到信息服务反馈的时间间隔，其中信息提供者可以是军事信息基础设施中的信息服务中心，也可以是能够对外提供信息的情报获取、情报处理和决策控制等单元。信息订阅/分发时效性是系统中所有信息用户在一定评估时段内的平均值，评估模型为

$$T_{\text{信息订阅/分发时效性}}=\frac{\sum_{i=1}^{N_{\text{信息用户}}}\sum_{j=1}^{M_{\text{信息用户}i}}\left(t_{ij}^{1}\left(\text{信息用户}\right)-t_{ij}^{0}\left(\text{信息用户}\right)\right)}{\sum_{i=1}^{N_{\text{信息用户}}}M_{\text{信息用户}i}} \tag{6-18}$$

式中，$N_{\text{信息用户}}$为系统结构中信息用户的总数，包括情报处理单元和决策控制单元、响应执行单元等；$M_{\text{信息用户}i}$为信息用户 i 在评估时段内发出的信息订阅请求总次数；$t_{ij}^{0}\left(\text{信息用户}\right)$为第 i 个消息用户在选定的评估时段内发出第 j 次信息订阅请求的时刻；$t_{ij}^{1}\left(\text{信息用户}\right)$为第 i 个信息用户接收第 j 次信息服务反馈的时刻。

4）态势共享时效性

态势共享时效性用来衡量各决策控制单元和响应执行单元共享态势的时间长短，定义为从一个决策控制单元发出本地形成的态势信息开始到其他决策控制单元或响应执行单元接收到该态势信息的时间间隔求平均。态势共享时效性是在一定评估时段内对所有态势信息共享行为求平均值，评估模型为

$$T_{\text{态势共享时效性}}=\frac{1}{N_{\text{共享次数}}}\sum_{i=1}^{N_{\text{共享次数}}}\left(t_{i}^{1}\left(\text{态势共享}\right)-t_{i}^{0}\left(\text{态势共享}\right)\right) \tag{6-19}$$

式中，$t_{i}^{0}\left(\text{态势共享}\right)$为在选定的评估时段内第 i 次态势共享行为中分发态势信息的时刻；$t_{i}^{1}\left(\text{态势共享}\right)$为第 i 次态势共享行为中接收态势信息的时刻。

5）系统反应时间

系统反应时间是指从情报获取单元发现目标到响应执行单元接收到针对该目标指令的时间间隔，评估模型为

$$T_{\text{系统反应时间}}=\frac{1}{K}\sum_{k=1}^{K}\left(t_{k}^{1}-t_{k}^{0}\right) \tag{6-20}$$

式中，t_{k}^{0}为系统中情报获取单元发现目标 k 的时刻，由于目标 k 可能会前后或同时被多个情报获取单元发现，因此t_{k}^{0}取所有情报获取单元中最早发现目标 k 的时刻；t_{k}^{1}为系统中所有响应执行单元最早接收到针对目标 k 的作战计划或指令的时间；K 为系统发现的目标总数。

为了方便实验数据的采集，可以再为每个目标设置唯一的想定号，通过想定号确定该目标

的发现时刻和针对该目标的指令接收时刻。

3. 基于效果的系统结构鲁棒性仿真评估指标及计算模型

根据系统结构鲁棒性的定义，系统结构鲁棒性效果可以通过仿真部分系统单元失效情况下的系统能力变化程度和完成任务效果来进行评估，其中需要解决两个方面的关键问题：一是如何设计单元的失效事件；二是系统能力的变化和完成任务效果如何定量评估。

系统单元的失效事件可以采用两种方法设计：一是选择关键单元发生失效事件，利用复杂网络理论的节点度数或介数等参数挖掘出系统的关键单元；二是随机选择单元发生失效事件，通过计算机产生随机数，并与单元标识进行匹配的方法确定。在仿真实验中，还可以通过想定来确定系统的关键单元，如对完成任务起关键作用的一些系统单元。

系统结构的鲁棒性效果可以从仿真的系统结构抗毁能力和受到攻击后系统能力的变化情况两个方面来评估。仿真的情报保障能力信息共享能力和指挥控制能力等方面的波动情况都可以作为评估系统结构鲁棒性设计效果的指标，评估指标如表 6-4 所列。

表 6-4　评估指标

	抗毁能力	情报保障能力变化程度	指挥控制能力变化程度
关键单元或随即单元失效/降效	（1）备份单元接替能力 ◆ 成功率 ◆ 时效性 （2）资源借用能力 ◆ 成功率 ◆ 时效性	（1）目标探测能力变化程度 ◆ 覆盖范围 ◆ 覆盖系数 （2）情报处理能力变化程度 ◆ 处理容量 ◆ 处理时延	（1）态势感知能力变化程度 ◆ 态势时效性 ◆ 态势质量 （2）指挥信息实效性变化程度 （3）系统反应时间变化程度

1）抗毁能力

系统结构抗毁能力衡量部分系统单元失效或降效情况下能否采取备份接替或资源借用等措施有效维持结构的运行效率。备份接替能力指系统单元在工作异常情况下，通过数据同步、通信网络重组等手段，使得备份单元能够成功接替原系统单元工作。例如，对于关键的指挥控制系统，可在不同地域建立对应的预备指挥所，当原始系统工作异常时，通过备份系统的启动、名录更新、数据同步及信息分发关系更新等，完成任务接替，其中一般采用数据同步接收等措施实现无缝切换。备份接替能力评估指标包括接替成功率和成功接替时间，接替成功率定义为成功完成备份接替的次数占发生备份接替总次数的比例，评估模型为

$$\alpha_{接替成功率}=\frac{N_{成功接替次数}}{N_{接替请求总次数}} \tag{6-21}$$

成功接替时间定义为从原始系统单元工作异常到备份单元成功完成，评估模型为

$$t_k^0\ T_{成功接替时间}=\frac{1}{N_{成功接替次数}}\sum_{k=1}^{N_{成功接替次数}}\left(t_k^1-t_k^0\right) \tag{6-22}$$

式中，$N_{成功接替次数}$ 为实验测评过程中完成成功接替的次数；t_k^0 为系统单元工作异常时刻；t_k^1 为备份单元成功完成接替时刻。

资源借用指系统单元在自身降效或任务超出预期能力等情况下，通过资源调度，借用其他单元的资源来完成本单元的任务，资源包括计算资源、软件服务资源等。资源借用能力评估指标包括借用成功率和完成资源借用的时间等，评估模型与备份接替能力类似。

2）情报保障能力变化程度

情报保障能力的变化可以从目标探测能力和情报处理能力两个方面进行衡量。

（1）目标探测能力。目标探测能力通过系统探测覆盖范围和系统责任区的目标覆盖系数进行具体度量。

系统探测覆盖范围是系统中所有情报获取单元的联合探测覆盖范围，即探测覆盖范围的并集，可以表示为

$$C_{\text{覆盖范围}}=\bigcup_{i=1}^{N}C_{\text{情报获取单元}i} \tag{6-23}$$

式中，$C_{\text{情报获取单元}i}$ 为情报获取单元 i 的探测覆盖范围；N 为情报获取单元的个数。

某一目标的覆盖系数是指能够同时探测到空间中该目标的情报获取单元数量。目标覆盖系数指空间中所有目标的覆盖系数的平均值，可以表示为

$$\alpha_{\text{覆盖系数}}=\frac{\sum_{i}\sum_{j}S_i\left(M_j\right)}{n},\quad S_i(M_j)=\begin{cases}1 & (l_{ij}\leqslant L_i)\\ 0 & (l_{ij}>L_i)\end{cases} \tag{6-24}$$

式中，$O_i\in O, M\in M_j$；l_{ij} 为情报获取单元 O_i 到目标 M_j 的距离；L_i 为情报获取单元 O_i 的最大探测距离；当 $l_{ij}\leqslant L_i$ 时，表示情报获取单元 O_i 能够探测到目标 M_j，则 $S_i(M_j)=1$，否则 $S_i(M_j)=0$。其中，O 为所有情报获取单元的集合；M 为所有目标的集合；n 为目标数量。

系统探测覆盖范围变化程度可以定义为：当若干情报获取单元失效/降效情况下，系统探测覆盖范围的下降程度。计算模型为

$$\alpha_{\text{覆盖范围变化程度}}=\frac{C_{\text{覆盖范围}}\left(\text{失效前}\right)-C_{\text{覆盖范围}}\left(\text{失效后}\right)}{C_{\text{覆盖范围}}\left(\text{失效前}\right)} \tag{6-25}$$

系统责任区域内的目标覆盖系数的变化程度可以定义为：当若干情报获取单元失效/降效情况下，系统责任区域的目标覆盖系数的下降程度。计算模型为

$$\alpha_{\text{覆盖系数变化程度}}=\frac{C_{\text{覆盖系数}}\left(\text{失效前}\right)-C_{\text{覆盖系数}}\left(\text{失效后}\right)}{C_{\text{覆盖系数}}\left(\text{失效前}\right)} \tag{6-26}$$

目标探测能力的整体变化程度可以采用加权方法计算，评估模型为

$$C_{\text{探测能力变化程度}}=W_1\cdot\alpha_{\text{覆盖范围变化程度}}+W_2\cdot\alpha_{\text{覆盖范围变化程度}} \tag{6-27}$$

（2）情报处理能力。情报处理能力包括系统处理情报的容量和时延等。情报处理能力的变化程度可以采用与目标探测能力变化程度类似的计算方法，计算模型为

$$\begin{aligned}C_{\text{探测处理能力变化程度}}&=W_1\cdot\alpha_{\text{处理容量变化程度}}+W_2\cdot\alpha_{\text{处理时延变化程度}}\\&=W_1\cdot\frac{C_{\text{处理容量}}\left(\text{失效前}\right)-C_{\text{处理容量}}\left(\text{失效后}\right)}{C_{\text{处理容量}}\left(\text{失效前}\right)}+W_2\cdot\frac{C_{\text{处理时延}}\left(\text{失效后}\right)-C_{\text{处理时延}}\left(\text{失效前}\right)}{C_{\text{处理时延}}\left(\text{失效后}\right)}\end{aligned} \tag{6-28}$$

3）指挥控制能力变化程度

系统指挥控制能力的变化可以从态势质量、指控信息时效性，以及系统反应时间的变化程度等方面进行衡量。

在第四代指挥信息系统中，决策控制单元可以通过信息共享与协同决策，以提高态势质量，包括态势的完整性和准确性等。通过态势质量和时效性的变化情况可以反映出系统结构针对部分单元失效/降效的鲁棒性。可以预见，第四代指挥信息系统通过更加广泛的共享与协同，可以

有效抑制个别系统单元毁伤对整个态势生成的影响。

系统指挥控制能力变化程度的评价模型可以表示为

$$
\begin{aligned}
C_{\substack{指控能力\\变化程度}} &= W_1 \cdot \alpha_{\substack{态势质量\\变化}} + W_2 \cdot \alpha_{\substack{指控信息\\时效性变化}} + W_1 \cdot \alpha_{\substack{系统反应\\时间变化}} \\
&= W_1 \cdot \frac{Q_{态势质量}(失效前) - Q_{态势质量}(失效后)}{Q_{态势质量}(失效前)} + \\
&\quad W_2 \cdot \frac{T_{指控信息时效性}(失效后) - T_{指控信息时效性}(失效前)}{T_{处理时延}(失效后)} + \\
&\quad W_3 \cdot \frac{T_{系统反应时间}(失效后) - T_{系统反应时间}(失效前)}{T_{系统反应时间}(失效后)}
\end{aligned}
\tag{6-29}
$$

式中，$Q_{态势质量}$ 参见 6.4.3 节中态势感知效能中态势完整性、正确性、精确性和时效性等具体指标；$T_{指控信息时效性}$、$T_{系统反应时间}$ 参见系统结构高效性中对相关指标的介绍。

4．基于效果的系统结构灵活性仿真评估指标及计算模型

根据系统结构灵活性的定义，可以通过对仿真的系统结构能否适应任务和环境的变化来评估灵活性设计的效果，涉及动态接入新的单元，根据任务动态组合单元、调整单元的功能及单元之间的业务处理流程和信息交互关系等方面。从仿真实验角度来看，可以基于仿真实验系统观察系统结构在灵活性方面的现象和行为特征，采集仿真系统适应任务和环境变化的任务完成情况及反应时间数据，通过定性和定量相结合的方法对系统结构灵活性设计效果进行仿真评价。系统结构灵活性设计效果仿真评估指标如表 6-5 所列。

表 6-5　系统结构灵活性设计效果仿真评估指标

	配置能力	接入能力	组合能力	调整能力
定性指标	是否支持单元能力配置	单元能否动态接入系统	单元能否动态组合	单元能力能否动态调整
	是否支持单元关系配置	单元接入系统后能否正常工作	动态组合的多个单元能否形成系统	单元关系能否动态调整
定量指标	配置成功率	接入成功率	组合成功率	调整成功率
	配置时间	接入时间	组合时间	调整时间

1）配置能力

配置能力衡量对系统单元和单元间关系进行灵活配置的能力。

定性指标包括系统结构是否支持系统单元的灵活配置，如对某系统单元的资源组成、功能性能参数取值等进行设置，以及是否支持单元间关系的灵活配置，包括指挥关系、信息保障关系等。

定量评估指标包括系统配置成功率和配置时间。配置成功率是指完成单元能力或单元关系配置，实现系统正常运行的次数占系统配置总次数的比例。评价模型为

$$
\alpha_{配置成功率} = \frac{N_{成功配置单元次数} + M_{成功配置关系次数}}{N_{配置单元次数} + M_{配置关系次数}} \tag{6-30}
$$

配置时间包括系统单元的配置时间和单元间关系的配置时间，评估模型为

$$
T_{配置时间} = \sum_{i=1,2,\cdots} \Delta t_i (单元i配置) + \sum_{j=1,2,\cdots} \Delta t_j (关系j配置) \tag{6-31}
$$

2）接入能力

接入能力衡量单元能否成功接入系统，被系统自动识别，并快速融入系统进行工作。单元接入能力的定量评估指标包括接入成功率和接入时间，接入成功率定义为成功接入的次数占接入请求总次数的比例。评估模型为

$$\alpha_{接入成功率}=\frac{N_{成功接入次数}}{N_{接入请求总次数}} \tag{6-32}$$

接入时间是指单元成功接入系统所消耗的平均时间，评估模型为

$$T_{接入时间}=\frac{1}{N_{成功接入次数}}\times\sum_{i=1}^{N_{成功接入次数}}\left(t_i\left(成功接入\right)-t_i\left(请求接入\right)\right) \tag{6-33}$$

式中，$t_i\left(请求接入\right)$为请求接入时刻；$t_i\left(成功接入\right)$为成功接入的时刻。

3）组合能力

组合能力衡量分布在军事信息基础设施上的各类资源（系统单元中的资源）能否根据任务要求动态组合成任务共同体。这里任务共同体是指围绕任务的目标，动态组织军事信息基础设施上的战场感知、情报处理、作战指挥与武器控制等各类资源而形成的临时系统。

定量评估指标包括系统动态组合的成功率和时间消耗。动态组合时间定义为根据军事信息基础设施上的各类资源构建任务共同体的时间，从接受任务开始，涉及任务分解、业务流程编排、资源查询与匹配、任务共同体运行参数配置与生成等过程。评估模型为

$$T_{动态组合时间}=\Delta t_{任务分解}+\Delta t_{业务流程编排}+\Delta t_{资源查询与匹配}+\Delta t_{运行参数配置与生成} \tag{6-34}$$

4）调整能力

调整能力衡量系统结构单元和关系能否针对外部运行环境和内部运行状态的变化做出及时响应，涉及对系统单元的运行参数、工作模式、行为规则等进行适应性调整。例如，情报获取单元根据目标状态信息调整探测方位，根据电磁干扰情况调整工作模式等；决策控制单元根据任务请求新的信息保障服务或改变已有的情报保障关系等。调整能力的定量指标包括自适应调整的成功率和时间消耗。调整时间定义为从系统任务或外部环境发生变化开始，到系统结构完成针对性调整的时间间隔，评估模型为

$$T_{调整时间}=t_{调整行为结束}-t_{任务/环境发生变化} \tag{6-35}$$

在对上述四个系统结构灵活性效果评估的基础上，可以对系统结构灵活性进行综合评估，采用加权综合评估方法，计算模型分别为

$$P_{成功率}=W_1\cdot\alpha_{配置成功率}+W_2\cdot\alpha_{接入成功率}+W_3\cdot\alpha_{组合成功率}+W_4\cdot\alpha_{调整成功率} \tag{6-36}$$

$$T_{时效性}=W_1\cdot T_{\substack{配置\\时间}}+W_2\cdot T_{\substack{接入\\时间}}+W_3\cdot T_{\substack{组合\\时间}}+W_4\cdot T_{\substack{调整\\时间}} \tag{6-37}$$

5．系统结构效能仿真评估指标及计算模型

结构决定系统功能，本书将定义的系统结构效能是指对系统完成其任务或功能程度的定量表示，与系统类型、用途和作战环境相关。效能是从完成任务角度评估系统结构是否满足设计要求的综合性指标，也是整体评估系统结构优劣的关键指标。根据系统结构效能的定义，可以得到如下结论。

（1）针对不同的系统，需要建立不同的系统结构效能评估指标，没有通用的系统结构效能评估指标及模型。

（2）对于同一个系统，可以从时间、质量和效率等方面来度量系统完成任务或功能的程度。

（3）许多第四代指挥信息系统是在综合了多种功能系统而形成的一体化系统，表征其效能的指标有多个。

由于仿真的局限性，系统结构效能仿真评价结果存在着可信度问题。而且，不是所有的系统结构效能指标都可用仿真方法来评估，如系统结构在机动作战条件下的某些效能指标。一般来说，适合仿真评估的系统结构效能指标主要与系统处理和使用信息的能力相关。下面描述两个较为典型的指挥信息系统结构效能仿真评估指标及计算模型。

1）目标感知效能

目标感知效能综合度量了系统在探测、跟踪和识别战场目标方面的能力与效果，一般可以用感知目标的完整性、正确性、精确性、时效性来度量。

（1）完整性。用来衡量感知的目标集合中包含真实目标的程度，定义为战场感知的目标数与其实目标总数的比例。将 t 时刻系统感知目标的完整性 $I(t)$ 表示为

$$I(t)=\frac{b_t}{B_t} \tag{6-38}$$

式中，b_t 表示 t 时刻系统感知的目标集合中包含的真实目标数；B_t 表示 t 时刻的真实目标总数。

在整个评估时间段内感知态势更新了 K 次，每次持续的时间为 t，则平均的完整性可表示为

$$I=\frac{\sum_{k=1}^{K} I\left(t_k\right)\cdot t_k}{\sum_{k=1}^{K} t_k} \tag{6-39}$$

（2）正确性。用来衡量感知目标集合中包含身份被正确识别的目标程度，定义为身份被正确识别的感知目标数与真实目标总数的比例。将 t 时刻系统感知目标的正确性 $V(t)$ 表示为

$$V(t)=\frac{c_t}{C_t} \tag{6-40}$$

式中，c_t 表示 t 时刻感知态势中身份被正确识别的感知目标数；C_t 表示 t 时刻统一态势中真实目标的总数。

在整个评估时间段内感知态势更新了 K 次，每次持续的时间为 t，则平均的正确性可表示为

$$V=\frac{\sum_{k=1}^{K} V\left(t_k\right)\cdot t_k}{\sum_{k=1}^{K} t_k} \tag{6-41}$$

（3）精确性。用来衡量战场感知的目标测量精度满足用户使用需求的程度，分为位置精确性和速度精确性，其中速度精确性可以细分为速度大小精确性和速度方向精确性。精确性指标

同样可以采用多门限方法确定指标值，关键在于根据用户需求确定可接受的测量粒度的上下门限值。将 t 时刻目标 i 的位置 $P_i(t)$ 精确性表示为

$$P_i(t)=\begin{cases}1, X_{i,t}\leqslant X_0\\ y_j, X_{i,t}\in\left(X_{j-1}, X_j\right], j=1,2,\cdots,M\\ 0, X_{i,t}>X_M\end{cases} \tag{6-42}$$

式中，$x_{i,t}$ 表示时刻目标 i 的位置测量精度（位置测量值与目标真实位置的偏移）；X_0 和 X_M 分别为预设上下门限，$0<X_M<X_{M-1}<\cdots<X_1<1$。$t$ 时刻所有目标位置精确性的计算公式为

$$P(t)=\frac{1}{n}\sum_{i=1}^{n}P_i(t) \tag{6-43}$$

式中，n 为 t 时刻的目标总数。

在整个评估时间段内感知态势更新了 K 次，每次持续的时间为 t_k，则平均的精确性可表示为

$$P=\frac{\sum_{k=1}^{K}P\left(t_k\right)\cdot t_k}{\sum_{k=1}^{K}t_k} \tag{6-44}$$

（4）时效性。用来衡量从传感器探测到目标到形成态势目标所满足时间要求的程度。对系统关注的目标特征 p，t 时刻目标 i 的时效性 $S_{i,p}(t)$ 可表示：

$$S_{i,p}(t)=\begin{cases}1, T_{i,t,p}\leqslant T_0\\ \omega_j, T_{i,t,p}\in\left(T_{j-1}, T_j\right], j=1,2,\cdots,M\\ 0, T_{i,t,p}>T_M\end{cases} \tag{6-45}$$

式中，i、t、p 表示 t 时刻关注的战场目标 i 的特征 p 与获取感知信息的时间间隔；T_0 和 T_M 分别为预设上下门限，$0<T_M<T_{M-1}<\cdots<T_1<1$。$t$ 时刻系统对所有目标的特征 p 的时效性的计算公式为

$$S_p(t)=\frac{1}{n}\sum_{i=1}^{n}S_{i,p}(t) \tag{6-46}$$

式中，n 为 t 时刻目标总数。

在整个评估时间段内感知态势更新了 K 次，每次持续的时间为 t，则对目标特征 p 的平均时效性可表示为

$$S_p=\frac{\sum_{k=1}^{K}S_p\left(t_k\right)\cdot t_k}{\sum_{k=1}^{K}t_k} \tag{6-47}$$

2）指挥控制效能

指挥控制效能综合度量了系统在态势分析、任务解算、作战方案/计划生成、武器平台（系统）控制等方面的能力与效果，一般可以用 OODA 周期、指挥容量、武器控制成功率来度量。

（1）OODA 周期。指从敌方目标被探测发现开始，包括跟踪、识别、任务分配、作战计划/指令生成的时间之和，可以用所有敌方目标 OODA 周期求平均来度量。OODA 周期计算公式为

$$T = \frac{1}{N}\sum_{i=1}^{N} T_i \tag{6-48}$$

式中，T 为对敌方目标 i 的 OODA 周期；N 为敌方目标总数。

（2）指挥容量。指决策控制单元能够同时指挥控制的武器平台或作战部队的最大数量。

（3）武器控制成功率。指武器控制成功的次数与总的控制数之比，武器控制成功是指将武器平台（系统）状态控制到指定的交战状态，计算公式为

$$\eta = \frac{M_s}{M} \tag{6-49}$$

式中，M 为武器控制总次数；M_s 为武器控制成功次数。

6.4.3　系统结构仿真建模方法

1. 建模方法分析

模型是仿真实验的基础，建模方法关系到仿真实验的成本和可信度。因此，需要根据仿真任务、对象和目标，选择合适的仿真建模方法和技术，才能充分发挥仿真的作用和优势。由于针对系统结构高效性、鲁棒性和灵活性效果的仿真评估内容和数据需求不同，对模型逼真度的要求和建模方法也存在区别。

（1）在对系统结构高效性效果进行仿真评估时，仿真模型需要模拟出各种信息流模体在系统单元之间传输与处理的过程，模拟重点在于信息处理与交互过程中产生的时延效果，而非真实、具体的信息处理和传输活动本身。因此，可以采用计算机仿真方法，通过建立和运行系统单元及信息传输的功能性能仿真模型，能够较为逼真地模拟单元处理时延及单元之间信息交互的过程和时延。

（2）在对系统结构鲁棒性效果进行仿真评估时，需要系统单元模型模拟出抗毁技术的机制和具体实现过程等，才能对其成功率和时效性等指标进行实验与评估。因此，需要采用原型或半实物仿真模型才能满足实验的要求。然而，在对抗毁措施的实施效果进行仿真评估时，即系统能力或效能的波动情况，系统单元则重在模拟其功能性能，可以采用计算机仿真建模的方法。

（3）在对系统结构灵活性效果进行仿真评估时，系统结构仿真模型要能够模拟出系统单元动态接入、动态组合、系统结构调整等功能实现过程及技术原理。因此，在对系统结构灵活性的实现原理进行仿真评价时，需要采用原型和半实物仿真建模方法。

（4）在对系统结构效能进行仿真评估时，仿真模型首先要模拟出系统作战的任务环境和条件，在任务环境驱动下还需模拟出各单元及单元间关系的功能性能，最终模拟出系统在完成任务过程中的状态及行为，获得评估系统结构效能的实验数据。因此，系统结构效能仿真评估主要涉及对系统任务环境、条件及功能性能的仿真，可以采用计算机仿真建模的方法。

根据以上分析，如果从完成任务效果角度对灵活、鲁棒、高效等结构特性进行仿真评价时，可以采用计算机仿真建模方法，仿真模型的重点是模拟系统单元的主要功能/性能和对外交互特征等，当仿真评估涉及系统结构鲁棒性和灵活性的实现过程时，则需要采用原型或半实物仿真

建模方法。本书主要介绍基于计算机仿真建模系统结构仿真评估方法，基于原型和半实物仿真建模方法的仿真评估在此不做讨论。

2. 基于多 Agent 的系统结构仿真模型框架

根据前一节的介绍，基于 Agent 建模与仿真是指依据复杂自适应系统理论，按照面向对象的思想把复杂系统分解为具有独立行为的实体，通过分析系统组成实体的行为和交互，建立实体 Agent 仿真模型，通过多 Agent 协同运行，模拟复杂系统的整体行为和特征。采用基于 Agent 的建模与仿真方法的主要原因是第四代指挥信息系统具有复杂适应性系统的一些典型特征。同时根据对系统结构灵活性的分析，信息时代作战要求系统单元及关系能够动态适应内外环境的变化，即系统结构具有自适应演化的特性。另外，系统结构由系统单元和单元关系组成，每个系统单元就是一个典型的 Agent 时，除了具有通常的业务处理和独立运行功能，还具有感知系统运行状态、与其他单元交互等功能，因此非常适合利用 Agent 的建模思想，通过建立系统单元 Agent 模型，模拟系统单元的功能及行为特征，并利用多 Agent 的协同交互技术，就可以模拟出系统各单元之间的交互行为。

基于多 Agent 的系统结构仿真模型框架由基于 Agent 的建模环境、系统单元 Agent 模型库、战场环境及兵力生成 Agent 人机交互换模块、分析评估模块、多 Agent 仿真运行支撑平台，以及不同类型的系统单元 Agent 组成，如图 6-12 所示，每个组成部分功能如下。

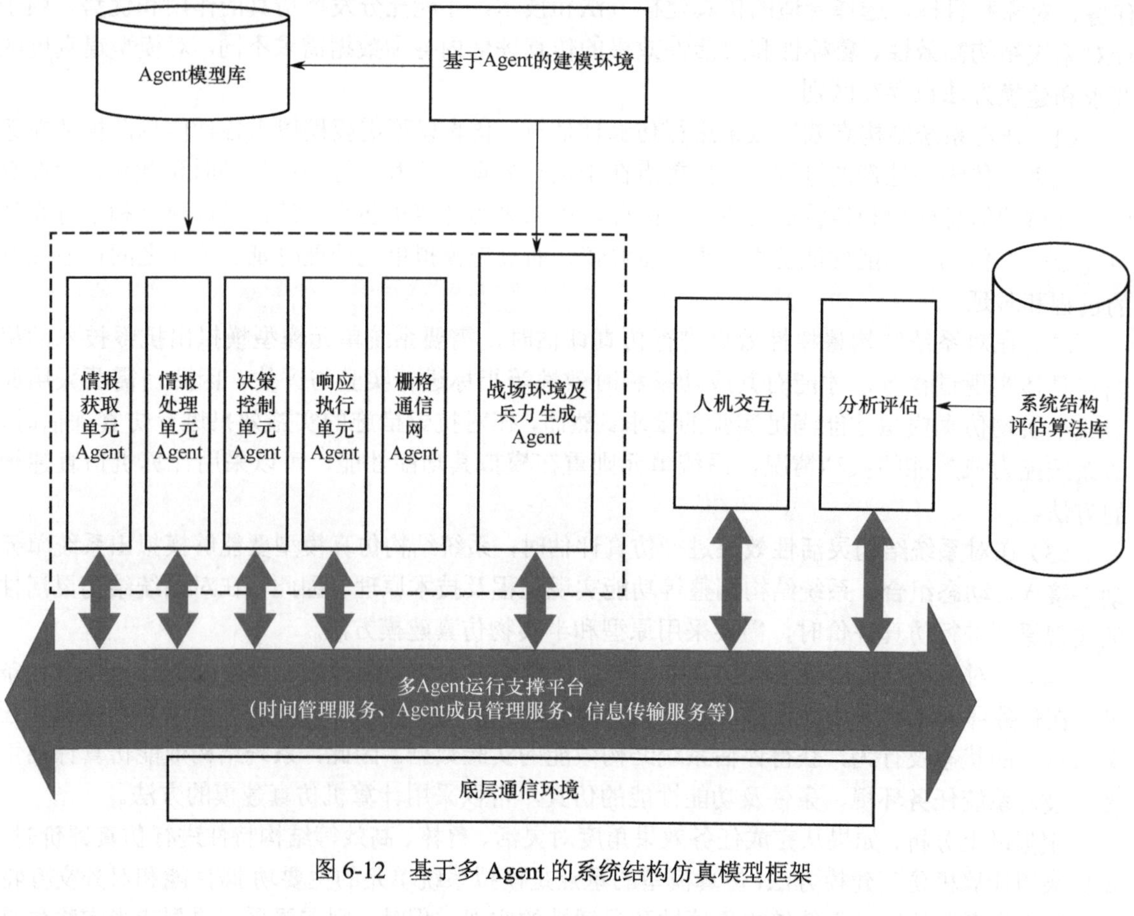

图 6-12 基于多 Agent 的系统结构仿真模型框架

（1）基于 Agent 的建模环境。主要用来建立系统单元 Agent 模型，形成系统单元 Agent 模型库，方便模型的管理与复用。此外，利用基于 Agent 的建模环境还可以建立系统结构仿真评估实验所需的其他类型 Agent，如战场环境 Agent。

（2）Agent 模型库。包括情报获取单元 Agent、情报处理单元 Agent、决策控制单元 Agent 和响应执行单元 Agent 四类系统单元。Agent 模型及栅格通信网 Agent 模型，通过对其参数和关系的配置可以形成仿真评估实验所需的不同系统结构模型。

（3）战场环境及兵力生成 Agent。主要用来模拟地理、气象、电磁等自然环境，以及红蓝双方的兵力部署和兵力活动等，将战场环境及兵力生成 Agent 作为系统结构效能仿真模型运行的外部条件和仿真激励，模拟产生各种战场自然环境和兵力活动数据，通过指挥信息系统形成相应的作战行动方案并组织实施，形成“战场环境→感知→决策→控制→行动→战场环境”的仿真实验闭环，对系统结构的效能/作战效能等进行仿真评估。

（4）人机交互模块。负责仿真评估实验的配置、过程控制和状态显示等任务，如设置与修改 Agent 参数、控制仿真运行（开始、暂停、恢复、终止）及显示实验运行状态等。

（5）分析评估模块。根据系统结构仿真评估算法和数据需求，采集系统单元 Agent 和战场环境及兵力生成 Agent 的运行数据，并进行汇总、分析和处理，通过表格、图形和文本等多种方式显示分析评估结果。

多 Agent 仿真运行支撑平台是开展仿真评估实验的基础，多种类型的系统单元 Agent 只有在运行支撑平台的支持下才能完成系统结构运行过程的仿真。仿真运行支撑平台提供一组与仿真应用无关的基础服务，主要包括时间管理服务、Agent 成员管理服务和信息传输服务等。时间管理服务主要是通过提供统一理解的全局时间和时间推进算方法等，保障多 Agent 成员以适当的方式和顺序进行仿真时间推进，确保各成员在时间、空间和功能上的同步；成员管理服务支持 Agent 成员的声明、注册、撤销和退出等操作，信息传输服务主要是借助于标准的通信信息传输格式，提供 Agent 间通信的封装、解释和消息分发等服务。

3. 基于多 Agent 的系统结构仿真模型框架

指挥信息系统主要由四类基本单元组成，包括情报获取单元、情报处理单元、决策控制单元和响应执行单元。下面采用统一的 Agent 模型结构对各类系统单元进行仿真建模，模型基本架构由感知器、处理器和效应器三个模块组成，其中感知器用来感知模型外部环境和自身状态的变化；处理器用来对感知获得的信息按照一定的规则进行处理；效应器根据处理器的处理结果对感知的情况做出反应。

1）情报获取单元 Agent 模型

情报获取单元 Agent 模型的主要功能是根据传感器类型，如雷达、ESM 和声纳等，通过感知器采集和预处理战场目标的客观状态，通过处理器的探测模型决定是否发现目标，对发现的目标模拟生成目标情报，通过感知器中的对外信息交互关系输出目标情报。情报获取单元 Agent 模型的主要属性参数包括单元部署位置、探测范围、探测质量和情报输出周期等。情报获取单元 Agent 模型如图 6-13 所示。

2）情报处理单元 Agent 模型

情报处理单元 Agent 模型的主要功能是利用感知器判断自身状态，正常情况下，接收情报获取单元发送的目标情报信息，进行解包和格式转换后，送至处理器；处理器根据设计的处理规则和融合算法进行综合/融合处理，生成完整、准确、清晰的综合情报，送至效应器；效应器根据对外信息交互关系，发送综合情报。情报处理单元 Agent 模型的属性参数包括单元部署位置、输入情报种类/密度、情报处理容量、情报处理时延、情报处理精度、情报输出周期等。情报处理单元 Agent 模型如图 6-14 所示。

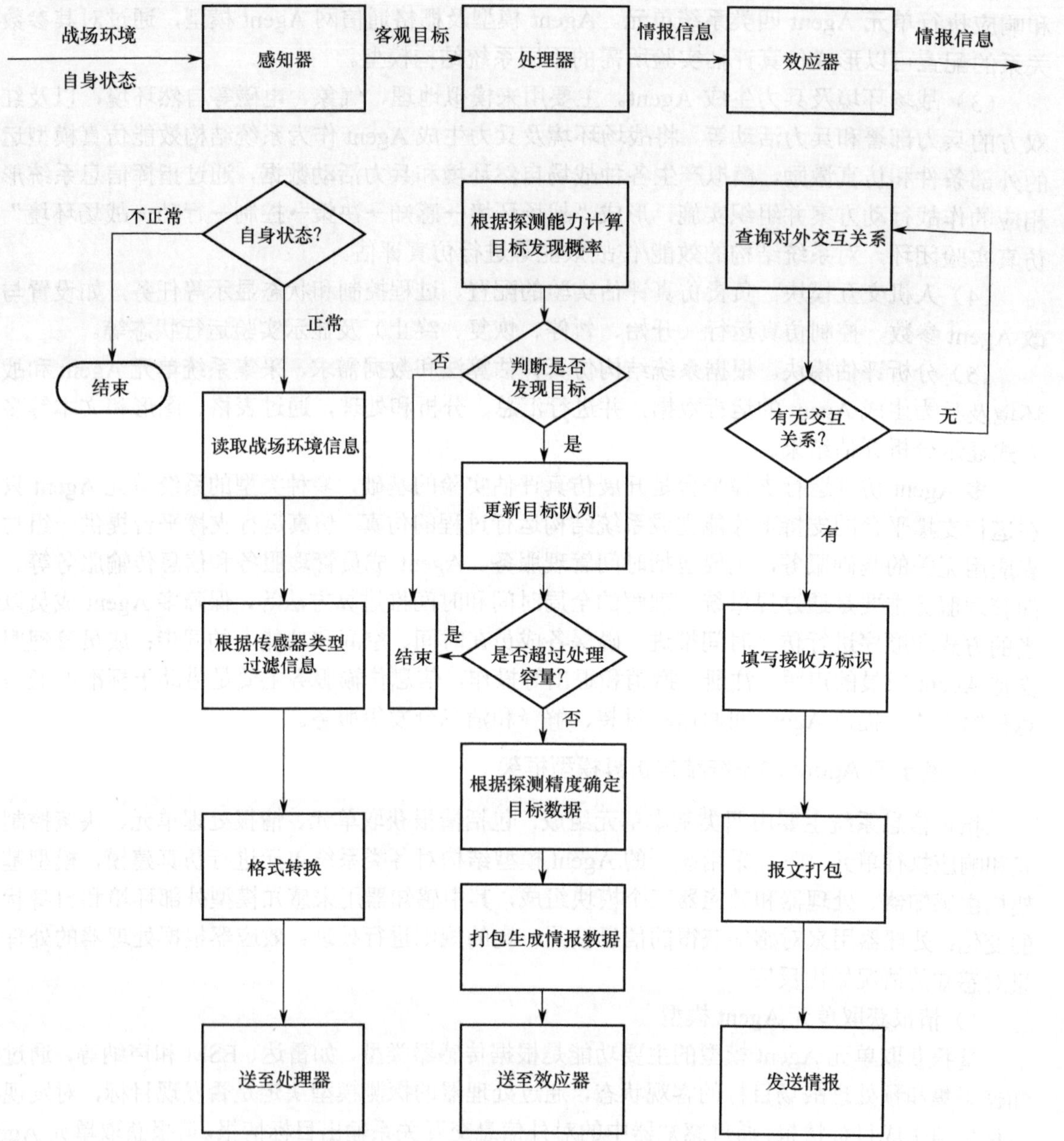

图 6-13 情报获取单元 Agent 模型

3）决策控制单元 Agent 模型

决策控制单元 Agent 模型的主要功能是利用感知器判断自身状态，正常情况下，接收情报处理单元发送的综合情况；处理器根据预设的规则库和数据库执行态势判断和筹划计划，生成计划和命令；效应器根据指挥控制关系，将作战计划和命令等信息发送给上/下级决策控制单元或响应执行单元。决策控制单元 Agent 模型的属性参数包括单元部署位置、任务类型、指挥等级、决策周期、上下级关系、决策规则等。决策控制单元 Agent 模型如图 6-15 所示。

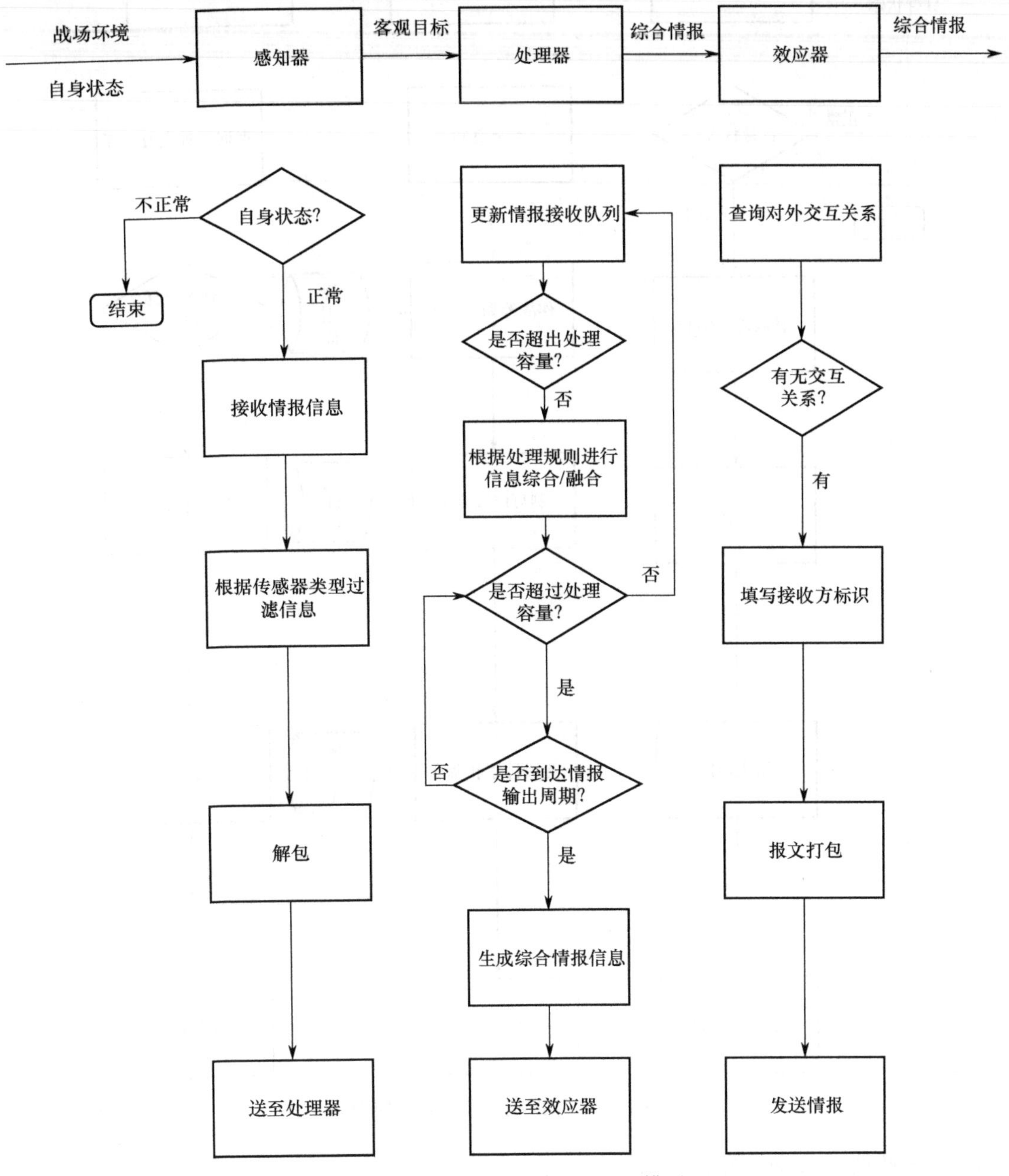

图 6-14　情报处理单元 Agent 模型

4）响应执行单元 Agent

响应执行单元 Agent 模型的主要功能是利用感知器判断自身状态和接收指挥命令；利用处理器进行打击判断和打击效果评估，形成打击结果，送至效应器；效应器根据打击目标的标识信息，将打击结果发送至战场环境 Agent 模型。响应执行单元 Agent 模型的属性参数包括单元位置、作战范围、作战能力参数（配置的武器弹药数量、毁伤指数）等。响应执行单元 Agent 模型如图 6-16 所示。

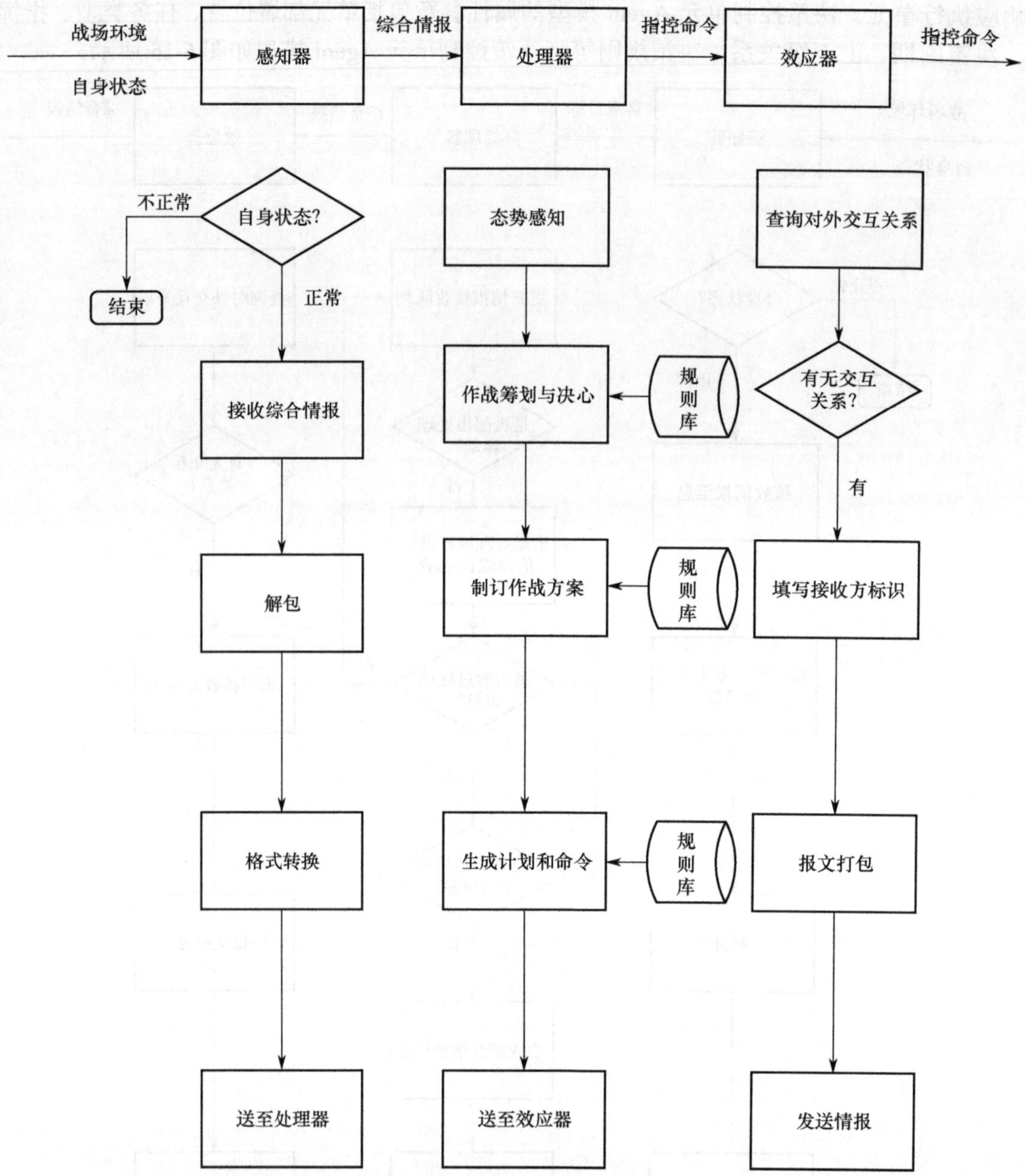

图 6-15 决策控制单元 Agent 模型

5）栅格通信网 Agent 模型

栅格通信网作为军事信息基础设施的主要组成部分，为四类系统单元提供广泛的互联互通基础环境。栅格通信网仿真采用 Agent 模型，模拟指挥信息系统中各类系统单元在信息交互时所依赖的底层网络环境，作为各类单元之间信息传递的媒介。栅格通信网 Agent 模型的主要功能是模拟情报、态势和指令等信息在广域通信网中并发、多跳的传输过程，基于通信网传输能力和信息传输量等因素产生信息传输时延的效果。栅格通信网 Agent 模型的属性参数包括网络拓扑结构和网络传输能力等，其中网络传输能力包括链路传输带宽和路由协议等。栅格通信网 Agent 模型包括感知器、处理器和效应器三部分，如图 6-17 所示。

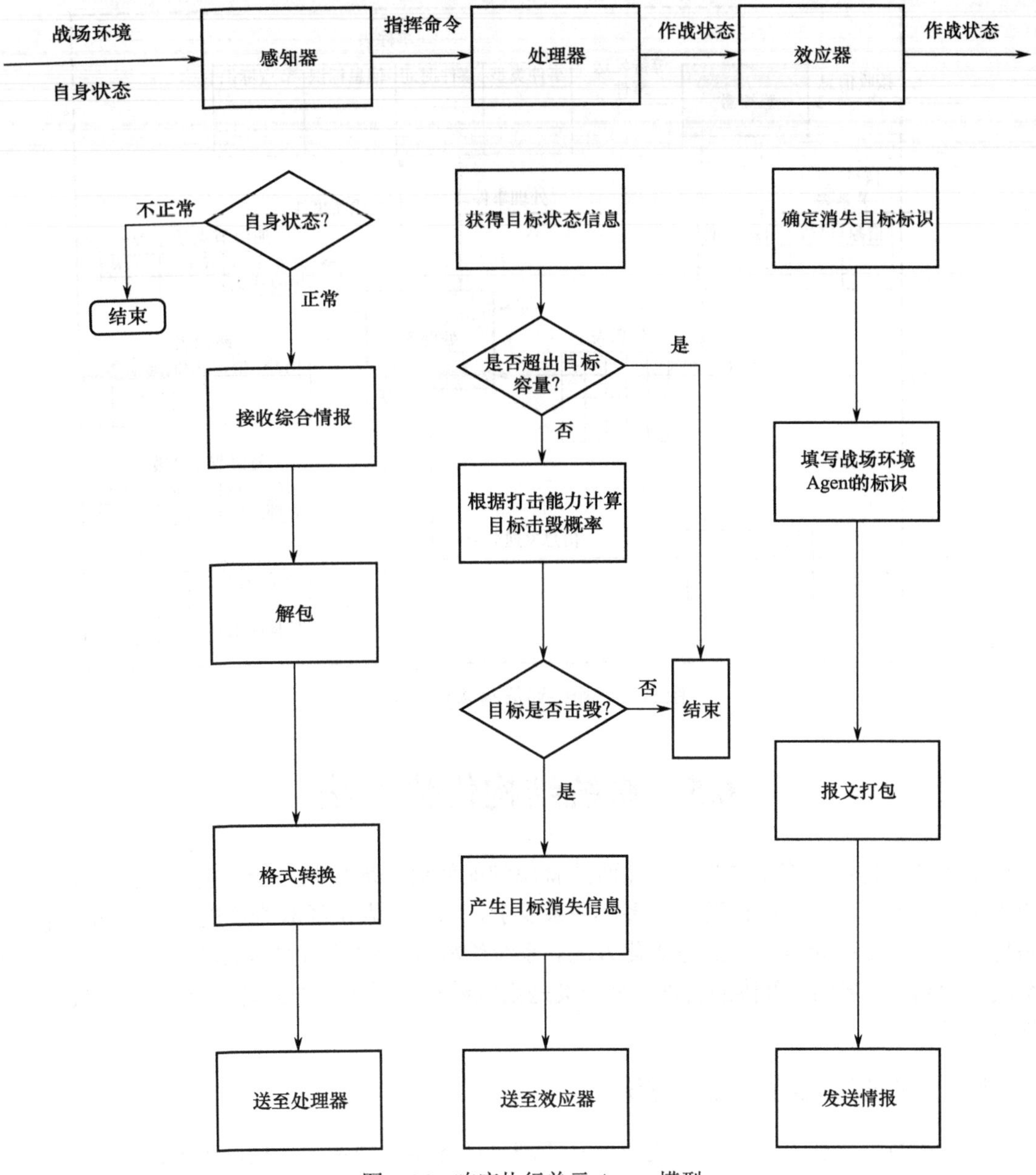

图 6-16　响应执行单元 Agent 模型

（1）感知器。栅格通信网 Agent 感知器用来接收系统单元发送的信息，并存储在本地信息表中；根据信息交互关系表确定信宿单元；根据通信网连接结构和传输协议确定通信路径；生成信息等待发送事件，存入事件表。

（2）处理器。处理器主要通过处理和产生通信事件来模拟信息在通信网中的传输过程。实现过程为：根据通信网拓扑结构、通信能力和状态等，处理信息传输事件表中的事件，并产生新的等待发送事件（到达下一跳）和信息传输结束事件（到达信宿单元），插入事件表。处理器持续对事件表中的事件进行处理，直至不再产生新的事件，这意味着通信结束，信息到达信宿单元。

（3）效应器。效应器将传输结束的信息发送给信宿单元。

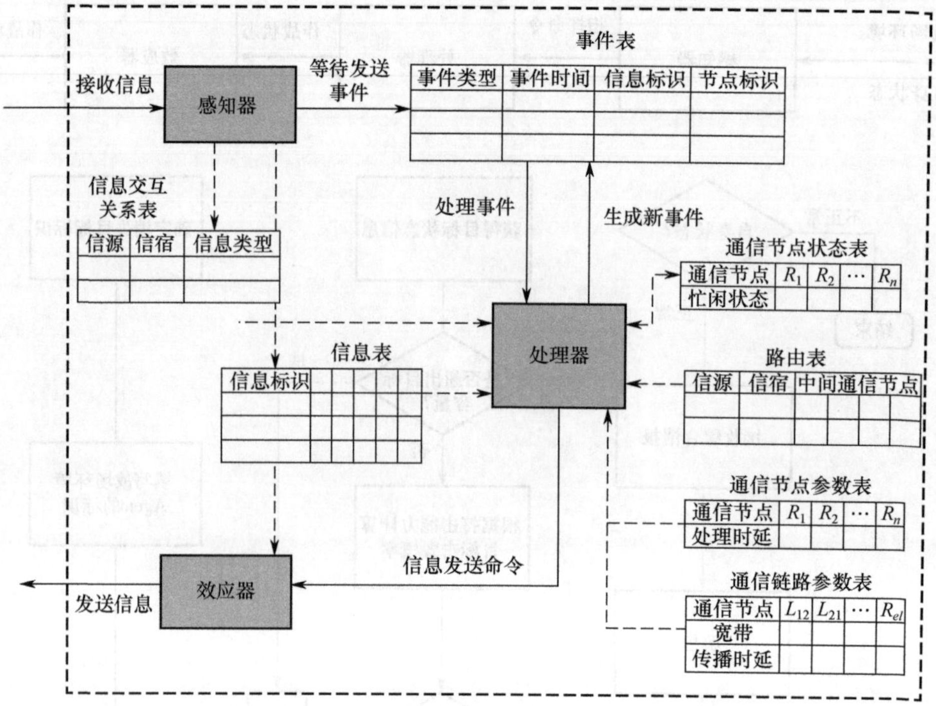

图 6-17 栅格通信网 Agent 模型

6.5 系统结构优化方法

对系统结构建模和度量之后，自然而然就想到如何更好地控制系统结构，使得系统结构尽可能优化。由于四代系统结构要素众多、关系复杂，以往以人工经验为主的系统结构优化已不能满足需求，需要更为科学的定量优化方法。系统结构优化的目标大体上可以分为两类：一类是系统结构高效、灵活、鲁棒的特性；另一类是系统结构的效能，也就是系统完成任务的程度，通常是多目标的。

6.5.1 系统结构特性优化方法

系统结构特性优化方法主要解决在已有的满足任务需求的系统结构基础上，根据系统结构特性的度量结果，分析发现系统结构存在的潜在问题，确定系统结构的优化目标，然后采用相应的优化方法，对系统结构进行优化，从而进一步提高系统结构的特性。

1. 系统结构高效性优化方法

系统结构高效性优化的思路是寻找影响系统结构高效性“短板”，然后探索可行的改进途径，最后从中挑选效果最好的一条途径作为系统结构高效性优化的方案，整个优化过程可以不断重复迭代，根据系统总体设计人员的需要或者系统结构高效性增长的幅度等来确定是否终止优化过程。

首先，根据系统结构高效性指标的计算方法，信息流模体时延是影响高效性指标的核心因素，因此时延最长的信息流模体最有可能是制约系统结构高效性的“短板”。由于系统结构中不同种类的信息流模体的重要性有所不同，因此时延最长的信息流模体 $\omega_{\max}(n_s,n_e)$（n_s 和 n_e 为该信息流模体的起点和终点）满足如下条件：

$$\max(\beta_1\max(\mathrm{Delay}(\omega_{\mathrm{ID}}),\beta_2\max(\mathrm{Delay}(\omega_{\mathrm{AA}}),\beta_3\max(\mathrm{Delay}(\omega_{\mathrm{IDA}})))\tag{6-50}$$

式中，β_1、β_2、β_3 为每种信息流模体相对系统结构的重要程度，且 $\beta_1+\beta_2+\beta_3=1$，$\beta_1,\beta_2,\beta_3\in(0,1)$。权值设定与系统承担的任务类型相关，如系统主要承担情报侦察探测任务，则 β_1 最高，β_2 次之；而如果系统主要承担武器协同控制任务，则 β_3 最高，β_2 次之。

其次，寻找减少该信息流模体时延的可行途径。信息流模体时延长有很多因素，通过对系统结构中信息流模体时延计算方法的分析，主要的因素包括以下三个。

因素 1：信息流模体中系统单元处理的时延长。

因素 2：信息流模体中系统单元间关系的时延长。

因素 3：信息流模体经过系统单元的“跳数”太多。

对于影响信息流模体时延的因素 1，系统单元的处理时延与系统单元中配置的资源能力密切相关，可以通过提高资源的能力来缩短系统单元的处理时延，例如，采用性能更好的计算和存储设备，采用效率更高的处理法等。对于影响信息流模体时延的因素 2，系统单元间关系时延一方面与系统单元的输入/输出信息的吞吐量、频率等有关，另一方面与栅格网提供的传输能力的大小有关，因此减少信息流模体时延的一种途径是根据栅格网提供的传输能力的限制，合理地设计输入/输出信息的吞吐量、频率等，减少对有限带宽的占用；另一种途径是通过提高栅格网的传输能力，例如，采用性能更强的网络接入设备，优化系统单元之间的通信链路路由等手段，增强系统单元接入网络和使用网络的带宽等；还有一种更为自适应的途径是系统单元可以通过上下文感知等手段探测网络带宽的状态，适时调整传输的信息种类、吞吐量、频率，从而缩短系统单元之间的信息传输时延。

当无力改变因素 1 和因素 2 时，则最有可能是因素 3 导致信息流模体时延过长，而信息流模体经过系统单元的“跳数”太多则必须从系统结构整体信息流模体的角度分析系统单元之间是否有“捷径”，也就是通过系统单元之间的“协同”“跨层”“信息共享”等方式减少信息流模体的经过“跳数”，从而达到减少信息流模体时延的目的。从系统结构角度来看，寻找减少信息流模体时延的“捷径”是优化系统结构高效性核心，需要说明的是，即使没有辅助设计的方法和工具，系统总体设计人员也是能够根据系统高效性分析的结果对系统结构进行优化。但是，是不是最优、优化了多少可能并不清楚。

因此，我们提出了一种系统结构高效性优化方法，具体过程包括如下三步。

步骤 1：根据系统结构 G 构造一个包含所有可能“捷径”的空间 $G_{(n_s,n_e)}=(V,E)$，称为可行信息流图。

【定义 6.18】 可行信息流图，满足：

（1）$G_{(n_s,n_e)}=(V,E)$ 中包含两个特定的顶点 n_s 和 n_e，其中 n_s 仅有出弧而没有入弧，称为发点；n_e 仅有入弧而没有出弧，称为收点；其余顶点既有出弧又有入弧，称为中间节点。

（2）$G_{(n_s,n_e)}=(V,E)$ 的节点集 V 包含从 n_s 到 n_e 中的信息流模体可能经过的所有中间节点。

（3）$G_{(n_s,n_e)}=(V,E)$ 的边集 E 包含 $G_{(n_s,n_e)}=(V,E)$ 中节点两两之间的所有可能的关系，并且每条关系上都定义了相应的时延。

生成 $G_{(n_s,n_e)}=(V,E)$ 的过程可以是人工的，即系统总体设计人员根据系统单元的功能能力、军事信息基础设施条件、编制体制等因素综合分析后，在现有的系统结构中依次确定以下三方面的内容。

（1）可行信息流图中的单元有哪些、是否有新增的单元？

（2）两个原来没有关系的单元之间是否可以有信息关系？

（3）如果可以有关系，那么该信息关系的属性值是多少？

上述可行信息流图的生成过程也可以是自动的，具体过程如下。

（1）自动增加相关系统单元。如果生成的信息流图 $G_{(n_s,n_e)}$ 用于下面步骤 2 的优化模型，计算后有解，就没有必要添加从 n_s 到 n_e 的信息流模体以外的系统单元；反之则需要添加相关系统单元，扩充可能“捷径”的空间，使之有解。

添加相关系统单元需要遵循以下原则：对于情报信息流模体，可以增加与 G 中情报处理单元位置相近、功能相同，且符合编制体制的其他情报处理单元，如图 6-18（a）所示，其中路径为时延较长的信息流模体，系统单元为可添加的相关系统单元；对于指控信息流模体，可以添加与指控信息流模体中非叶子节点功能类似的友邻决策控制单元，如图 6-18（b）所示，而对于协同信息流模体，则可以添加符合编制体制，且能够直接指挥协同单元的系统单元，如图 6-18（c）所示。

（2）自动生成可能的单元关系。自动生成可能的单元关系必须满足两方面约束条件：一方面需要与搜索出来的最长信息流模体的类型相关，另一方面要符合编制体制的要求。不同信息流模体具有不同的添加原则。

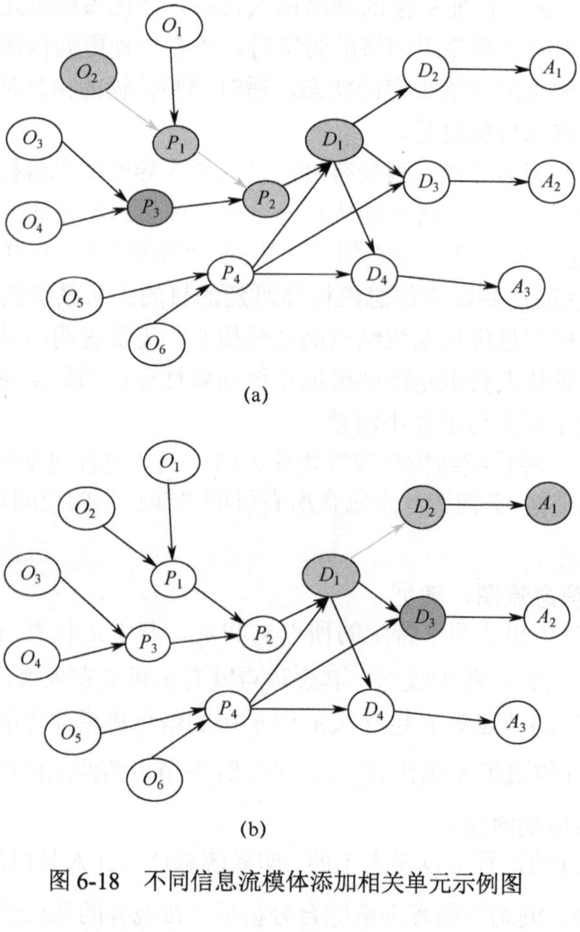

图 6-18　不同信息流模体添加相关单元示例图

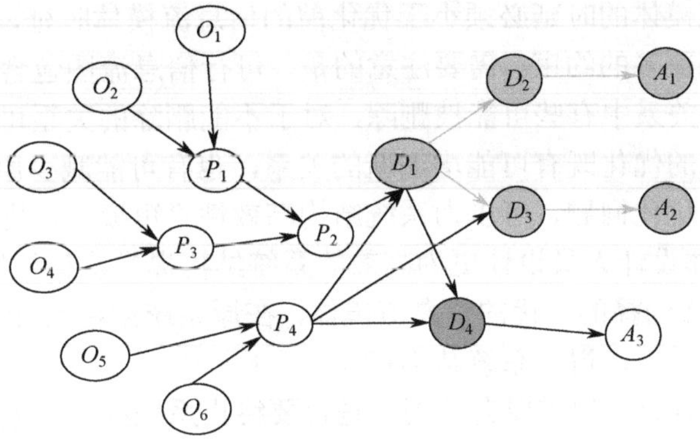

(c)

图 6-18　不同信息流模体添加相关单元示例图（续）

① 对于情报信息流模体，可以在情报获取单元与情报处理单元之间（$O \rightarrow P$）、具有上下级关系的情报处理单元之间（$P \rightarrow P$），以及情报处理单元与决策控制单元之间（$P \rightarrow D$）添加情报保障与共享关系。

② 对于指控信息流模体，可以在具有上下级关系的决策控制单元之间（$D \rightarrow D$）和决策控制单元与响应执行单元之间（$D \rightarrow A$）添加指挥与控制关系。

③ 对于协同信息流模体，则可以在决策控制单元之间（$D \rightarrow D$）和响应执行单元之间（$A \rightarrow A$），以及决策控制单元与响应执行单元之间（$D \rightarrow A$）添加状态同步与反馈关系。

（3）自动生成相关单元及单元关系属性。

在自动添加单元关系过程中，生成的单元关系属性如下。

① 传输时延。在假设通信网络畅通的条件下，传输时延由单元关系的信息传输距离和传输时延系数决定，即 $\text{Delay} = \mu \times \text{Dis}$，其中，$\mu$ 为单位距离的传输时延系数；Dis 为单元关系的信息传输距离，根据单元关系起点和终点的地理坐标可以计算。

② 信息数据量。新添加的单元关系的信息数据量就是其起点单元的输出信息量。

此外，在添加单元关系的同时，这些新增关系指向的系统单元（假设为 μ_k），所处理的信息量会增加，其信息处理时延变为 $\text{Delay}(\mu_k) = \dfrac{\sum\limits_{i=1, r_i \in R_a}^{n} r_i \cdot \text{Infor} + \sum\limits_{j=1, r_j \in R_b}^{n} r_j \cdot \text{Infor}}{u_k \cdot PA}$，其中，$R_a$ 为原先指向单元 u_k 的关系集合；R_b 为新增指向单元 u_k 的关系集合。因此，如果系统单元的 u_k 处理能力不能得到同步增强，则会增加系统单元的处理时延，从而削弱高效性优化效果。

上述内容没有考虑系统单元的合并问题，是因为按照系统单元的定义，它是有职责权限的，也就是说从编制体制角度，它的存在是因为其也是部队编成的一部分，而系统结构的优化并不考虑编制体制调整的问题。

步骤 2：在生成 $G_{(n_s,n_e)}$ 之后，寻找“捷径”的问题可以建模为如下的最优化的数学问题：

$$\min_{\omega(n_s,n_e) \in W(G_{(n_s,n_e)})} \text{Hops} \quad (\omega(n_s,n_e)) \tag{6-51}$$

$$\text{s.t. Delay}(\omega(n_s,n_e)) < \text{Delay}(\omega_{\max}(n_s,n_e))$$

式中，$W(G_{(n_s,n_e)})$ 是可行信息流图 $G_{(n_s,n_e)}$ 中以 n_s 为起点和 n_e 为终点的所有可行的信息流模体；$\text{Hops}(\omega(n_s,n_e))$ 是信息流模体 $\omega(n_s,n_e)$ 经过的系统单元的跳数。该最优化数学问题的约束条件是优化后的信息流模体的时延必须小于优化前的信息流模体时延，将来根据需要还可以增加信息流模体的代价等更多的约束。需要注意的是，可行信息流图包含了原有的系统单元间关系，优化后原有的这些关系中有些可能被删除，对于不能删除的关系可以添加到约束中，也就是说，系统结构高效性的优化既有可能增加新的关系，也有可能减少原有的关系。

通过求解上述的最优化问题，可以为系统结构高效性“短板”寻找到一条满足要求的可行的“捷径”，为系统总体设计人员设计更为高效的系统结构提供决策依据。

步骤 3：根据步骤 2 选择的最优的信息流模体，在原系统结构 G 上增加该信息流模体中有而系统结构中没有的关系后，得到系统结构 G'。

以上三步可以自动执行，但需要自动判断是否要终止系统结构高效性优化的过程，从而确保高效性优化收敛。判断的方式是比较此次优化前后的系统结构的高效性指标之差是否在某个可以忽略不计的范围内，即判断准则为

$$\mathrm{Delay}(G)-\mathrm{Delay}(G')\leqslant\tau \tag{6-52}$$

式中，τ 为终止条件，如果已达不到系统结构高效性指标，那么就终止高效性优化过程。

2. 系统结构鲁棒性优化方法

根据系统结构鲁棒性定义及指标的分析，在现有系统结构的基础上提高系统鲁棒性最直接的方法是增加系统单元冗余/备份。通过系统单元的冗余设计可以提高系统单元间信息流模体的冗余，从而增强系统结构的抗打击能力，优化系统结构的鲁棒性。

1）系统结构鲁棒性优化过程模型

系统结构鲁棒性优化过程模型如图 6-19 所示。系统结构鲁棒性优化过程包括以下四个关键步骤。

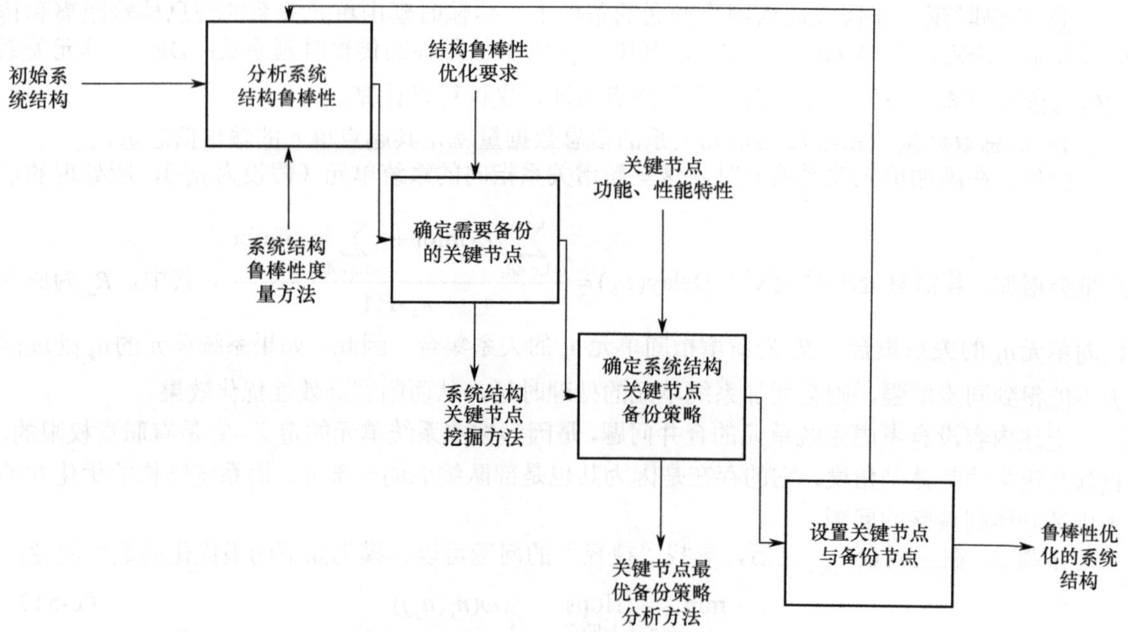

图 6-19　系统结构鲁棒性优化过程模型

步骤 1：采用系统结构鲁棒性度量方法分析初始系统结构的鲁棒性。

步骤 2：根据结构鲁棒性优化要求，例如，情报保障鲁棒性≥4，即平均损毁 4 个关键单元

情报保障能力仍可接受，采用系统结构关键单元挖掘方法确定需要备份的关键单元。

步骤 3：根据关键单元的功能、性能特性，例如，不同的单元类型、不同的性能要求，采用关键单元最优备份策略方法确定系统结构关键单元备份策略。

步骤 4：根据备份策略设置关键单元和备份单元，提高系统结构的鲁棒性，形成满足鲁棒性优化要求的系统结构。

以上四步根据结构鲁棒性优化要求可以不断循环迭代，直到满足结构鲁棒性优化目标为止。

2）系统结构关键单元挖掘方法

（1）系统结构关键单元的定义。

选择关键单元的依据是系统单元的“重要度”，然而“重要度”是一个相对的概念，不同的人从不同的视角看系统结构，系统单元的重要度并不一样。例如，作战指挥人员可能会认为联合指挥所的重要度更高，而情报保障人员可能会认为高价值传感器的重要度更高。然而，对于系统总体设计人员而言，设计的系统结构本质是根据作战任务要求将分布在网上的各种系统单元高效、灵活地组织在一起形成的体系。因此需要从体系的角度来分析系统结构的关键单元，本节对系统结构关键单元的定义是：该系统单元的损毁对体系破坏程度最大。

由于破坏体系在本质上是“切断”支撑完成系统任务的各种信息流模体，因此下面提出基于情报、指控和协同三种信息流模体，以此来分析系统结构关键单元的方法。

（2）基于信息流模体的系统结构关键单元挖掘方法。

该方法的核心是系统结构的关键单元是流经该系统单元的信息流模体最多的系统单元。因此，本节将介绍三种信息流模体模型的点介数计算方法。

① 基于情报信息流模体的点介数计算方法。

$$u_{\mathrm{ID}}(n_k)=\sum_{(n_i,n_j)\in \mathrm{ID}}\frac{\tau_{ij}(n_k)}{\tau_{ij}} \tag{6-53}$$

式中，$u_{\mathrm{ID}}(n_k)$ 为系统结构任意两点情报信息流模体经过系统单元 n_k 的比例之和；τ_{ij} 为系统单元 n_i 和 n_j 之间所有情报保障信息流模体数量；$\tau_{ij}(n_k)$ 为 τ_{ij} 中经过系统单元 n_k 的数量。

$u_{\mathrm{ID}}(n_k)$ 越大表示系统单元 n_k 的损毁对系统的情报保障能力影响越大，因此从系统的情报保障能力角度来说，系统单元 n_k 相对更重要。

② 基于指控信息流模体的点介数计算方法。

$$u_{\mathrm{IDA}}(n_k)=\sum_{(n_i,n_j)\in \mathrm{IDA}}\frac{\tau_{ij}(n_k)}{\tau_{ij}} \tag{6-54}$$

式中，$u_{\mathrm{IDA}}(n_k)$ 为系统结构任意两点指控信息流模体经过系统单元 n_k 的比例之和；τ_{ij} 为系统单元 n_i 和 n_j 之间所有情报保障信息流模体数量；$\tau_{ij}(n_k)$ 为 τ_{ij} 中经过系统单元 n_k 的数量。

$u_{\mathrm{IDA}}(n_k)$ 越大表示系统单元 n_k 的损毁对系统的指挥控制能力影响越大，因此从系统的指挥控制能力角度来说，系统单元 n_k 相对更重要。

③ 基于协同信息流模体的点介数计算方法。

$$u_{\mathrm{AA}}(n_k)=\sum_{(n_i,n_j)\in \mathrm{AA}}\frac{\tau_{ij}(n_k)}{\tau_{ij}} \tag{6-55}$$

式中，$u_{\mathrm{AA}}(n_k)$ 为系统结构任意两点协同信息流模体经过系统单元 n_k 的比例之和；τ_{ij} 为系统单元n_i和n_j之间所有情报保障信息流模体数量；$\tau_{ij}(n_k)$为τ_{ij}中经过系统单元n_k的数量。

$u_{\mathrm{AA}}(n_k)$越大表示系统单元n_k的损毁对系统的武器协同能力影响越大，因此从系统的武器协同能力角度来说，系统单元n_k相对更重要。

④基于三种信息流模体的点介数计算方法。

为分析系统单元的损毁对系统结构的综合影响程度，可通过上述三种基于不同的信息流模体点介数的加权平均进行衡量。计算方法如下：

$$u(n_k)=\beta_1 u_{\mathrm{ID}}(n_k)+\beta_2 u_{\mathrm{AA}}(n_k)+\beta_3 u_{\mathrm{IDA}}(n_k) \tag{6-56}$$

式中，β_1、β_2、β_3为每种信息流模体相对系统结构的重要程度，且$\beta_1+\beta_2+\beta_3=1$，$\beta_1,\beta_2,\beta_3\in(0,1)$。权值的设定可根据系统所支撑的作战任务阶段来设定，如在情报收集阶段，则β_1最高，β_2次之；而在作战筹划阶段，则β_2最高，β_1次之。

3）关键单元最优备份策略分析方法

在确定了系统结构中的关键单元后，通过对关键单元的备份可以提高系统结构的鲁棒性。然而，关键单元备份策略是什么？即关键单元备份几个合适？以及用哪些系统单元作为关键单元的备份单元最佳？这类问题目前还没有合适的解决方法，主要凭人的经验。为此，下面两节提出了具体的解决方法。

（1）关键单元最佳备份个数分析方法。关键单元最佳备份，如指挥员的意愿、建设的成本、地理环境的限制等，虽然对于这类多目标优化问题，有统一的解决框架，但由于类似指挥员的意愿等众多因素难以建模，获得有意义的结果很难。因此，本方法重点分析关键单元最佳备份个数的上限。关键单元的备份个数之所以可能有上限，是因为在对抗过程中，不只是关键单元会损毁，其他系统单元也会有损毁，即使关键单元备份得再多，系统仍可能完不成任务，因此不是关键单元备份得越多，系统结构的鲁棒性就越好。随着关键单元备份个数的增加，系统结构鲁棒性应该有一个上限，当关键单元备份的个数达到该上限后，通过增加备份个数来提高系统结构的鲁棒性就非常缓慢了。

假设关键单元n_k^*备份n_k^*个，根据系统结构鲁棒性度量的方法，可以依次计算出系统单元n_k^*不备份、备份1个、备份2个等情况时系统结构的鲁棒性，分析过程如图6-20所示。

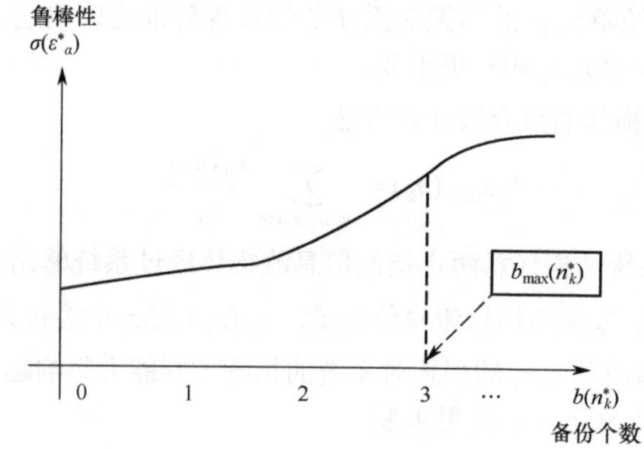

图6-20　备份个数分析过程

虽然增加关键单元的备份能够提高系统结构的鲁棒性，但是关键单元的鲁棒性并不等同于系统结构的鲁棒性，当关键单元备份的个数增加到一定程度时，系统结构鲁棒性存在一个增长的拐点，那么这个拐点对应的备份数量值$b_{\max}(n_k^*)$，可以认为是该关键单元备份个数的上限。

（2）关键单元最优备份关系分析方法。

① 关键单元备份模式。

关键单元备份是指关键单元在损毁后，由备份单元来自动接替，承担关键原有的功能，在实际系统中一般有三种备份模式：

i. 无同步备份模式。

无同步备份模式是指在关键单元和备份单元之间不存在因为备份关系而进行的数据同步，当关键单元损毁后，备份单元能够自动完成接替，承载关键单元的功能。这种备份模式适用于完全分布式处理的系统，即系统内不同单元是对等的，处理功能完全独立。例如，采用分布式处理机制的情报处理系统，不同情报处理之间就可以采用这种无同步备份模式，一个情报处理单元损毁，无须同步任何数据，其他任意情报处理可以自动接替处理。

ii. 输入同步备份模式。

输入同步备份模式如图 6-21 所示，是指关键单元全部输入信息实时备份到单元上，备份单元同步运行关键单元所有功能但无相关输出，当关键单元损毁后，备份单元自动接替。图 6-21 中，如果关键单元 n_k^* 由备份单元 b_i 接替，那么 n_k^* 的所有信息输入也同步到备份单元 b_i（如图 6-21 中虚线所示）。这种备份模式因为备份节点同步关键单元所有输入信息，并运行相同的功能，因此能够无损地、实时地实现功能接替，但由于备份单元在承担自身处理任务的同时还要运行关键单元全部功能，因此备份单元的处理和传输资源消耗较大。这种备份模式适用于对数据完整性、实时性要求高，备份单元处理能力强的场景。

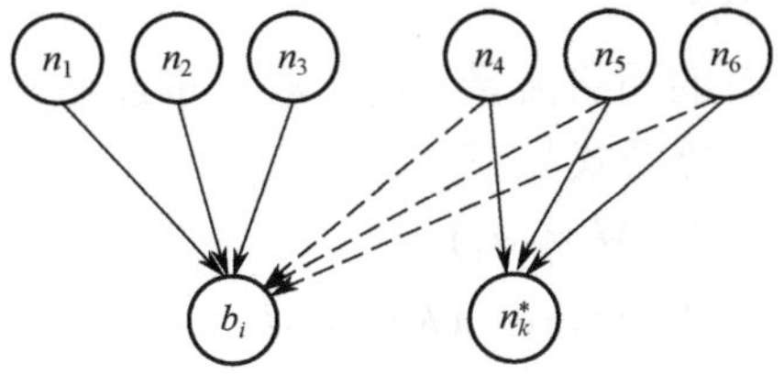

图 6-21　输入同步备份模式

iii. 状态同步备份模式。

状态同步备份模式如图 6-22 所示，是指备份单元实时同步关键单元的处理状态信息，当关键单元损毁后，备份单元依据同步的处理状态信息，自动恢复关键单元功能运行环境，并实现功能接替。图 6-22 中，关键单元 n_k^* 由备份单元 b 接替，n_k^* 与 b_i 之间建立状态同步关系（如图 6-22 中虚线所示）。这种备份模式由于只在关键单元和备份单元之间同步状态信息，备份单元并不运行关键单元的功能，且通常需要同步的状态信息的数据量可根据单元功能、处理和传输资源环境定制，因此占用的处理和传输资源相对较少，但是由于状态同步和恢复需要一定的时间，短时间内该关键单元的能力会损失，因此这种备份模式适用于对完整性和实时性要求不高的场景。

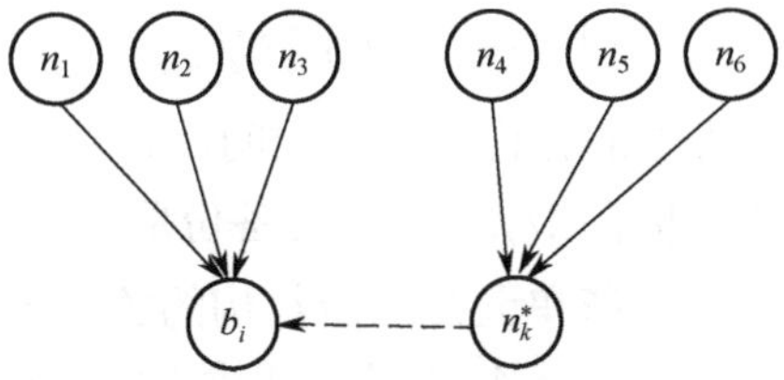

图 6-22　状态同步备份模式

② 关键单元备份代价。

关键单元备份在提高系统结构鲁棒性的同时，也会产生相应的代价，从性能影响角度看，主要包括关键单元或备份单元由于备份的关系所产生的新的处理量和传输量。这种代价应该是越小越好，因此在选择关键单元的备份单元时需要同时考虑代价的问题。下面给出关键单元备份代价的计算模型。

假设关键单元n_k^*，其备份单元集合为$B=\{b_1,b_2,\cdots,b_x\}$，其备份模式为$RM\in\{M_1,M_2,M_3\}$，分别代表无同步、输入同步和状态同步三种备份模式。

i. 关键单元备份的处理代价。

当某系统单元设置为关键单元的备份单元时，因为增加了额外的数据处理，势必影响该系统单元的处理性能，因此该系统单元增加的处理时间可作为该系统单元作为备份单元的处理代价。计算公式如下：

$$C_p(n_k^*,B,RM)=\begin{cases}0(RM=M_1)\\ \sum\limits_{b_i\in B}r_j(\text{Infor})/b_i(\text{PA})(RM=M_2,r_j\in\text{Input}(n_k^*)-\text{Input}(b_i))\\ \sum\limits_{b_i\in B}n_k^*(\text{Syn})/b_i(\text{PA})(RM=M_3)\end{cases}\tag{6-57}$$

式中，Input(*)为*的信息输入，r_j与为因备份而新增的单元关系；$r_j(\text{Infor})$为单元关系的数据量属性；$b_i(\text{PA})$为备份单元的处理能力；$n_k^*(\text{Syn})$为关键单元仍要同步的数据量。

ii. 关键单元备份的传输代价。

新增的单元间关系产生了新的网络流量，而一般军事通信网络的容量有限，因此备份所产生的数据量可作为传输代价。计算公式如下：

$$C_p(n_k^*,B,RM)=\begin{cases}0(RM=M_1)\\ \sum\limits_{b_i\in B}r_j(\text{Infor})(RM=M_2,r_j\in\text{Input}(n_k^*)-\text{Input}(b_i))\\ \sum\limits_{b_i\in B}n_k^*(\text{Syn})/(RM=M_3)\end{cases}\tag{6-58}$$

③ 关键单元备份关系优化模型。

系统结构关键单元应采用哪些节点作为其备份单元，从而使得在相关备份代价的约束下，系统结构的鲁棒性最优。针对该问题建立了以系统结构鲁棒性最优为目标，以备份单元范围、备份处理代价和传输代价为约束条件的优化模型。

$$\max\sigma(\varepsilon_{G'}^*)$$
$$\text{s.t.}\begin{cases}B\subset 2^{|b_1,\cdots,b_i,\cdots,b_m|}\\ |B|\leqslant b_{\max}(n_k^*)\\ C_p(n_k^*,B,m)\leqslant C_{p\_\max}\\ C_t(n_k^*,B,m)\leqslant C_{t\_\max}\end{cases}\tag{6-59}$$

式中，$2^{|b_1,\cdots,b_i,\cdots,b_m|}$代表所有可能的备份方案的空间，它是所有可能作为关键单元n_k^*的备份单元集合$\{b_1,\cdots,b_i,\cdots,b_m\}$的幂集，$\{b_1,\cdots,b_i,\cdots,b_m\}$是备份单元的候选集，它与关键单元的类型、地理位置等相关，如果某航空兵师系统单元是系统结构的关键单元，那么其邻近的航空兵师系统单元都属于备份单元的候选集；$C_{p_\max}$代表处理代价上限；$C_{t_\max}$代表传输代价上限。

3．系统结构灵活性优化方法

根据系统结构灵活性度量方法，如果系统结构是一个全连通的图，那么系统结构的灵活性最好。然而，由于建立系统单元之间的信息关系是有代价的，这种代价可能包括系统单元的计算负载、通信负载、软/硬件接口复杂性、管理成本、安全防护等，因此全连通的系统结构是不可能的，也是不必要的。

系统结构灵活性优化方法与系统结构高效性优化方法的思路基本一致。首先找出影响系统结构灵活性的短板，其次分析该短板产生的原因，最后利用优化算法寻找改进的方案。该方法并不试图寻求一次就获得最优方案，而是将优化整个系统结构的灵活性的问题转化为在已有系统结构的基础上，采用渐进式的、局部优化的方法，逐步优化系统结构的灵活性，直到满足优化要求为止。该方法较全局一次最优化方法的优点在于有效地缩小了优化问题的搜索空间，并且为系统总体设计人员在系统结构灵活性全局最优和局部最优之间寻找平衡点提供了依据。

如果采用系统结构变化的量差作为衡量系统结构灵活性的指标，通过对决策控制单元的情报保障途径数量、响应执行单元之间协同途径数量及经过响应执行单元的 OODA 过程数量的分析，可以将系统结构的灵活性优化方法问题分解为增加决策控制单元情报保障途径数量的优化方法、增加响应执行单元之间协同途径数量的优化方法及增加响应执行单元的 OODA 过程数量的优化方法三个子问题。下面依次给出这三个优化子问题的解决方法。

1）增加决策控制单元情报保障途径数量的优化方法

从结构层面，假设为决策控制单元提供情报的情报获取单元种类和数量不变，影响决策控制单元的情报保障途径的因素主要包括情报处理单元的数量，以及情报获取单元、情报处理单元和决策控制单元之间的信息关系。因此，通过增加新的可用于保障该决策控制单元的情报处理单元，或者增加现有保障该决策控制单元的情报处理单元的数量，或者增加情报获取单元、情报处理单元及决策控制单元之间的信息关系，能够增加该决策控制单元的情报保障途径数量。具体的算法步骤如下：

步骤 1：根据决策控制单元情报保障途径数量的分析结果，确定情报保障途径数量最少的决策控制单元 D_k。

步骤 2：根据系统结构 G 构造一个只与该决策控制单元情报保障途径数量分析相关的结构 G_{D_k}，如图 6-23 所示。

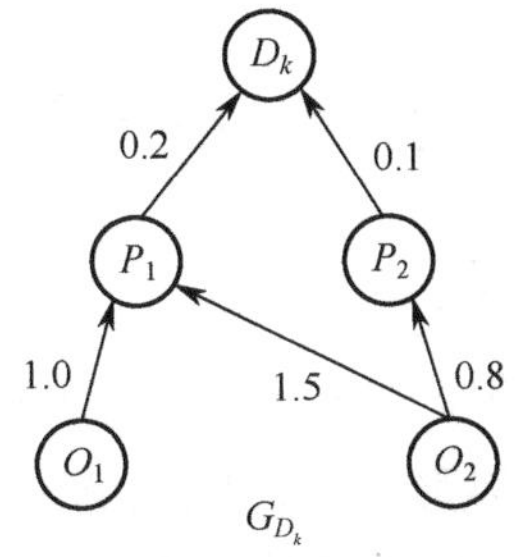

图 6-23　结构 G_{D_k}

步骤 3：构造优化 G_{D_k} 所需的约束矩阵：

$$\boldsymbol{M}_{G_{D_k}}=\begin{cases}-1\text{（单元}i\text{与}j\text{之间无信息关系）}\\ \text{Delay（其他）}\end{cases} \tag{6-60}$$

该矩阵是系统总体人员根据设计经验和实际情况设定的可能增加风险情报保障途径数量的所有可能途径，以及每种新增的可能的信息关系的传输时延。例如，根据图 6-23 可以产生优化 G_{D_k} 所需的约束矩阵：

$$\boldsymbol{M}_{G_{D_k}}(c_{ij})=\begin{matrix} \\ D_k\\ P_1\\ P_2\\ P_3\\ O_1\\ O_2\end{matrix}\begin{pmatrix} D_k & P_1 & P_2 & P_3 & O_1 & O_2\\ -1 & -1 & -1 & -1 & -1 & -1\\ 0.2 & -1 & 1 & -1 & -1 & -1\\ 0.1 & -1 & -1 & -1 & -1 & -1\\ 0.8 & -1 & -1 & -1 & -1 & -1\\ -1 & 1 & 1.2 & -1 & -1 & -1\\ -1 & 1.5 & 0.8 & 2 & -1 & -1\end{pmatrix} \tag{6-61}$$

图 6-23 中虚线部分表示系统总体人员新增的可能要素，包括情报处理单元 P_3（P_3 可以是系统结构中其他情报处理单元，也可以是系统结构中原来没有的单元）以及若干信息关系。与高效性优化一样，初始局部结构中某些冗余的单元关系在优化过程中是可以删除的，如图 6-24 中情报获取单元 O_2 与情报处理单元 p_1 之间的保障关系。

步骤 4：构造提高的 D_k 情报保障途径数量的优化函数，该优化函数的优化目标是结构变化的代价（情报保障信息流模体切换的成本），优化约束条件包括：①新的结构 G'_{D_k} 情报保障途径数量要比原来的结构 G_{D_k} 多；②结构 G'_{D_k} 中新增的要素要满足约束矩阵要求。该优化函数定义如下：

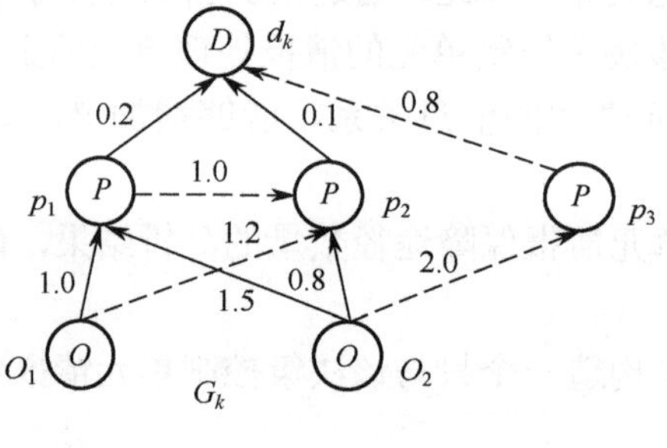

图 6-24 约束图

$$\min\frac{1}{\left|O_{G'_{D_k}}\right|}\sum_{\forall O_k}\cos t_{O_k},O_k\in O_{G'_{D_k}}\subset G_{D_k}$$

$$\text{s.t.}\begin{cases}F_{G'_{D_k}}(D_k)>F_{G_{D_k}}(D_k);\\ \text{如果}g_{ij}=1\text{，那么}c_{ij}>0\text{，其中}g_{ij}\text{是}G'_{D_k}\text{用矩阵表示后的值}\end{cases}$$

步骤 5：采用近似最优算法对上述最优化问题求解。

上述五个步骤可以辅助系统总体人员发现在情报保障途径方面制约系统结构灵活性的因素，并提供响应的优化方法。系统总体人员可以根据具体情况不断地重复这五个步骤，直到获得自己满意的结果。

2）增加响应执行单元之间协同途径数量的优化方法

该方法的思路与增加决策控制单元情报保障途径数量的优化方法基本一致，具体步骤如下：

步骤 1：根据响应执行单元之间协同途径数量的分析结果，确定协同途径数量最少的响应执行单元组 (A_x, A_y)。

步骤 2：根据系统结构 G 构造一个只与该响应执行单元组协同途径数量分析相关的结构 $G_{(A_x,A_y)}$。

步骤 3：构造优化 $G_{(A_x,A_y)}$ 所需的约束矩阵 $M_{C_{(A_x,A_y)}}(c_{ij})$，该矩阵是总体设计人员根据设计经验和实际情况设定的可能增加响应执行单元组 (A_x, A_y) 协同途径数量的所有可能途径，以及每种新增的可能的信息关系的传输时延，需要指出的是，在优化过程中，可以删除初始局部结构中部分冗余单元关系。

步骤 4：构造优化响应执行单元组 (A_x, A_y) 协同途径数量的优化函数：

$$\text{s.t.}\begin{cases} F_{G'_{(A_x,A_y)}}(A_x,A_y) > F_{G_{(A_x,A_y)}}(A_x,A_y) \\ \text{如果} g_{ij}=1\text{，那么} c_{ij}>0\text{，其中} g_{ij}\text{是} G'_{(A_x,A_y)}\text{用矩阵表示后的值} \end{cases}$$

步骤 5：采用近似最优算法对上述最优化问题求解。

同样，通过上述五个步骤辅助系统，总体人员发现响应执行单元协同途径数量方面的短板，逐步提高系统结构在响应执行单元协同方面的灵活性，系统总体人员可以根据具体情况不断地重复这五个步骤，直到获得满意的结果。

3）增加响应执行单元的 OODA 过程数量的优化方法

根据响应执行单元的 OODA 过程数量的计算方法，增加某响应执行单元的 OODA 过程数量的优化方法包括两种：

方法一：增加能够直接指挥该响应执行单元的决策控制单元的数量，实际上就是赋予一些原本不能够直接指挥该响应执行单元的决策控制单元进行越级指挥或接替指挥等能力，从而迅速增加该响应执行单元的指挥控制途径的数量。

方法二：增加能够对该响应执行单元进行直接指挥的决策控制单元的情报保障途径的数量，从优化情报保障的灵活性来间接优化对该响应执行单元的指挥控制的灵活性。

以上两种方法具有先后关系，具体实施步骤如下：

步骤 1：根据响应执行单元的 OODA 过程数量的分析结果，确定 OODA 过程数量需要增加的响应执行单元 A_k。

步骤 2：确定能够直接指挥 A_k 的决策控制单元的候选集 $D(A_k)=\{D_1,\cdots,D_2,\cdots,D_n\}$，其中 D_i 能够直接指挥 A_k，该集合要除去已经能够直接指挥 A_k 的决策控制单元。

步骤 2.1：搜索终点是 A_k 的所有指控信息流模体。

步骤 2.2：确定集合 $D(A_k)$，对于终点是 A_k 的指控信息流模体 w_{A_k}，如果 $D_x \notin D(A_k)$，且 D_x 是 w_{A_k} 中的一个节点，则 $D(A_k)=D(A_k)\cup D_x$。

步骤 2.3：如果所有保障 A_k 的情报获取单元同时也保障 A，则将能够直接或间接指挥 A_k 的决策控制单元添加到集合 $D(A_k)$ 中。

步骤 3：系统总体设计人员根据实际情况，在集合 $D(A_k)$ 中选择可行的能够直接指挥 A_k 的决策控制单元，并增加从新的决策控制单元到该响应执行单元的信息关系，而在优化过程中，可以删除初始局部结构中的部分冗余单元关系。

步骤 4：根据决策控制单元的情报保障途径数量的分析方法，计算每个直接指挥 A_k 的决策控制单元的情报保障途径的数量，并确定其中情报保障途径数量最小的决策控制单元 d_{A_k}。

步骤 5：进一步优化决策控制单元情报保障途径数量。

上述五个步骤中，步骤 2 和步骤 3 是通过方法一增加响应执行单元的 OODA 过程数量，而步骤 4 和步骤 5 是通过方法二进行优化。同样，上述步骤可以辅助系统总体人员发现响应执行单元的 OODA 过程数量方面的短板，然后逐步优化提高。这五个步骤不断循环，直至满足优化要求。终止优化的方法与系统结构高效性优化方法相同，即通过设置优化的终止条件，保障优化过程的收敛。

6.5.2　效能驱动的系统结构多目标优化方法

1．效能驱动的系统结构优化方法

1）系统任务阶段划分

观察—判断—决策—行动（OODA）已成为描述作战活动的经典模型。随着 OODA 模型概念、内涵的不断外延与拓展，在信息时代，我们可以将观察和判断统一描述为战场感知行为，其目的都是为指挥员决策提供及时、完整、正确、一致的战场态势。因此，信息时代的作战过程可以用感知—决策—行动三个阶段（又可以称为感知—决策—行动环）来描述，感知是决策的条件，决策是行动的根据，行动是感知的前提，这三个阶段互相衔接、互相支持和循环反馈，构成了信息时代作战的体系特点。下面根据感知、决策和行动三个不同的作战应用阶段来描述指挥信息系统的任务。

（1）在感知阶段，系统的主要任务是通过多种情报获取单元来探测感知战场目标，利用情报处理单元对传感器探测到的目标数据进行综合/融合处理，形成决策所需的综合情报，为生成作战态势图奠定基础。

（2）在决策阶段，系统中各决策控制单元（指挥控制系统）综合处理战场敌情和我情生成一致的战场态势图，辅助指挥员形成作战方案，分解此作战计划或指令，通过网络下发到各响应执行单元（火力单元或武器平台/系统），并对响应执行单元行动和状态进行实时监控。

（3）在行动阶段，各响应执行单元根据决策控制单元下达的作战计划（指令）协同完成相应的作战行动，并向决策控制单元实时反馈行动结果，实现各响应执行单元间的作战同步。

综上分析，系统在完成一次作战任务过程中可以分成感知、决策和行动三个相对独立的任务阶段，每个任务阶段相对独立，但通过信息网络互相衔接和互相支持，会随着作战过程而转进。我们通过分析大量在役的指挥信息系统装备的功能及处理流程，验证了系统三个任务阶段划分的合理性。当然，在实际作战过程中，这三个任务阶段的划分和转进有时并不明显，而且不一定依次转进，有时可能会产生向后或向前跳跃式转进。例如，在感知阶段发现时敏目标，就有可能直接转到行动阶段进行火力打击，实现传感器到射手的作战样式。

效能是衡量系统完成任务或功能的程度，我们划分系统任务阶段的目的是更好地分析研究系统结构在作战应用过程中的效能变化情况，类似于将一个复杂问题分解成若干个简单问题，将系统结构的综合效能分解成多个子效能，便于研究根据效能变化情况来优化调整系统的结构，确保系统任务的完成。下一节研究哪些效能的变化会触发系统结构的优化调整。

2）系统结构优化调整的条件

根据上一节的分析，系统任务一般经历相对独立的感知、决策和行动三个阶段，在每个阶

段都有相应的系统能力要求来保障任务的完成，这是设计系统的根本目标。信息化战争具有快速、多变、对抗等特点，在作战过程中，系统难免会面临能力受损或能力不够的情况（系统效能下降、不能保障任务完成），这就要求对系统结构进行优化调整，快速生成满足任务要求的系统能力。因此，系统结构优化调整的基本条件是系统能力已不能保障任务的完成。下面结合三个任务阶段来具体分析系统结构优化调整的条件。

在感知阶段，触发系统结构优化调整的条件有许多种，包括战场态势的变化、抗电子干扰的需要及探测感知装备的失效或降效等，本书主要研究以下三种条件：

（1）目标感知范围已不能有效覆盖责任区。当情报获取单元受到软/硬武器攻击时，预警探测和情报侦察装备被毁或作用距离大幅下降，有效的目标探视与监视区域已不能覆盖责任区，系统结构需要补充新的情报获取单元。

（2）目标感知质量已不能满足作战的需要。当高价值的探测侦察装备被毁，或情报处理单元失效/降效，会导致目标探测覆盖系数、目标跟踪精度和身份识别正确率等下降，影响到战场态势的生成，系统结构需要及时接入新的情报获取单元和情报处理单元，特别是接入异类传感探测单元，通过多源异类信息融合提升目标跟踪和识别的精度。

（3）目标感知能力已不能满足当前任务的需求。当感知责任区内出现大量的威胁目标时，已超出传感探测网的跟踪识别能力或情报处理能力，此时系统结构需要接入新的情报获取单元或情报处理单元。

在决策阶段，触发系统结构优化调整的条件包括战场态势的变化、指挥控制能力不够（不考虑指挥员的因素）、任务的变化、指挥结构变化等，本书主要研究指挥控制能力不能满足当前作战任务的需要。当感知的威胁目标数量已超出决策控制单元的能力，或者部分决策控制单元失效/降效，系统结构需要接入新的决策控制单元，形成任务所需的指挥控制能力。另外，决策时间和质量不能满足当前任务需要，需要接入新的决策控制单元或优化调整部分决策控制单元的工作负载。其他条件涉及作战条令、部队编成、指挥体制、指挥员的能力等变化情况，由于难以建立量化调整目标，本书暂不研究。

在行动阶段，触发系统结构优化调整的主要条件是多个响应执行单元之间的协同作战需要，确保协同作战范围和作战同步精度满足任务的要求，为此，系统结构需要在多个响应执行单元之间增加协同关系或动态接入响应执行单元。

上面是从每个任务阶段来分析研究触发系统结构优化调整的条件，还需要从整体上来研究系统结构优化调整的条件。信息时代的作战是体系与体系之间的对抗，OODA 周期（从系统发现跟踪目标到作战方案生成、作战计划或指令下达与执行的平均时间）越短，就越能在对抗中取得作战行动的主动权。因此，OODA 周期是触发系统结构整体优化调整的主要条件，其他条件如作战任务、作战区域、部队编成、指挥体制等变化情况，由于难以建立量化的优化调整目标，本书也暂不研究。

3）效能驱动的系统结构优化调整过程模型

前面分析了系统各任务阶段会随着作战进程的转进，在任务完成过程中存在着系统结构优化调整的多种触发条件，去掉与组织和人等相关的条件，我们可以认为系统结构优化调整的触发条件基本上都与系统能否完成任务相关，效能是驱动系统结构优化调整的核心因素。

影响系统结构效能的因素包括外因和内因，外因包括作战任务、战场态势的变化；内因有系统单元和关系能力失效/降效，根据感知—决策—行动环及作战进程非线性化特点，在体系作战条件下，触发系统结构优化调整的条件可能是整体的，也有可能是局部的（三个任务阶段触发的），还有可能是并发的，因此，系统结构优化调整是个多目标优化问题；另外，不管是整体还是局部条件触发，系统结构优化调整始终以整体最优为目标，不可能牺牲系统结构整体效能来满足局部优化的目标。

综合上述分析，我们建立了效能驱动的系统结构优化调整过程模型，如图 6-25 所示。根据该模型，系统结构优化调整的基本过程和原理是：以满足感知、决策和行动的需求为背景，在系统执行任务过程中，针对作战任务和战场态势及环境的变化，系统结构在整体、协同感知、指挥控制、武器协同等多个效能综合最优的目标驱动下，进行优化调整，形成与任务和环境最优匹配的系统结构，从而支持动态自适应的感知、决策和行动过程。

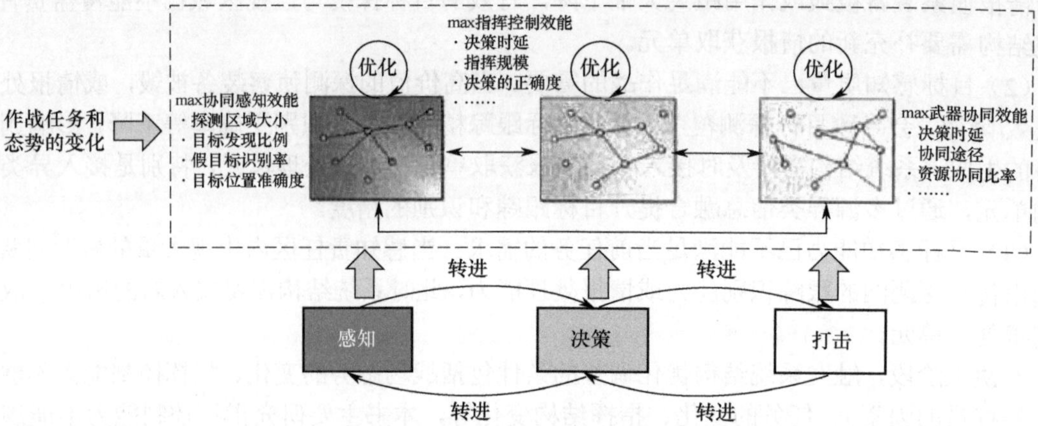

图 6-25 效能驱动的系统结构优化调整过程模型

2．效能驱动的系统结构多目标优化框架

依据效能驱动的系统结构优化机制，在系统结构优化过程中，针对感知—决策—行动环及不同任务阶段系统结构优化的需要，建立相应的结构多目标优化模型，然后通过求解该模型，为优化系统结构提供依据。由于每个任务阶段优化模型中优化的系统效能目标及约束函数的具体形式有所不同，而且与系统的种类、用途等相关，因此不可能建立一个通用的系统结构多目标优化模型。本书首先建立一个通用的效能驱动的系统结构多目标优化框架，指导具体的系统结构多目标优化模型的建立。假设初始系统结构 $G=(V,E)$，其中，V 为初始系统单元集合；E 为系统单元关系集合；G' 是优化的系统结构；$V_{总}$为全部系统单元集合，则该优化框架具体如下：

$$\max_{G'} W(G')$$

$$\max_{G'} D(G')$$

$$\max_{G'} C(G')$$

$$\max_{G'} A(G')$$

$$
\text{s.t.}\begin{cases}
D(G')\geqslant D_0 \\
C(G')\geqslant C_0 \\
A(G')\geqslant A_0 \\
L(G')\geqslant L_0 \\
F(G')\geqslant F_0 \\
\sum_{j=1}^{N} x_{ij}\leqslant b_i (i=1,\cdots,N) \\
\sum_{i=1}^{N} x_{ij}\leqslant d_j (j=1,\cdots,N) \\
G'=(V',E'),V'\subseteq V_{总}
\end{cases} \tag{6-62}
$$

该优化框架的优化目标是系统结构的整体效能 $W(G')$ 、协同感知效能 $D(G')$ 、指挥控制效能 $C(G')$ 和武器协同效能 $A(G')$ 最优。

上述多目标优化函数通过加权综合可以转化为单目标优化函数求解，因此优化目标可转化为 $\max_{G'} f=\lambda_1 W(G')+\lambda_2 D(G')+\lambda_3 C(G')+\lambda_4 A(G')$ ，其中优化目标中各部分权值采用基于指标灵敏度权值动态控制方法，控制的原则是效能/性能损失越大，权重自动设置越大。计算公式如下：

$$
\langle\lambda_1,\lambda_2,\lambda_3,\lambda_4\rangle=\left\langle\frac{\omega_1}{\omega},\frac{\omega_2}{\omega},\frac{\omega_3}{\omega},\frac{\omega_4}{\omega}\right\rangle \tag{6-63}
$$

式中，$\langle\omega_1,\omega_2,\omega_3,\omega_4\rangle=\left\langle \mathrm{e}^{-(W-W_0)},\mathrm{e}^{-(D-D_0)},\mathrm{e}^{-(C-C_0)},\mathrm{e}^{-(A-A_0)}\right\rangle$ ，且 $\omega=\omega_1+\omega_2+\omega_3+\omega_4$ 。

约束条件主要考虑以下三个方面：

1）任务约束

$D(G')\geqslant D_0$ ， $C(G')\geqslant C_0$ ， $A(G')\geqslant A_0$ 表示任务对三个效能指标的约束。

例如，目标平均覆能系数≥3，指挥控制量≥20 批，协同成功率≥90%。分别表示任务对鲁棒性和高效性的约束。

2）单元能力约束

$G'=(V',E')$ ，其中 $V'\subseteq V_{总}$ 表示系统结构变化中系统单元的变化范围。$\sum_{i=1}^{N} x_{ij}\leqslant d_j$ $(j=1,\cdots,N)$ 表示系统结构中每个单元输入的信息量要小于该单元当前的最大处理能力，其中 d_j 为系统单元 j 的最大处理能力， x_{ij} 为系统单元 i 向 j 输入的信息量。

3）栅格通信网能力约束

$\sum_{j=1}^{N} x_{ij}\leqslant b_i (i=1,\cdots,N)$ 表示系统结构中每个单元的输出的信息量要小于栅格通信网为该单元提供的当前最大通信能力，其中， b_i 为栅格通信网为系统单元 i 提供的最大通信能力； x_{ij} 为系统单元 i 向 j 输入的信息量。

上述优化问题一般可以通过智能优化算法求近似最优解。系统结构优化的遗传算法流程框架如图 6-26 所示。

基于上述多目标优化框架，针对不同的系统，可以进一步建立具体的优化目标和约束函数，而且可以根据作战任务和系统特点选择优化目标。

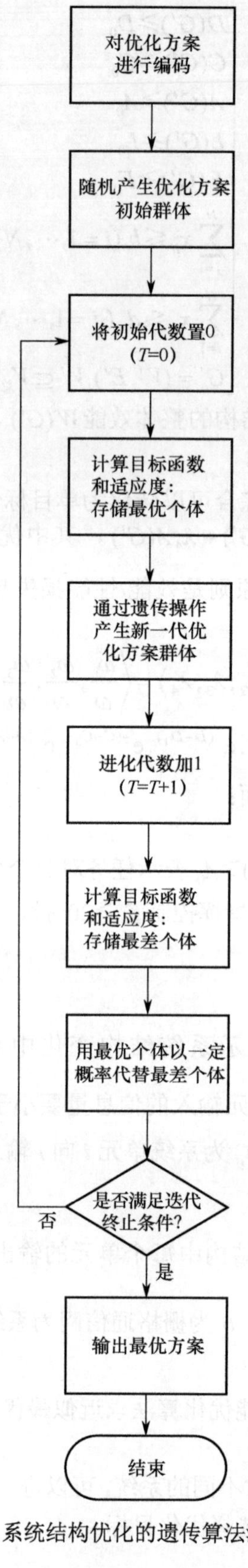

图 6-26　系统结构优化的遗传算法流程框架

由于信息时代作战实质是通过信息的共同共享，形成各系统单元和指战员对态势的一致理解，从而加速决策速度，最终达成分布式作战同步的效果。因此，系统通过战场感知形成高质量的态势及对态势变化的快速反应是系统结构优化的核心。下面，基于上述多目标优化框架，以协同感知效能及 OODA 周期最优为核心，建立相应的优化模型。

2. 协同感知效能及 OODA 周期优化模型

针对不同的使命任务，系统结构分别有不同的优化目标。感知阶段主要考虑协同感知效能，决策阶段主要考虑指挥控制效能，行动阶段主要考虑武器协同效能，这些效能是形成体系作战能力的关键，也是指挥员最关心的事情。在体系对抗条件下，协同感知效能最优和 OODA 周期最短是取得战场主动权的关键。其他诸如指挥决策能力和质量、武器协同效能等涉及指挥体制、作战编成、条令、战术与人员等因素，难以建立量化的优化目标和约束，因此本节主要研究和建立了以协同感知效能最优和 OODA 周期最短为优化目标的系统结构优化模型。

在态势和环境变化（目标状态、单元损毁等情况）过程中，通过该模型对系统结构进行优化调整，使得系统在满足任务要求条件下始终保持协同感知效能最优和 OODA 周期最短，栅格通信网传输能力、鲁棒性、灵活性等作为约束。下面给出该模型的具体描述。

假设：执行任务的系统初始结构包含建制内的情报获取单元、情报处理单元、决策控制单元及响应执行单元集合分别记为$O_O=\left\{O_1,O_2,\cdots,O_{N_O}\right\}$、$P_O=\left\{P_1,P_2,\cdots,P_{N_P}\right\}$、$D_O=\left\{D_1,D_2,\cdots,D_{N_D}\right\}$、$A_O=\left\{A_1,A_2,\cdots,A_{N_A}\right\}$；建制外可选择接入的四类系统单元集合分别记为$O_O'=\left\{O_1',O_2',\cdots,O_{M_O}'\right\}$、$P_O'=\left\{P_1',P_2',\cdots,P_{M_P}'\right\}$、$D_O'=\left\{D_1',D_2',\cdots,D_{M_D}'\right\}$、$A_O'=\left\{A_1',A_2',\cdots,A_{M_A}'\right\}$；目标集合记为$M=\left\{M_1,M_2,\cdots,M_m\right\}$。下面分别讨论系统结构的优化目标和约束条件。

1）优化目标

（1）协同感知效能。定义协同感知效能为目标联合探测概率、目标覆盖系数及探测代价的综合函数。

i. 目标联合探测概率。

由于传感器感知目标的完整性、正确性和清晰性等质量指标均取决于目标的探测概率，因此探测质量可以选择目标联合探测概率作为优化因素。假设初始结构O_O接入新的情报获取单元$O_+(O_+\subseteq O')$，此时情报获取单元集合为$O_{O+}=\{O_O,O_+\}$，情报获取单元O_j对目标M_i的探测概率记为$P_i(O_j)$，那么接入新的情报获取单元后新的结构对目标M_i的联合探测概率为

$$P_i(O_{O+})=1-\prod_j(1-P_i(O_j))\cdot\prod_k(1-P_i(O_k')),O_j\in O_O,O_k'\in O_O' \tag{6-64}$$

由于不同目标的重要性不同，对探测质量的期望也是不同的，因此可以通过为不同目标赋予权值以区分其对探测质量的要求，假设目标M_i的权重为W_i，那么针对所有目标的综合探测质量，该优化因素可以归一化表示为

$$P(O_{O+})=\sum_{i=1}^{m}W_i\cdot P_i(O_{O+}) \tag{6-65}$$

ii. 目标覆盖系数。

目标覆盖系数定义见式（6-24）。

iii. 目标探测代价。

情报获取单元选择既要考虑目标探测质量，也要考虑因辐射源暴露可能遭受的干扰/攻击，

以及由于增加传感器数据导致的情报处理时间延长等因素，因此需要在追求目标探测质量的同时，力求减少参与探测的单元个数及其工作时间，以降低探测代价。假设情报获取单元 j 的探测代价记为 $C(O_j)$，其大小取决于接入该单元引起的情报处理时间增加量 Δt_j，因辐射源暴露遭受干扰/攻击的可能性 p_j，以及遭受干扰/攻击后可能导致的后果 c_j，那么接入情报获取单元 j 的代价可以表示为

$$C(O_j) = f(\Delta t_j, p_j, c_j) \tag{6-66}$$

式中，f 为值域大于 0 的递增函数。那么，针对情报获取单元集合 O_{O+} 的探测代价可以归一化表示为

$$P_i(O_{O+}) = \frac{\sum_{j=1}^{N_{O_{O+}}} C(O_j)}{N_{O_{O+}} \cdot \max\{C(O_j), O_j \in O_{O+}\}} \tag{6-67}$$

式中，$N_{O_{O+}}$ 为情报获取单元个数。

协同感知效能定义为 $P(O_{O+}) \cdot K(O_{O+}) \cdot \mathrm{e}^{-C(O_{O+})}$。

（2）OODA 周期。OODA 周期为系统结构中所有经过响应执行单元的 OODA 过程的平均时延，定义为

$$T(G_{G+}) = \frac{1}{|A|} \sum_{O_{A_k} \in O_{O+}, P_{A_k} \in P_{O+}, D_{A_k} \in D_{O+}, A_k \in A} \mathrm{Delay}(O_{A_k}, P_{A_k}, D_{A_k}, A_k) \tag{6-68}$$

式中，A 为已接入的所有响应执行单元；A_k 为任一执行单元；O 是为 A_k 提供情报保障的情报获取单元，$O_{A_k} \in O_{O+}$、$P_{A_k} \in P_{O+}$、$D_{A_k} \in D_{O+}$ 分别为 OODA 过程中的情报获取单元、情报处理单元和决策控制单元，$P_{O+} \subseteq P_O \cup P'_O$，$D_{O+} \subseteq D_O \cup D'_O$，$\mathrm{Delay}(A_k, O_{A_k})$ 为由 O_{A_k} 到 A_k 的 1 个 OODA 过程的时延。

2）约束条件

除了效能驱动的系统结构多目标优化框架中的约束，协同感知效能及 OODA 周期优化模型还有一些具体的约束。

（1）栅格通信网传输能力。情报获取单元基于栅格通信网将探测信息汇聚到情报处理单元，不同的情报获取单元同时使用共用的栅格通信网传输资源。因此，在栅格通信网传输能力固定的情况下，随着情报获取单元个数的增加，信息流量也在增加，从而加剧对传输资源的竞争，最终将影响情报传输的时效性。

采用信息传输时延作为栅格通信网传输能力的度量指标，信息传输时延越大意味着目标信息的价值越小，当传输时延大于一定阈值，探测信息可能失去作用。假设根据任务要求，信息传输时效性阈值为 t_0，情报获取单元 O_j 的传输时延记为 $\Delta t_j(O_j)$，那么约束条件可以设计为

$$\Delta t_j(O_j) \leqslant t_0 (O_j \in O_{O+}) \tag{6-69}$$

（2）情报获取单元有效性。参与协同探测的单元探测范围内至少存在一个目标，否则该节点参与协同没有意义，可以不予考虑。假设情报获取单元 O_j 的探测范围为 L_j，与目标 M_i 的距离为 l_{ij}，那么情报获取单元有效性的约束条件可以表示为

$$\sum_{i=1}^{m} f(O_j, M_i) \geqslant 1 (O_j \in O_{O+}) \tag{6-70}$$

式中，

$$f(O_j, M_i) = \begin{cases} 0 (l_{ij} > L_j) \\ 1 (l_{ij} \leqslant L_j) \end{cases} \tag{6-71}$$

（3）情报处理能力。新的情报获取单元接入系统结构，不仅增加栅格通信网的信息传输量，也会加剧情报处理单元的任务负载。由于情报处理单元具有一定的输入/输出能力，当接入新的情报获取单元导致情报输入密度大于情报处理单元的处理容量时，输入信息将得不到有效处理。因此，在优化调整系统结构时，需要考虑情报处理单元的输入能力这一约束条件。假设情报处理单元的处理能力为$C_{处理能力}$（可以指航迹批数或信息密度等），情报获取单元O_j输入情报处理单元的数据总量为$h_{输入}(O_j)$，那么该约束条件可以表示为

$$\sum_{j} h_{输入}(O_j) \leqslant C_{处理能力} (O_j \in O') \tag{6-72}$$

3）以协同感知效能最优和 OODA 周期最短为优化目标的优化模型

通过以上分析，系统结构动态优化调整考虑的优化目标包括协同感知效能和 OODA 周期；约束条件包括栅格通信网传输能力、任务需求约束（情报获取单元有效性）、单元能力约束（情报处理能力有限性），可将鲁棒性约束和灵活性约束也考虑在内。因此，可以定义如下具体的优化模型。

$$\begin{aligned} &\max P(O_{O+}) \cdot K(O_{O+}) \cdot \mathrm{e}^{-C(O_{O+})} \\ &\min T(G_{O+}) \\ &\text{s.t.} \begin{cases} \Delta t(O_j) \leqslant t_0, O_j \in G_{O+} \\ \sum_{i=1}^{m} f(O_j, M_i) \geqslant 1 (O_j \in G_{O+}) \\ \sum_{j} h_{输入}(\mathrm{O}_j) \leqslant C_{处理能力} (O_j \in G_{O+}) \\ L(G_{O+}) \geqslant L_0 \\ F(G_{O+}) \geqslant F_0 \\ \sum_{j=1}^{N} x_{ij} \leqslant b_i (i = 1, \cdots, N) \\ \sum_{i=1}^{N} x_{ij} \leqslant d_j (j = 1, \cdots, N) \\ G_{O+} = O_{O+} \cup P_{O+} \cup D_{O+} \cup A_{O+} \end{cases} \end{aligned} \tag{6-73}$$

在系统结构优化调整过程中，基于上述优化模型可以接入较合理的情报获取单元、情报处理单元、决策控制单元和响应执行单元，优化模型采用遗传算法流程框架，可根据具体的优化目标和约束条件进行求解。

思　考　题

1．指挥信息系统单元特性有哪些？

2．基本的单元关系模型有哪几类？

3．指挥信息系统结构特性是什么？

4．系统结构特性间有什么关系？

5．指挥信息系统结构复杂网络统计参量有哪些？

6．系统结构的“五环”理论是指哪五环？

7．系统结构效能仿真评估指标有哪些？

第7章 指挥信息系统体系结构框架

7.1 概　　述

联合作战C4ISR系统是联合作战的“中枢”，是作战指挥的“大脑”和“神经”。在未来联合作战中，参战诸军（兵）种及其他作战力量能否实现联合，关键取决于C4ISR系统能否实现联合。美军在这一背景下，提出了运用体系结构方法建设C4ISR系统，实现C4ISR系统的互连、互通、互操作，并形成相应的体系结构框架规范，用于指导C4ISR系统建设实践。

7.1.1 体系结构方法的产生

随着多军（兵）种联合作战需求不确定性的增加、科学技术的迅速发展、部队组织结构和作战使命的不断变化，需要更加灵活、分布和高度网络化的作战能力，要求各种独立建设的C4ISR系统实现互连、互通、互操作，并能够快速集成以形成处理各种战况的能力。为增强未来战场空间中的联合作战及互操作能力，在联合需求形成之初就在各部门间进行协调非常必要。

海湾战争以前，美军各军（兵）种独立设计的C4ISR系统体系结构内容不统一，设计文档不规范，使用的术语不一致，这种状况加大了多个C4ISR系统之间集成和互操作的难度，以致在海湾战争期间，美军联合司令部每次做出对伊拉克空袭兵力分配决策之后，都必须派专人带上磁盘分乘两架海军飞机分别飞向波斯湾和红海的航空母舰分发作战命令。海湾战争后美国军方逐步认识到，C4ISR系统的互操作能力是取得战争胜利的关键因素，未来多军（兵）种联合作战要求建设全军一体化、可互操作、高效的C4ISR系统。体系结构是系统顶层设计的一个重要组成部分，是保证C4ISR系统之间可集成互操作的关键。

美国通过战后的深入研究，认识到确保C4ISR系统可集成可互操作这一目标实现最有前途的方法就是开发和使用一体化的体系结构，采用结构化的方法将所有要素有效地联结在一起，在需求生成、采办、资源分配、互操作实施、程序等方面对各参与者施加影响。实现的关键是为其所有系统建立统一的体系结构框架，即C4ISR系统体系结构开发描述和集成的统一方法，提供开发和表述体系结构的规则、指南和产品描述。

7.1.2 体系结构和体系结构框架的概念

1. 体系结构的定义

体系结构是C4ISR系统的各组成单元的结构、关系及制约其设计和随时间演变的原则与指南（IEEE610.12）。可认为体系结构是一个系统的蓝图，该蓝图描述了系统的各组成部分及其之间的各种关系，同时还描述了系统随时间变化或演进的原则与指南。

体系结构描述的是领域内从某时刻起，各组成单元的作用和单元间相互关系，以及运行规则和约束条件等方面的表示。单元组成要素的构成取决于分析的详细程度，例如，领域可以从国防部所覆盖的领域到单独功能领域或者功能领域集合中的任何一级；组成单元也随之不同，可以上至军（兵）种，下至具体装备如卫星地面站、工作站。组成单元所做的工作可以是高级作战概念（OPCON），也可以是具体的低级别作战行动。各组成单元间的关联可以是嵌入高级指挥结构中的作战组织，也可以是与另一个单元通信用什么频率。工作的规则和约束条件可以是通常的高级条令，也可以是必须使用的电子邮件标准。

体系结构的描述方式来源于建筑学的蓝图设计。建筑学的蓝图可以从主体结构、供水管路和供电管路三个方面进行设计，形成主体结构图、供水管路图、供电管路图。这三种设计图的结合可以完整地描述出一个建筑的概貌，若只用其中任何一个或两个设计图都不能完整地描述一个建筑的概貌。与建筑学的蓝图设计类似，体系结构可从多角度进行描述，每个角度称为体系结构的一个视图。每个视图的描述有多个关注点，每个关注点称为一个产品。因此每个视图包括多个产品。图 7-1 为体系结构描述概念模型。

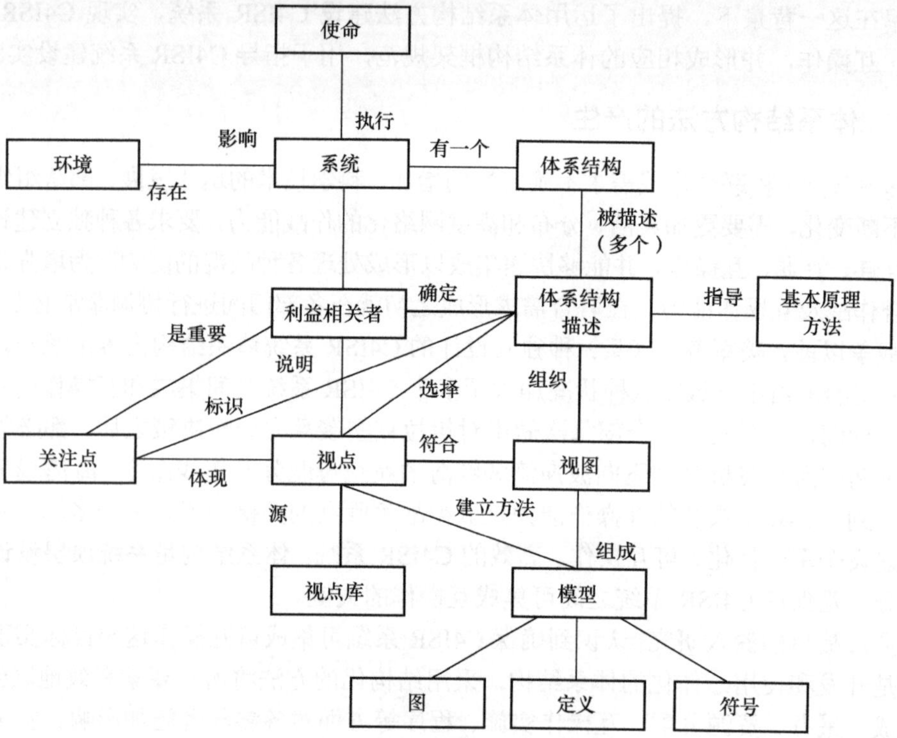

图 7-1 体系结构描述概念模型

2. 体系结构框架的概念

体系结构框架是制定体系结构描述的方法或模型，是为描述体系结构提供指导而制定的文件。体系结构框架是一种规范化描述体系结构的方法，是体系结构设计的指南，为分类、组织体系结构信息提供依据，为指导体系结构产品开发提供原则和指南，在开发过程中发挥重要作用。美军体系结构框架统一了描述体系结构的关键概念，确定体系结构应从作战需求、系统总体和技术标准三个视角进行描述。同时给出了在开发和表述体系结构过程中常用的指导原则、规则及描述体系结构视图的各种产品的定义、目的和详细构成。体系结构框架为体系结构理解、比较和综合集成提供一个共同的基准。

3. 体系结构框架的作用

体系结构框架是系统体系结构开发、描述和集成的统一方法，提供开发和表述体系结构的规则、指南和产品描述，是进行体系结构开发的前提条件。体系结构框架是为改进 C4ISR 的系统分析阶段的工作，通过格式化的图形产品和文本产品把作战需求、系统总体方案和选用的标准表述清楚、完整，便于领导机关决策，并使系统性能指标的设计有定量的依据，从而提高系统的顶层设计水平和研制的成功概率。

体系结构框架一般涉及体系结构描述和体系结构实现两方面。体系结构描述是对当前或假想的“客观世界”的资源、规则及其关系结构的表示，当这种表示进入系统设计、开发和采办阶段时，体系结构描述就转变为能力和资源部署的真正实现。体系结构框架并不提供从描述向实现的转变方法，但却给出了这种转变的相关原则。

7.1.3 体系结构的指导方针

1. 制定体系结构的指导方针

制定体系结构的指导方针包括两个内容，一个是制定体系结构的指导原则，另一个是应用框架的一些准则。

1）制定体系结构的指导原则

（1）体系结构应当根据预定的目的来建立。为了提高最终形成的体系结构的实用性和工作效率，在建立体系结构之前必须确定一个特定的和共同认可的目的。一致认可目的决定了体系结构范围有多宽、需要具有哪些特点，以及需要考虑的时间跨度有多大。这个原则既适用于一组体系结构的开发，也适用于单个体系结构的开发，同时也适用于体系结构中任何一个视图的开发。

（2）体系结构描述应尽量简单、易懂，但要达到预先确定的目的。开发过于复杂的体系结构既费时又费钱，是不必要的。根据预先确定的目的，开发的体系结构应当尽量简单、易懂，以便节省时间、人力和经费。

（3）体系结构应当促进用户间的交流，而不是妨碍用户间的交流。体系结构的描述必须是结构化的，以便用户能够彼此理解，并指导用户思考、发现、分析和解决问题。必须排除无关的信息，必须使用通用的术语和定义。要提供易于用户理解的直观的表达方式，通常图形是最佳的表达方式。

（4）体系结构应当跨军（兵）种，是相关的、可比较的。体系结构要求使用通用的术语和定义，利用一系列通用的体系结构“标准组件”或参考文件作为体系结构描述的基础。为不同的体系结构开发的已知类型的产品，必须用类似的格式显示各个产品的类似信息。在体系结构指南中必须规定每类产品的通用格式和信息内容。

（5）体系结构应当是积木式的、可重复使用的和可分解的。体系结构描述应由相关构件组成，这些构件经必要的剪裁后可以重组，可用于多种目的。

2）应用框架的一些准则

（1）按照设想的用途，建立一系列合适的产品。根据设想的体系结构的用途，确定要生成的各种产品，体系结构必须根据框架规定的名称确定每个产品，并拥有规定的信息。

（2）利用规定的公共术语和定义。体系结构描述应当利用通用的和标准化的术语及定义。在体系结构产品生成、分析、比较和综合集成的过程中，通用语言的重要性无论如何强调也不过分。词汇的控制，包括产品名称、数据元素和数据值所利用的通用语言，有助于缩小共享信息的潜在误传和误解，并有助于数据的一致性和确认。每一个体系结构描述都应包含一个综合词典，词典定义了该体系结构采用的术语。

（3）必须描述互操作性要求。体系结构描述应当给出特定的互操作性要求。体系结构生成人员应当确保互操作性要求、系统响应和技术响应在跨三个视图和它们的有关产品的过程中彼此相关。信息交换的属性之一可以是满足使命需求所要求的互操作性等级。

3）体系结构的综合集成

综合集成是处理复杂系统的一种新方法，随着信息技术的发展而产生，被广泛应用于社会、经济、科技和军事领域。综合集成是将两个或两个以上的类似产品或体系，如独立系统的单元、部件、模块、程序、数据库或是构成不同体系的系统，连接到一起而形成一个新产品或体系的工作结果。这个新产品或新体系不仅可以替代两个或两个以上的能力较弱的类似实体（产品或体系），而且能在一个新框架或新体系结构中以无缝方式运行。运用综合集成的方法可以把各分系统整合成一个宏观有序、整体最优的大系统，形成远远大于系统简单相加的整体效能。这是信息时代的一种比单项技术创新更为重要的创新形式。

综合集成的方法对建设信息化军队有着重要的意义，符合信息化军队建设的本质要求。军队拥有的各级各类系统，陆、海、空军和火箭军的各种作战平台能否组合为功能齐全、高效运转的完整体系，取决于是否能够利用综合集成技术进行整合。

7.2　美国国防部体系结构框架

7.2.1　概述

美国国防部体系结构框架为国防部体系结构的开发、描述和集成定义了一种通用的方法，为开发和表示体系结构提供了规则、指导和产品描述，保证了在理解、比较和集成体系结构时有一个公共的标准，以保证体系结构描述能在不同的机构之间进行比较和关联，其目的就是为描述体系结构提供指导。

1. 美国国防部体系结构框架演变

目前美国 C4ISR 体系结构框架已经发展了多个版本，其发展历程如图 7-2 所示，已基本进入成熟阶段。

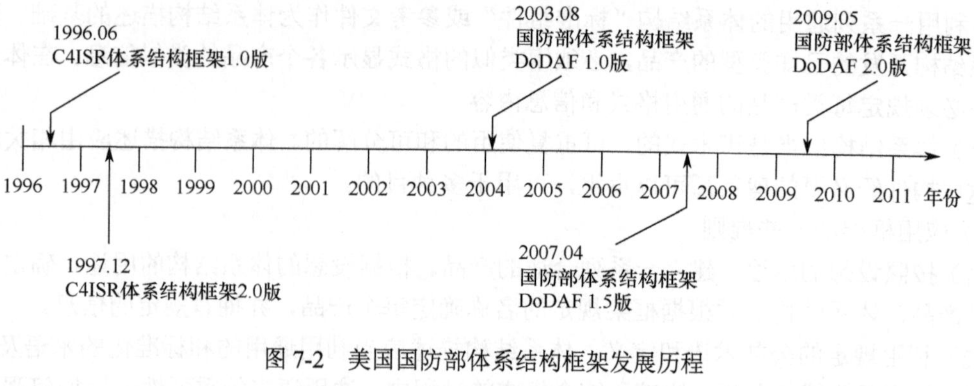

图 7-2　美国国防部体系结构框架发展历程

1）C4ISR 体系结构框架 1.0 版

1996 年 6 月 C4ISR 集成任务委员会公布了开发的 C4ISR 体系结构框架 1.0 版。该框架建立在当时已有的各种体系结构开发实践基础上，首次统一了美军 C4ISR 系统体系结构的描述方法，形成了利用作战体系结构视图、系统体系结构视图和技术体系结构视图描述系统的规范。

2）C4ISR 体系结构框架 2.0 版

在 C4ISR 体系结构框架 1.0 版开发使用经验的基础上，C4ISR 体系结构工作组（AWG）于 1997 年 12 月发布 C4ISR 体系结构框架 2.0 版。1998 年 2 月，负责采办和技术的国防部副部长、负责 C3I 的助理国防部部长和联合参谋部 C4 系统处处长共同签署了题为“国防部体系结构框架的战略方向”的备忘录。备忘录要求“所有正在建设的或计划中的 C4ISR 系统或相关系统的体系结构都将根据 2.0 版本来开发。现有的 C4ISR 系统体系结构也将在一定的修订期内依据 2.0 版本重新描述。审查框架使之发展为国防部内所有功能域的唯一体系结构框架”。C4ISR 体系结构框架 2.0 版得到了广泛的应用，被用来开发联合作战体系结构、陆军企业体系结构、全球作战支持系统作战体系结构等。针对框架 2.0 版进行的体系结构设计方法、验证方法的研究也取得了很大的进展。

3）DoD 体系结构框架 1.0 版

2000 年 3 月美国国防部发布备忘录将 CISR 体系结构框架的适用范围扩大到整个 DoD 领域，事实上成为 DoD 体系结构框架。2003 年 8 月公布的 DoDAF 1.0 版，正式将体系结构框架改名为 DoDAF（Department of Defense Architecture Framework，国防部体系结构框架），将在 C4ISR 体系结构框架基础上发展而来的体系结构框架应用领域扩大为国防部所有任务领域，扩大了使用范围；转向以“数据为中心”的设计，强调组成产品的体系结构数据元素，而不只是体系结构产品；提出了根据预定用途来决定体系结构内容的指导方针。这标志着信息系统体系结构框架逐渐成熟。

4）DoD 体系结构框架 1.5 版

2007 年 4 月美国国防部又公布了其新的体系结构框架版本 DoDAF 1.5 版，该版本是以 DoDAF 1.0 版为基础，结合国防部在不断使用和改进体系结构过程中获得的经验演变而来的版本。这个过渡版本在其体系结构描述中对于如何反映网络中心的观念给出了更多的指导，其中包括了关于体系结构数据管理及联合体系结构的信息。

利用网络中心战（NCW）的基本概念改造 DoDAF，并充分吸收先进技术，如面向服务体系结构（SOA）中的服务，将系统视图改为系统与服务视图；更加强调体系结构数据而不是产品，引入了联盟体系结构概念；将核心体系结构数据模型作为 DoDAF 不可缺少的一部分，有利于更高效、更灵活地使用和重用体系结构数据，更广泛地被决策制定者和业务过程管理者使用。此外，首次提出框架的两层结构——数据层和表示层。数据层表示的是体系结构数据元素及其属性和关系；表示层表示体系结构产品和视图，共同为沟通和理解体系结构用途、体系结构描述内容及进行各种体系结构分析提供可视化手段。

5）DoD 体系结构框架 2.0 版

2009 年 5 月 28 日，美国推出其体系结构框架最新版本 DoDAF 2.0 版（图 7-3），真正实现了以数据为中心，完整地诠释了以数据为中心的内涵。该版本的核心思想是以权威数据为基础，以国防部元模型为中心，以灵活的方法为手段，以多种表示形式为途径，以获得符合目的的体系结构为目标。同时，该版本以支持核心决策过程为出发点，以开发符合用户需要的体系结构为根本目的。突出 DoDAF 的中心内容的核心点是数据为中心的方法，其关注的焦点是体系结构数据而不是单个产品的开发。体系结构数据支持更高效和更灵活地利用与重用体系结构。该版本更加强调体系结构数据的采集、存储和维护，而不再是以前版本中的产品开发，体系结构架构师可以自由地按照客户需求创建企业体系结构。

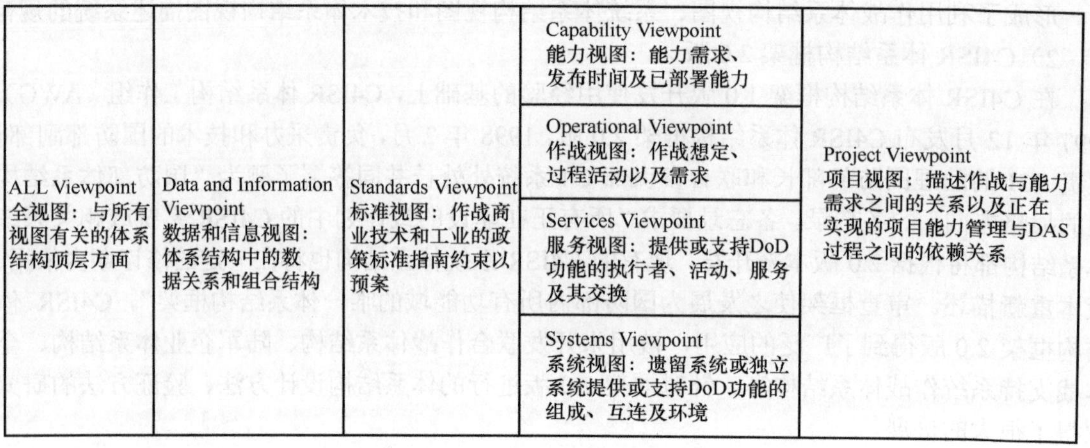

图 7-3 DoDAF 2.0 版中视图的组成

与前几版相比，2.0 版主要有以下几点变化：

（1）体系结构开发过程从以产品为中心转向以数据为中心，主要是提供决策数据。

（2）三大视图（作战、技术和系统）转变为更为具体的视图，分别是全视图、数据与信息视图、标准视图、能力视图、作战视图、服务视图、系统视图、工程视图。

（3）描述了数据共享和在联邦环境中获取信息的需求。

（4）定义和描述了国防部企业体系结构。

（5）明确和描述了与联邦企业体系结构的关系。

（6）创建了国防部体系结构框架元模型，取代了国防部体系结构框架以前版本中的核心体系结构数据模型。

（7）描述和讨论了面向服务体系结构（SOA）开发的方法。

国防部体系结构框架采用三视图结构描述，即作战视图、系统视图及技术视图，三个视图之间的关系如图 7-4 所示。三个视图从不同视角对体系结构进行描述。作战视图是从用户角度来描述 C4ISR 系统体系结构，描述了每种作战需求的信息交换本质，详细程度足以确定信息交换互操作性的程度。系统视图则是从设计者角度来描述 C4ISR 系统结构，将系统要求的互操作程度转换成系统能力集合，并将已有的和未来可实现能力同需求能力对照，确认由哪些系统保障互操作需求。技术视图从管理者和技术实现角度约束 C4ISR 系统体系结构，明确描述控制系统能力的实现准则。

作战视图确定了作战参与者的关系和信息需求，提出了必须达到的需求、谁完成这些需求和为完成这些需求而要求的信息交换，同时还提出了作战能力要求。系统视图建立了系统功能和特征与作战要求之间的关系，并提出了满足信息交换所要求的特殊的能力。技术标准视图描述了标准和规范，提供了基本的技术支撑能力与新的技术能力，同时提出了控制选定的系统能力的互操作性实现的技术准则。

作战体系结构和技术结构对系统体系结构都有限制作用，三种体系结构视图提供了系统实现互操作及性能指标的基础，每一个视图描述了体系结构的某些属性，这些属性既是连接两个视图的桥梁，又提供了这些视图综合集成的体系结构定义的完整性、相关性和一致性。

（1）作战视图的定义和作用。作战视图是从需求和应用的立场，观察、描述和分析体系结构的视角，主要用于描述作战节点、完成的使命任务和活动，以及为完成使命任务和作战活动所需交换的信息。视图给出了交换信息的类型、交换频率、所支持的使命任务和活动及相关特征等内容。作战视图特别适用于描述多个部门的作战活动，这些作战活动通常由作战条令、条例或新作战概念牵引。一般情况下，作战视图与系统/装备无关，但提出了对系统/装备设计的限制条件和要求。

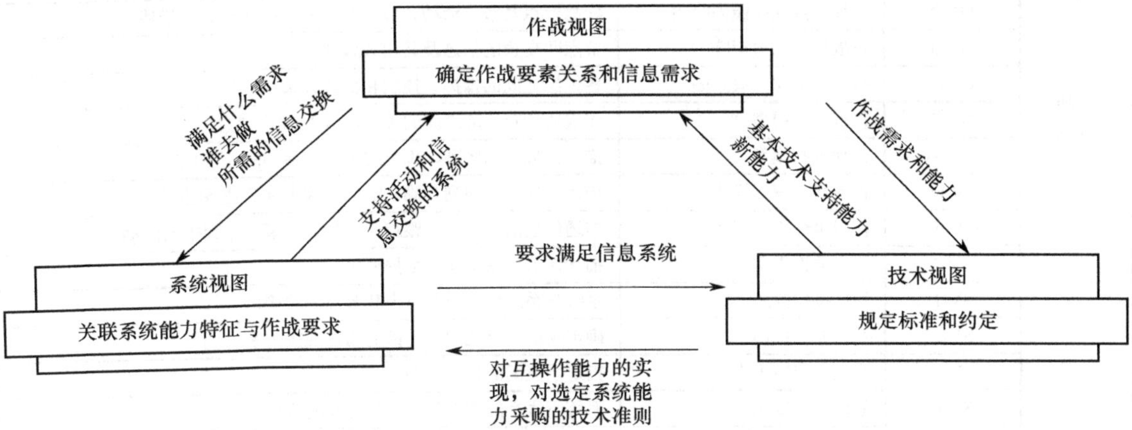

图 7-4　体系结构视图之间的关系

作战视图包括图形产品和文本产品，产品描述并确定了作战节点和要素、赋予的任务和活动及节点间要求交换的信息流，确定交换信息的类型、交换的频度、每种信息交换支持何种任务和活动及信息交换的性质，详细程度应足以确定特定的互操作性要求。

（2）系统视图的定义和作用。系统视图将系统的能力和特征与作战要求相关联，从满足需求和系统实现的立场，观察、描述和分析体系结构的视角，主要用于描述在作战视图确定的背景下，用户关注的系统要素及其相互关系，给出了支持作战活动的系统、系统功能、系统接口和系统性能指标等内容。

系统视图特别适用于描述多个系统间的关系、特定系统的内部结构和运行原理。系统视图将作战视图中对系统/装备设计的限制条件和要求转换成相应的系统数据交换要求和通信能力要求等。系统视图中也涉及与系统实现相关的技术，这些技术将对技术标准视图中标准的选择产生影响。

（3）技术视图的定义和作用。技术标准视图是从系统实现所需采用的技术标准的立场，观察、描述和分析体系结构的视角，简称标准视图。技术视图的本质是规定与系统相适应的标准和规则，描述控制系统部件或要素的配置、交互作用和相互依存的最低限度的规则集，目的在于保证符合这些规则的系统能够满足规定的要求。技术视图提供了约束系统实现的技术体制，提供一批技术标准、约定、规则和准则，以便规范特定的系统体系结构控制系统的各项服务、各种接口和相互关系，同时提供了系统技术实施指南，基于这些指南开发人员能够根据技术可实现性来制订合适的开发计划，提高系统实现的效率和互操作性。

（4）国防部体系结构产品目录。体系结构产品是指在体系结构设计过程中生成的一系列图形、文本和表格等，是对体系结构视图相关特征描述的结果，是体系结构数据的可视化表示。

国防部体系结构 DoDAF 1.0 中规范的体系结构产品有 26 个，产品名称、相应的代号及简要说明如表 7-1 所示。

表 7-1 DoD AF 1.0 中规范的体系结构产品

	标识	体系结构产品	描述内容
全视图	AV-1	概述和摘要信息	体系结构范围、用途、与其用户、背景、分析和结论等
	AV-2	综合字典	体系结构中所使用的全部术语的定义
作战视图	OV-1	高级作战概念图	高级作战概念的图形和文本描述
	OV-2	作战节点连接能力描述	作战节点及节点活动、节点间信息交换连接关系描述
	OV-3	作战信息交换矩阵	节点间交换的信息及其相关属性
	OV-4	指挥（组织）关系图	各组织之间的指挥、控制和协调关系
	OV-5	作战活动模型	作战活动及活动之间的关系、输入/输出信息
	OV-6a	作战规则模型	描述作战活动序列，确定约束作战活动的业务规则
	OV-6b	作战状态变化描述	描述作战活动序列，确立响应作战事件的业务过程
	OV-6c	作战事件跟踪描述	描述作战活动序列，跟踪作战想定或事件序列中的活动
	OV-7	逻辑数据模型	描述作战体系结构中数据要求
系统视图	SV-1	系统接口描述	系统与系统组件及节点内和节点间的接口
	SV-2	系统通信描述	确定物理节点之间及内部的通信连接关系
	SV-3	系统对应矩阵描述	指定系统间的相互关系
	SV-4	系统功能描述	系统所执行的功能和系统功能间的信息流
	SV-5	作战活动与系统功能跟踪能力矩阵	作战活动与系统功能的对应关系描述，明确系统功能能够支持的作战活动及作战活动所必需的系统功能
	SV-6	系统信息交换表	系统间信息交换的数据元素和相关属性
	SV-7	系统性能参数表	定义系统的硬件和软件的性能特性
	SV-8	系统演化描述	描述系统演化和发展的步骤（发展路线图）
	SV-9	系统技术预测	出现的新技术和产品对系统的影响
	SV-10a	系统规则模型	描述系统活动序列，确定约束系统/系统功能实现的规则
	SV-10b	系统状态转换描述	描述系统活动序列，确立系统对事件响应过程
	SV-10c	系统事件/跟踪描述	描述系统活动序列，跟踪特定系统对关键事件序列响应
	SV-11	系统物理数据模型	逻辑数据模型的物理实现
技术视图	TV-1	技术标准配置文件	应用于体系结构中系统视图元素的标准
	TV-2	技术标准预测	正在出现的标准对体系结构中的潜在影响

7.2.2 作战视图

作战视图是对完成一项任务（DoD 定义的任务包括作战任务和过程）所需要的子任务和活动、作战要素、信息交换的描述，定义了支持任务和活动的信息交换的类型、频率，以及为确定互操作需求所需的足够详细的信息交换的种类。输出结果包括图形和文本产品，内容包括作战节点和要素的识别、任务和活动的分派、节点间的信息流动。

作战视图产品包括以下几种：

1）高级作战概念图（OV-1）

C4ISR 系统直接为作战提供服务，以支持作战任务的完成为目的。因此作战视图首先应明确 C4ISR 系统能支持和参与完成的作战任务是什么。也就是在一定作战环境和作战背景下，明确系统总的作战任务和使命，完成这些作战任务所需完成的作战活动和具有的作战功能，以及作战过程中双方可能的交战过程和方式。高级作战概念图是作战对系统的总需求的描述，是作战视图中系统可能与外界发生的交互关系的描述，是整个分析和设计的基础。

高级作战概念图主要目的是便于高级决策者之间的交流，形式上较灵活，一般采用图形表现方式。在高级作战概念图（图 7-5）中要给出作战使命、高级作战方式、组织、各种设施地理分布设想。

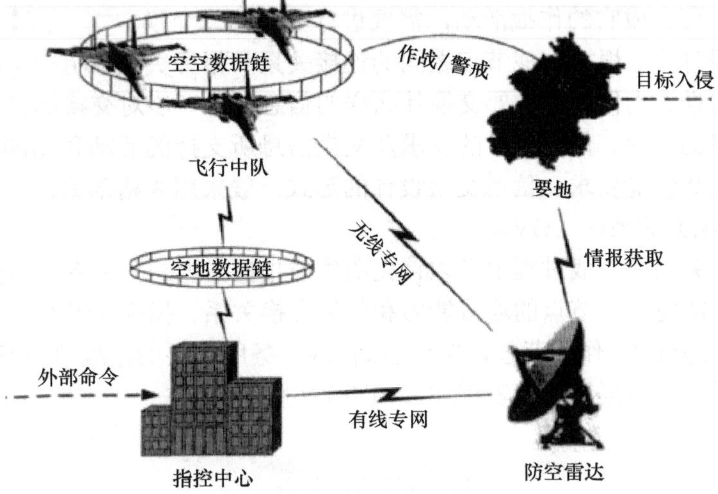

图 7-5 高级作战概念图

2）作战节点连接能力描述（OV-2）

作战节点连接能力描述 C4ISR 系统的具体应用关系，反映系统的物理分布和结构。定义完成作战任务的基本作战要素或作战节点，将支持作战使命完成的各种作战活动分配给各作战节点，明确各作战节点应完成的作战活动和具备的功能。同时明确各作战节点或作战单元间的关系。作战单元间的关系是明确在作战任务中，作战要素间的连接和信息交互关系，明确各作战节点信息交换的关系，即各作战节点为完成所承担的作战任务或功能，必须与外界的数据、信息交换关系，如图 7-6 所示。

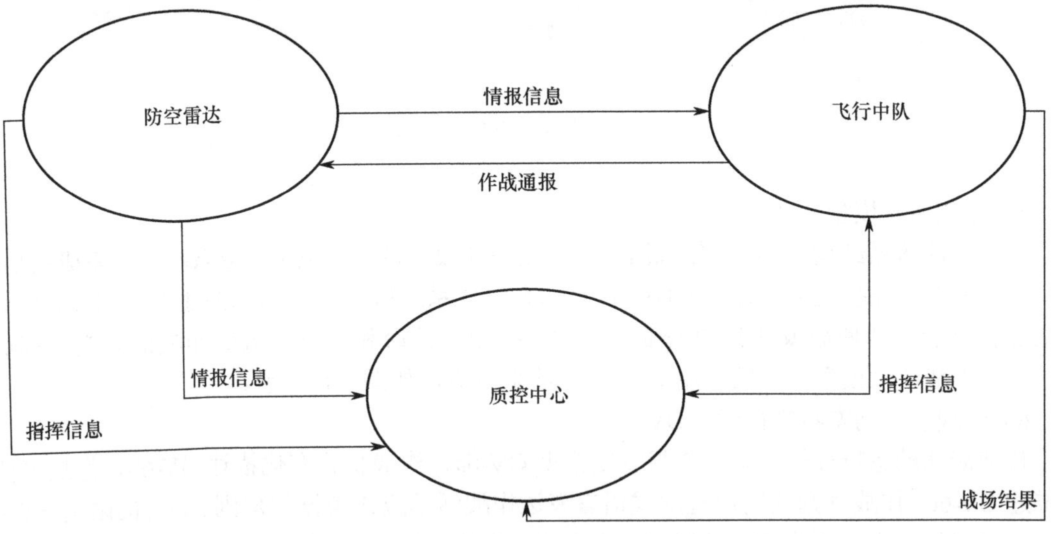

图 7-6 作战节点连接能力描述图

作战节点连接能力描述作战节点的活动、连接关系及交换信息的特征。描述形式一般采用图元方式来表达，在节点处说明节点的活动，交换信息通过箭头表示，并附注信息或数据的特征。

3）作战信息交换矩阵（OV-3）

在作战节点连接能力描述（OV-2）中，信息流主要是从作战节点间需要的信息交换的角度来明确，作战节点要完成它的作战活动，需要进行哪些信息交换。

在信息交换设计中，根据作战节点之间的连接关系和指挥关系，明确它们之间的信息交换关系，即决定谁与谁、为什么目的要交换什么样的信息，进一步对交换的信息细化设计。因此必须明确交换信息的属性、信息交换的要求及交换信息所支持的活动和功能，如类型、媒体形式、数据量、质量等性能要求。信息交换设计的形式一般采用表格形式。

4）指挥（组织）关系图（OV-4）

指挥（组织）关系是作战过程中必须首先明确的指挥（组织）关系，不仅决定作战任务的分配和完成，而且决定作战节点的连接能力和信息交换关系。指挥（组织）关系图根据高级作战概念图明确的作战任务、作战背景，描述完成作战任务所需要的作战单位及其间的指挥关系。指挥（组织）关系图一般采用树状表描述，如图 7-7 所示。

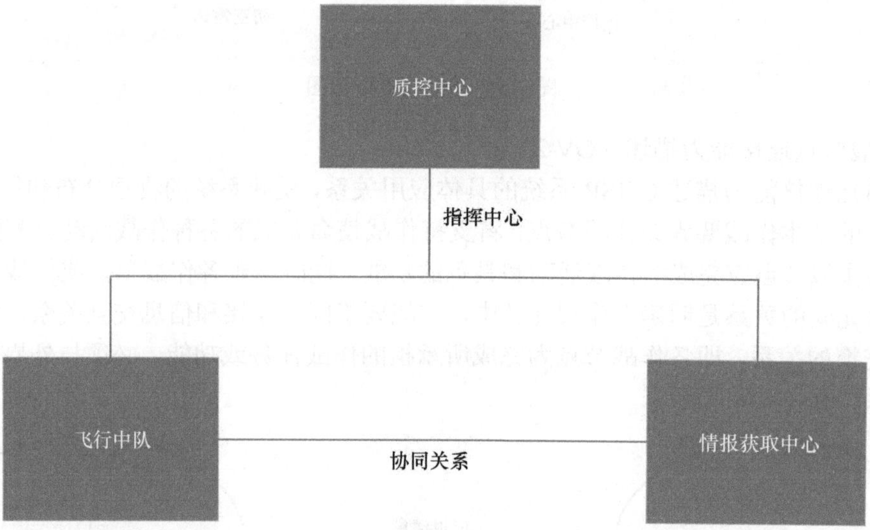

图 7-7 指挥（组织）关系图

5）作战活动模型（OV-5）

在国防部体系结构框架中，作战活动模型是系统设计的基本内容，是系统必须完成的功能，不仅对作战节点连接能力设计有影响，而且与系统体系结构中系统功能描述直接相关。作战活动描述在分析作战使命或任务的基础上，对支持作战使命和任务完成的作战活动进行逐级分解，建立作战活动模型。一般采用 IDEF0 方法来完成，如图 7-8 所示。

6）作战活动动态特征描述（OV-6）

作战活动动态特征描述采用作战规则模型 OV-6a、作战状态变化描述 OV-6b、作战事件跟踪描述 OV-6c。作战规则描述通过形式语言表达作战活动应该遵循的规则、满足的限制条件等。作战状态变化描述详细的活动时间序列或作战过程的工作流程，描绘系统的现行状态如何随外部和内部事件改变，表达的是系统对事件的反应。作战事件跟踪描述主要对作战事件间的因果关系、时间关系进行描述，反映作战活动的动态过程。

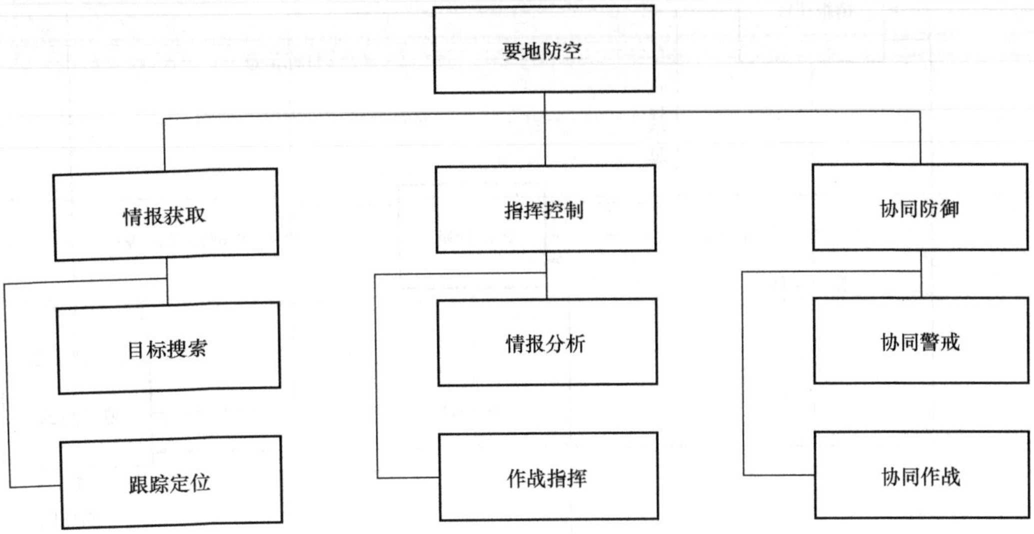

图 7-8 作战活动模型的节点树

体系结构中的一些关键特征常常出现在系统的动态行为中。因此对反映和影响体系结构关键特征的作战状态的变化应进行具体的描述。作战活动模型的活动图如图 7-9 和图 7-10 所示。

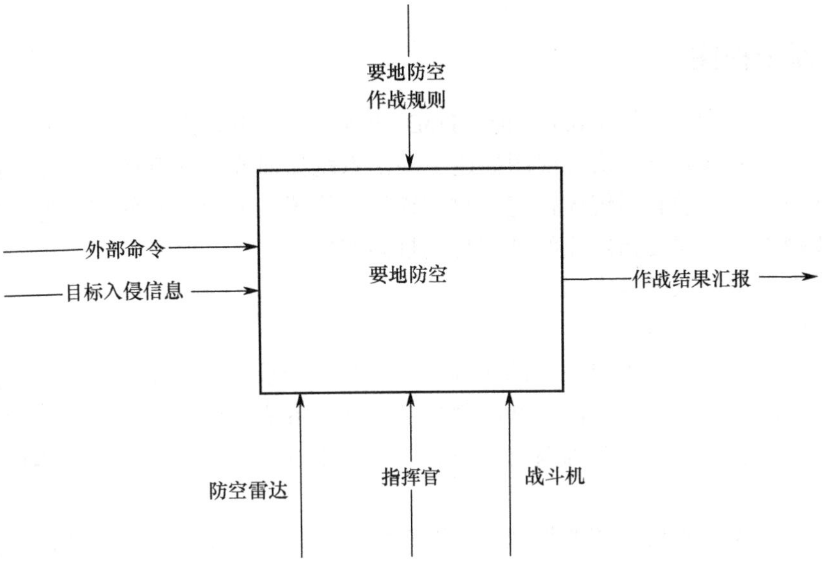

图 7-9 作战活动模型的活动图（A-0）

7）逻辑数据模型

逻辑数据模型全面描述在作战视图中涉及的数据的逻辑结构，是在信息交换设计的基础上，进一步明确具体交换的数据所包含的属性（数据项）及数据之间的关系。

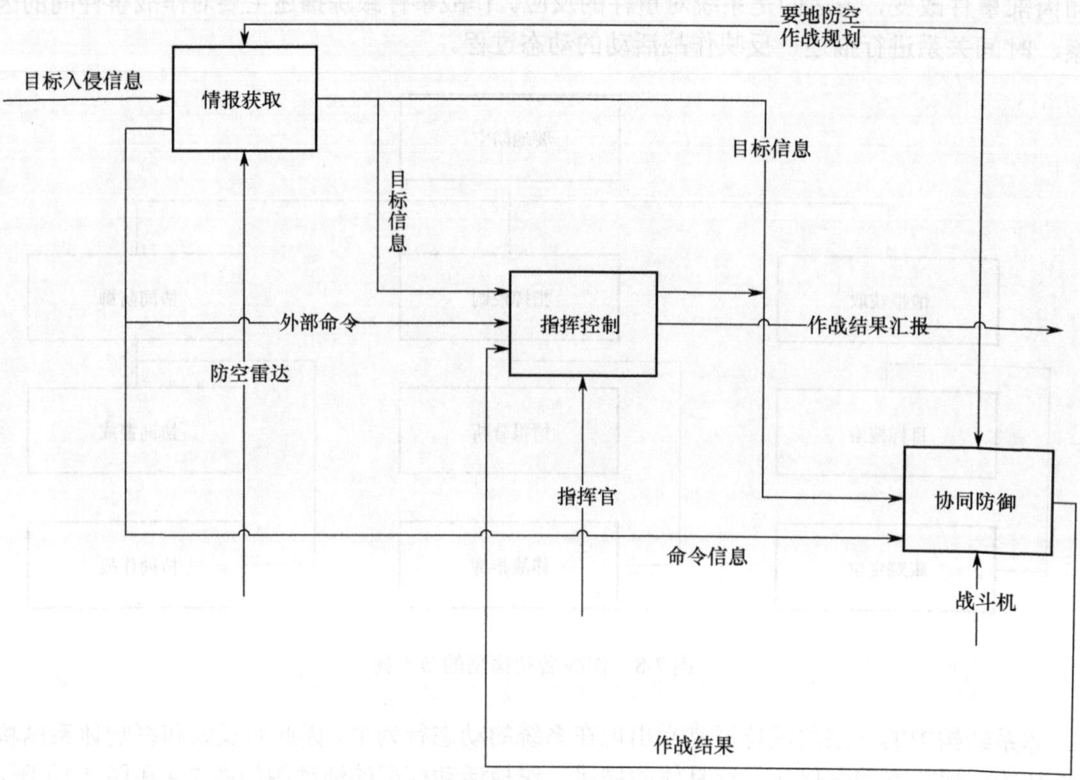

图 7-10　作战活动模型的活动图（0-A）

7.2.3　系统视图

系统视图是对提供或支持 DoD 功能（DoD 功能包括作战和商业两部分）的系统及其互相连接的描述。对于军事需求，系统视图描述了多个系统如何连接和互操作，以及内在的构造和特定系统的操作，对个别的系统还描述其物理连接、位置、关键软硬件等信息，甚至包含数据存储、电路和网络，并详细指定系统和组件的性能参数。

系统视图产品包括以下几个方面。

1）系统接口描述（SV-1）

按照作战节点的组成、需要完成的作战活动和功能来设计系统结构。在系统结构描述中，要明确系统节点的组成和结构、各节点包含的系统及各系统节点之间的关系。根据系统需求的功能，对系统功能进行分配，明确系统体系结构中各系统节点的功能，如图 7-11 所示。

2）系统通信描述（SV-2）

系统结构和组成主要从系统的物理结构即系统节点来描述系统的体系结构，系统间通信描述则根据体系结构的需求，确定系统节点之间、节点内系统与系统之间及系统内部部件之间的接口或通信关系，是系统结构的细化和补充。在系统通信描述中，要详细说明作战节点连接关系中描述的连接关系的物理实现、功能和接口，以及在系统节点内系统之间连接的物理实现和接口，如图 7-12 所示。

3）系统对应矩阵描述（SV-3）

系统对应矩阵描述的是系统结构描述的节点间和节点内视角中所确定的系统与系统之间

的关系，系统与系统之间的关系包括已经存在的关系、未来发展的关系等。系统—系统矩阵按矩阵的纵列和横列列出每个系统，每个单元格表示系统的交叉点。

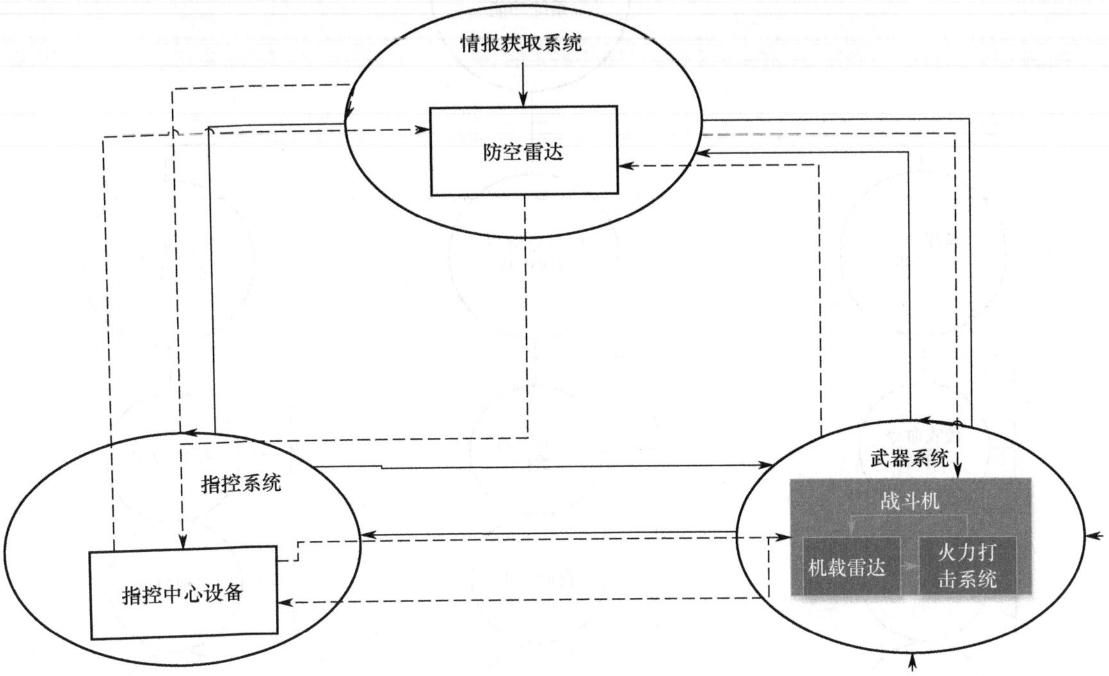

图 7-11　系统组织与连接图

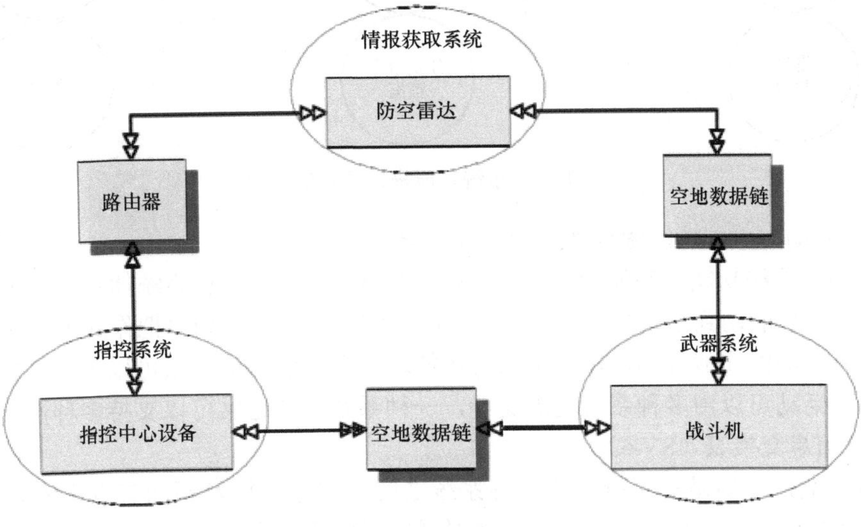

图 7-12　系统通信描述

4）系统功能描述（SV-4）

根据作战体系结构定义的作战活动和功能需求，定义完成作战活动所必需的系统功能，定义各功能之间的信息流关系。系统功能描述是对作战活动模型中描述的作战活动的物理实现，它详细地说明了哪些系统或系统单元执行哪些功能，完成这些功能所要求数据流关系及数据的存储等。系统功能描述可以采用数据流 DFD 方式。系统功能描述如图 7-13 和图 7-14 所示。

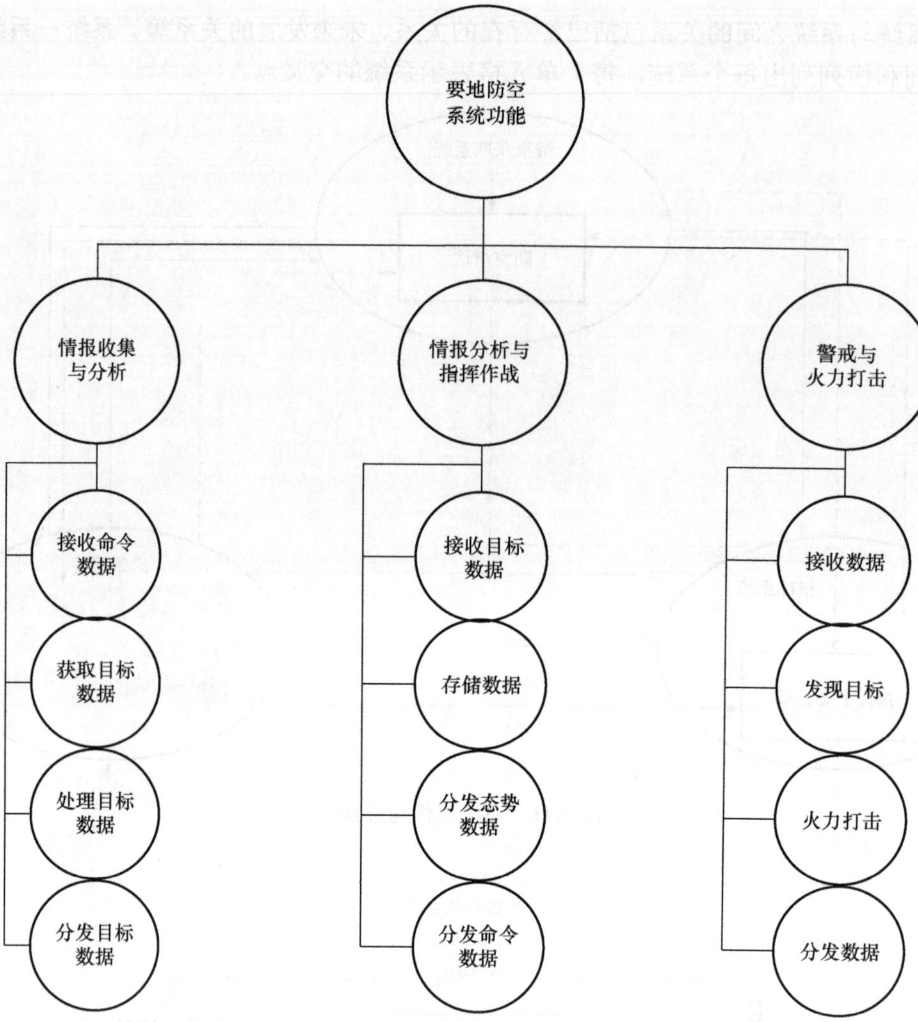

图 7-13 系统功能描述的功能分解

5）作战活动与系统功能跟踪能力矩阵（SV-5）

作战活动与系统功能跟踪能力矩阵采用矩阵形式，描述作战和系统体系结构视图之间的联系。矩阵描述作战活动到系统功能的映射，从而从实质上确定了如何把作战需求转换成由系统组件执行的有目的的作战行动。作战活动与系统功能之间的对应关系可以是“多对多”的，也就是说，一种活动可以由多种系统功能支持，一种系统功能通常可以支持多种活动。

6）系统信息交换表（SV-6）

系统信息交换主要是对系统节点中各系统之间的信息交换及不同节点系统之间的信息交换进行详细的描述。系统信息交换表重点是描述完成定义的系统功能所需要的信息交换性能，如交换的信息内容、媒介、信息或数据的媒体形式、安全等级、频率等。信息交换是对系统结构和系统通信描述的补充，它和作战信息交换表有一定的对应关系。系统信息交换表可以采用表格的形式进行描述。

7）系统性能参数表（SV-7）

系统性能描述中定义了每个系统、系统单元所完成的功能，系统性能参数表就是描述这些系统、系统单元应该具有一定的性能参数。系统性能参数采用定量的方法描述系统应该满足的性能。这些参数是系统进行下一级设计的基础和依据。系统性能参数表的描述可以采用表格的形式。

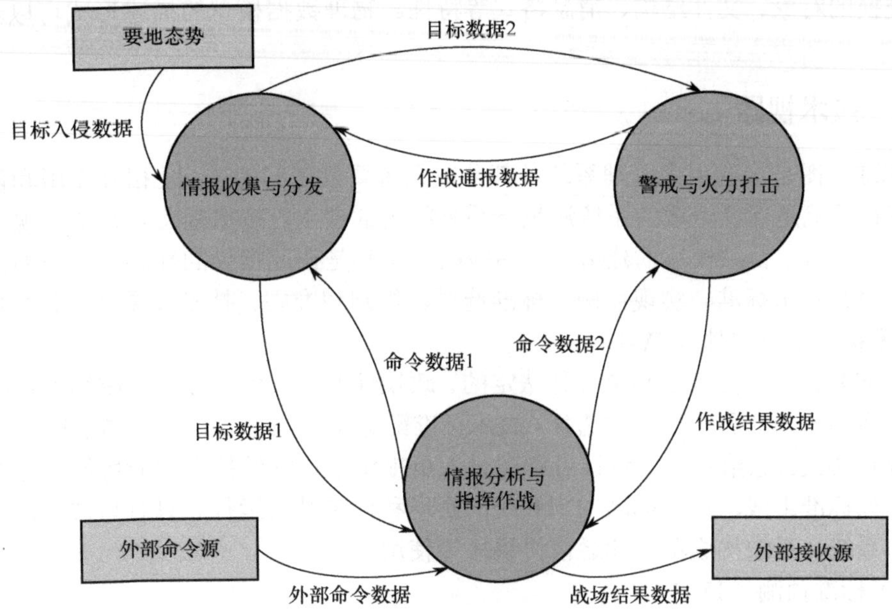

图 7-14　系统功能描述的数据流图

8）系统演化描述（SV-8）

系统演化描述是描述一个系统或一套系统随着时间逐渐变化的计划。这种工作一般包括演化的特征（扩大范围的同时增加功能和灵活性），或者移植的特征（逐渐建立更新型的、更有效的、更小的、更便宜的一套系统），并经常综合这两种推力。这种产品建立在以前的框图和分析的基础之上，其中必须考虑信息需求、性能参数和技术预测。

9）系统技术预测（SV-9）

系统技术预测详细描述正在形成的新技术和具体的软硬件产品。它包括新兴技术的可获得性和特定时间段（例如，6 个月、12 个月、18 个月）内的工业趋势的预测，以及对预测的信心因素。预测包括潜在的技术对现有体系结构的影响，从而影响过渡和目标体系结构的开发。预测应该集中在与正在建立的体系结构的目的相关的技术领域，并应确定将影响体系结构的问题。

10）系统动态特征描述（SV-10）

体系结构中的一些关键特征常常出现在系统的动态行为中。因此，应该对反映和影响体系结构关键特征的作战状态的变化进行具体的描述。系统活动动态特征描述采用系统规则模型、系统状态变化描述、系统事件/轨迹描述。其中，系统规则描述通过形式语言表达系统功能应该遵循的规则、满足的限制条件等。系统状态变化描述与事件和状态相关，它描述系统对事件的反应。系统状态变化描述系统的现行状态如何随外部和内部事件改变。系统事件跟踪描述主要对系统事件之间的因果关系、时间关系进行描述，反映出了系统功能的动态过程。

11）系统物理数据模型（SV-11）

根据系统与系统之间及功能与功能之间的信息流和信息交换关系，定义系统物理数据模型。系统的物理数据模型和作战体系结构中的逻辑数据模型存在对应关系，物理数据模型是逻辑数据模型在系统体系结构中的具体实现，并表示各数据及其关系是如何被实现的。典型的物理数据模型必须定义交换信息的具体实现及数据之间的关系，包括数据格式、大小、类型、传输协议、交换的对象、文件结构、消息格式等特性。物理数据模型的描述形式可以考虑采用表格的形式。

7.2.4 技术视图

技术标准视图是一套用来管理系统各部分或系统要素之间的排列、相互作用和依赖的最小规则集，其目的就是保证组成的系统满足一系列特定的要求。技术视图为系统实现提供技术上的指导，工程规范、公共模块的建造、产品线的开发都是在此指导的基础上完成的。技术标准视图包括一系列技术标准、实现惯例、标准选项、规则和准则。技术视图产品包括以下内容。

1）技术标准配置文件（TV-1）

技术标准配置文件汇集了制定各种法定的、政策性的及其他方面的系统标准规则，这些规则将约束体系结构设计和实现中的选择。技术标准配置文件的主要目的是描绘适用于体系结构实现的标准和协议。它给系统的设计者和建设人员提供了详细的技术标准特征。技术标准配置文件由一系列标准组成，这些标准控制系统的实现和体系结构运行。只有与 TV-1 标准一致的数据格式、系统、系统构成单元和通信协议才能使用。

2）技术标准预测（TV-2）

技术标准预测包含 TV-1 产品中确定的有关技术标准和协议的预期变化。预测标准演进变化应当与系统演进描述（SV-8）和系统技术预测（SV-9）产品中提出的时间段相对应。技术标准预测的主要目的之一是确定关键的技术标准、它们的脆弱性和这些标准对体系结构与其构成单元的未来开发及维护的影响。该产品给系统的设计者和建设人员提供了系统、系统组成单元和数据格式等有关方面的不同时间段的技术标准特征。

7.2.5 通用参考资源

国防部体系结构框架的支撑参考文件包括信息系统互操作等级（Levels of Information Systems Interoperability，LISI）、核心体系结构数据模型（Core Architecture Data Model，CADM）、国防数据目录系统（Defense Data Dictionary System，DDDS）、通用联合任务清单（Unified Joint Task List，UJTL）、联合作战体系结构、国防信息基础设施公共互操作环境（Defense Information Infrastructure COE，DII COE）、技术参考模型（Technical Reference Model，TRM）、联合技术体系结构（JTA）、共享数据环境（Share Data Environment ，SHADE）九种参考文件。

信息系统互操作等级（LISI）、核心体系结构数据模型、国防数据目录系统（DDDS）支持作战视图、系统视图和技术视图三个视图；通用联合任务清单（UJTL）、联合作战体系结构只支持作战视图；联合技术体系结构（JTA）、共享数据环境（SHADE）只支持技术视图；国防信息基础设施公共互操作环境（DII COE）、技术参考模型（TRM）既支持系统视图，也支持技术视图。

作战视图的支撑文件给作战视图提供两个支持信息：一是互操作程度和描述需求线的项目，二是联合作战学说、政策和指南。系统视图的支撑文件给系统视图提供两个支持信息：一是采购和基础设施的政策与指南；二是满足互操作等级要求的系统能力。技术标准视图的支撑文件给技术标准视图提供两个支持信息：一是关于互操作性标准与指南的综合政策；二是关于控制系统实现与获得而提出的特殊的互操作性准则。

关于信息系统互操作等级模型（LISI），美国国防部 C4ISR 体系结构工作组于 1998 年提出了信息系统互操作层次模型 LISI，规定了信息系统互操作性评估模型和互操作性评估过程，为定义、评估和度量信息系统互操作性提供了一个可供参考的公共框架，以便确定互操作性需求，评估现有系统的互操作性等级，以及为系统向更高级别的互操作性等级迁移提供技术指导。

LISI 模型将系统划分为独立层、连接层、功能层、领域层和企业层，标识了影响每一层的互操作能力因素和组成的四个属性（过程、应用、基础设施和数据），并定义了每一层的交换数据和服务；其关注技术的互操作性和系统间互操作性的复杂性，而没有探讨环境和组织的问题如共享处理的互操作需求。LISI 应用包含从需求分析到系统开发、系统测试、系统维护和系统后续升级的各个阶段，可以帮助体系结构分析员及时发现系统互操作性方面存在的问题并确定可供选择的技术方案，从而强化了对信息系统的有效管理。LISI 提出的互操作性等级模型如表 7-2 所示。

表 7-2　LISI 提出的互操作性等级模型

等级	信息交换特征	计算环境
0—独立级	通过人工方式（纸质文件、磁盘、磁带等）交换信息	系统间没有建立任何形式的物理连接，通过人工方式利用软盘、硬盘、光盘或纸质文件等进行信息交换
1—连接级	能够交换同构信息（语音、文本文件、电子邮件）	系统间存在物理连接并且能够进行简单的信息交换，通常交换的是同构的数据类型（语音、无附件的电子邮件、GIF 格式的图形文件）
2—功能级	能够交换异构信息（多媒体文件、电子地图）	系统处于分布式的局域网络环境中，能够进行比较复杂的异构信息交换，系统或应用均已建立数据模型。这一级项目间只有逻辑数据模型是共同的，物理数据模型不相同
3—领域级	能够实现数据库共享并进行复杂的协作（协同标绘）	系统处于集成的广域网络环境中，不同应用之间能够实现信息共享，有统一的数据模型，系统间可以进行数据库到数据库的信息交换
4—企业级	能够实现跨领域的信息和应用程序共享	系统可以跨领域使用全球信息空间，多个用户可以同时存取复杂的数据。数据和应用程序完全达到分布式共享，使得更高形式的协作成为可能

依照成熟度模型中各等级环境和信息交换的特征，LISI 从规程、应用、基础设施和数据四个属性（Procedures Application Infrastructure Data，PAID）描述了与互操作性等级相关的关键性问题，并据此形成了互操作性参考模型（表 7-3），是信息系统互操作性等级评估过程的基础，并针对各等级的不同属性，建立了相应的模型库。

表 7-3　互操作性参考模型

描述	等级	计算环境	P（规程）	A（应用）	I（基础设施）	D（数据）
独立	0	人工的	访问控制	不适用	独立的	专用格式
连接	1	对等的	本地/站点级	标准系统驱动程序	简单连接	局部格式
功能	2	分布的	程序级	桌面自动化	局域网	程序模型
领域	3	集成的	领域级	组件式	广域网	领域模型
企业	4	通用的	企业级	交互式	多维拓扑	企业模型

为了给信息系统互操作性评估提供依据，LISI 设定了互操作性能力模型（表 7-4），定义了为获得每一等级的互操作性所需的系统属性值，并提供了详细的等级描述。在不同等级上的各种属性又对应于各种评价体系，系统的互操作性若要达到某一等级，该系统必须满足该等级上所有 PAID 属性的要求。能力模型的模型库数量巨大，可根据不同的评价体系设定不同的模型。

表 7-4 互操作性能力模型

<table>
<tr><th colspan="2" rowspan="2">等级（环境）</th><th colspan="4">互操作属性</th></tr>
<tr><th>P（规程）</th><th>A（应用）</th><th>I（基础设施）</th><th>D（数据）</th></tr>
<tr><td rowspan="5">0—隔离级（人工）</td><td>0</td><td>不具备互操作性</td><td></td><td></td><td></td></tr>
<tr><td>a</td><td rowspan="3">人工访问控制</td><td rowspan="4">不适用</td><td rowspan="3">手工重新输入</td><td rowspan="3">专用数据</td></tr>
<tr><td>b</td></tr>
<tr><td>c</td></tr>
<tr><td>d</td><td>介质交换规程</td><td>可移动介质</td><td>介质格式</td></tr>
<tr><td rowspan="4">1—连接级（对等）</td><td>a</td><td rowspan="2">具有安全规程</td><td rowspan="2">简单交互作用（如远程访问、文本聊天、语音、传真）</td><td rowspan="2">单向</td><td rowspan="4">基本数据格式</td></tr>
<tr><td>b</td></tr>
<tr><td>c</td><td rowspan="2">服从标准（JTA）</td><td>数据文件传输</td><td rowspan="2">双向</td></tr>
<tr><td>d</td><td>基本消息</td></tr>
<tr><td rowspan="3">2—功能级（分布）</td><td>a</td><td>管理程序、标准过程、训练等</td><td>复合消息</td><td>通播网</td><td rowspan="3">程序模型、高级数据格式</td></tr>
<tr><td>b</td><td rowspan="2">通用操作环境一致性</td><td>基本操作（图片、地图等）</td><td rowspan="2">局域网</td></tr>
<tr><td>c</td><td>Web 浏览器</td></tr>
<tr><td rowspan="3">3—领域级（集成）</td><td>a</td><td rowspan="3">领域军种/国防部各部门条令、规程、训练等</td><td>全文本剪切/粘贴</td><td rowspan="3">广域网</td><td rowspan="2">数据库管理</td></tr>
<tr><td>b</td><td>组协作</td></tr>
<tr><td>c</td><td>共享数据</td><td>领域模型</td></tr>
<tr><td rowspan="3">4—企业级（通用）</td><td>a</td><td>多国企业</td><td rowspan="2">交互（跨应用）</td><td rowspan="3">多维拓扑</td><td>企业模型</td></tr>
<tr><td>b</td><td>跨政府企业</td><td rowspan="2">跨企业模型</td></tr>
<tr><td>c</td><td>国防部企业</td><td>全对象剪切/粘贴</td></tr>
</table>

LISI 对国防部体系结构框架的贡献体现在以下几方面：

（1）对于作战视图，LISI 提供了（在成熟模型和性能模型背景下使用 PAID 属性）讨论和证明在组织间信息交换关系的规则和方法论，同时提供了度量与互操作性等级有关的特征关系的标准。

（2）对于系统视图，LISI 提供了评价不同的应用和系统获得互操作性的方法论，同样还提供了有关完成作战需要的互操作性等级所需的性能集的信息。LISI 能识别在系统和应用之中计划的互操作性特征，有助于指出互操作性问题的原因，并帮助决策者决定和协调改进意见。

（3）对于技术视图，LISI 提供一个重要的构想和流行的正式技术指南（如 JTA、SHADE、DII COE 和 TRM）之间的桥梁，LISI 区分那些在 LISI 选择表中与流行标准一致或不一致的实现选项之间的差别。

关于联合技术体系结构（JTA），DoD 发展的主要任务方向是“达到一系列的标准共识”和“建立一个独立的、统一的 DoD 技术结构，使其对将来所有 C4I 系统目标具有一定约束”，并保证“新的系统具有联合和互操作性，而现有的系统则朝着实现互操作的方向发展”。

在 1996 年 1 月制定的陆军技术结构 4.0 的基础上，同年 8 月 DoD 提出了联合技术体系结构。在整个体系结构产品研究开发过程中，DoD 自始至终都把实现三军联合信息系统之间的互操作作为首要追求的目标，追求减少时间和资金的花费，实现软件的完整性和可维护性，并实现系统间的互操作。

JTA 提供系统的技术实施指南，基于它制定工程规范，建立通用的建造块和开发产品基线。技术体系结构视图包含组织成轮廓的一批技术标准、约定、规则和准则，供特定的系统体系结构视图用于控制系统的各项服务、各种接口和相互关系，并且与各个特定的作战体系结构视图相互关联。

到目前为止，JTA 的发展经历了两个阶段，共发布了六个正式版本。

JTA 是描述信息管理的技术结构框架，用来决定信息的发送、接收及操作等一系列标准。其中采用的军方和商用信息处理标准逐步发展为一个完整的、具有互操作性的系统，系统可直接或间接用于作战。

JTA 的核心是公用操作环境（Common Operating Environment，COE），COE 通过标准应用程序接口提供可重用的软件服务。使用通用软件结构访问建立具有标准组件的应用程序，同标准完整方法一样，开发者可以实现应用程序在中心结构的即插即用。使用 API 标准允许 COE 和任务应用程序能快速形成整体，并能在独立于其他相近标准的情况下进行更新。COE 的概念使开发者可以将工作的重点集中在建立任务应用程序领域，而不是建立在复制系统服务结构软件上。通用标准支持对象互操作，系统制定这些标准以共享服务和数据，同时通过系统软件的重用最小化了系统的花费。

国防信息结构公用操作环境 DII COE 通过一系列具有标准组件的软件，具有标准组件的软件提供公用功能或者服务，这些服务或者功能经过 API 标准认可。DII COE 可以调整和增减来适应区域特定的需求。区域实现 COE 概念的关键在于提供具有标准组件的软件服务，而这些服务由信息管理技术结构框架（Technical Architecture Framework for Information Management，TAFIM）和技术参考模型（Technical Reference Model，TRM）组成。应用程序执行者通过标准 API 访问这些服务。TRM 和 DII 公用操作环境支持 C4ISR 中的系统视图。

关于国防部技术参考模型（DoD TRM），DoD TRM 是描述服务、接口及其相互关系的基础模型，可用于所有的系统，包括多平台、网络化和分布式的应用。美国国防部鼓励各部队和各部门应用此模型，以支持系统的互操作性、可移植性、开放系统、促进重用和减少生命周期的费用。

DoD TRM 使用服务视图和接口视图来描述模型中的服务和接口。

（1）服务视图。DoD TRM 的服务视图由一系列最基本的服务集（高级或主服务域）组成，并对基本服务集做了进一步的分解，描述了各级服务集的详细构成（领域特有的）。可以对这些详细的低级服务进行剪裁，形成适合各自需求的服务视图。DoD TRM 的服务视图及技术参考模型如图 7-15 和图 7-16 所示。

DoD TRM 包括三类实体和两类接口：应用软件实体、应用平台实体、外部环境实体、应用程序编程接口、外部环境接口。

应用软件分为用户应用程序（或使命域应用程序）和应用支撑程序。用户应用程序实现最终用户的特定需求；应用支撑程序是公共的应用软件，可以跨越单独的或多个用户域而被标准化，其提供的服务可以用来开发用户域专用的应用程序，也可以供最终用户使用。

应用平台是应用支撑软件所需服务资源的集合。应用平台应尽可能地以接口的形式来提供这些服务，这些接口使得平台具体特征的实现对于应用软件是透明的。为保证系统的完整性和一致性，参与竞争应用平台资源的应用软件实体必须通过 API 提出服务请求来访问所有的资源。

外部环境实体是应用平台用来交换信息的外部实体，包括设备、通信基础设施、系统/模块和用户（物理域的或认知域的）等。

应用程序编程接口是应用软件实体和应用平台之间的接口，构成一组基于标准的接口。

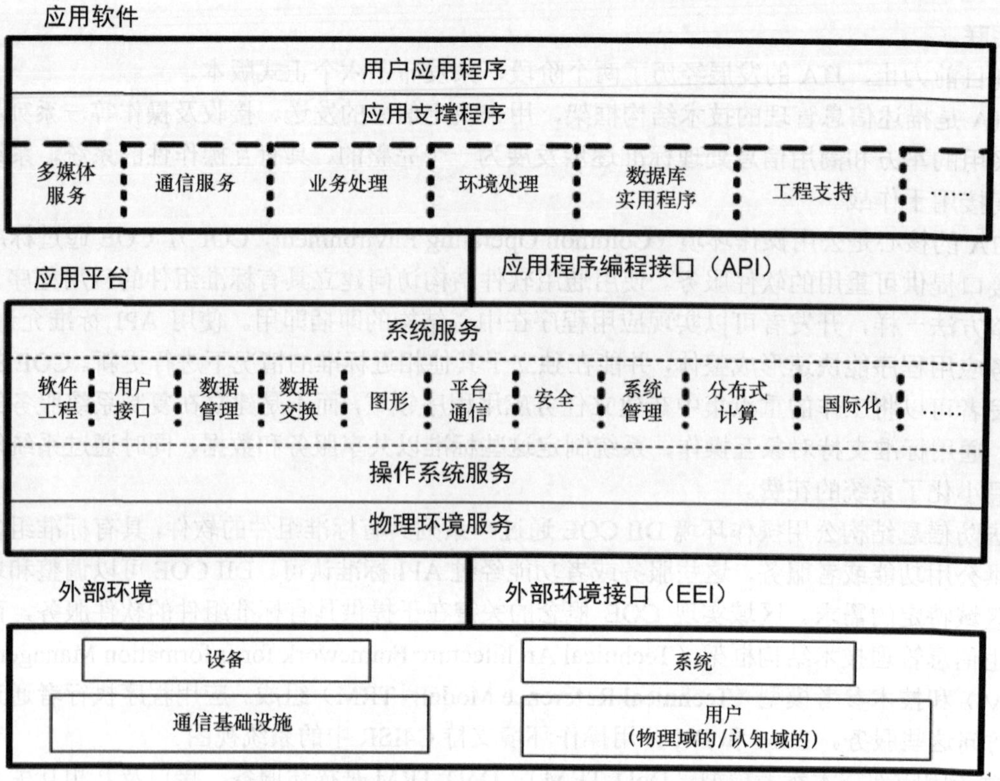

图 7-15 DoD TRM 的服务视图

图 7-16 DoD TRM 的技术参考模型

外部环境接口是应用平台和外部环境之间的接口，主要是支持系统和应用软件的互操作性。用户和数据的移植性直接由应用平台支持，提供应用平台实体和外部环境之间的接口。

（2）接口视图。DoD TRM 的接口视图主要关注接口类型和构件的互连关系。接口是模型中实体间的“连接链路”。DoD TRM 引用两个 GOA（General Open Architecture）框架接口类：直接接口和逻辑接口，其接口视图如图 7-17 所示。

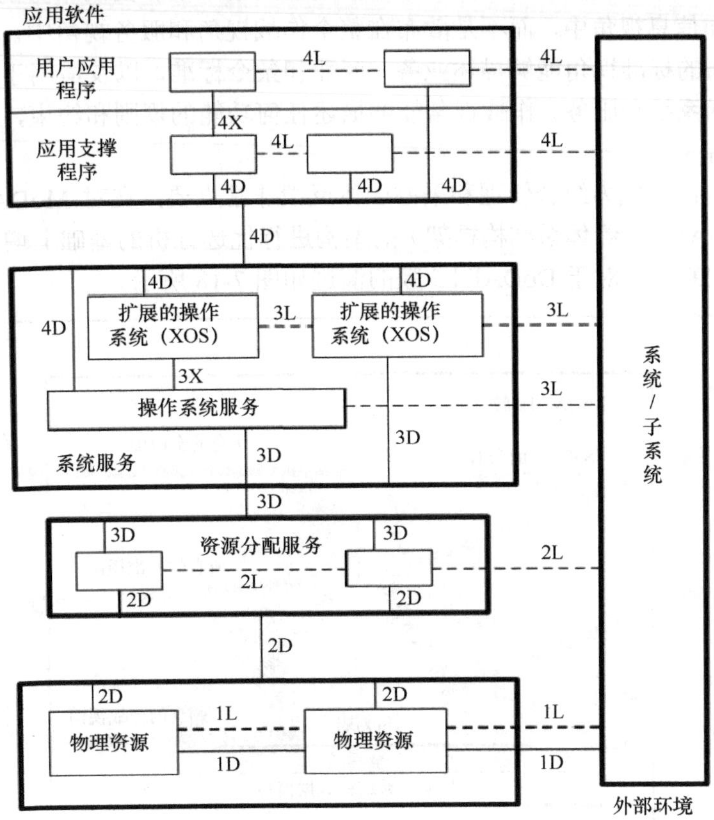

图 7-17　DoD TRM 接口视图

逻辑接口建立模型中相同层次中的构件间的对等实体关系，如图 7-17 中水平方向的接口。对于逻辑接口实体，信息路径是透明的。直接接口是构件之间的通信通道，如图 7-17 中垂直方向的接口。信息内容通常与该信息的路由无关。

7.2.6　国防部体系结构框架 2.0

1. 概述

2009 年 5 月，美国推出其体系结构框架最新版本 DoDAF 2.0 版，真正实现了以数据为中心，完整地诠释了以数据为中心的内涵。该版本的核心思想是以权威数据为基础，以国防部元模型为中心，以灵活的方法为手段，以多种表示形式为途径，以获得符合目的的体系结构为目标；同时，该版本以支持核心决策过程为出发点，以开发符合用户需要的体系结构为根本目的；突出 DoDAF 的中心内容的核心点是数据为中心的方法，其关注的焦点是体系结构数据而不是单个产品的开发。体系结构数据支持更高效和更灵活地利用与重用体系结构。该版本更加强调体系结构数据的采集、存储和维护，而不再是以前版本中的产品开发，体系结构架构师可以自由地按照客户需求创建企业体系结构。

2. DoDAF 2.0 版的新变化

DoDAF 2.0 版对原有视角的模型进行了重新组织以更好地实现其目的。原有的系统和服务视角的服务部分现独立为服务视角，更详细地描述了网络中心和面向服务的策略。所有的数据模型都放在数据和信息视角中，而不是散布在整个作战视角和服务视角中。系统视角与原有系统描述相适应。新的标准视角能够描述业务、商业和条令标准，以及适用于解决方案的技术标准，其中可能包括系统和服务。作战视角能够描述任何功能的规则和约束，而不仅仅是从数据关系中获取的内容。

由于国防部内部的能力组合管理和采办团体反馈非常重要，在对 MoDAF（英国国防部体系结构框架）和 NAF（北约体系结构框架）的架构进行优选分析的基础上增加了能力视角和项目视角。DoDAF 2.0 版相对于 DoDAF 1.5 版的演进如图 7-18 所示。

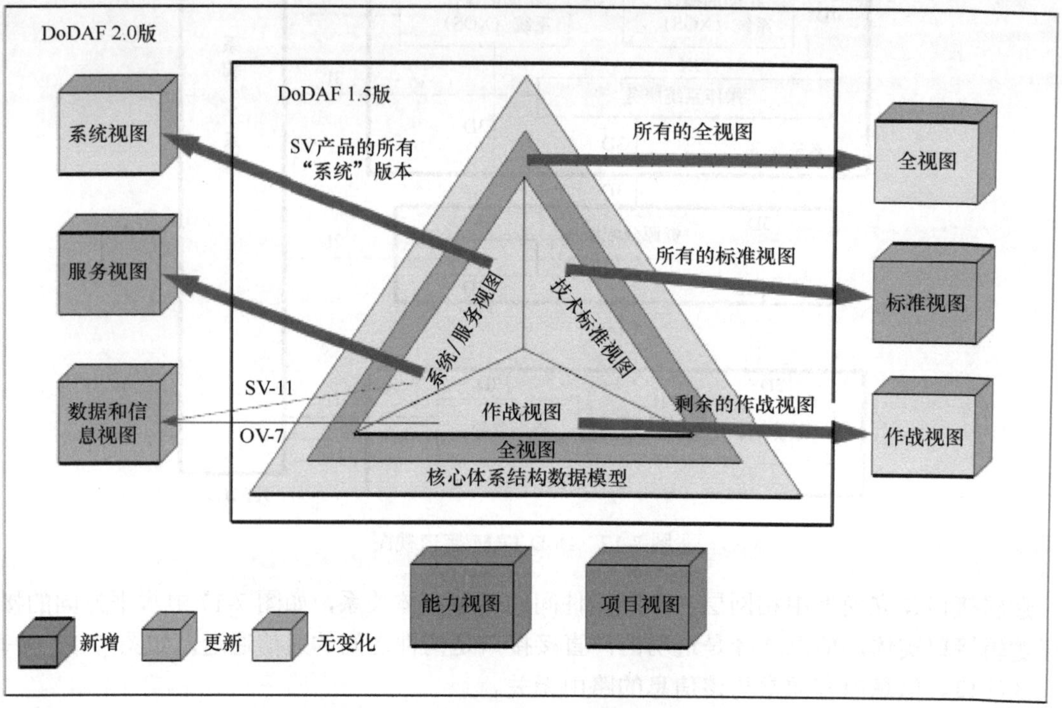

图 7-18 DoDAF 1.5 版到 DoDAF 2.0 版的演进

与前几版相比，DoDAF 2.0 版主要有以下几点变化：

（1）体系结构开发过程从以产品为中心转向以数据为中心，主要是提供决策数据。

（2）三大视图（作战、技术和系统）转变为更为具体的视图，分别是全视图、数据与信息视图、标准视图、能力视图、作战视图、服务视图、系统视图、工程视图。

（3）描述了数据共享和在联邦环境中获取信息的需求。

（4）定义和描述了国防部企业体系结构。

（5）明确和描述了与联邦企业体系结构的关系。

（6）创建了国防部体系结构框架元模型，取代了国防部体系结构框架以前版本中的核心体系结构数据模型。

（7）描述和讨论了面向服务体系结构（SOA）开发的方法。

3. DoDAF 2.0 版视图与产品

DoDAF 2.0 版将其描述的模型组织为如下八个视图，如图 7-19 所示。

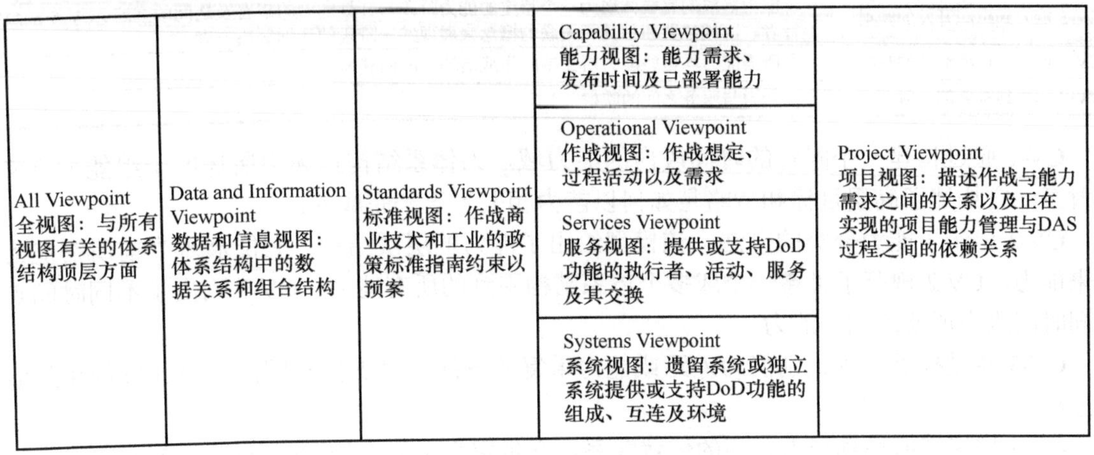

图 7-19　DoDAF 2.0 版中视图的组成

（1）全视图：与所有视角相关的体系结构描述的顶层概貌。

（2）能力视图：集中反映了与整体构想相关的目标，这些构想指在特定标准和条件下进行特定的行动过程或是达成期望效果的能力，它们综合使用各种手段和方式来完成一组任务。

（3）数据和信息视图：集中反映了体系结构描述中的业务信息需求和结构化的业务流程规则。

（4）作战视图：集中反映了完成国防部使命的机构、任务或执行的行动以及彼此间必须交换的信息。

（5）项目视图：集中反映了项目是如何有机地组织成一个采购项目的有序组合。

（6）服务视图：集中反映了为作战行动提供支撑的系统、服务和相互交织的功能。

（7）标准视图：用来管理系统各组成部分或要素的编排、交互和相互依赖的规则的最小集。

（8）系统视图：集中反映支持作战行动中的支撑系统、相互交互性和其他系统功能的信息。

4. 能力视角

能力视角（CV）集中反映了与整体构想相关的目标，这些构想指在特定标准和条件下进行特定的行动过程或是达成期望效果的能力，它们综合使用各种手段和能力来完成一组任务。能力视角为体系结构描述中阐述的能力提供了战略背景和相应的高层范围，比作战概念图中定义的基于想定的范围更全面。

能力视角由七个描述模型组成，其具体描述如表 7-5 所示。

表 7-5　能力模型描述

模　型	描　述
CV-1 能力构想	转型能力的整体构想，为所描述的能力提供了战略背景和高层视野
CV-2 能力分类	能力的层次结构，规范了一个或多个体系结构描述中引用的所有能力
CV-3 能力阶段划分	在不同的时间点或特定时间段内计划达到的能力。CV-3 用行动、条件、预期效果、遵从规则、资源消耗与产出、度量来表现能力阶段状态，而与执行者和区域位置解决方案无关

续表

模　型	描　述
CV-4 能力依赖关系	已列入计划的能力与能力逻辑分组的定义之间的依赖关系
CV-5 能力到组织开发的映射	能力需求的完成体现为一个特定的能力阶段与计划能力的部署及之间的互连。CV-5 按照执行者、区域位置和与其相关联的概念来展现某一阶段的计划解决方案
CV-6 能力到作战活动的映射	所需能力与这些能力所支持的作战活动之间的映射
CV-7 能力到服务的映射	能力与服务之间的映射

CV-1 通过构建一个限定的时间段内的能力域，为体系结构描述中所述的一组能力定义战略背景。它描述了高层目标和战略是如何以能力相关术语来完成的。

CV-2 记录了能力分类的方法。该模型给出了能力的层次结构，它能展现当前所需能力和未来能力。CV-2 规范了贯穿一个或多个体系结构用到的所有能力。CV-3 列出了不同时间点、不同时间段内所要达到的能力。

CV-3 通过提供一种识别能力差距或能力重复的方法，以支持不同能力设计过程和其他类似过程。

CV-4 描述了所规划能力之间的依赖关系。它也定义了能力的逻辑分组。CV-5 给出规划好的能力部署，展现与某特定阶段的关联。该模型应提供一种比 CV-3 能力分段模型中更加详细的依赖分析。

CV-5 用来支持能力管理过程，特别是辅助部署规划。

CV-6 为使用 CV 视角进行能力分析和使用作战视图进行作战行动分析建立了一座桥梁。描述所需能力到支持这些能力的服务间的映射。

CV-7 通过映射矩阵展示了可以使用哪些能力元素来支持特定的服务。

5．项目视角

项目视角描述了计划、项目、组合和初始行为是如何提供能力的，以及组织机构为其做了哪些贡献，它们之间的依赖关系如何。它能纳入关于计划、项目、组合或者初期等信息，并将这些信息关联到能力和其他计划、项目、组合或者初期上，项目模型扩展了 DoDAF 的可用性，从而扩大了 DoDAF 对组合管理过程的支持。

项目视角由两个描述模型组成，其描述如表 7-6 所示。

表 7-6　项目模型描述

模　型	描　述
PV-1 项目组合关系	描述了组织和项目之间的依赖关系，以及管理一组项目所需的组织结构
PV-2 项目时间进度表	规划或项目的时间进度表，给出了关键的里程碑和相互之间的依赖关系
PV-3 项目映射到能力	从规划和项目到能力的映射，说明如何通过特定的项目或者规划要素实现某种能力

PV-1 表示了一种关于规划、项目、组合或初始行为的组织远景。PV-1 能够让用户对管理规划、项目、组合或者初始行为所需要的组织结构进行建模。它体现了主管规划、项目、组合或者初期的实际组织之间的依赖关系。

PV-2 提供了规划的时间进度构想。PV-2 的主要目的是支持采办和部署过程以获取成功集成的能力。

PV-3 支持采办和部署过程，包括对项目、所有相关项目的集成及为达成某种能力所需的规划要素之间的依赖关系的管理。

7.3 体系结构设计方法

7.3.1 体系结构的开发过程

体系结构的开发一般分为以下六个步骤，如图 7-20 所示。

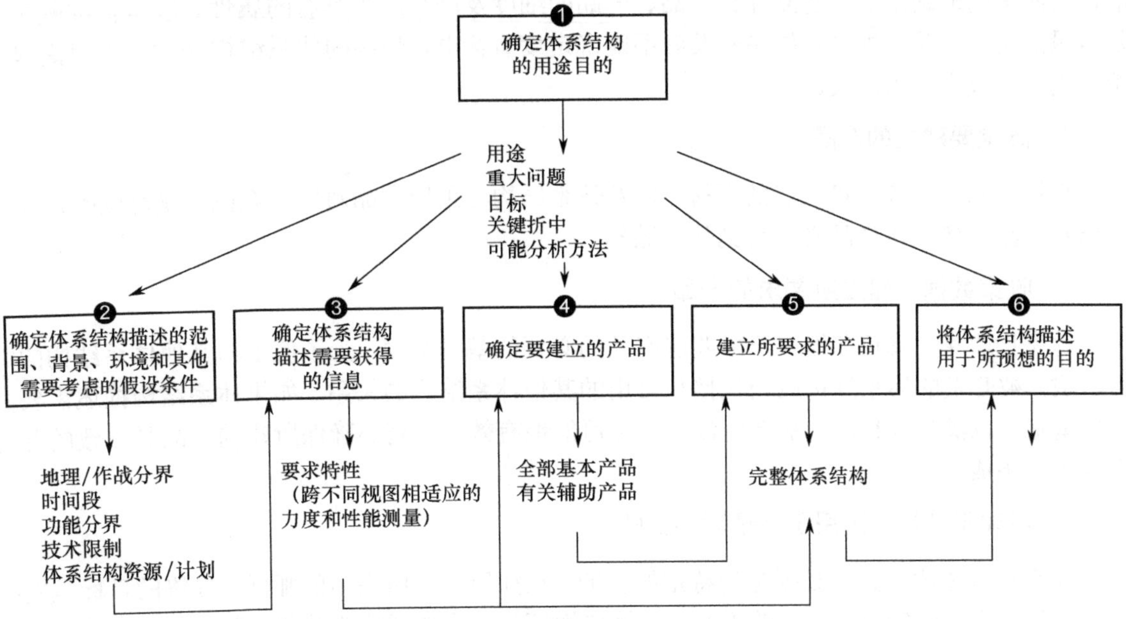

图 7-20　体系结构开发的六个步骤

1. 确定描述体系结构的用途和目的

体系结构描述应根据一个特定的目的来建立，其目的包括支持投资决策、需求确定、系统采办、互操作性评估、作战评估或其他用途。在开始描述体系结构之前，用户必须尽可能明确、详细地描述期望利用体系结构解决的问题和回答的问题，以及用户关心的问题和观点。此外，还必须考虑期望完成的分析类型。这种以用户需求为焦点的体系结构开发方法，有助于取得高效率，并使最终形成的体系结构能够更均衡、更有用。

2. 确定体系结构描述的范围、背景、环境和其他需要考虑的假设条件

一旦确定了目的和用途，体系结构预期的内容也就可以确定了。要求考虑的内容包括以下方面（但不仅包括这些）：描述的范围（如活动、功能、组织机构、时间跨度等）；要求描述的合适的详细程度；在“更大的情景”中体系结构工作的背景；作战场景，态势，要考虑的地理范围；该计划的经济情况；在所考虑的时间跨度内，特定技术在该计划中的可用性和能力。对上述需求考虑的诸因素有贡献的计划管理因素，包括描述体系结构可用的资源，分析体系结构的可用资源和专门技术，必不可少的体系结构数据的可用性。

3. 根据用途和范围，确定体系结构描述需要获得的信息

应当精心确定需要哪些体系结构信息才能满足确定的目的。如果忽略了有关的信息，体系

结构描述会变得毫无用处；如果不必要的信息被包括进来，在给定的时间跨度内，利用可以得到的资源，就不可能完成体系结构工作，也可能会因为描述了过多的繁文缛节而混淆和干扰了描述的主要工作。应当精心预测该体系结构描述的未来用途，这样就可以在资源有限的范围内，构建一个适应未来剪裁、扩展和重用的体系结构。

体系结构的度量标准是综合集成的体系结构描述的一个关键问题，应当在体系结构开发过程的最初步骤中予以考虑。开发者要保证作战视图、系统视图和技术标准视图有一致的度量标准，以便正确地确定需要建立什么产品、产品的细度及产品应当具有的属性。度量标准既可以是定量的也可以是定性的。如果开发者不能确定度量标准，最终的体系结构开发结果对高级决策者而言就没有多大意义。

4．确定要建立的产品

根据对从第一步到第三步的理解，以及体系结构与采用产品对应关系图，就可以确定要建立哪些产品、建立该产品必须得到什么数据。

5．收集数据，建立所要求的产品

这是指收集、修正和组合形成要建产品的必要的基本数据。为了便于与其他体系结构的综合集成，被开发的体系结构应当包括与可用的其他体系结构的关系。如果体系结构描述需要做一些剪裁，以满足其目的，那么剪裁应当尽可能地有效。要精心确保所建的产品是一致的并能完全综合集成。

6．将体系结构描述用于所预想的目的

体系结构描述的建立必须是为特定的目的。正如第一步所指出的那样，最终的目标是支持投资决策、需求的确定、系统的采办、互操作性评估、作战评估或其他一些目的。体系结构的描述有利于并可以实现这些目的，但它本身并不给出结论或答案。因此，必须进行人工分析，或者有可能进行自动分析。DoDAF 并没有规定如何完成这些分析，但 DoDAF 试图促进体系结构描述，以使体系结构描述尽可能完整、可理解和可综合集成，以便作为这种分析的基础。

7.3.2 以产品为中心的体系结构设计方法

以产品为中心的体系结构设计重点关注体系结构产品，其表现形式一般是图形、表格或文本。但这种方法只关心体系结构数据的外部表现，并不关心产品数据以及数据之间的关系。方法主要研究按照怎样的步骤、以怎样的方法、采取怎样的建模元素设计体系结构产品，关注点集中在怎样设计每个体系结构产品，并不强调产品之间的关系。

结构化描述方式广泛地应用于系统定义、需求分析和系统设计中。其主要特征是面向过程和功能分解，是一种过程驱动的、面向系统结构、基于数据流和功能的建模方法，能够将现实世界描绘为数据在信息系统中的流动，以及数据流动过程中数据向信息的转换。结构化描述方式是面向过程或数据流的“自顶向下、逐步求精”的方法，主要适用于从结构、功能和数据的角度分析系统，从系统功能结构的角度设计系统。

采用结构化描述方式的体系结构设计流程如图 7-21（a）～（d）所示，将体系结构的建模分为五个步骤，每个步骤完成相应产品的设计，最终获得全部的体系结构产品。

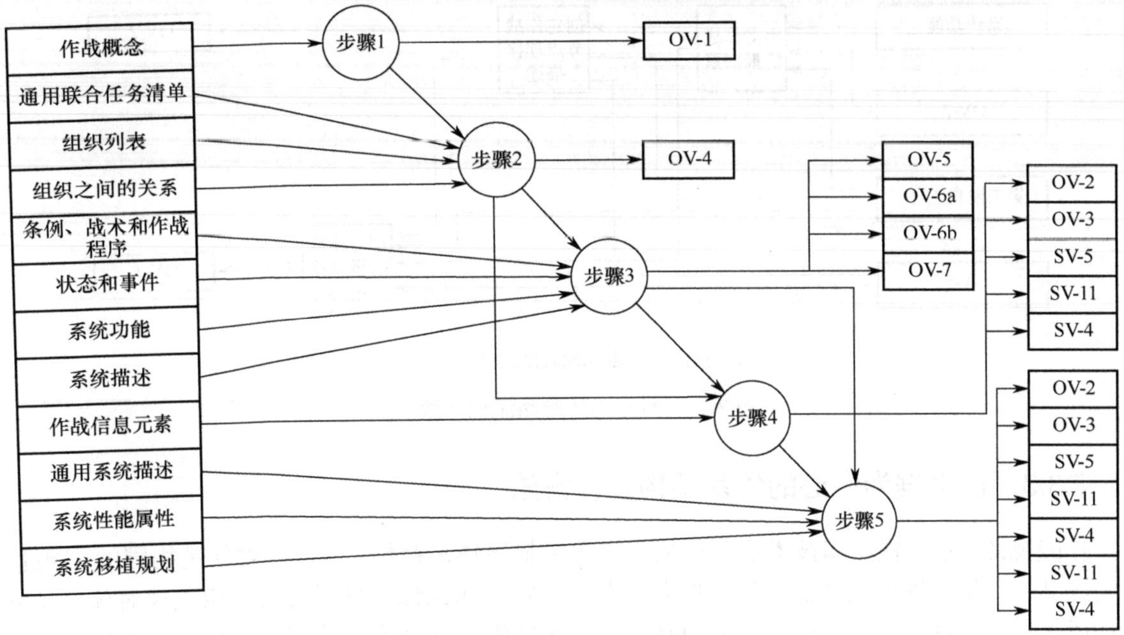

(a) 结构描述方式的体系结构设计流程

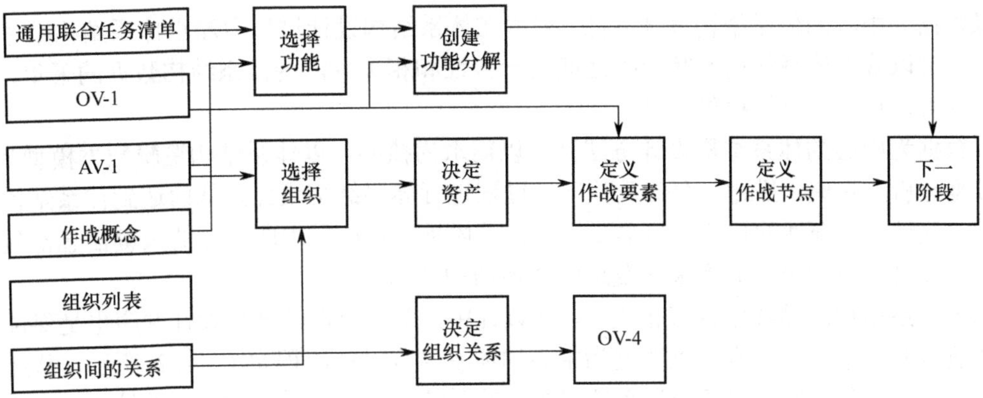

(b) 设计OV产品第二阶段流程

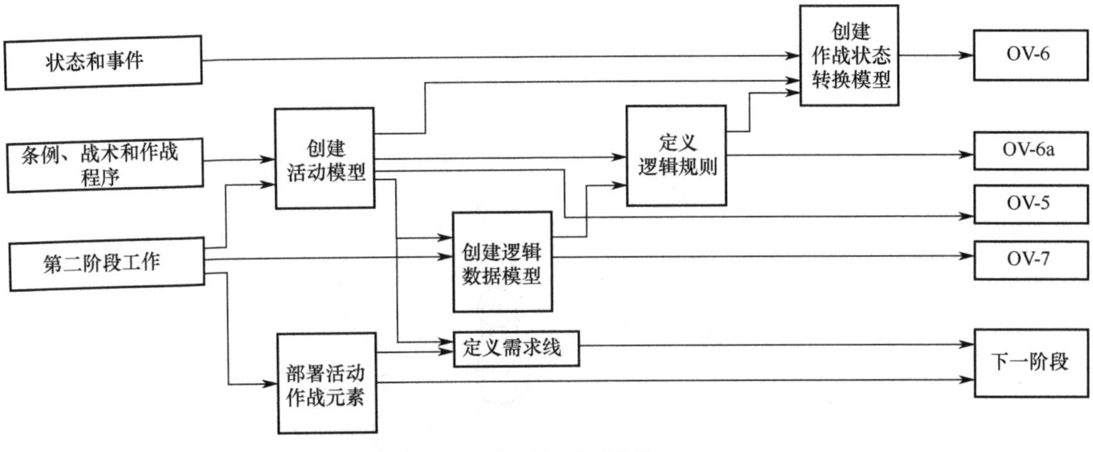

(c) 设计OV产品第三阶段流程

图 7-21　设计 OV 产品流程

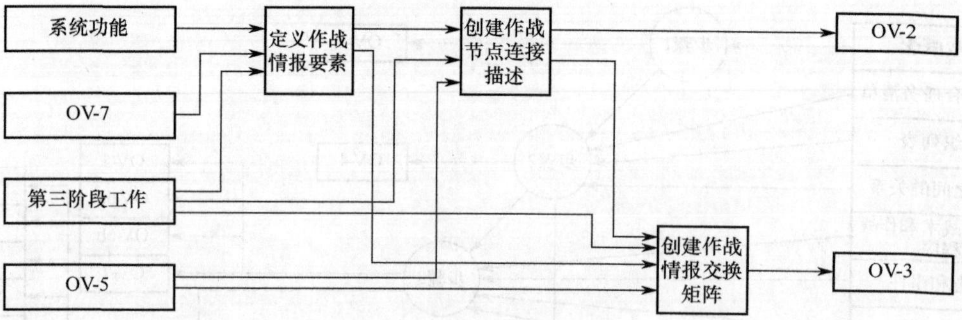

(d) 设计OV产品第四阶段流程

图 7-21 设计 OV 产品流程（续）

7.3.3 以数据为中心的体系结构设计方法

作战视图、系统视图和技术视图是从不同角度描述体系结构，描述的对象是相同的。因此，不同产品（包括跨视图的产品）的数据之间存在一定的相关性，数据之间的相关性对体系结构设计质量有直接的影响。在体系结构设计中，除了能够得到体系结构产品，体系结构数据还应该是相互关联的。

以数据为中心的体系结构设计方法，强调在体系结构设计过程中注重体系结构数据的分析和设计，可以确保体系结构产品数据之间的一致性和相关性，为体系结构数据的采集、存取、重用、分析、集成和维护提供基础。

以数据为中心的体系结构设计方法是指以需求为核心，以体系结构逻辑数据模型为基础，按照数据分析、收集、描述、存储及验证等过程进行体系结构设计，从而达到体系结构数据相互之间一致性、耦合性的目的。其主要特点就是体系结构产品中所描述的关键信息都包含到数据库中，并且利用这个数据库来开发这些体系结构产品。

由于体系结构产品数据具有相关性，在设计中，采用合理的产品设计顺序也是保证体系结构设计质量的一个重要因素。以数据为中心的体系结构设计流程如图 7-22 所示。从此过程可以看出，作战视图中的作战活动和系统视图中的系统功能是体系结构设计的核心，可见作战活动和系统功能在体系结构产品设计中的地位。

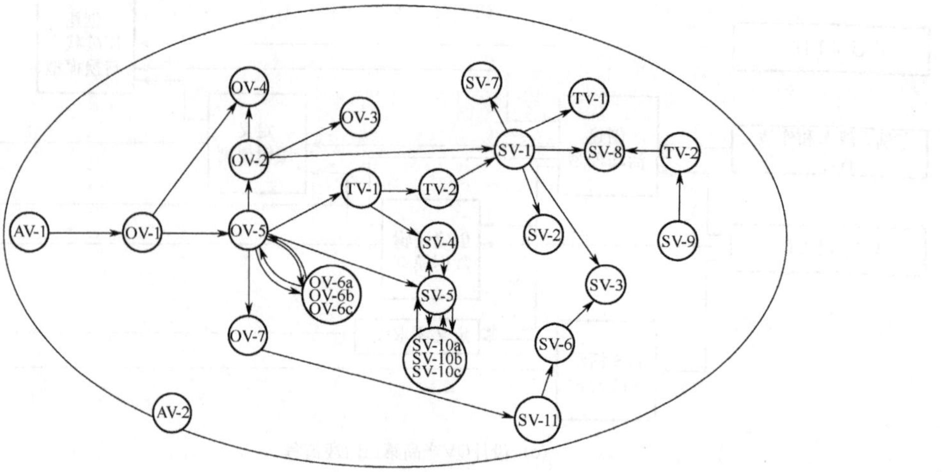

图 7-22 以数据为中心的体系结构设计流程

以数据为中心的设计方法不再强调数据的表现形式，更关注在体系结构设计过程中产品数据之间的相关性，以及不同产品中相同数据的一致性，但是没有提供具体方法来保证这些数据的相关性，也没有明确定义产品数据的地位和作用。

思 考 题

1. 简述体系结构、体系结构框架的定义。
2. 什么是体系结构的框架？
3. 制定体系结构的指导方针是什么？
4. 简述美国国防部体系结构的变化。
5. 作战视图有什么作用？包含哪些产品？
6. MoDAF 和 NAF 有哪些异同？
7. 描述体系结构开发过程。
8. 以产品为中心的体系结构设计方法和以数据为中心的体系结构设计方法各有什么特点？

参考文献

[1] 曾宪钊. 军事最优化新方法[M]. 北京：军事科学出版社，2005.

[2] 曾苏南. 中国军事百科全书[M]. 北京：军事科学出版社，1997.

[3] 薛本新. 通用战场环境态势图研究[J]. 军事运筹与系统工程，2008（9）.

[4] 王江云，龚光红，韩亮，等. 计算机生成兵力开发支撑平台[J]. 计算机工程与应用，2004.

[5] 吴海勇，张杨. 作战指挥信息描述[J]. 国防科技，2011（11）.

[6] 李富元. 信息时代作战指挥控制的发展趋势[J]. 火力与指挥控制，2008（12）.

[7]刘成来，任丽秋. 虚拟战场态势显示系统的开发研究[C]. 中国地理信息产业论坛暨教育论坛就业洽谈会，2009.

[8] 马改河. 军事装备指挥[M]. 北京：中国大百科全书出版社，2007.

[9] 王涛，施展，赵玉林. 基于 HTN 的便利度作战计划快速生成[J]. 指挥控制与仿真，2015（37）：19-23.

[10] 王精业. 系统论与作战复杂性[M]. 济南：黄河出版社，2008.

[11] ［美］惠滕（Whitten J. L.），等. 系统分析与设计方法[M]. 肖刚等，译. 北京：机械工业出版社，2004.

[12] 竺南直. 指挥自动化系统工程[M]. 北京：电子工业出版社，2001.

[13] 吴跃忠. 装备保障指挥[M]. 北京：解放军出版社，2009.

[14] 倪天友，等. 指挥信息系统教程[M]. 北京：军事科学出版社，2013.

[15] 卜先锦. 军事组织协同的建模与分析[M]. 北京：国防工业出版社，2009.

[16] 王珩，王海宁，刘畅，等. 大数据技术在指挥信息系统中的应用与发展[J]. 指挥信息系统与技术，2015（6）.

[17] 陈建华，张榆锋，施心陵. 二次雷达目标信息处理中的滤波算法研究[J]. 昆明理工大学学报，1999（24）：40-42.

[18] 张新建，张媛. 海军指挥信息系统大数据策略[J]. 指挥信息系统与技术，2015（6）：17-21.

[19] 庞文强，周小程，杨侃，等. 海上联合作战战场态势估计关键技术[J]. 兵工自动化，2011（30）：1-3.

[20] 李皓，常国岑，孙鹏. 基于 Agent 的作战方案自动生成系统研究[J]. 系统工程与电子技术，2009（31）：134-136.

[21] 吴林锋，王刚，杨少春，等. 基于 CBR 的反导作战方案生成技术[J]. 空军工程大学学报，2011（12）：45-49.

[22] 王振，缪旭东. 基于 XML 的作战方案形式化描述[J]. 系统仿真学报，2006（18）.

[23] 高姝. 基于群特征的战略预警指挥信息系统网系结构分析[J]. 空军预警学院学报，2015（29）：103-106.

[24] 陈勇，陆勤夫，巫银花，等. 基于指挥信息系统的海军作战指挥训练评估机制[J]. 指挥控制与仿真，2015（37）：5-9.

[25] 姜文志，刘涛，栗飞. 基于作战辅助决策系统的目标威胁评估排序模型[J]. 兵工自动化，2010（29）：27-29.

[26] 冷画屏，周世华，肖利辉. 两栖登陆部队指挥信息系统建设研究[J]. 指挥控制与仿真，2015（37）：11-14.

[27] 周智超，张美旭. 美国航母编队作战指挥特点及指挥信息系统分析[J]. 舰船科学技术，2011（33）：

140-143.
[28] 聂凯，汪厚祥，井小沛，等. 面向服务的海战场指挥信息系统体系结构框架[J]. 现代防御技术，2013（41）：88-93.
[29] 刘世龙，吴坤. 面向服务的指挥信息系统应用研究[J]. 信息化研究，2014（40）.
[30] 郑崇璞. 面向体系作战能力的海军指挥信息系统建设[J]. 指挥信息系统与技术，2013（4）：19-21.
[31] 田田，胡焰智，尹才华，等. 面向网络中心战的指挥信息系统网络结构评估[J]. 装甲兵工程学院学报，2014（28）：82-86.
[32] 刘於勋，黄力，臧海河，等. 群体网络计划技术的研究[J]. 郑州工业高等专科学校学报，2002（18）：12-13.
[33] 李伟生，王卫星. 实现战术态势估计的一种多 Agent 计划识别方法[J]. 系统工程与电子技术，2009（31）：613-617.
[34] 王欣，姚佩阳，周翔翔. 网络化指挥信息系统战场信息收集能力[J]. 火力与指挥控制，2011（36）：78-82.
[35] 王欣，姚佩阳，周翔翔，等. 网络中心战指挥信息系统抗毁性研究[J]. 计算机工程，2011（37）：97-99.
[36] 刘钢，老松杨. 战场态势及态势估计的新见解[J]. 火力与指挥控制，2012（37）：1-5.
[37] 姜斌，许桂明. 指挥信息系统安全防护工程化设计[J]. 指挥信息系统与技术，2014（5）：83-90.
[38] 刘蕊，马宇峰，张润洲. 指挥信息系统安全防护作战视图研究[J]. 现代防御技术，2015（43）：82-88.
[39] 何宇，苏辉，聂炜玮. 指挥信息系统的组织运用[J]. 指挥信息系统与技术，2011（2）：39-41.
[40] 吴彩华，马建朝，王晓伟，等. 指挥信息系统管理与维护专业课程实战化教学探析[J]. 空军预警学院学报，2015（29）：131-133.
[41] 刘国泰，王锐华，刘靖旭. 指挥信息系统能力需求满足度评估模型[J]. 中国电子科学研究院学报，2014（6）：603-607.
[42] 黎珂. 指挥信息系统体系结构设计研究[J]. 通信技术，2012（6）.
[43] 孙瑞，王智学，曹伟杰. 指挥信息系统信息能力的评估[J]. 计算机技术与发展，2012（22）：125-128.
[44] 金朝，杨文，李英华，等. 指挥信息系统信息网络安全控制研究[J]. 火力与指挥控制，2014（11）.
[45] 戴剑伟，王刚. 指挥信息系统云架构[J]. 火力与指挥控制，2013（38）.
[46] 杨荣芳. 指挥信息系统综合集成技术研究[J]. 网络安全技术与应用，2013（8）：33-34.
[47] 刘刚，韩云山，李云凡，等. 指挥信息系统作战运用服务需求[J]. 装甲兵工程学院学报，2014（28）：71-75.
[48] 刘刚，邹自力，胡焰智，等. 指挥信息系统作战运用效能评估指导模式研究[J]. 兵工自动化，2015（34）：65-70.
[49] 沈志辉，袁再江. 作战辅助决策系统信息融合关键技术[J]. 辽宁工程技术大学学报，2010（29）：79-81.
[50] 胡妍，黄永峰. 作战指挥自动化及其辅助决策技术研究[J]. 弹箭与制导学报，2012（32）：179-181.
[51] 曹雷，等. 指挥信息系统[M]. 北京：国防工业出版社，2016.
[52] 刘高峰，孙胜春，郭予并. 联合作战指挥与控制技术概论[M]. 北京：国防工业出版社，2016.
[53] 赵鑫业. 联合作战指挥控制过程模糊表示与决策方法研究[D]. 国防科技大学，2014.
[54] 汪洋. 美军联合作战筹划及任务规划研究[J]. 计算机与数字工程，2016（8）：1493-1497.
[55] 尹强，叶雄兵. 作战筹划方法研究[J]. 国防科技，2016（37）：95-99.
[56] 刘兆鹏，柳少军，司光亚，等. 面向推演分析的联合作战方案概念建模研究[J]. 系统仿真学报，2018（30）：4563-4573.
[57] 吴林锋，王刚，杨少春，等. 基于 CBR 的反导作战方案生成技术[J]. 空军工程大学学报，2011，12（5）：

45-49.

[58] 谭天晓，赵辉，赵宗涛. 一种基于 Agent 的作战方案生成系统模型[J]. 微电子学与计算机，2006，23（12）：44-46.

[59] 朱琳，王恭瑾，张磊. 基于改进式剧本表示的海军特种作战方案辅助生成研究[C]. 系统仿真技术及其应用学术会议，2009.

[60] 倪明，赵玉林. 作战方案快速生成技术[J]. 指挥信息系统与技术，2014，5（6）：78-82.

[61] 李皓，常国岑，孙鹏. 采用过程推理系统的作战方案生成研究[J]. 电光与控制，2008，15（10）：51-54.